昭和・平成に誕生した

懐かしの国産車

時代を駆け抜けた個性あふれる車たち

Mototsugu Watanabe
渡部素次

MIKI PRESS
三樹書房

編集部より

自動車歴史関係書を刊行する弊社の考え

日本において、自動車（四輪・二輪・三輪）産業が戦後の経済・国の発展に大きく貢献してきたことは、広く知られています。特に輸出に関しては、現在もなお重要な位置を占める基幹産業の筆頭であると、弊社は考えております。

国内には自動車（乗用車）メーカーは８社（うちホンダとスズキは二輪車も生産）、トラックメーカーは４社、オートバイメーカーは４社もあり、世界でも稀有なメーカー数です。日本の輸出金額の中でも自動車関連は常にトップクラスでありますが、自動車やオートバイは輸出先国などでも現地生産しており、他国への経済貢献もしている重要な産業であると言えます。

自動車の歴史をみると、最初の４サイクルエンジンも自動車の基本形も、19世紀末に欧州で完成し、その後スポーツカーレースなども、同じく欧州で発展してきました。またアメリカのヘンリー・フォード氏によって自動車が大量生産されたことで、より安価で身近な道具になった自動車は、第二次世界大戦後もさらに大量生産されて各国に輸出され、全世界に普及していくことになります。

このように、100年を越える長い自動車の歴史をもつ欧州や、自動車を世界に普及させてきた実績のある米国では、自動車関連の博物館も自動車の歴史を記した出版物も数多く存在しています。しかし、ここ半世紀で拡大してきた日本の自動車産業界では、事業の発展に重点が置かれてきたためか、過去の記録はほとんど残されていません。戦後、日本がその技術をもって自動車の信頼性や生産性、環境性能を飛躍的に向上させたのは紛れもない事実です。弊社では、このような実情を憂慮し、広く自動車の進化を担ってきた日本の自動車産業の足跡を正しく後世に残すために、自動車の歴史をまとめることといたしました。

自動車史料保存委員会の設立について

前記したとおり、日本は自動車が伝来し、その後日本人の自らの手で自動車が造られてからまもなく100年を迎えようとしています。日本も欧米に勝るとも劣らない歴史を歩んできたことは間違いなく、その間に造られたクルマやオートバイは、メーカー数も多いこともあり、膨大な車種と台数に及んでいます。

1989年にトヨタ博物館が設立されてからは、自動車に関する様々な資料が、収集・保存されるようになりました。そして個人で収集・保管されてきた資料なども一部はトヨタ博物館に寄贈され、適切に保存されておりますが、それらの個人所有の全てを収館することは困難な状況です。私達はそうした事情を踏まえて、自動車史料保存委員会を2005年４月に発足いたしました。当会は個人もしくは会社が所有している資料の中で、寄贈あるいは安価で譲っていただけるものを史料・文献としてお預かりし、整理して保管することを活動の基本としています。またそれらの集められた歴史を示す史料を、適切な方法で発表することも活動の目的です。委員はすべて有志であり、自動車やオートバイ等を愛し、史料保存の重要性を理解するメンバーで構成されています。

カタログを転載する理由

弊社では、歴史を残す目的により、当時の写真やカタログ、広告類を転載しております。実質的にひとつの時代、もしくはひとつの分野・車種などに関して、その変遷と正しい足跡を残すには、当時作成され、配布されたカタログ類などが最も的確な史料であります。史料の収録に際しては、製版や色調に関しては極力オリジナルの状態を再現し、記載されている解説文などに関しても、史料のひとつであると考え、記載内容が確認できるように努めております。弊社は、その考えによって書籍を企画し、編集作業を進めてきました。

また、弊社の刊行書は、写真やカタログ・広告類のみの構成ではなく、会社・メーカーや当該自動車の歴史や沿革を掲載し、解説しています。カタログや広告類［以下印刷物］は、それらの歴史を証明する史料になると考えます。

著作権・肖像権に対する配慮

ただし、編集部ではこうした印刷物の使用や転載に関しては、常に留意をしております。特に肖像権に関しましては、既にお亡くなりになった方や外国人の方などは、事前に転載使用のご承諾をいただくことは事実上困難なこともあり、そのため、該当する画像などに関しまして、画像処理を加えている史料もあります。史料は、当時のままに掲載することが最も大切なことであることは、十分に承知しております。しかし、弊社の主たる目的は自動車などの歴史を残すことでありますので、肖像権に対し配慮をしておりますことをご理解ください。

三樹書房　編集部

この組織にしてこの車あり

本書には、1950～80年代の名車の写真、車体構造や設計思想がわかる断面図やレイアウト図、当時の背景など、貴重な資料が並ぶ。子供の時から車のカタログが大好きだった私は、ページをめくるだけで楽しい。

私の祖父、藤本軍次は米国移民出身で、大正・昭和初期のカーレーサーだった。メカニックでもあった軍次は、米軍基地で安く買った中古のアメリカ車を自分で修理し、孫の私を乗せて走り回った。当然私も車が好きになり、小学生の頃には、某モデルのデラックスとハイデラックスを遠くから見分けられた。

我が家にはアメリカ車だけでなく国産車もあった。私の最も古い記憶では、1960年頃、車庫にグレーのダットサン110があった。赤くて屋根だけ白い日産オースチン・ケンブリッジも見た。軍次の血を受け継ぎ相当な飛ばし屋だった母は、オースチン、初代ブルーバードと中古で乗り継ぎ、初代カローラで初めて新車を得て喜んだ。

藤本軍次は60～70歳代にいすゞベレットで米国縦断、トヨタコロナでアジアハイウェイを走破した。一方、私は大学に入る頃から自動車への興味を失い、免許取得も遅かった。大学時代は経済学と剣道と農村調査。留年・卒業の後、民間の調査会社に入った。

ところがこの会社の業務で自動車産業の調査を担当することになった。縁を感じた。私が会長を務める「自動車問題研究会」にもこの頃入会し、その恒例の試乗会で、本書にある1980年代以後のモデルの半分以上のハンドルを握った。出たばかりの初代ソアラ、セリカXX、レパードを連ねて東名高速を皆で走った時は、富士川サービスエリアの駐車場に黒山の人だかりができた。

セルシオは本書の巻末を飾るにふさわしい名車で、開発主査の鈴木一郎氏にお会いした時に、私の著作『製品開発力』を褒めていただきとても嬉しかった。

自動車製品開発に関する、40年近い私の実証研究から一つ言えるのは、各モデルの設計や性能やデザインの在り様は、時代背景に加えて、その背後にある企業の開発組織、開発プロセス、開発リーダー等の特徴をかなり明瞭に反映するということである。この組織にしてこの車あり。本書を読んで、この因果関係は本当に存在すると改めて確信した。

秀逸な車選びにより、数々の名車の時代背景から設計思想までわかる出色の一冊をまとめられた渡部素次氏に、一研究者そして、また一自動車ファンとして、最大限の敬意を贈りたい。本当にありがとうございます。

早稲田大学教授　東京大学名誉教授　日本自動車殿堂会長　　藤本隆宏

序　文

本書は戦後日本の国産車について、ノックダウン生産の時代から純国産車製造、さらにはモータリゼーションの進展に伴う百花繚乱ともいえる車たちが次々と登場した1990年代までのいわゆる日本自動車史についてまとめたものである。

この本をまとめようと思った経緯を少しお話しし、読者の理解を得たい。

筆者は戦後、島根の山あいの村に生まれたが、父が車好きで、小さい頃から自宅に車があったこと、そして父が車のカタログをコレクションしていたことがきっかけとなって筆者も車が好きになり、同じようにカタログを集め始めた。カタログは、その車を知るためには、最も詳しく、信頼できる史料であることを強く感じていた筆者にとって、コレクションしてきた数多くのこれらのカタログ類を役立てたいと考えたのである。

今回、親子二代でコレクションした自動車のカタログの中から1950年代～1990年代までの約半世紀にわたって登場した膨大な国産車の中からそれぞれの時代を象徴する42台をピックアップした。また、読者の方々の読みやすさに配慮して、当時のカタログの内容とともに、その車が登場した時代背景も加えつつ、まず紹介車種の冒頭で概要を述べ、それから各部分を紹介する構成とし、1台1台をできるだけ詳しく紹介した。スペックは原則としてカタログを引用し、自動車メーカー各社の社史や日本自動車工業会などの信頼できる史料を参照して、できるだけ正確な内容を調べて記述しながら、戦後日本の自動車史を綴る意気込みでまとめていった。

年配の読者の方には、以前はこんな車があったなあ、と懐かしんでいただき、若い方には、日本のモータリゼーションが成長し成熟化していくこの時代の車の持つ個性的な魅力を知っていただくとともに、日本の自動車と自動車社会の歩みを知っていただければ、筆者にとってこれに勝る喜びはない。

渡部素次

目　次

本扉には、本書にも収録され大衆車として普及したスバル 360 を掲載しました。写真は 1964 年の第 11 回東京モーターショー（会場：晴海貿易センター）。

■本書について■

本書に登場する車種名、会社名などの名称、表記については、原則的に主要な参考文献となる、当時のカタログ、プレスリリース、広報発表資料、関係各メーカー発行の社史などにそって表記しておりますが、参考文献の発行された年代などによって現代の表記と異なっている場合があり、著者および編集部の判断により統一を図りました。また、原則的に文章中の“ ”(ダブルコーテーション）で囲まれた部分は、本書で紹介するカタログに記載された内容をそのまま引用した箇所であることを示します。カタログの発行時期については記載がなく、明確でないものもあり、著者が調査し、確認できた時期を収録しました。また、製本はページが 180 度近くまで開き、強度に優れた「PUR 製本」とし、読みやすさに配慮しました。

本書をご覧いただき、名称表記、性能データ、事実関係の記述に差異等お気づきの点がございましたら、該当する資料とともに弊社編集部までご通知いただけますと幸いです。

三樹書房 編集部

第1章

ノックダウン生産から独自開発の純国産車の量産へ

1956年の経済白書では「もはや戦後ではない」と記述され、通産省から「国民車構想」も出されたが、自動車はまだ高嶺の花だった。乗用車の生産方式は欧州メーカーの乗用車の部品を輸入し組み立てるノックダウンが多かった（写真は1956年の全日本自動車ショウに展示された日野ルノー）。

戦時体制で乗用車の開発生産を中止し、軍需用トラックの生産を余儀なくされていた自動車メーカー各社は戦争が終わると、一斉に乗用車の開発・生産に乗り出します。今はなきオオタや商用車専門メーカーとなっている日野自動車やいすゞ自動車も乗用車づくりに全力で取り組みました。その手法として、一歩も二歩も先に進んでいる欧州メーカーの開発した乗用車の部品を輸入し、それを組み立てるノックダウン（KD）生産方式をいくつかのメーカーが採用します。本章で取り上げている日野ルノー、日産オースチンなどがそれにあたります。KD生産により欧州メーカーの技術を学んだり、独自開発に奮闘したりしながらやがて何代にもわたって車名が続く純国産車がこの時代から生まれてきました。また当時の荷物搬送車としては三輪車も多く、この頃には軽三輪車が続々登場しますが、徐々に三輪メーカーは四輪車に転換を図っていきました。

日本経済は復興から高度成長への助走の段階を迎え、1956年の経済白書では「もはや戦後ではない」と記され、人々も徐々に豊かさを感じるようになりました。日野ルノーが発売された1953年にはＮＨＫがテレビ本放送を開始し、日産オースチン（A50）が発売された1955年には日本初のトランジスタラジオが発売されました。スバル360発売の1958年には東京タワーが完成し、セドリックが発売された1960年には4年後の東京オリンピック開催に向けて、東海道新幹線の建設や高速道路網の整備が本格的に始まるなど高度成長時代に入っていきます。

マイカーはまだまだ夢と憧れの時代でしたが、1954年には第1回全日本自動車ショウが開催され、以降毎年開かれるようになりました。

1955年発売のダットサン110型の販売価格は80万円でしたが、当時の大卒国家公務員の初任給は8700円ほどだったようです。ちなみにうどん・そばが1杯30円でした。テレビの普及にともないドラマの「君の名は」がヒットし（1953年）、ハナ肇とクレージーキャッツ（当初の名前はキューバン・キャッツ）が結成（1955年）されました。1958年にはフラフープが大流行しました。

1960年にはカラーテレビの本放送も始まり、ダッコちゃん人形が大流行しました。

1955年の芥川賞は石原慎太郎の『太陽の季節』でした。1958年には1万円札が登場、翌59年には伊勢湾台風が上陸し大きな被害に見舞われました。

1 日野ルノー

便利な4ドアでタクシーとしても活躍した日本製フランス車

自動車専門誌によると、フォルクスワーゲン・タイプ1を設計したフェルディナント・ポルシェ（オーストリアの工学技術者）が、フランスで投獄中（同国の国民車構想計画に招待されたが、政変により逮捕された）、ルノーの4CV設計完成に向けて助言をしたそうです。ボディがレイアウトなどでフォルクスワーゲン・タイプ1（通称ビートル）とRR（リアエンジン、リアドライブ）の構造などが似ているのは、そのためかもしれません。

日野自動車はフランスのルノー公団（当時）との技術提携でルノー4CVをノックダウン生産して乗用車作りのノウハウを学びました。同じ頃日野の他に、いすゞ自動車はヒルマンを、日産自動車はオースチンを各々国内で生産していました。ルノー4CVの日野自動車での生産は、1953年3月から1963年の8月までのおよそ10年6ヵ月でした。日野自動車の社史には、「新聞広告には“コップ1杯で4キロメートル”というキャッチフレーズを流し、全国各地で展示会を華々しく開催した。当社グループ全社あげての宣伝と販売促進活動によって、ルノー4CVの注文は文字通り殺到したのである。輸入外貨割当の制限もあって、とても生産が間に合わないほどであった」とあります。基本的なスタイルに変更はなく、日野自動車の独自開発による日野コンテッサ900が登場した後も日野ルノーは、2年間ほどは並行生産されていました。それだけ根強い人気があったのです。

1953年から「日野ルノー」の名前でライセンス生産を始めたこのクルマはタクシーとしても多く用いられました。日野自動車の社史によると、日野ルノーは1956年末に国産化率75％となる計画を立てていたそうです。

ちなみに、1957年末に日野ルノーは完全国産化しています。

ところで、筆者のアルバムにも、地方都市で走り去る日野ルノーの写真と地元の医師会主催の車を連ねた遠乗り会の中にも、初代ブルーバードなどと並んでいる日野ルノーをとらえた写真が収められています。

また島根県医師会発行の雑誌には、「洗練されたスタイル　快適なクッションと最小の燃料　御往診に一家御揃いのレクリエーションに　ぜひルノーをご愛用下さい」という写真付きの広告が載っていました。それだけ身近な存在だったのです。

カタログのモデルは、フロントのモールディング（ひげ）の形から、1956年のモデルだと判断した。この表紙のイラストは本国のカタログのものを一部加工して日野ルノーのカタログに転用しているとみられる。

車　名	日野ルノー
形式・車種記号	—
全長×全幅×全高（m）	3.845×1.435×1.440
ホイールベース（mm）	—
トレッド前×後（mm）	—
最低地上高（mm）	—
車両重量（kg）	—
乗車定員（名）	—
燃料消費率（km/l）	1ガロン70km～80km
最高速度（km/h）	100
登坂能力	—
最小回転半径（m）	4.2
エンジン形式	—
種類、配列気筒数、弁型式	オーバーヘッドバルブ水冷4シリンダー
内径×行程（mm）	54.5×80
総排気量（cc）	748
圧縮比	7.25
最高出力（馬力/rpm）	21/4000
最大トルク（kg・m/rpm）	—
燃料・タンク容量（ℓ）	7ガロン（約27）
トランスミッション	前進3段シンクロメッシュ付　後進1段
ブレーキ	足　ハイドローリック4輪
	手　機械式後輪
タイヤ	5.0-15（2P）
カタログ発行時期（年）	1956-1958

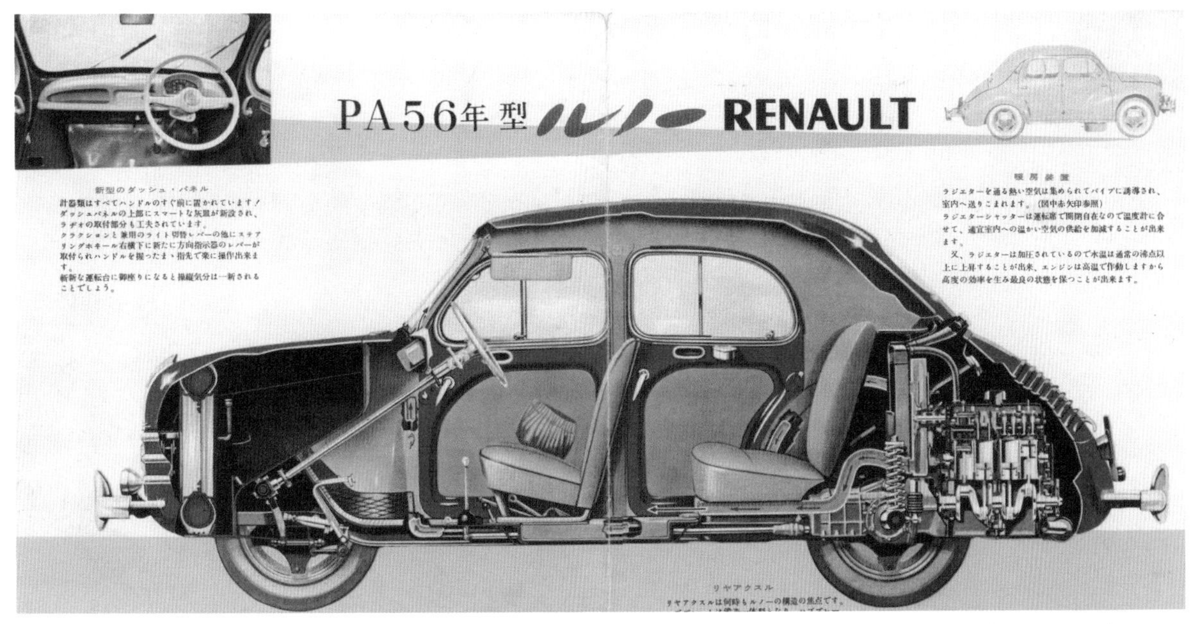

PA56年型ルノー RENAULT
新型のダッシュ・パネル
計器類はすべてハンドルのすぐ前に置かれています！
ダッシュパネルの上部にスマートな灰皿が新設され、
ラヂオの取付部分も工夫されています。
クラクションと兼用のライト切替レバーの他にステア
リングホキール右横下に新たに方向指示器のレバーが
取付られハンドルを握ったまゝ指先で楽に操作出来ま
す。
斬新な運転台に御座りになると操縦気分は一新される
ことでしょう。
暖房装置
ラジエターを通る熱い空気は集められてパイプに誘導され、
室内へ送りこまれます。（図中赤矢印参照）
ラジエターシャッターは運転席で開閉自在なので温度計に合
せて、適宜室内への温かい空気の供給を加減することが出来
ます。
又、ラジエターは加圧されているので水温は通常の沸点以
上に上昇することが出来、エンジンは高温で作動しますから
高度の効率を生み最良の状態を保つことが出来ます。
リヤアクスル
リヤアクスルは何時もルノーの構造の焦点です。

カタログを開くと、大きな赤いルノーの縦割りのカットモデルのイラストで車全体の構造を示していて、暖房装置の説明とともに空気の流れが赤い矢印で示されている。イラストでは、エンジンについてもカットしてあり、構造を細部まで一目で理解することができるようになっている。

上の見開きの左上にある写真を拡大したもの。新型ダッシュボード（カタログではダッシュパネルと記載）が採用され、灰皿の新設やラジオの取付部分の工夫が述べられている。また、ステアリングホイール右横下に方向指示器レバーが追加され、操作性が向上したことも説明している。

リヤードアー

ドアーは実に軽く、戸締りもしっくりしています。ドアーハンドルとレギュレーターハンドルは美しいプラスチック製となりリヤードアには新しく灰皿が取付られました。また外側の鍵穴には自動フラップをつけましたので水や埃のために鍵が故障する心配がなくなりました。

フロント・ドアー

フロントサスペンション

四輪独立懸架の最も合理的なもので然も構造は極めて簡単であります。また、キングピン、アッパーピン等に耐久力が加へられました。

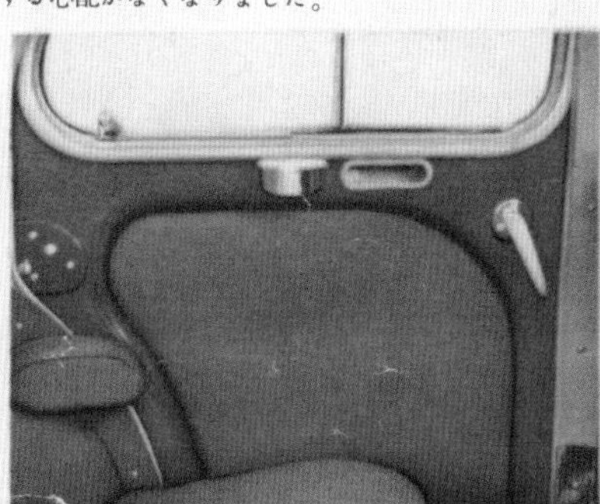

プラスチック製になったフロントとリヤのドアハンドルとレギュレーターハンドルなど、変更箇所を細部にわたって、それぞれ写真付きで詳しく説明している。

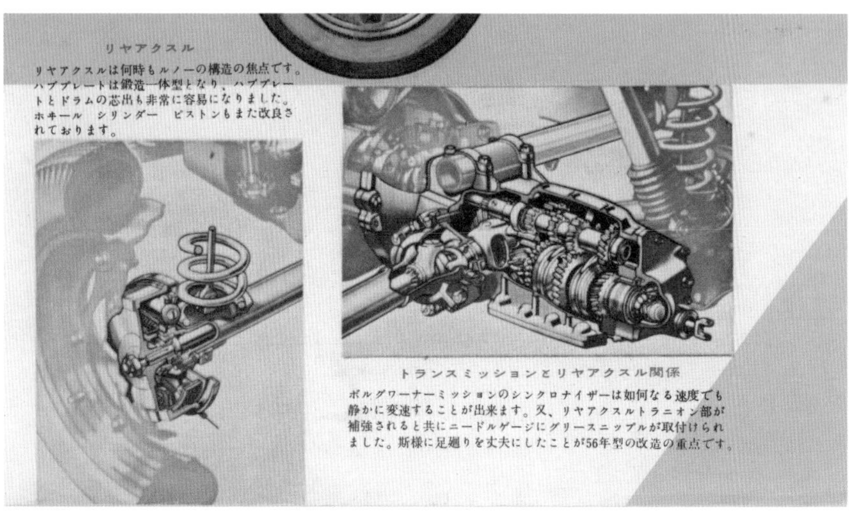

リヤアクスル
リヤアクスルは何時もルノーの構造の焦点です。
ハブプレートは鍛造一体型となり、ハブプレートとドラムの芯出も非常に容易になりました。
ホキール　シリンダー　ピストンもまた改良されております。
トランスミッションとリヤアクスル関係
ボルグワーナーミッションのシンクロナイザーは如何なる速度でも静かに変速することが出来ます。又、リヤアクスルトラニオン部が補強されると共にニードルゲージにグリースニップルが取付けられました。斯様に足廻りを丈夫にしたことが56年型の改造の重点です。

サスペンションやトランスミッションなど車体構造についても、同様に精密な写真やイラストを用いて解説している。

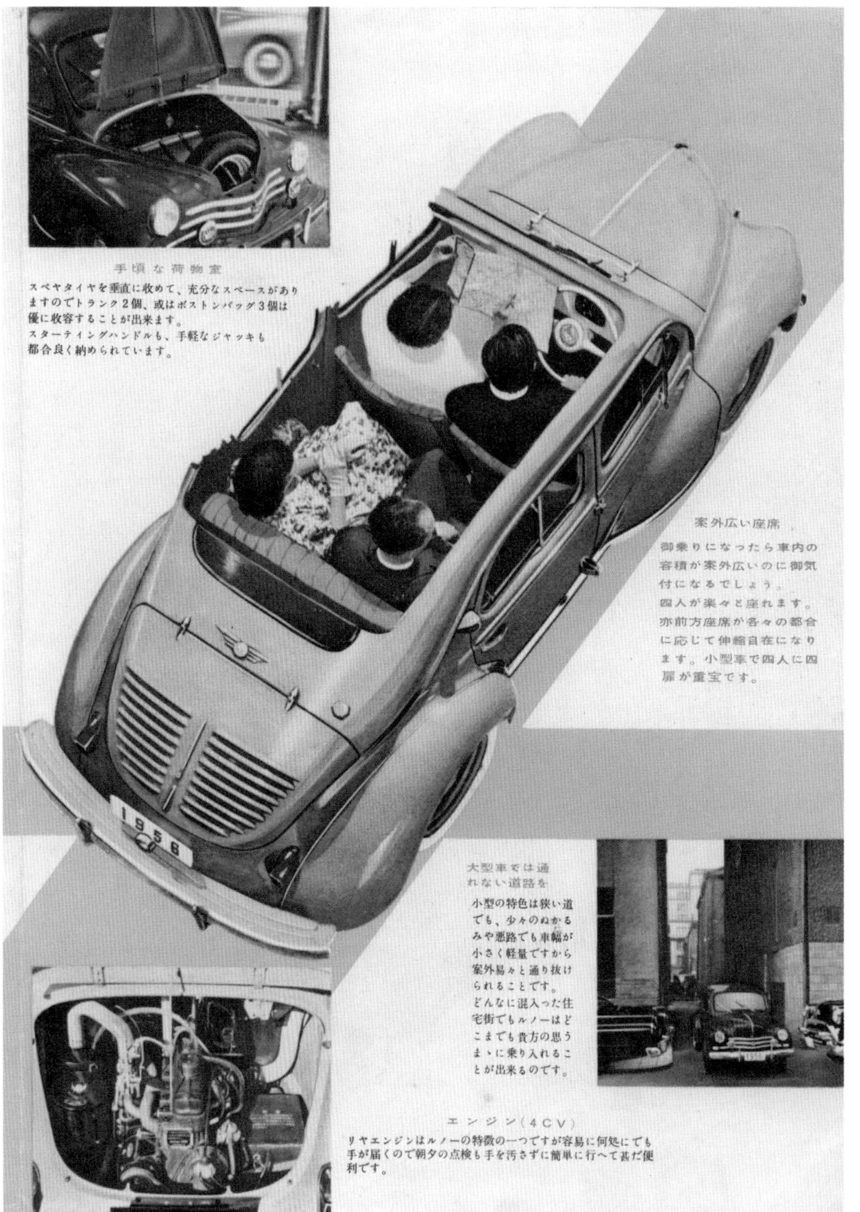

手頃な荷物室
スペヤタイヤを垂直に収めて、充分なスペースがありますのでトランク2個、或はボストンバッグ3個は優に収容することが出来ます。
スターティングハンドルも、手軽なジャッキも都合良く納められています。

御乗りになったら車内の容積が案外広いのに御気付になるでしょう。

大型車では通れない道路を
小型の特色は狭い道でも、少々のぬかるみや悪路でも車幅が小さく軽量ですから案外易々と通り抜けられることです。
どんなに混入った住宅街でもルノーはどこまでも貴方の思うまゝに乗り入れることが出来るのです。
エンジン（4CV）
リヤエンジンはルノーの特徴の一つですが容易に何処にでも手が届くので朝夕の点検も手を汚さずに簡単に行へて甚だ便利です。

このページの中央には、天井をカットした薄いグリーンのルノーの写真を載せ、“案外広い座席”というユニークな説明文と共に、“四人が楽々と座れます”と誇らしげに述べている。続いて、“小型車で四人に四扉が重宝です”とも述べている。さらにトランク２個ないしボストンバッグ３個を優に収容できる荷物室(トランクとは書かれていない）の説明がある。ルノーは４ドアのため、タクシーとして重宝され、都内ではたくさん使われていたようだ。もっとも、筆者の住む島根県ではルノーのタクシーを見ることはなかった。

“御家庭に、ビジネスに、タクシーに”というキャッチコピーとともにボディカラーを説明、薄いグリーン、グリーン、ブルーそして深いレッドの４色の中から選択が可能と述べている。そして“ルノーの色彩はパリーの流行色から……”と、おしゃれなイメージを強調する文章が続く。また日本の小型車の寸法に合わせるため（小型タクシーの規格に合わせるためとも言われている）、バンパーをせり出し全長を伸ばしている。

御家庭に
ビジネスに
タクシーに
ルノーの色彩はパリーの流行色から……
御愛用になるルノーの色は必ずお気に召す様絶へず工夫に努めています
お安くて良い車
1956
全国に完璧なるサービス網と、豊富な部品が配置してあります

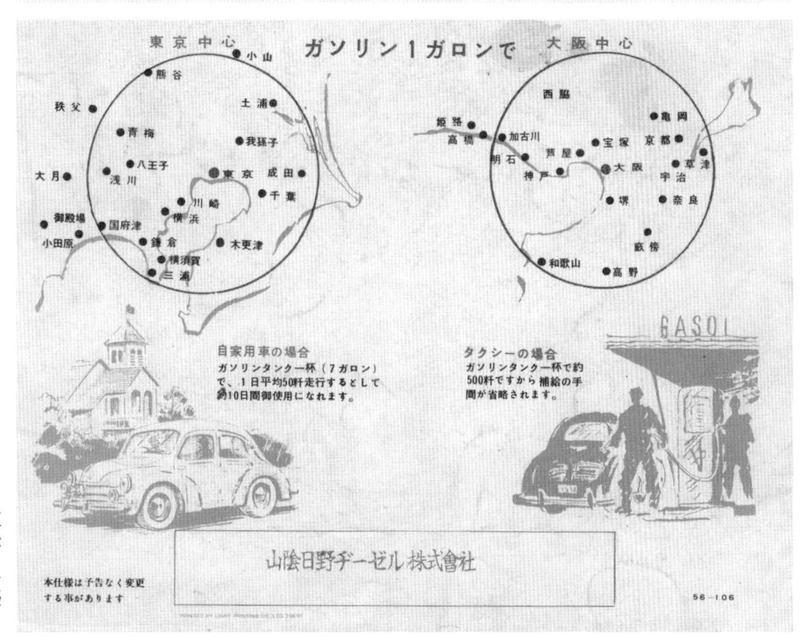

1ガロン（1ガロンは英国の換算方式で約4.55リットル、アメリカでは約3.79リットル、日本はアメリカのものを採用している）でどこまで走れるか、東京を中心にすると北は熊谷、南は三浦まで走行が可能だと地図を用いて説明している。それに加えて、大阪を中心とした地図も載せて、ルノーの優れた経済性を強調している。

2 日産ダットサン（110型）

1955年発売。戦前に誕生したメーカー、ダットサンの戦後第1号が110型。後継の210型は豪州一周ラリーに出場し、クラス優勝を果たす。

1911年4月、橋本増治郎氏によって、日産自動車のルーツとなる快進社自働車工場が東京に設立されました。設立にあたっては、田健治郎、青山禄郎、竹内明太郎の3氏からの出資を受けて、開発した車の名称については、三者の頭文字を取ってダット（DAT）号と名付けたと社史に書かれています。

その後、1926年には合併により、ダット自動車製造となりました。1931年には、ダットの「息子」という意味の命名をされたダットソン（DATSON）が完成しましたが、翌32年には、ダットサン（DATSUN）に車名変更しています。「ソン」だと「損」につながり縁起が良くないので、太陽を表す「サン」に変えたと言われています。

このように、戦前からの長い歴史を持つダットサンですが、ダット号誕生から約40年の時を経た1955年1月、本格的な国産乗用車としてダットサン110型が装い新たにデビューしました。スタイリングは、日本の自動車デザイナーの草分けとして有名な佐藤章蔵氏が手がけられました。

ダットサン110型は、1955年の第2回全日本自動車ショウにも出品され、高い評価を受けました。同年同月にトヨペット・クラウンが発売されたこともあり、1955年は、日本が世界的な自動車生産国となる礎を築いた記念すべき年となりました。

その後、110型は210型（ダットサン1000セダン）にモデルチェンジ、エンジンもC型988ccに換装されました。

このカタログは非常に貴重なものと、筆者は思っています。110型は1955年1月に発売されましたが、同年12月には112型に代わったため、正味1年限りのモデルだったからです。この約1年ほどの間に生産されたダットサン110型については、静岡県の吉原工場で製造された分は関東以北向けのA110型、名古屋の新三菱重工業での製造分は中部・関西以西向けの110型と振り分けられていました。名古屋でつくられたものは、ルーフの後ろに雨どいがまわっており、俗に「鉢巻き」と呼ばれていました。筆者が所有する110型のカタログには鉢巻が巻かれていませんから、おそらく静岡県の吉原工場製だと考えられます。

ちなみに、このカタログは島根県で入手したものなので、島根では静岡でつくられた車、A110型が流通していたと想像されます。こんな風に、カタログの写真から車の歴史について調べて考え始めると、なかなか奥が深いものがあります。その上、私の手許にあるカタログでは、全長、車幅等の表示がmmではなく、漢字表記の「粍」になっています。これも、時代を感じさせて、古いカタログには興味が尽きません。

DATSUN
最新の機構·近代的なスタイル
ダットサン110型セダン

「鉢巻き」のない吉原工場製とみられる写真を使った西日本向け110型のカタログ。

車　名	日産ダットサン
形式・車種記号	110型
全長×全幅×全高（mm）	3860×1466×1540
ホイールベース（mm）	2220
トレッド前×後（mm）	1186×1180
最低地上高（mm）	162
車両重量（kg）	890
乗車定員（名）	4
燃料消費率（km/l）	19
最高速度（km/h）	79
登坂能力	1/2.4
最小回転半径（m）	5.2
エンジン形式	D-10型
種類、配列気筒数、弁型式	4サイクル水冷側弁式直列4気筒
内径×行程（mm）	60×76
総排気量（cc）	860
圧縮比	6.5：1
最高出力（馬力/rpm）	25/4000
最大トルク（kg・m/rpm）	5.1/2400
燃料・タンク容量（ℓ）	32.5
トランスミッション	前進4段後退1段　第2,3,4速シンクロメッシュ
ブレーキ	足　油圧式内拡4輪制動
	手　横桿式内拡後2輪制動
タイヤ	5.00-15　4プライ
カタログ発行時期（年）	1955

新ダットサン110型セダンは完全
に新しい構想のもとに設計され、数
年来の研究試験の成果を結集して生れ
た真の意味の国産小型済経車です　その
近代的なスタイルに加えて変速機、差動装
置、スプリング等の画期的な新機構の採用に
より操縦性能は著しく向上し、居住性、耐久性、
経済性、実用性の点でも完全に他車に類を見ない
最高水準を行く小型乗用車です　全国津々浦々に
至る迄、大小良悪凡ゆる状況の路面に於て常に最良
の性能を発揮する此の新ダットサン110型セダンを
心から皆様におすすめ致します
DATSUN
理想的な

この車のフロントグリルには、クロームメッキされたバーが2本、水平に走っている。このフロントグリルは、ダットサン110型の大きな特徴のひとつだった。これに対して、のちの112型や113型では、フロントグリルがハーモニカ型となり、両側のフェンダー上部にはスモールライトが付いていた。

また解説には、“新ダットサン 110型セダンは完全に新しい構想のもとに設計され、数年来の研究試験の成果を結集して生れた真の意味の国産小型済経車です。（中略）又全部品が完全にプレス化されている為ボディー表面のハイライトに乱れがなく仕上がりも非常に美麗です。”（原文のまま）と誇らしげに述べている。

小型車乍ら大型車なみの乗り心地を持つ新ダットサン110型セダンの運転席の居住性の良さはハンドルをとつて初めて味えるものです。エンジンが前進した為室内のスペースは飛躍的に増し、運転姿勢は非常に楽になりました。視界満点のウインド・シールド、ゆつたりと広く、しかもフォームラバーを使用した快適なクッションのシート、操作の容易な位置にある諸操縦装置等新ダットサンの誇る点は枚挙にいとまがありません。プッシュボタン式で軽く、しかも大きく開くドアも又新ダットサンの特長です。

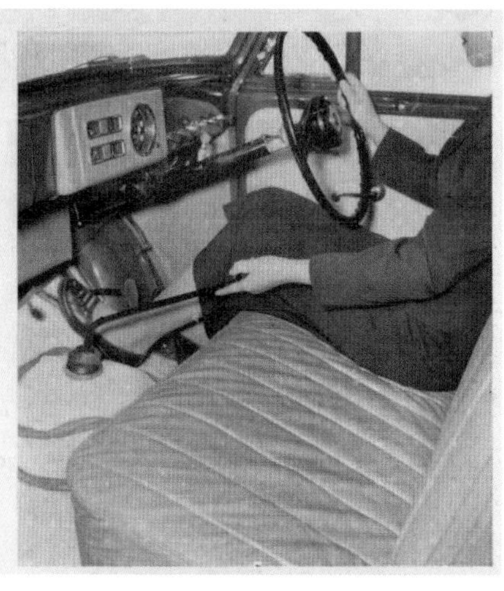

床から長く伸びたフロアシフトのレバーを操作する女性の写真を載せている。メータークラスターは長方形で、ダッシュボードから少し突き出たパネルの上に置かれ、中央に配置されていた。右には円形のスピードメーター、左には4つの小さな四角いメーターが並んでいる。このメータークラスターのレイアウトは、後のモデルのものとはまったく異なり以後のモデルでは、メータークラスターがステアリングホイールの真正面に置かれ、中央に円形の大きなスピードメーター、その左右に二つずつ小さな角型のメーターを縦に配置するというレイアウトになっていた。ちなみに、112型以降は、フロアシフトからコラムシフトに変わっている。

新ダットサン110型セダンの客室も又大型車なみにゆつたりとしています、ハイポイド　ギヤーの採用により床面がおちた為室内高に余裕が出来、又フル・フェンダー型式ボディーの結果車幅が拡張され、小型車としては驚く程ゆつたりした室内スペースが得られました。ホイールベースの延長によりシートが後車軸前方の所謂コンフォート・ゾーンに位置出来たことと、バームロック入りのシート・バック及びフォームラバー入りのシートによるクッションの良さはシャシー　スプリングの性能の向上と相まつてどんな悪路でも乗心地は満点です。プッシュ　ボタン式で軽くしかも大きく開くドアやドアの内側のアームレストも又新ダットサンの特長です。

カタログでは、ハイポイド ギヤー（原文のまま。［傘歯車］のこと）の採用により床面が下げられて室内に余裕ができ、“小型車としては驚く程ゆったりとした室内スペースが得られました”と説明している。さらに、ホイールベースも前モデルよりも延長された結果、スプリング性能の向上と相まって“乗心地は満点です”と謳っている。

当時の車はほとんどが、フレーム構造だったため、ボディを除いてエンジンを搭載したシャシーの写真を載せ、“理想的なダットサンシャシー”の見出しとともに、各部の内部構造の特徴や構造などを詳細に解説している。

○最も楽な姿勢で運転ができ、軽く、戻りやすく、意匠の近代的なハンドル
○軽くて、良く効くブレーキペダル
○燃料消費率が15%以上向上した新型カーブレター
○路面のショックを完全に吸収するショックアブソーバー及びスタビライザー
○軽く、しかも曲げや捩れに強いリヤーアクスル　チューブと調整容易なバンジョー型ハウジング
○静粛円滑で、かつ合理的な変速比を持つ前進4段シンクロメッシユ式のトランスミッション
○軸受性能極めて良好なバビット・メタル鋳込の鋼製コネクチング・ロッド
○32.5立（8.5ガロン）入りの大きな容量のガソリン　タンク
○操舵が軽く確実で、小まわりのきくウォーム・ローラー式のステアリングギヤー
○エンジンの振動がボディーに全く伝わらない弾性支持を採用したエンジン　マウンティング
○曲げに対する強さは従来の2.5倍、捩り剛性は20倍以上になつた全熔接梯子型箱型断面のシャシーフレーム
○クッションが良く、耐久性強い5.00-15-4プライのバルーン　タイヤ
○ボディーフロントを完全にカバーしている強靱なバンパー
○静粛・円滑で寿命の長いニードル・ローラー入りスパイサー型ユニバーサル　ジョイント
○剛性高く、安全性が著しく向上した新フロント・アクスル
○国産車として最初に採用された最高の伝導効率を誇るハイポイド　ベベル　ギヤー
○伝動容量を増し、作動が非常に円滑に又耐久性の向上した新型クラッチ
○路面のショックを完全に吸収するショックアブソーバー
○クッションが良く、強靱な平行半楕円型スプリング
な ダットサン シャシー

右は下の寸法図を拡大して、各寸法等をより見やすくして掲載。

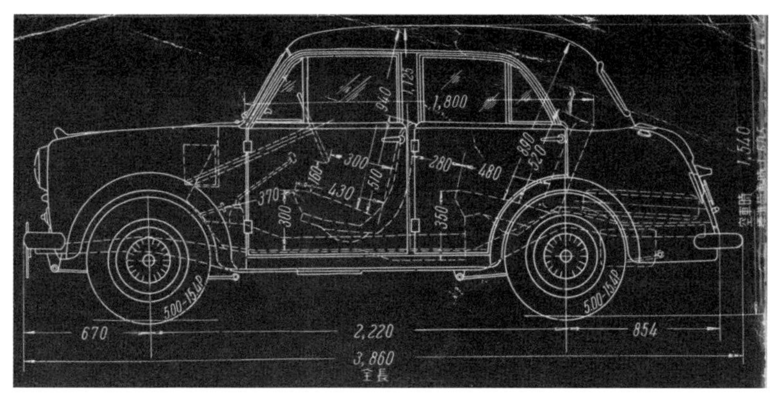

ダットサン 110型セダン仕様書

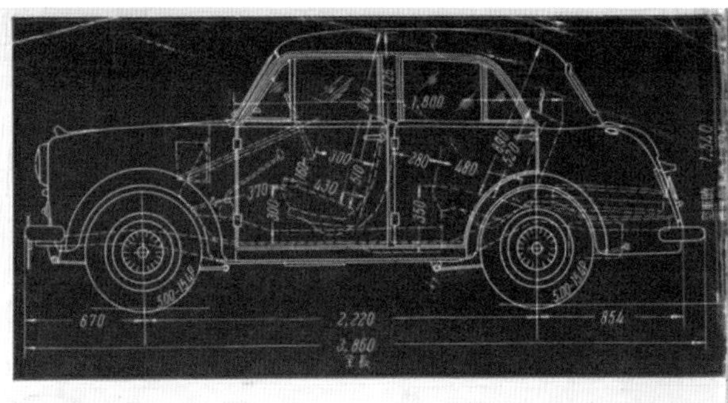

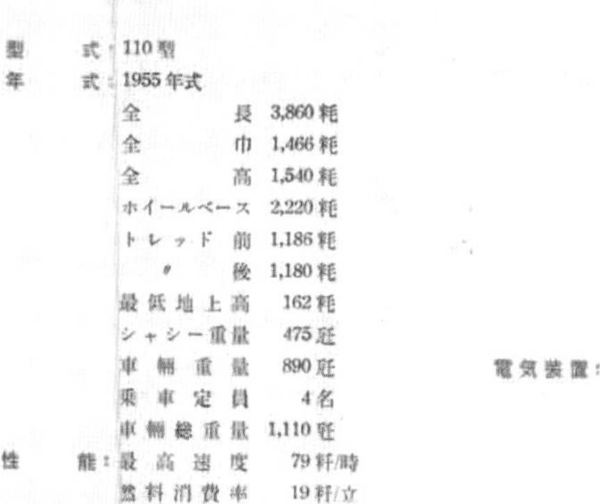

型　　式：110型
年　　式：1955年式

全　長 3,860粍
全　巾 1,466粍
全　高 1,540粍
ホイールベース 2,220粍
トレッド　前 1,186粍
〃　後 1,180粍
最低地上高 162粍
シャシー重量 475瓩
車輛重量 890瓩
乗車定員 4名
車輛総重量 1,110瓩

性　　能：最高速度 79粁/時
燃料消費率 19粁/立
登坂能力 1/2.4
最小回転半径 5.2米
制動距離 6.0米

エンジン：名　称 D-10型
型　式 4サイクル水冷側弁式
シリンダー配列及数 直列4気筒
シリンダー直径×行程 60×76(粍)
総排気量 860 c.c.
圧縮比 6.5：1
最大馬力 25馬力(毎分4,000回転)
最大トルク 5.1瓩・米(毎分2,400回転)

潤滑装置：方　式 強制及飛沫式
オイル・ポンプ 歯車ポンプ
オイル・フィルター 綿糸式
油　量 2.0立

燃料装置：カーブレター ソレックスVA-26-2型
エヤー・クリーナー 油槽式
フューエル・ポンプ 機械式ダイヤフラム・ポンプ
ガソリン・タンク容量 32.5立

冷却装置：方　式 水冷圧力循環式
ウォーター・ポンプ 渦巻ポンプ
ラジエーター マッコード型
冷却水容量 5.8立

電気装置：点火方式 蓄電池及コイル式
進角装置 ガバナー式自動進角装置
プラグ NGK-MB-50(14粍)
ジェネレーター型式 日立ICA-SCRD及三菱DF-N
〃　出力 7V　175W
発電方式 自動電圧調整式
セルモーター型式 日立BA-HRD及三菱MA-BRM
〃　出力 6V-0.6H.P
バッテリー型式 1MA型
電圧容量 6V-80A.H.

クラッチ：型　式 乾燥単板式
フェーシング外径 184粍

トランス・ミッション：型　式 前進4段、後退1段
第2,3,4速シンクロメッシュ
変速比 第1速 4.94：1
第2速 3.01：1
第3速 1.73：1
第4速 1.00：1
後退 6.46：1

リヤー・アクスル：型　式 半浮動式
ハウジング型式 バンジョー型
歯車型式 ハイポイド・ギヤー
減速比 6.43：1

フロント・アクスル：型　式 I字型断面逆エリオット式

操向装置：型　式 ウォーム・ローラー式
歯車比 19.6：1

スプリング：前　型式 平行半楕円式（ショックアブソーバー付）
長×巾×厚(粍)－枚数 950×45×5―6
後　型式 平行半楕円式（ショックアブソーバー付）
長×巾×厚(粍)－枚数 1,100×45×5―7
スタビライザー型式 トーションバー式

ブレーキ：足ブレーキ 油圧式内拡4輪制動
手ブレーキ 槓桿式内拡後2輪制動

フレーム：型　式 全熔接箱型断面梯子型
高×巾×厚(粍) 110×50×3.2

車　輪：ディスク型
タイヤ：5.00―15　4プライ
灯　火：前照灯2個、駐車灯兼方向指示灯2個、停止灯兼方向指示灯2個、尾灯兼番号灯1個
計器盤：速度計兼距離計、燃料計、油圧計、電流計、水温計、方向指示警告灯、エンジンスイッチ、点灯用釦、チョーク釦、スロットル釦、スターター釦、小物戸棚
附属品：後面鏡、連動式電気ワイパー2個、ツール1組、予備ホイール1個

本仕様書は予告なく変更することがあります。

5D-CS-16D-2

特約販売店

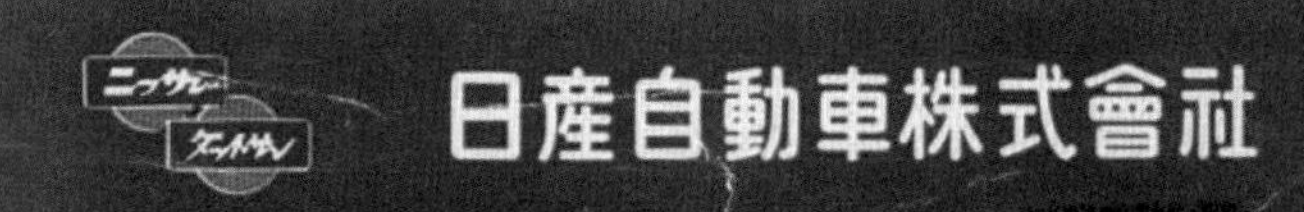

ニッサン
ダットサン
日産自動車株式會社

詳しい仕様書のページの右上には、ダットサン 110 型セダンの側面寸法図を添えている。

3 日産オースチン A50 ケンブリッジ

**英国オースチン社と技術提携し、年間2000台規模で
ノックダウン（KD）生産された乗用車。英国車らしい気品あるスタイルが特徴。**

戦後、GHQ よって日本の自動車生産は制限されていましたが、1949 年 10 月にようやく全面的に解除となりました。

この中断は、わずか 4 年とはいえ、日本の自動車産業にとっては大きな痛手となりました。そこで政府は、将来を見据えて、生産や設備に関する技術やノウハウを吸収するために、海外メーカーとの技術提携を進めました。まず 1952 年に日産自動車が英国のオースチンと、1953 年にはいすゞ自動車が英国のルーツモーターズ、日野自動車はフランスのルノー公団という具合に、各メーカーが次々と提携しました（トヨタ自動車は純国産を追求する独自路線でした）。

日産自動車は、オースチンから年間 2000 台分の乗用車の部品を輸入して、日本での組み立てを開始しました。早くも 1953 年 4 月には、日産製の「A40 サマーセットサルーン」1 号車が神奈川県の鶴見工場で組み立てられました。A40 型の場合は、当初、国産部品はガラス、バッテリー、タイヤなどわずかでしたが、徐々に国産化が進みました。1955 年から生産が始まった A50 型では、初期から国内調達部品が 200 点以上になり、1956 年 8 月には全部品が日本製となり、完全国産化が達成されました。

オースチンは日産自動車として戦後初めて、一貫生産（輸入部品と国産部品）の完全プレスボディーを実現した車です。ちなみに、日産自動車における純国産車の完全プレスボディーは、1955 年 1 月に誕生したダットサン 110 型が最初です。

当時の日産自動車は、比較的大きなオースチンと小型のダットサンという二本の柱で、乗用車のラインナップを構成していました。

AUSTIN
A50 CAMBRIDGE
優雅なスタイル
優れた性能
高い実用性

表紙には、“優雅なスタイル、優れた性能、高い実用性”のキャプションとともに、高級車という車格を意識してか、石畳の上に停まるブルーのボディに白いルーフを付けたツートンカラーのデラックス（カタログの中ではデラックスサルーンと表記）の写真を載せている。

オースチンは、英国車らしい気品あるスタイルを誇り、両側フェンダーの先端にある小さなライトなど、いかにも英国生まれを感じさせました。

当初は、5 人乗りのセダンでしたが、1957 年 7 月発売のモデルから定員が 6 名となり、乗り心地や後方視界に関する改良もされています。

オースチン A50 ケンブリッジデラックスは、当時の日産では最高級乗用車でした。

筆者には、子供のころ、オースチン A50 ケンブリッジデラックスが隣町の町長専用車として使われていた記憶があります。黒塗りで、サイドに上品なクロームを付けた車が、庁舎の前に停まっていました。

オースチン A50 ケンブリッジデラックスに対して日産は社運を賭けて力を入れ、「一本のボルトからボディまで完全な国産車」、「ラジオ・時計・ヒーター付きの高級車」と謳って、日産自動車として広告を出していました。約 7 年間の技術提携で得た様々な経験は大きな財産となり、後にベストセラーカーとなったブルーバードや高級乗用車セドリックを生み出し、「技術の日産」を築き上げる基盤となりました。

車　名	日産オースチンA50ケンブリッジ　デラックス
形式・車種記号	—
全長×全幅×全高（mm）	4120×1580×1570
ホイールベース（mm）	2520
トレッド前×後（mm）	1220×1240
最低地上高（mm）	180
車両重量（kg）	1085
乗車定員（名）	6
燃料消費率（km/l）	—
最高速度（km/h）	128
登坂能力	0.3856%
最小回転半径（m）	5.5
エンジン形式	1H
種類、配列気筒数、弁型式	4サイクル水冷頭上弁式直列4気筒
内径×行程（mm）	73×89
総排気量（cc）	1500
圧縮比	7.2：1
最高出力（馬力/rpm）	50/4400
最大トルク（kg・m/rpm）	10.2/2100
燃料・タンク容量（ℓ）	37
トランスミッション	前進4段後退1段　第2,3,4速シンクロメッシュ
ブレーキ	足　油圧式全4輪制動
	手　機械式後2輪制動
タイヤ	5.60-15-6P
カタログ発行時期（年）	1955-

オースチン A50 と砂浜にパラソルを立て男女が談笑しているシーンとともに、隣のページでは 6 人がゆったりと座っているイラストを載せ、この車が 6 人乗りであることを強調しているのだろう。

赤いボディに白いルーフを持つツートンカラーのデラックスのイラストと同じく、赤と白を基調としたいかにも英国車らしい上質な室内のイラストを載せて、“「動くサロン」とでも云える雰囲気です”を説明している。本カタログはボディカラーについては特に力を入れていて、緑、赤、青のボディに白いルーフを組み合わせた 3 種類のツートンカラーのモデルに加えて、深いブルーのモノトーンモデルの写真も載せていた。

芝生をイメージさせる緑色の地にスタンダードモデルのイラスト。オースチン A50 スタンダードのボディカラーは黒に近いグレーで、室内のカラーについても、ベージュやグレーを組み合わせた落ち着いた配色を用いていた。スタンダードは、デラックスとは異なるモノトーンのボディカラーだった。

定評あるオースチン
A50
A50の高い実用性

トランクリッドを開けて、トランクの広さをカラー写真で示すなど、装備などについて解説。換気システムについても、イラストを用いて、ボンネットのエアインテークから取り入れられた外気の車内までの流れを詳しく説明している。エアインテークは、ボンネット上部に付けられているオースチンのエンブレム（フライングA）の下に配置されており、上品で洒落た雰囲気を醸し出していた。

50馬力エンジンのカットモデルをカラーイラストで示し、信頼性と高性能に加えて点検修理も容易だと紹介。サスペンションについては、フロントのコイルスプリングとリアの半楕円型リーフスプリングが、それぞれ油圧式複動ショックアブソーバーと組み合わされることで、快適な乗り心地を実現していると説明している。

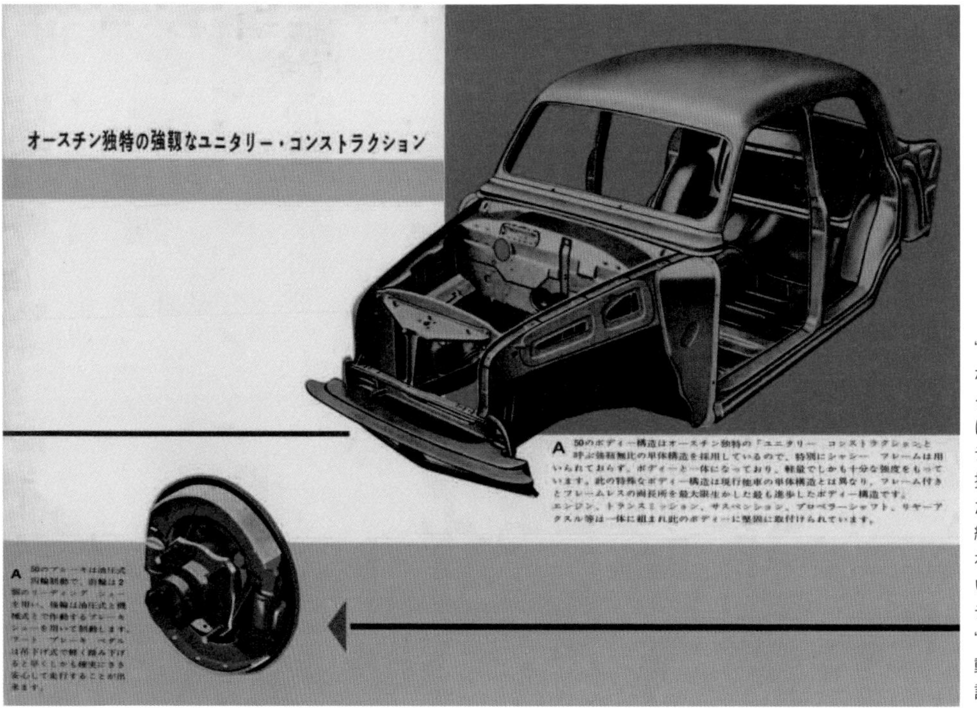

“オースチン独特の強靭なユニタリー・コンストラクション”と称するボディは、フレームを用いず、ボディにフレームの機能を持たせた一体構造であった。後のセドリックに引き継がれたことは、よく知られている。ブレーキについては“前輪は2個のリーディングシュー”、後輪は“油圧式と機械式とで作動するブレーキシュー”と説明されている。

透視図で車全体の構造を説明。“バランスの優れたオースチンの各部構成”のタイトルとともに、“温度調節自在のカー・ヒーター、前進４段シンクロメッシュ式トランスミッション、変速が早くて楽なリモートコントロール式変速レバー”など、実に22の項目について各部を紹介している。

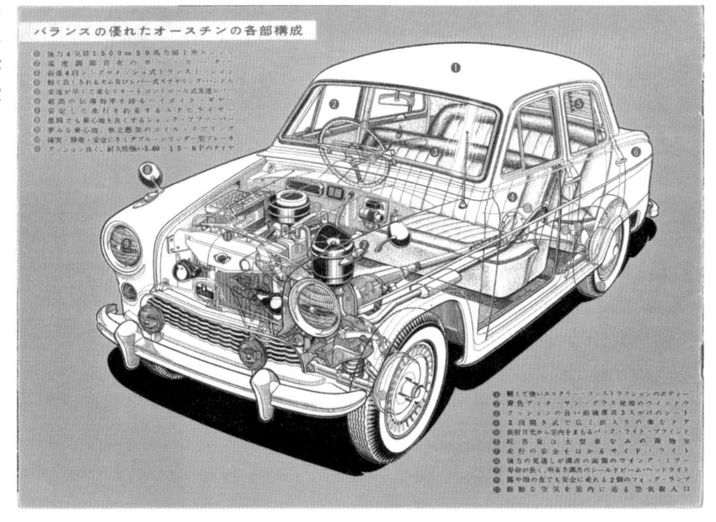

このオースチン 四面図では、“此の図面はデラックスサルーンですが、スタンダードサルーンも寸法は同じです”と注意書きされており、デラックスの車両重量が35kg重く1415kgだった以外は同寸法であったことがわかる。

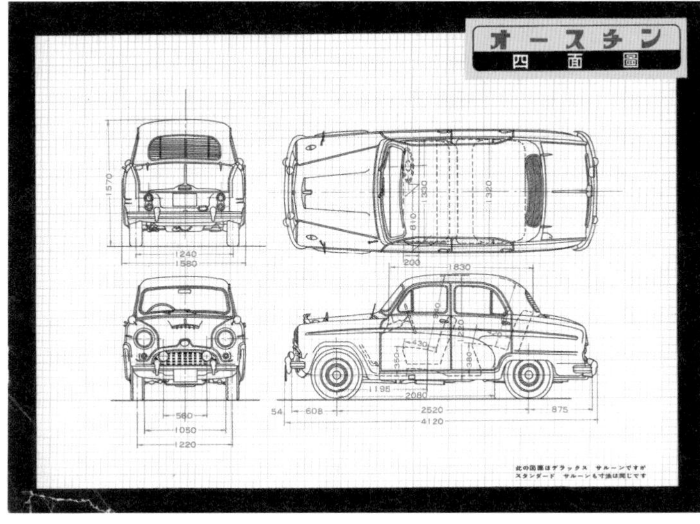

オースチンA50のデラックスとスタンダードの仕様書。

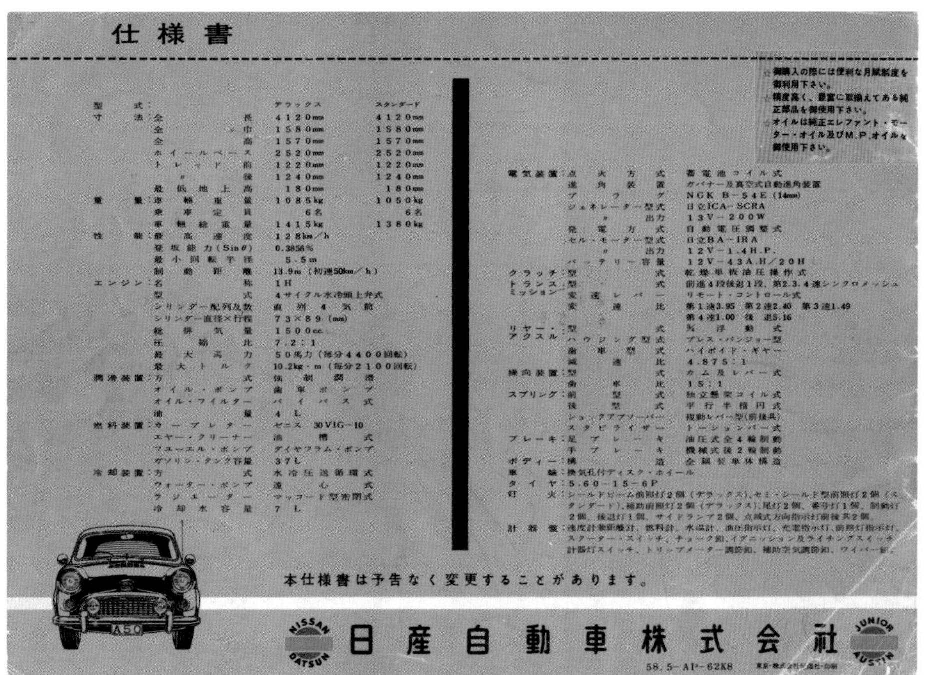

仕様書

		デラックス	スタンダード
型式：			
寸法：	全長	4120mm	4120mm
	全巾	1580mm	1580mm
	全高	1570mm	1570mm
	ホイールベース	2520mm	2520mm
	トレッド前	1220mm	1220mm
	〃後	1240mm	1240mm
	最低地上高	180mm	180mm
重量：	車輌重量	1085kg	1050kg
	乗車定員	6名	6名
	車輌総重量	1415kg	1380kg
性能：	最高速度	128km／h	
	登坂能力（Sinθ）	0.3856％	
	最小回転半径	5.5m	
	制動距離	13.9m（初速50km／h）	
エンジン：	名称	1H	
	型式	4サイクル水冷頭上弁式	
	シリンダー配列及数	直列4気筒	
	シリンダー直径×行程	73×89（mm）	
	総排気量	1500cc.	
	圧縮比	7.2：1	
	最大馬力	50馬力（毎分4400回転）	
	最大トルク	10.2kg・m（毎分2100回転）	
潤滑装置：	方式	強制潤滑	
	オイル・ポンプ	歯車ポンプ	
	オイル・フイルター	バイパス式	
	油量	4L	
燃料装置：	カーブレター	ゼニス 30VIG−10	
	エヤー・クリーナー	油槽式	
	フユーエル・ポンプ	ダイヤフラム・ポンプ	
	ガソリン・タンク容量	37L	
冷却装置：	方式	水冷圧送循環式	
	ウォーター・ポンプ	遠心式	
	ラジエーター	マッコード型密閉式	
	冷却水容量	7L	

☆御購入の際には便利な月賦制度を御利用下さい。
☆精度高く、豊富に取揃えてある純正部品を御使用下さい。
☆オイルは純正エレファント・モーター・オイル及びM.P.オイルを御使用下さい。

電気装置：	点火方式	蓄電池コイル式
	進角装置	ガバナー及真空式自動進角装置
	プラグ	NGK B−54E（14mm）
	ジェネレーター型式	日立ICA−SCRA
	〃出力	13V−200W
	発電方式	自動電圧調整式
	セル・モーター型式	日立BA−IRA
	〃出力	12V−1.4H.P.
	バッテリー容量	12V−43A.H／20H
クラッチ：	型式	乾燥単板油圧操作式
トランスミッション：	型式	前進4段後退1段、第2.3.4速シンクロメッシュ
	変速レバー	リモート・コントロール式
	変速比	第1速3.95 第2速2.40 第3速1.49 第4速1.00 後退5.16
リヤー・アクスル：	型式	¾浮動式
	ハウジング型式	プレス・バンジョー型
	歯車型式	ハイポイド・ギヤー
	減速比	4.875：1
操向装置：	型式	カム及レバー式
	歯車比	15：1
スプリング：	前型式	独立懸架コイル式
	後型式	平行半楕円式
	ショックアブソーバー	複動レバー型（前後共）
	スタビライザー	トーションバー式
ブレーキ：	足ブレーキ	油圧式全4輪制動
	手ブレーキ	機械式後2輪制動
ボディー：	構造	全鋼製単体構造
車輪：	換気孔付ディスク・ホイール	
タイヤ：	5.60−15−6P	
灯火：	シールドビーム前照灯2個（デラックス）、セミ・シールド型前照灯2個（スタンダード）、補助前照灯2個（デラックス）、尾灯2個、番号灯1個、制動灯2個、後退灯1個、サイドランプ2個、点滅式方向指示灯前後共2個。	
計器盤：	速度計兼距離計、燃料計、水温計、油圧指示灯、充電指示灯、前照灯指示灯、スターター・スイッチ、チョーク鈕、イグニッション及ライチングスイッチ計器灯スイッチ、トリップメーター調節鈕、補助空気調節鈕、ワイパー鈕。	

本仕様書は予告なく変更することがあります。

NISSAN DATSUN 日産自動車株式会社 JUNIOR AUSTIN

58.5−AI²−62K8

4 富士重工業スバル 360

名エンジニア百瀬晋六氏が中心となり開発した名車。市販第1号車の購入者は松下幸之助。横綱・吉葉山も所有し、広い居住空間がアピールされた。

スバル（昴）という日本名を持つこの車は、日本の自動車史に残る名車です。2016 年には、ホンダの CVCC（複合渦流調速熱焼方式）エンジン、マツダの 10A 型ロータリーエンジンなどに続き、日本機械学会の「機械遺産」に認定されています。

1955 年の 5 月に通産省から国民車育成要綱案が出され、同年 12 月に、名エンジニアとして知られた百瀬晋六氏を中心に開発がスタートしました。日本語で六連星を意味するスバルという車名は、富士重工業（後の SUBARU）の初代社長北謙治氏の決定によります。

ところで富士重工業はスバル 360 を発売する前に「すばる 1500（P-1）」という小型車の開発を進めていました。しかし発売は時期尚早との判断などの理由により、わずかの台数がつくられたのみで生産は終了、まぼろしの車となり、一部が試験的に販売されただけでした。

スバル 360 は、その後 1957 年 4 月になって苦心の末に試作車第 1 号車が完成しました。発表は、東京タワーや国立競技場の完成、関門トンネル（国道 2 号）の開通などがあった 1958 年の 3 月で、発売時の価格は 42 万 5000 円でした。

市販第一号車の購入者は、松下電器創業者の松下幸之助氏であり、横綱の吉葉山も初期からのオーナーでした。当時、富士重工業は、体の大きな横綱が乗車しようとしている写真を使って、軽自動車の中でも広い居住空間があると、積極的に広報活動を展開していました。

ところでスバル 360 を作った富士重工業は、中島知久平氏によって 1917 年創業された伝統ある飛行機研究所（中島飛行機株式会社の前身）を母体として生まれています。

そのためかスバル 360 は、航空機メーカーによってつくられたドイツのメッサーシュミットや BMW イセッタなどの小型車と同様、徹底的な軽量化や限られた寸法内での居住スペースの有効な確保などの点で相通じるところがあります。

特徴あるスバル 360 の乗り心地の良さは、トーションバーとコイルスプリングを組み合わせたダブルクッションによるもので、やわらかく安定して、“スバルクッション”として有名でした。

スバル 360 は 1959 年 9 月にコンバーチブル、12 月には両サイドのリア・ウインドーを外側に倒すことができるコマーシャル、翌年 10 月には小型車登録となるスバル 450 を発売するなどして、ラインナップを充実させていきました。

それまでは“高嶺の花であった自動車”が、初めて庶民の手に届く“国民車”と言える車となったのがこのスバル 360 でしょう。

こうして、人々に車を所有する夢を実現したスバル 360 は、今も多くの人々の心に刻まれています。

“モデルチェンジはありませんが、機能や装備にいくつもの優れた改良がくわえられた新しいスバル”と謳われた 1965 年のカタログ。1970 年に生産が終了した。

車　名	富士重工業スバル360スタンダード
形式・車種記号	—
全長×全幅×全高 (mm)	2996×1300×1360
ホイールベース (mm)	1800
トレッド前×後 (mm)	1140×1060
最低地上高 (mm)	170
車両重量 (kg)	405
乗車定員 (名)	4
燃料消費率 (km/l)	28
最高速度 (km/h)	100
登坂能力 (sinθ)	0.30 (17.5°)
最小回転半径 (m)	4
エンジン形式	—
種類、配列気筒数、弁型式	強制空冷2サイクル直列2気筒
内径×行程 (mm)	61.5×60
総排気量 (cc)	356
圧縮比	6.5
最高出力 (PS/rpm)	20/5000
最大トルク (kg・m/rpm)	3.2/3000
燃料・タンク容量 (ℓ)	25
トランスミッション	前進3段・後進1段
ブレーキ	足　油圧式4輪制動
	手　機械式後2輪制動
タイヤ	4.80-10-2P
カタログ発行時期 (年)	1965-1966

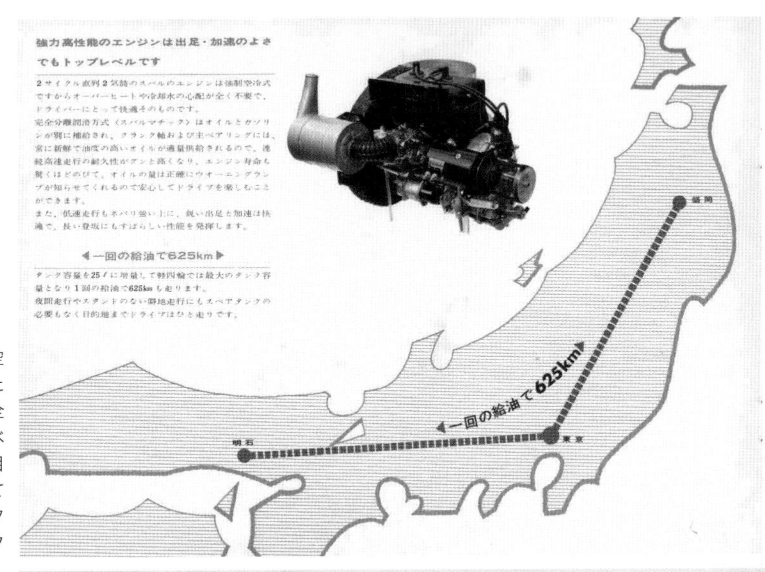

強力高性能のエンジンは出足・加速のよさでもトップレベルです

完全分離潤滑方式〈スバルマチック〉はオイルとガソリンが別に補給され、クランク軸および主ベアリングには、常に新鮮で油度の高いオイルが適量供給されるので、連続高速走行の耐久性がグンと高くなり、エンジン寿命も驚くほどのびて、オイルの量は正確にウオーニングランプが知らせてくれるので安心してドライブを楽しむことができます。
また、低速走行もネバリ強い上に、鋭い出足と加速は快適で、長い登坂にもすばらしい性能を発揮します。

夜間走行やスタンドのない僻地走行にもスペアタンクの必要もなく目的地までドライブはひと走りです。

エンジンに関しては、2サイクル直列2気筒の強制空冷でオーバーヒートや冷却水の心配がないと宣言したうえで、オイルとガソリンを別々に補給するという完全分離潤滑方式(スバルマチック)の特徴を詳細に述べている。続いて"1回の給油で625 km"の文字が目に入る。簡単な日本地図を用いて、東京を起点として東は盛岡、西は明石まで無給油で走行可能と述べ、"タンク容量を25ℓに増量して軽四輪では最大のタンク容量"であることも同時に強調する。

第2回日本グランプリのツーリングカーT・1 (400 cc以下)のクラスで1位2位を独占して優勝したことも誇らしげに述べられている。

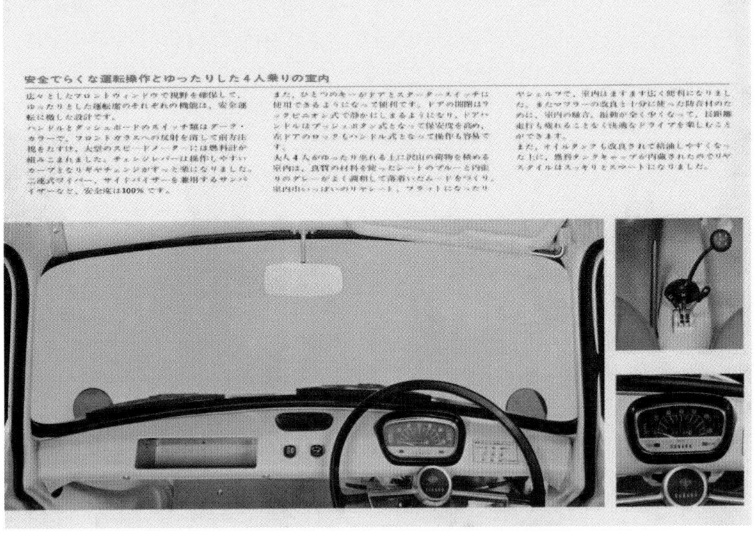

安全でらくな運転操作とゆったりした4人乗りの室内
広々としたフロントウィンドウで視野を確保して、ゆったりとした運転席のそれぞれの機能は、安全運転に徹した設計です。
ハンドルとダッシュボードのスイッチ類はダーク・カラーで、フロントガラスへの反射を消して前方注視をたすけ、大型のスピードメーターには燃料計が組みこまれました。チェンジレバーは操作しやすいカーブとなりギヤチェンジがずっと楽になりました。二速式ワイパー、サイドバイザーを兼用するサンバイザーなど、安全度は100%です。
また、ひとつのキーがドアとスタータースイッチに使用できるようになって便利です。ドアの開閉はラックピニオン式で静かにしまるようになり、ドアハンドルはプッシュボタン式となって保安度を高め、左ドアのロックもハンドル式となって操作も容易です。
大人4人がゆったり坐れる上に沢山の荷物を積める室内は、良質の材料を使ったシートのブルーと内張りのグレーがよく調和して落着いたムードをつくり、室内巾いっぱいのリヤシート、フラットになったリヤシェルフで、室内はますます広く便利になりました。またマフラーの改良と十分に使った防音材のために、室内の騒音、振動が全く少くなって、長距離走行も疲れることなく快適なドライブを楽しむことができます。
また、オイルタンクも改良されて給油しやすくなった上に、燃料タンクキャップが内蔵されたのでリヤスタイルはスッキリとスマートになりました。

このモデルでは、ハンドルとスイッチ類をダークカラーに統一することにより、フロントガラスへの反射を消したこと、スピードメーターの中に燃料計を組み込んでメーター機能を充実したことが説明されている。

ここでは、1つのキーでドアとスターターを共用できること、リアシートをフラット化して室内がさらに広くなったことなどに触れ、スバル360は基本スタイルを変えずに絶えず小改良を繰り返していることが強調されている。

スタンダード、デラックス、スーパーデラックスの 3 つのグレードをもつことをカラフルなモデルで紹介し、そして " 経済性も最高です " のタイトルとともに、自動車税は年 4500 円で小型車の 4 分の 1、燃料消費量は 28km/L 、また軽自動車には車検が不要なこと、オーナーになるには車庫証明もいらないことなど、ユニークな軽自動車の特典が述べられている。右のスーパーデラックスには、青い熱線吸収ガラスと特装ヒーター付きであった。

デラックスには 3 色のボディカラーが用意されており、室内はブルーとグレーのツートンカラーとなっている。フロントシートは、前後の調節に加えてリクライニングもできた。ホワイトリボンタイヤも標準装備されている。

スバル 360 デラックスには、クラッチペダルのない電磁制御装置により動力を伝達する、オートマチックトランスミッション付きのモデルが用意されていた。解説には、" エンストやノッキングがないので、ムダな神経をつかわずにすみスイスイと運転を楽しむことができます " とある。右のオーバートップ付スバル 360 デラックスでは、副変速機を用いれば前進 6 段変速も可能であり、オーバートップでは最高速度や騒音や振動も少なくなる利点があることなどが説明されている。

最小回転半径が４メートルという取り回しの良さを強調し、“快適な乗り心地をつくったスバルの構造は軽くて丈夫です”のタイトルを掲げ、モノコック構造を国産車で初めて採用したこと、構造に流体力学を加えてボディ設計したことを語っている。乗り心地については、フロント、リアともにスバル独自の“２重懸架のサスペンションシステム”と称したトーションバーとコイルスプリングを組み合わせてダブルクッションとすることで快適な乗り心地を実現したことを説明している。

最小回転半径4mのすぐれた機動性

最小回転半径4m・全長3m・車体巾1.3mのスバルのすぐれた機動性は、また素晴しい実用性とも結びつくものです。
交通ラッシュにもスイスイと走りぬけ、せまい道での小まわりもスムーズにしかもわづかなスペースでもきっと駐車できます。

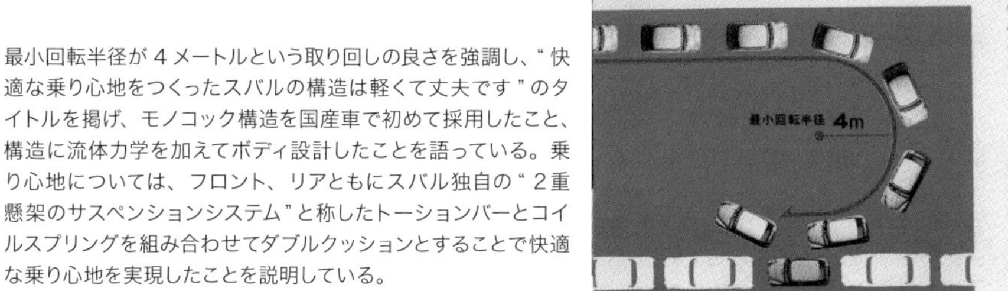

快適な乗り心地をつくったスバルの構造は軽く丈夫です

ジェット機のボディと同じモノコック構造を国産車で初めて採用したのがスバルです。この構造に流体力学を加えてより完全な、ユニークなものに設計したのがスバルのボディラインで、外部からの圧力をボディ表面に均等に分散させる丈夫な構造です。その上車体の軽いことがあらゆる性能面にプラスされております。スバルの乗り心地のよさは、独特の2重懸架のサスペンションシステムから生れたもので、それぞれの特長を生かしたトーションバーとコイルスプリングを組み合せたダブルクッションはやわらかく安定して、スバルクッションとして有名ですが、また4輪がそれぞれ独立して働きますので、悪路も良路も同じ安定のよさで乗り心地を最高のものにしております。

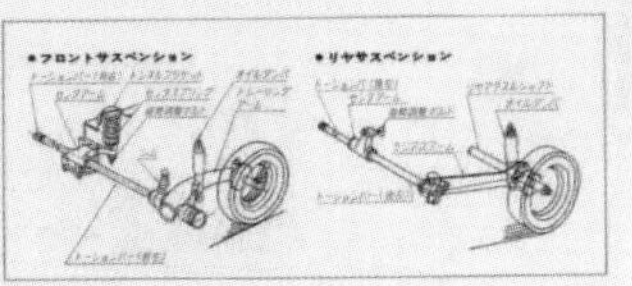

カタログの最後には“ジェット機からスバルまで”の文字とともに、ラビットスクーターから、バス、ロビントラクター、ジェット練習機まで多くの自社製品を載せ、富士重工業がかつての中島飛行機時代の技術と伝統を受け継ぎ発展していることを述べている。

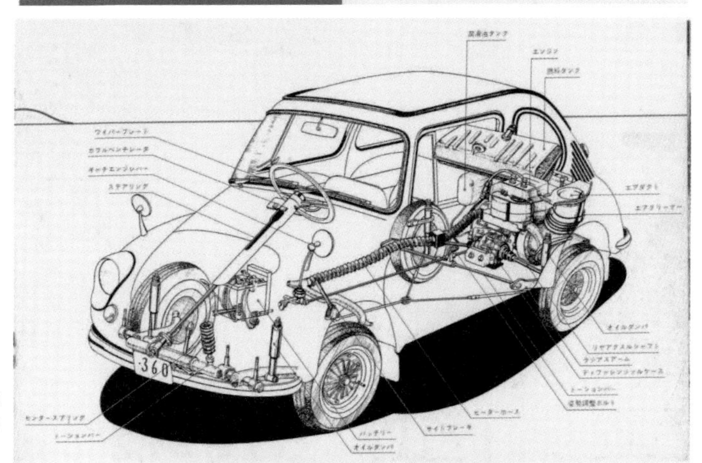

●仕様

●寸法・重量	
全　長	2,996 mm
全　巾	1,300 〃
全　高	1,360 〃
ホイールベース	1,800 〃
トレッド（前）	1,140 〃
〃　（後）	1,060 〃
ロードクリアランス	170 〃
車両重量	405kg〈410〉
車両総重量	625kg〈630〉
乗車定員	4 名
●性　能	
最高速度	100km／h〈105km／h〉
燃料消費率	28 km／ℓ
登坂能力	sin θ＝0.30(17.5°)
制動距離	14 m（50km／h）
最小回転半径	4 m
●エンジン	
型　式	強制空冷２サイクル直列２気筒
内径×行程	61.5×60 mm
総排気量	356 cc
圧縮比	6.5
最高出力	20PS／5,000 rpm
最大トルク	3.2kg-m／3,000 rpm
点火時期	上死点前13°
気化器	横向通風式
●電気装置	
バッテリー	12V－28AH
DCゼネレーター	12V－0.2KW
スターター	12V－0.6KW

●燃料・潤滑油タンク	
燃料タンク容量	25ℓ
潤滑油タンク容量	2.5ℓ
●伝導装置	
クラッチ形式	乾燥単板式
変速機形式	前進３段・後進１段
	３速・２速　同期噛合式
	１速・後進　選択摺動式
変速比（１速）	3.106
〃（２速）	1.590
〃（３速）	1.000
〃（後退）	3.624
第１減速歯車	ヘリカルギヤ
〃　減速比	1.605
最終減速歯車	ヘリカルギヤ
〃　減速比	3.421
●操縦装置	
歯車形式	ラックピニオン式
減速比	20.6
●懸架装置	
前車軸型式	トレーリングアーム式独立懸架
後車軸型式	スイングアクスル式独立懸架
前スプリング型式	トーションバーとコイルスプリング併用（オイルダンパ付）
後スプリング型式	トーションバー（オイルダンパ付）
タイヤ	4.80－10－2P
●ブレーキ	
足ブレーキ	油圧式４輪制動
手ブレーキ	機械式後２輪制動
●ボディー型式	プラットフォーム型フレームレス方式

（〈 〉内はデラックス、スーパーデラックスの重量
〈 〉内はオーバートップ付の性能です。）

（この仕様はお断りなく変更することがあります）

●ジェット機からスバルまで

富士重工は、かつての中島飛行機時代の技術と伝統をうけつぎ、これをいかして、数々の製品を「最高の性能でサービス」をモットーに世に送り出しています。
スバル 360 をはじめスバル 450、サンバー、カスタムのスバルシリーズ、ラビットスクーター、バス、トロリーのボディ、農村に活躍するロビントラクター、ロビンエンジン、気動車、電車をはじめとする各種鉄道車両、構内運搬車モートラック、ロードパッカー、冷凍車、各種コンテナー、ラビット消防ポンプ、さらに独自の設計によるジェット練習機、大型ヘリコプターなど、すべて富士重工のすぐれた技術から生み出されたものです。
そして、その一つ一つは、驚異的な成長を続ける日本経済の大動脈につながり、国民生活を豊かなものにしているのです。

●塗装色
- スタンダード…サンドベージュ・カスケードグリーン
- デラックス…サンドベージュ・クラウドブルー・アイボリーホワイト
- オーバートップ付デラックス…サンドベージュ・アイボリーホワイト
- オートクラッチ付デラックス…サンドベージュ
- スーパーデラックス…クラウドブルー・ペイルゴールド（メタリック）
- オーバートップ付スーパーデラックス…アイボリーホワイト

- 安心してお求めいただける定価販売を実施しています。
- お求めには、便利な長期月賦制度および無担保・銀行融資のスバルローンも用意してございます。
- 修理には、精度の高いスバル純正部品をご使用ください。
- オイルは、富士重工業指定の２サイクル専用のオイルをお使いください。
- スバルについてのご相談は、全国50の特約店、1,000の販売店、サービス工場へお気軽にどうぞ。
- これらスバルマークの看板のかかっている店では、豊富に補用部品を用意して、アフターサービスに万全をはかっております。

富士重工業指定〈スバルマチック〉用オイル
- アポロバイクループ　〈出光興産〉
- ２サイクルパロットエンジンオイル　〈昭和石油〉
- サイクロニック２T　〈日本石油〉
- ダイオバイク　〈ヤナセ製油〉
- スワレプⓈ　〈丸善石油〉
- エッソ２Tバイクルブ　〈エッソスタンダード〉
- ダイヤモンドスピード　〈三菱石油〉
- モービルバイクルブ　〈モービル石油〉
- カクタスバイクモーターオイル　〈日本鉱業〉
- (ゼネラル)バイクロン　〈ゼネラル物産〉
- バイオミックス　〈大協石油〉

5 日産セドリック 1900 デラックス

オースチンとの技術提携の成果を生かし、純国産の最高級中型乗用車をめざして開発。「タテ目のセドリック」の愛称で呼ばれた。

日産自動車は1952年に英国オースチン社と技術提携し、オースチン A40 サマーセットサルーンのノックダウン生産を開始しました。1954年には A40 から A50 ケンブリッジにモデルチェンジを行ない、1960年の契約期間満了まで生産を続けていました。この A50 の後継モデルとして1960年4月に誕生したのが、セドリック 1500 です。

セドリックは、技術提携の成果を生かし、1955年発売の初代トヨペット・クラウン、1957年発売の初代プリンス・スカイラインをも超える、純国産の最高級中型乗用車を目指して、日産の総力を挙げて開発されました。フロントマスクは、縦型の4灯式ランプを備え（当時「タテ目のセドリック」の愛称もありました）、重厚感のある豪華な雰囲気の中型車として、人気を集めました。

完成した車は、英国の作家フランシス・ホジソン・バーネット（バーネット夫人）による児童小説『小公子』の主人公にちなみ、すべての人から愛され、親しまれるようにとの願いを込めて、「セドリック（小公子）」と命名されたのです。名付け親は、ブルーバードやフェアレディ同様、当時の日産自動車社長・川又克二氏でした。

月産1000台でスタートしたセドリックは、半年で早くも2000台を突破。日産自動車は、モータリゼーションの進展に伴う乗用車需要の増大に備え、神奈川県横須賀市に本格的乗用車専用工場を建設しました（追浜工場。1961年に操業開始）。米国の自動車工場をもしのぐ近代的設備を誇るとともに、当時最大のテストコースも併設されたのです。

1960年10月には、1900cc カスタム（G30型）が登場し、1961年5月には 1900cc デラックスが追加されました。1962年11月にはマイナーチェンジを受け「タテ目」から、「ヨコ目4灯」となりイメージが一新されました。

1900cc エンジン搭載のデラックスが追加された1961年5月のカタログ。翌年のマイナーチェンジでは、“タテ目4灯” から“ヨコ目4灯” に変更される。

ところで、セドリックが登場した頃は、筆者の住む島根県では、日産の販売店は松江市など数ヵ所にしかありませんでした。当時クラウンに乗っていた我が家にセドリックのセールスマンが来られ、5キロ程試乗させてくれました。小学生の私は良い車だと思いましたが、クラウン党の父は、「頑（ガン）」として車を変えることはありませんでした。

セドリックは、私の住む地域でも黒塗りのモデルがショーファードリブンカー（運転手付き）として使われたりしていましたし、またベーシックモデルは、中型タクシーとして良く走っていたものです。

セドリックが発売された頃、日産自動車は1960年6月に、総合的品質管理に関する世界最高ランクの賞、第10回デミング賞実施賞を受賞しています。そのことをカタログで強調していたことを、未だにはっきりと覚えています。

日産のフラッグシップとして栄光の歴史を刻んだセドリックですが、2004年に生産終了となりました。

日本の中型車を代表するビッグネームが消え去ったことを、筆者はとても残念に思っています。

車　名	日産セドリック1900デラックス
形式・車種記号	—
全長×全幅×全高（mm）	4410×1680×1510
ホイールベース（mm）	2530
トレッド前×後（mm）	1338×1373
最低地上高（mm）	190
車両重量（kg）	1200
乗車定員（名）	6
燃料消費率（km/l）	—
最高速度（km/h）	140
登坂能力（sinθ）	0.520
最小回転半径（m）	5.4
エンジン形式	H
種類、配列気筒数、弁型式	4サイクル水冷頭上弁式（ガソリン）直列4気筒
内径×行程（mm）	85×83
総排気量（cc）	1883
圧縮比	8.5
最高出力（PS/rpm）	88/4800
最大トルク（kg・m/rpm）	15.6/3200
燃料・タンク容量（ℓ）	44
トランスミッション	前進4段後退1段　第2,3,4速シンクロメッシュ式
ブレーキ	油圧式全4輪制動
	（前）ユニサーボ　（後）デュオサーボ
タイヤ	6.40-14　4P
カタログ発行時期（年）	1961-1962

技術の
日産

高性能な豪華車 セドリック 1900 デラックス

美しいボデーに、強力なエンジンを備えたセドリック 1900デラックスは、国産乗用車中最高の性能をもっております。低い安定したボデーは豪華さのうちにも気品を秘めた美しいデザインで、ゆったりした室内、ゆきとどいたアクセサリーとともに、あなたのお仕事を楽しくし、能率を倍加します。丈夫なボデーと高度なライフガード デザインにより、心ゆくまで高性能が楽しめ、フラットな乗り心地は疲れることを知りません。

“高性能な豪華車セドリック 1900 デラックス”とのキャプションで、真横からとらえた大きな写真を載せている。1900cc エンジンの搭載で“国産乗用車中最高の性能”を持っているとして、その性能をアピールしていた。セドリックの外観上の特徴は、大きなカーブを描いて側面までまわり込んだ、ラップアラウンドウインドシールドにあった。

豪華なうちに気品を秘めた、美しいボデー

セドリックは独特のユニットボデーのため、低く、巾広く、安定したスタイルです。近代感覚の粋を集めた美しいグリル、豪華で明るいデュアルランプから、見やすく安全なテールランプまで、全体に近代的な直線でまとめてあります。新型ではヘッドランプのひさしを伸しソフトにカーブさせましたので、さらに優美さをましました。しっとりしたメタリック塗装、デラックスなクロームのトリムなど、豪華さのうちにも気品を秘めています

国産最高の出足しとのび

進んだユニットボデーのためセドリックの車両重量は僅か1200キロと、国産のこのクラスの乗用車のなかではもっとも軽くなっています。したがって強力88馬力エンジンによって、1馬力あたりの重量は13.6キロと国際水準を越えています。スムースな切れのよいクラッチと操作の楽な4段シンクロメッシュトランスミッションとあいまって、胸のすくような出足しでスタートでは他の車をおきざりにし、ズバ抜けた高速性能が楽しめます。

“豪華なうちに気品を秘めた、美しいボデー”と謳い、後ろ姿を写真で紹介している。ボディは“しっとりとしたメタリック塗装”と“クロームのトリム”などで、セドリックは“豪華車”であることを説明している。

後席のドアベンチレーター（三角窓）やステップランプなど、室内装備の紹介がされている。ここでとりわけ目を惹くのは、ダッシュボードに付いている車載のラジオを引き出して、ポータブルラジオとしても使用できることで、実にユニークな装備だった。カタログでは、この特徴的なラジオの実際の使い方を、写真付きで詳しく説明している。後の変更でラジオは固定式となった。

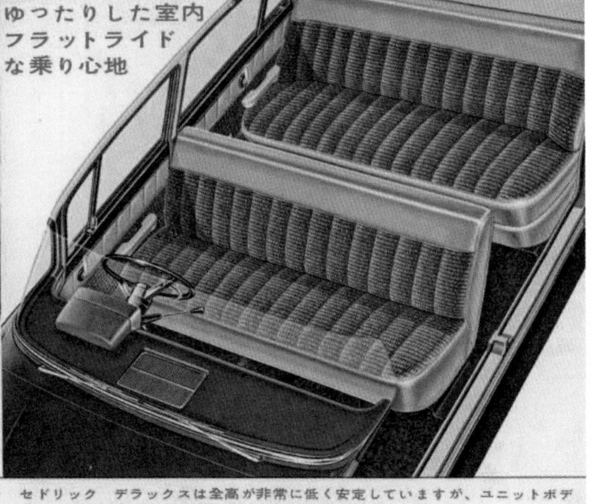

ゆったりした室内
フラットライド
な乗り心地

あなたをまもる
高度なライフガード
デザイン

セドリック 1900 デラックスには、そのすぐれた高速性能にふさわしい高度の人命救助の目的をもったライフガードデザインが採用され、すべての事故や衝撃から乗客を保護します

クラッシュパッド　インストルメントパネルの上面および座席に面した角には、ゴムとビニフォームを取り付け、ツヤ消しビニールレザーで覆ってあります。衝撃に対して安全であるばかりでなく、外光の反射によるまぶしさを防ぎます。
コーンタイプのハンドル　ステヤリングホイールは軸が奥にあるコーンタイプで、丈夫であるとともにドライバーの安全を計っています。
強じんなサイドシル　丈夫なユニットボデーの内でも、とくにフロアの両側に沿う敷居を強化してあるので、さらに安全です。このほか視界十分の強化ガラスのパノラマウインドウデュアルランプ、強力なブレーキなどによって他に類のないライフガードデザインになっています。

セドリック　デラックスは全高が非常に低く安定していますが、ユニットボデーの特長を生かして室内高は十分で、巾もひろびろとしています。巾広く長いので、やわらかいスプリング、効きめの強いショックアブソーバー、トーションバー式スタビライザーなどを組合わせた懸架装置とあいまって、どんな凸凹道でも常に水平を保って、すべるように走ります。
しかも視界の広いパノラマウインドウ、完ぺきな換気装置、そして床と天井裏に張りめぐらした厚手のジュート、床全面にほどこした防音塗装などによって悪路でも、また高速でも、静かで、そう快なドライブが満きつできます。

次に印象的なのは、安全装備である。セドリックに採用された“ライフガードデザイン”は、非常に多岐にわたっている。たとえば、インスツルメントパネルを包む柔らかな材質のクラッシュパッド、衝突からドライバーを守るコーンタイプのステアリングホイール、強じんなサイドシル（フロアーの両側の敷居）、さらには、視界の広い強化ガラス製パノラマウインドウ、縦型にレイアウトされたデュアルヘッドランプ、強力なブレーキなどなど、枚挙に暇がないほどである。本カタログでは、それぞれについて、詳細な説明を加えている。セドリックが発売された1960年頃は、各方面で車の安全性が話題となり始めた時代だったため、多くのスペースを割いたのである。

トランクリッドを開けて、収納力の大きさを強調している。解説には、タイヤカバーには地図やメモを入れるポケットがあること、トランクにルームランプがあり、トランクリッドを開けると自動的に点灯し、夜間の使用に便利であることが紹介されている。豪華な大型コンビネーションランプは、テール、ストップ、ターンシグナルを兼ね、リバースランプも組み込まれていた。

“1900cc/88ps” の文字とともにエンジンのカラーイラストを載せ、性能曲線のグラフも添えている。また、“強じんで軽いユニットボデー”と題して、当時としては画期的なモノコックボディ（ボディにフレームの機能をもたせた一体構造。紹介文章では“ユニットコンストラクション”とも表記されている）であることを、イラスト付きで紹介している。当時はまだフレーム付きが乗用車の構造の基本と言える時代だったが、セドリックは、オースチンに倣って、モノコックボディを採用したのである。足回りに関しては、フロントサスペンションに採用したコイルスプリングとウィッシュボーンの組み合わせで、優れた乗り心地を実現したと説明している。ブレーキは、フロントにユニサーボ式、リアにはデュオサーボ式を採用。“ハイヒールで軽く踏んでも確実にストップします”とその踏力を表現していた（なお近年はハイヒールによる運転は禁止されている）。

1900cc 88PS

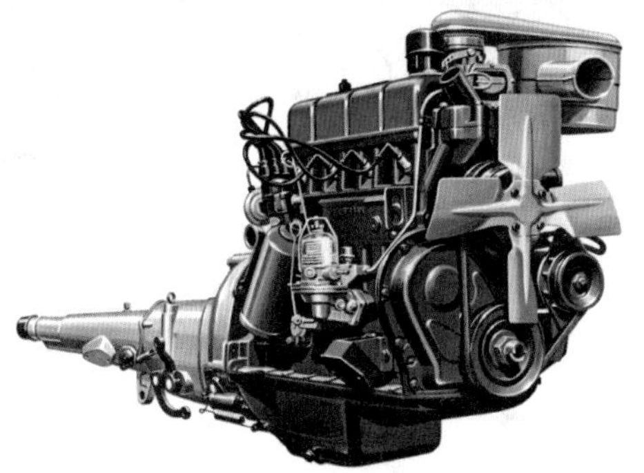

セドリックの1900ccエンジンはシリンダーの内径が85ミリで、行程の方が83ミリと短かいオーバースクエア　タイプです。このため同じ回転数では普通よりピストンの往復距離が短かくてすむので、それだけ耐久性に優れ、振動も少なく静かです。そのうえ最高出力88馬力、最大トルク15.6kgmの国産最強のねばり強さを発揮します。しかもその出力、トルクともに、高速はもちろん中速から低速まで巾広く平均していますので、適切なギャー比をもった4段のシンクロメッシュ　トランスミッション、切れのよいクラッチとあいまって、シートに押しつけられるような豪快な加速が得られます。

のびのすばらしさは定評のあるところで、急な坂もグングン登り、最高時速は140キロに達します。

くわえてセドリック独特の2連式カーブレターのはたらきにより、高速性能を損うことなく驚くほど燃料消費が軽減されます。

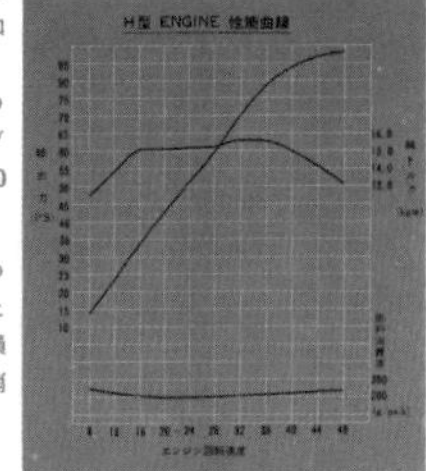

強じんで軽いユニットボデー

セドリックのボデーは床下にフレームがなく、ボデーそのものが鋼鉄製の箱のようなユニットコンストラクションです。このため重量が軽く高性能が出せるとともに、不快な振動や音も出ず、丈夫で、永持ちします。また全高もわずか1510ミリと低くできていますので、安定した乗り心地が味わえます。

フロントサスペンション

前輪懸架はやわらかいコイルスプリングと丈夫なウィッシュボーンを組合わせたもので、複動式ショックアブソーバーは無駄な揺れを、トーションバー式スタビライザーはロールを防ぎます。どんな悪路にも耐え、どんな凸凹道でもボデーを水平に走らせます。

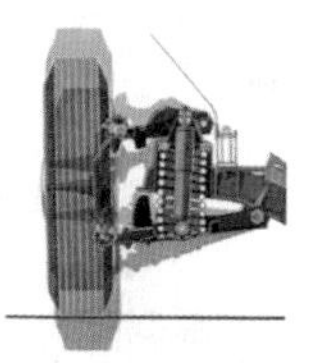

マジックブレーキ

高速性能にすぐれたセドリックには軽いタッチで不思議なように効く、フロントにユニサーボ式、リヤーにデュオサーボ式ブレーキを採用しています。このためハイヒールで軽く踏んでも確実にストップしますから、安心して高速ドライブを楽しむことができます。

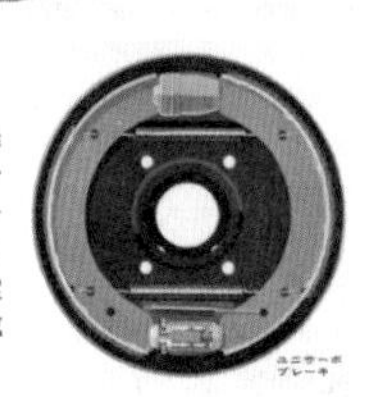

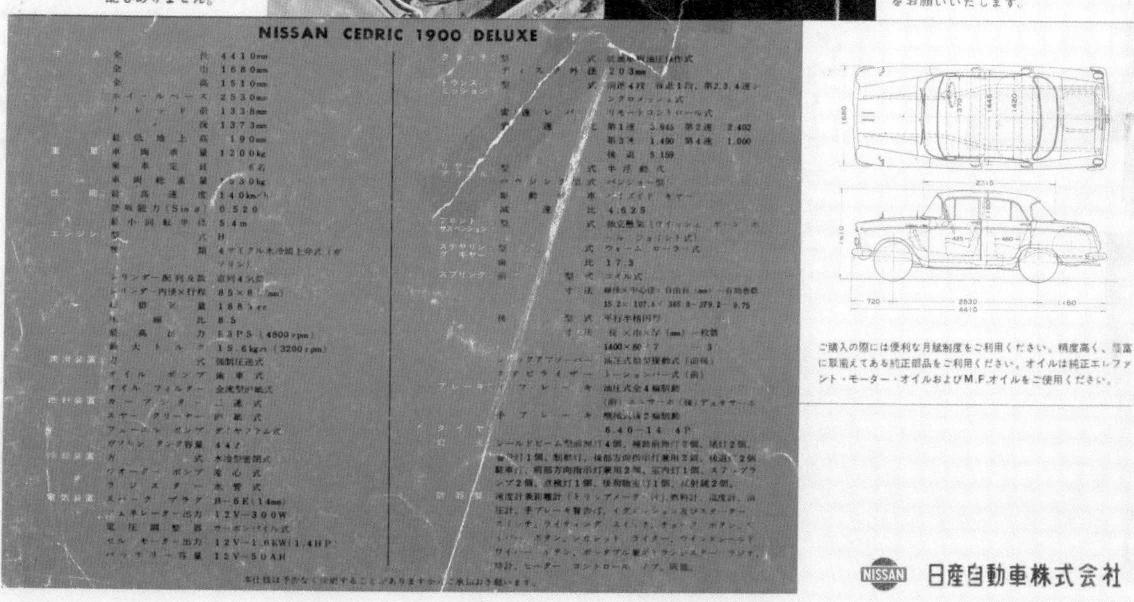

点検、整備の容易な　大きく開くフード

ボンネットは軽く大きく開きますので、エンジンのどの部分でも点検整備が容易に、気軽に行えます。ルーム内が広く、整然としているので、衣服を汚す心配もありません。

ニッサン　セドリックはおなじみの名作童話「小公子」の美しい主人公、若く、強く、正しいセドリック少年にちなんで命名しました。70年もの昔から世界中の人びとに愛され続けてきたセドリック少年同様、末永くお引立てをお願いいたします。

NISSAN CEDRIC 1900 DELUXE

寸法	全長	4410mm
	全巾	1680mm
	全高	1510mm
	ホイールベース	2530mm
	トレッド　前	1338mm
	後	1373mm
	最低地上高	190mm
重量	車両重量	1200kg
	乗車定員	6名
	車両総重量	[illegible]530kg
性能	最高速度	140km/h
	登坂能力（Sin θ）	0.520
	最小回転半径	5.4m
エンジン	型式	H
	種類	4サイクル水冷頭上弁式（ガソリン）
	シリンダー配列及数	直列4気筒
	シリンダー内径×行程	85×8[illegible]（mm）
	総排気量	188[illegible]cc
	圧縮比	8.5
	最高出力	88PS（4800rpm）
	最大トルク	15.6kgm（3200rpm）
潤滑装置	方式	強制圧送式
	オイルポンプ	歯車式
	オイルフィルター	全流型炉紙式
燃料装置	カーブレター	二連式
	エヤークリーナー	炉紙式
	フューエルポンプ	ダイヤフラム式
	ガソリンタンク容量	44ℓ
冷却装置	方式	水冷型密閉式
	ウオーターポンプ	遠心式
	ラジエター	水管式
電気装置	スパークプラグ	B-6E（14mm）
	ジェネレーター出力	12V-300W
	電圧調整器	カーボンパイル式
	セルモーター出力	12V-1.0KW（1.4HP）
	バッテリー容量	12V-50AH
クラッチ	型式	乾燥単板油圧[illegible]作式
	ディスク外径	203mm
トランスミッション	型式	前進4段　後退1段、第2,3,4速シンクロメッシュ式
	変速レバー	リモートコントロール式
	変速比	第1速 3.945　第2速 2.402　第3速 1.490　第4速 1.000　後退 5.159
リヤアクスル	型式	半浮動式
	ハウジング型式	バンジョー型
	駆動歯車	ハイポイド　ギヤー
	減速比	4.625
フロントサスペンション	型式	独立懸架（ウイッシュボーン　ボールジョイント式）
ステヤリングギヤー	型式	ウォーム　ローラー式
	歯車比	17.3
スプリング	前　型式	コイル式
	寸法	線径×中心径×自由長（mm）—有効巻数　15.2×107.8×365.8—279.2—9.75
	後　型式	平行半楕円型
	寸法	長×巾×厚（mm）—枚数　1400×80×7—3
	ショックアブソーバー	油圧式筒型複動式（前後）
	スタビライザー	トーションバー式（前）
ブレーキ	足ブレーキ	油圧式全4輪制動（前）ユニサーボ（後）デュオサーボ
	手ブレーキ	機械式後2輪制動
タイヤ		6.40—14　4P
灯火		シールドビーム型前照灯4個、補助前照灯2個、尾灯2個、番号灯1個、制動灯、後部方向指示灯兼用2個、後退灯2個、駐車灯、前部方向指示灯兼用2個、室内灯1個、[illegible]ランプ2個、点検灯1個、後荷物室灯1個、反射鏡2個。
計器類		速度計兼距離計（トリップメーター付）、燃料計、温度計、油圧計、手ブレーキ警告灯、イグニッション及びスターター スイッチ、ライティング スイッチ、チョーク ボタン、[illegible]ボタン、シガレット ライター、ウインドシールド ワイパー ボタン、ポータブル兼用トランジスター ラジオ、時計、ヒーター コントロール ノブ、灰皿。

本仕様は予告なく変更することがありますからご承知おき願います。

1680　1446　1420　2315　1510　720　2530　1160　4410

ご購入の際には便利な月賦制度をご利用ください。精度高く、豊富に取揃えてある純正部品をご利用ください。オイルは純正エレファント・モーター・オイルおよびM.F.オイルをご使用ください。

NISSAN　日産自動車株式会社

スペック表の上の部分では、ボンネットが軽く大きく開き、点検整備が楽に行えることを写真付きで紹介している。そしてその横に英文の『小公子』の書籍とともにセドリックの名前の由来を説明している。

6 トヨペット・クラウン・デラックス

海外メーカーには頼らず、独力で開発した純国産乗用車。"観音開きのクラウン"の愛称で呼ばれた。日本の自動車史にとって重要な車だった。

初代のトヨペット・クラウンは、1955年1月に発売（スタンダードのみ、価格は101万5000円でした）され、1962年8月まで生産されました。その最大の特徴は、以前の国産乗用車には見られなかったボディとシャシーを一体としてとらえ、総合的な設計でつくり上げたことです。当時の日本は欧米に比べて自動車技術が遅れており、追いつくべく政府の後押しのもと、ノックダウン生産を行なっていました。

トヨタ自動車工業（後のトヨタ自動車）はあえて純国産方式を選択し、トヨペット・クラウンを開発しました。1952年1月、豊田喜一郎氏の社長復帰が決まるとともに、新型乗用車の開発を開始し、自社内でのボディ製造、架装により完成車として出荷することを目指し、車名も豊田喜一郎氏の発案で「クラウン」となりました。純国産のクラウンの登場は、当時盛んに議論された乗用車を外車依存にすべきか、それとも国産車を育成すべきかという問題について、ひとつの方向性を示すものでした。当時は"国産車不要論"も根強くあったのです。クラウン発売当時の石橋湛山通産大臣の、「今後各省で自動車を購入する場合には、国産車にする」という発言も、国産車の普及を強力に後押しするものとなりました。クラウンの成功は、日本の自動車史において極めて重要な分岐点となったと言えるでしょう。

そして、この車の外観上の特徴である"観音開きのドア"は、後に"観音開きのクラウン"の愛称で呼ばれるようになりました。

クラウンの登場は政界の要人にも歓迎されました。たとえばトヨタの広報誌『モーターエイジ』は、時の内閣総理大臣池田勇人氏の愛車がクラウン1900デラックスであることをトップページで伝えています。

またRSD型は1957年にオーストラリアで行なわれた豪州一周ラリー（MOBILGAS RALLY ROUND AUSTRALIA）に日本車として初めて出場して、完走しました。

ところで、クラウンにはスタンダードとデラックスの間に、正式なカタログモデルではない、ディーラーでつくってくれるモデルがあり、我々はこのようなモデルを"セミデラックス"と呼んでいました。わが家の車だったスタンダードと比べ、デラックスと同じ弓矢のような大きなサイドモールディング、航空機をモチーフにしたボンネットフードマスコット、フォグランプ、ホワイトタイヤを装備し、デラックスでよく用いられていたリアカーテンも付けていたので、一見デラックスのようでした。

なお、ダッシュボードの下に直径20cmほどの丸いヒーターが付いていました。ヒーターの蓋を足で開閉して風量の調節をしたものです。

最後に当時のヘッドライトのロービーム、ハイビームのユニークな切り替え方について触れておきます。運転席側の床から少し飛び出しているディマースイッチという丸い金属製の小さなボタンを足で踏むと、"カチカチ"と音がし、ハイ／ローが切り替えられたことを、今でも懐かしく思い出します。

1956年に発行されたクラウン・デラックスのカタログ。黒ボディとゴールドボディにホワイトルーフのツートーンの2台が描かれ、"オーバードライブ付き"と謳われている。

車　名	トヨペット・クラウン・デラックス
形式・車種記号	RS21
全長×全幅×全高（mm）	4365×1695×1540
ホイールベース（mm）	2530
トレッド前×後（mm）	1326×1370
最低地上高（mm）	210
車両重量（kg）	1250
乗車定員（名）	6
燃料消費率（km/l）	15
最高速度（km/h）	110
登坂能力	1/3
最小回転半径（m）	5.5
エンジン形式	—
種類、配列気筒数、弁型式	4気筒直列頭上弁式
内径×行程（mm）	77×78
総排気量（cc）	1453
圧縮比	8.0：1
最高出力（HP/rpm）	58/4400
最大トルク（kg・m/rpm）	11/2800
燃料・タンク容量（ℓ）	47
トランスミッション	2, 3速シンクロメッシュ（オーバー・ドライブ付き）
ブレーキ	油圧内部拡張四輪制動
	機械式後二輪手動併用
タイヤ	7.00-14　4P
カタログ発行時期（年）	1956-1960

クラウン・デラックスには、運転機構はもとより、アクセサリー類に至るまで、すべて目新しい装備が施され、またご希望によっては電気かみそり、電気掃除機までが揃い一そうドライブをエンジョイできます。

電気かみそりで身だしなみ

ゴルフ場の車寄せに 2 台のデラックスが駐車している。1 台はダークグレー、もう 1 台は紫に白を組み合わせたボディで、サイドモールディングについてもそれぞれ薄いグレー、薄いグリーンに塗られて、当時のアメリカ車を彷彿とさせるカラーリングである（“ 標準外板塗色 ” は巻末記載されているが、この 2 台のボディカラーの記載は、カタログにはない）。装備に関しては、自動飛出式のシガレット・ライター、自動噴水式のウインドーシールド・ワッシャー（いずれも原文のまま）などに加えて、珍しい電気カミソリや車内清掃用の電気掃除機といったオプションについても、イラスト付きで説明している。

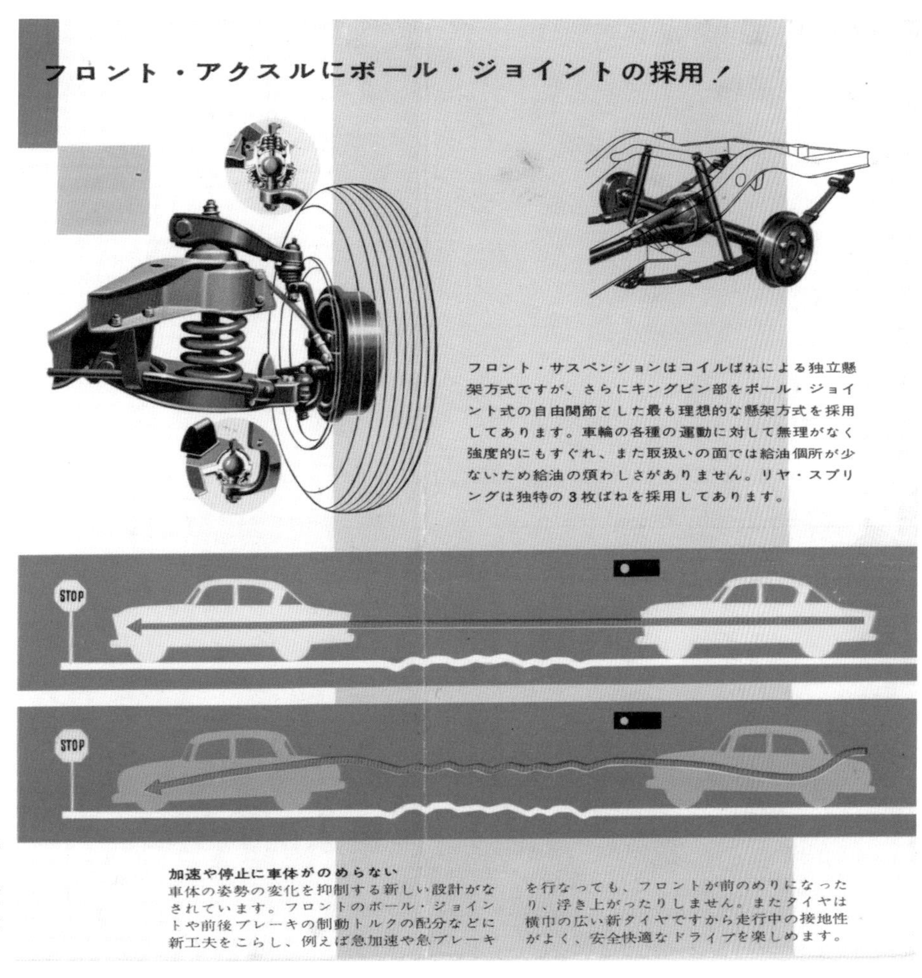

フロント・アクスルにボール・ジョイントの採用！
フロント・サスペンションはコイルばねによる独立懸架方式ですが、さらにキングピン部をボール・ジョイント式の自由関節とした最も理想的な懸架方式を採用してあります。車輪の各種の運動に対して無理がなく強度的にもすぐれ、また取扱いの面では給油個所が少ないため給油の煩わしさがありません。リヤ・スプリングは独特の3枚ばねを採用してあります。
STOP
STOP
加速や停止に車体がのめらない
車体の姿勢の変化を抑制する新しい設計がなされています。フロントのボール・ジョイントや前後ブレーキの制動トルクの配分などに新工夫をこらし、例えば急加速や急ブレーキを行なっても、フロントが前のめりになったり、浮き上がったりしません。またタイヤは横巾の広い新タイヤですから走行中の接地性がよく、安全快適なドライブを楽しめます。

サスペンションの解説では、フロント・アクスルにボールジョイントを採用したことによる乗り心地の良さをアピールしている。リア・スプリングは “ 独特の 3 枚ばね ” と表現された半楕円板ばね式だった。

見易く、扱い易くなった計器盤！

新しいインストルメント・パネルをご覧下さい。各メーター、時計、ラジオをはじめ、ボタン、レバー類に至るまで、いずれも新しい趣向をこらし、見易くまた扱い易く配置されています。これによって、エンジンや、車の作動状況が一そう明瞭となり安全な運転が行なえます。

❼ ハンドブレーキ・レバー
スマートなステッキ型のレバーで、計器盤下部にありますから、前席のシートがフルに使え、楽に運転できます。

❽ オーバードライブ
コントロール・レバー
オーバードライブを使用したくないとき、このレバーを引いておけば、オーバードライブが入りません。

❾ スロットル・レバー
このレバーを引けば、キャブレーターのスロットル・レバーが開き、エンジンの回転速度がアクセル・ペダルに関係なく上がります。

❶ 灰皿（アッシュ・トレイ）
運転席の灰皿は計器盤のラジオ上方にあって、使用したいとき、ボタンを押せば飛出します。

❷ セミ・トランジスター・ラジオ
新しいセミ・トランジスター式で12V管の使用により雑音がなく、消費電力も僅少ですみます。

❸ コンビネーション・メーター
上方に電気時計、左右に水温計と燃料計、さらに、オイルとチャージの警告灯を組み込んであります。

❹ 見易いスピードメーター
指針がラジオのダイヤルのように横に動く見易いメーターで下部に方向指示器の警告灯があります。

❺ 自動飛出し式のシガ・ライター
ボタンを押すと、間もなく点火したライターが飛出しますから運転中の喫煙に便利です。

❻ カー・ヒーター
エンジンの温水を利用したヒーターです。短時間で室内温度が上がり、しかも維持費がかかりません。

“見易く、扱い易くなった計器盤！”のキャプションとともに、ダッシュボードの説明を、やはりカラフルなイラストをフルに活用して行なっている。またスピードメーターは、横長タイプを使用、指針が水平に移動するようになっている。ハンドブレーキ・レバーの右側にあるのはオーバードライブコントロール・レバーで、これを引いておけば、オーバードライブが入らないようになる。

デラックスにふさわしい室内調度と乗心地

室内の調度はすべて高級乗用車にふさわしい気品と豪華さを備えています。
シートはスプリングの上に厚いホーム・ラバーを敷き、高級な織生地を表張りし、柔らかく快いクッションをもたらします。
ドア、天井の内張り、床面の絨たんなど、いずれも新鮮な感触にみちており、室内温度も冷暖房（冷房はオプショナル）装置により四季を通じて適温に調節できます。

“デラックスにふさわしい室内調度と乗心地”のキャプションとともに、ゆったりとした室内を見せている。スプリングの上に厚いホーム・ラバーが敷かれ、高級な織生地を表張りしたシートは“柔らかく快いクッションをもたらします”と謳われている。

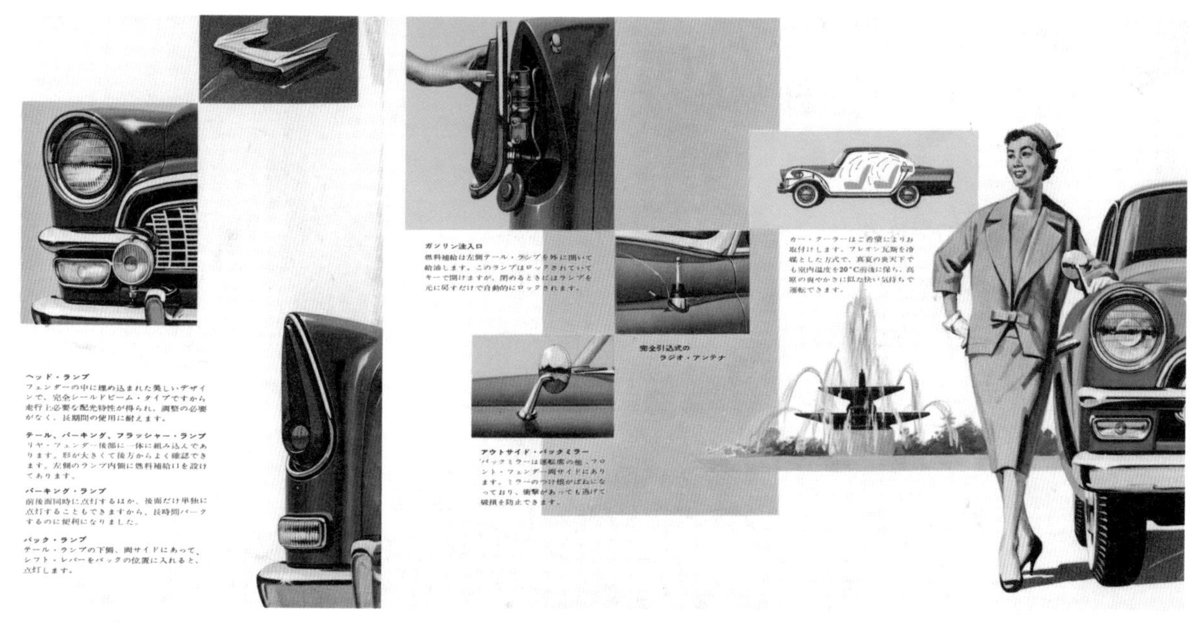

ヘッドランプ（完全シールドビーム・タイプ）をはじめとして、ランプ類についても詳しい説明がある。テール・ランプはパーキング、フラッシャーと一体の大型のものを採用。左側のテール・ランプは開閉式になっていて、内側に燃料補給口が隠されていた。

オーバードライブ（自動増速装置）
わが国ではじめてのオーバードライブを採用しました。オーバードライブは云うならば2スピードのトランスミッションで、前進3段のトランスミッションが4段にも、5段にも活用できます。半自動的に車速に対するエンジンの回転を下げ、それだけエンジンの負担を軽くし、エンジンの振動や騒音が減り、燃料消費は少なく、ひいてはエンジンの寿命を延長できるすぐれたシステムであります。
☆オーバードライブを入れるには
車のスピードが巡航速度の時速40粁に入ったとき、計器盤にグリーンのランプがつき、オーバードライブが可能になったことを知らせます。このとき、ちょっとアクセル・ペダルを弛めれば、オーバードライブが入り、同時に計器盤のランプが消えます。すなわち、時速40粁以上で入り、一旦入ると30粁に下がるまでの範囲内で利用できます。
☆車の惰力をフルに利用できる
さらに時速30粁以下では、装置内のフリー・ホイール機構がはたらき自動的に惰行が利用できます。したがって、加速減速の多いところでは燃料消費が大いに節減されます。
☆オーバードライブを解除したいとき
オーバードライブの状態で走行中でも追越しとか、坂路などの必要上、オーバードライブを解除したいときは、アクセルペダルを踏み込むと、キックダウン・スイッチによりギヤ・レシオを元に戻すことができます。
なお、運転席前にあるコントロール・レバーを引いておけばオーバードライブは入りません。
☆すべての操作が半自動的に行なえる
このようにオーバードライブのすべての操作は、クラッチ・ペダルを踏まなくても、チェンジ・レバーを入れかえなくても、半自動的に作動しますから何ら手数を要しません。
わが国最初のオーバードライブ！
オーバードライブの機構

初代トヨペット・クラウンが誇る“わが国最初のオーバードライブ！”について、イラストとともに、詳しく紹介している。速度が巡航速度の時速 40km に入り計器盤にグリーンのランプがつけば、オーバードライブ走行が可能となり、アクセルを少し緩めるとオーバードライブに入る。時速 40km 以上でオーバードライブに入れれば、時速 30km に下がるまでの範囲で使用できると説明してしる。

エンジンは、特殊の燃焼室をもつ頭上弁式でシリンダーの口径と行程とが等しいスクエヤタイプを採用してあります。最高出力は58馬力で、圧縮比を8：1に高めてあります。低オクタン価燃料でも何ら差支えありませんが、高オクタン価の燃料をご使用になれば、さらに高性能を発揮します。
58HP

58馬力の出力を持つエンジンについて、イラスト付きで紹介している。このエンジンは圧縮比8：1で、低オクタン価燃料、高オクタン価燃料のいずれにも対応しているもので、"高オクタン価の燃料をご使用になれば、さらに高性能を発揮します"とある。

ここではベアシャシーの大きなイラストを載せ、堅牢な構造、とりわけブレーキ・システムについて、ツーリーディング・シュー型（フロント）、デュオ・サーボ型（リア）の採用によって高速走行時の安全性を保証している点を説明している。

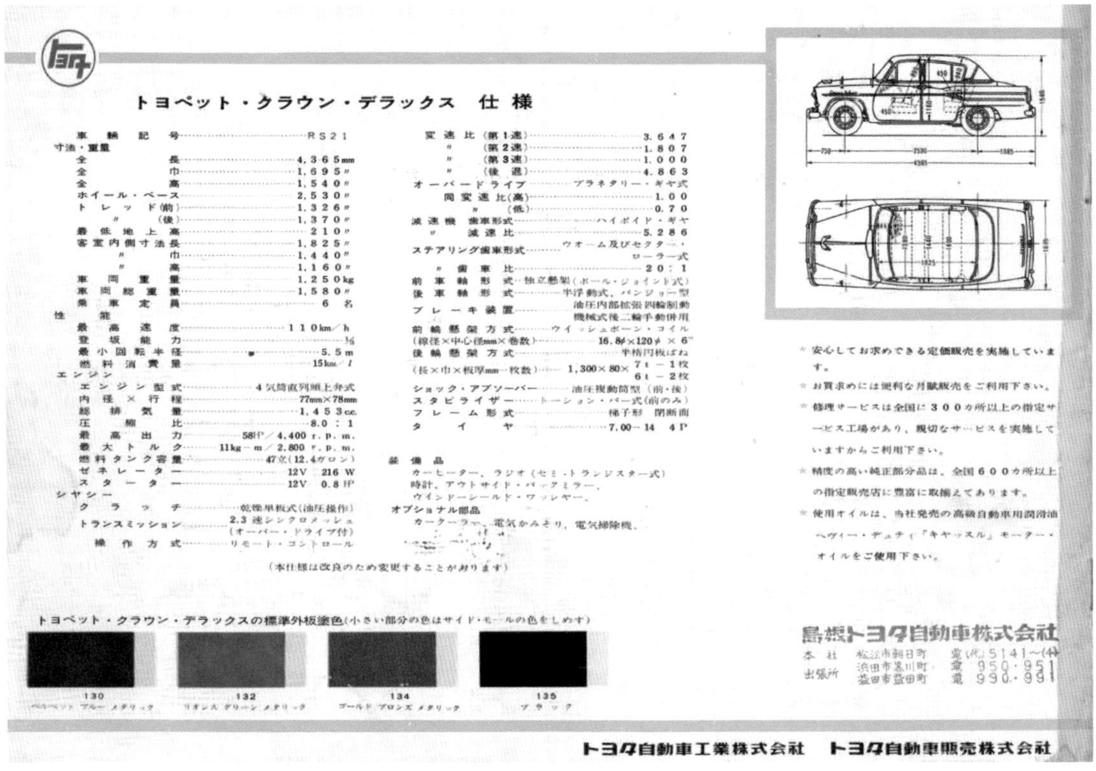

トヨペット・クラウン・デラックス　仕様

項目	仕様
車輌記号	RS21
寸法・重量	
全長	4,365mm
全巾	1,695〃
全高	1,540〃
ホイール・ベース	2,530〃
トレッド(前)	1,326〃
〃(後)	1,370〃
最低地上高	210〃
客室内側寸法長	1,825〃
〃巾	1,440〃
〃高	1,160〃
車両重量	1,250kg
車両総重量	1,580〃
乗車定員	6名
性能	
最高速度	110km／h
登坂能力	⅙
最小回転半径	5.5m
燃料消費量	15km／l
エンジン	
エンジン型式	4気筒直列頭上弁式
内径×行程	77mm×78mm
総排気量	1,453cc.
圧縮比	8.0：1
最高出力	58HP／4,400r.p.m.
最大トルク	11kg－m／2,800r.p.m.
燃料タンク容量	47立(12.4ガロン)
ゼネレーター	12V　216W
スターター	12V　0.8HP
シャシー	
クラッチ	乾燥単板式(油圧操作)
トランスミッション	2.3速シンクロメッシュ(オーバー・ドライブ付)
操作方式	リモート・コントロール
変速比(第1速)	3.647
〃(第2速)	1.807
〃(第3速)	1.000
〃(後退)	4.863
オーバードライブ	プラネタリー・ギヤ式
同変速比(高)	1.00
〃(低)	0.70
減速機 歯車形式	ハイポイド・ギヤ
〃 減速比	5.286
ステアリング歯車形式	ウォーム及びセクター・ローラー式
〃歯車比	20：1
前車軸形式	独立懸架(ボール・ジョイント式)
後車軸形式	半浮動式、バンジョー型
ブレーキ装置	油圧内部拡張四輪制動 機械式後二輪手動併用
前輪懸架方式	ウイッシュボーン・コイル
(線径×中心径mm×巻数)	16.8φ×120φ×6"
後輪懸架方式	半楕円板ばね
(長×巾×板厚mm－枚数)	1,300×80×7t－1枚 6t－2枚
ショック・アブソーバー	油圧複動筒型(前・後)
スタビライザー	トーション・バー式(前のみ)
フレーム形式	梯子形　閉断面
タイヤ	7.00－14　4P

装備品
カーヒーター、ラジオ(セミ・トランジスター式)時計、アウトサイド・バックミラー、ウインドーシールド・ワッシヤー。

オプショナル部品
カークーラー、電気かみそり、電気掃除機、

(本仕様は改良のため変更することがあります)

☆安心してお求めできる定価販売を実施しています。
☆お買求めには便利な月賦販売をご利用下さい。
☆修理サービスは全国に300カ所以上の指定サービス工場があり、親切なサービスを実施していますからご利用下さい。
☆精度の高い純正部分品は、全国600カ所以上の指定販売店に豊富に取揃えてあります。
☆使用オイルは、当社発売の高級自動車用潤滑油ヘヴィー・デュティ「キャッスル」モーター・オイルをご使用下さい。

トヨペット・クラウン・デラックスの標準外板塗色(小さい部分の色はサイド・モールの色をしめす)

130	132	134	135
ベルベット ブルー メタリック	リオンス グリーン メタリック	ゴールド ブロンズ メタリック	ブラック

島根トヨタ自動車株式会社
本社　松江市朝日町　電(代)5141～(4)
出張所　浜田市黒川町　電 950・951
　　　　益田市益田町　電 990・991

トヨタ自動車工業株式会社　トヨタ自動車販売株式会社

トヨペット・クラウン・デラックス（RS21型）のスペック表。

■第2章■

モータリゼーションの台頭

日本車はノックダウン生産で技術を学び、自力で開発する時代にようやく入った。モータリゼーションの時代も幕を開けつつあり、一般庶民を意識した大衆車も増えていった（写真は 1960 年の全日本自動車ショーに展示された“トヨタ大衆車”。車名公募でパブリカと名付けられ発売される）。

1950 年代は乗用車生産はまだノックダウン生産が盛んでしたが、1955 年にトヨタが純国産乗用車クラウンを開発して発売すると、徐々に日本車メーカー各社は国産化の道を進めます。同時にモータリゼーションの波が少しずつ高まっていき、メーカー各社もこれに対応し、一般庶民でも手に入るようにコンパクトなファミリーカーの開発を進めました。それが本章で紹介されるトヨタ・パブリカや三菱ミニカ、マツダ・キャロル 360 といった車たちです。

自動車保有台数が 500 万台を突破したのは 1962 年。生産台数は前年の 1961 年に 100 万台を超え、新車登録台数は 1963 年に 100 万台に達しました。

こうした自動車社会の到来に対応するよう法令やインフラの整備が進みます。1960 年に道路交通法が施行され、翌 1961 年には建設中の京葉道路に日本初の自動車専用道路指定が行なわれ、名神高速道路や首都高速道路など有料道路の先駆けとなります。首都高速道路が開業するのは 1964 年（1 号線および 4 号線）のことでした。

1962 年には鈴鹿サーキットが完成し、翌年第 1 回日本グランプリ自動車レースが開催され、増え始めた自動車好きの血を沸かせました。1963 年の第 10 回まで「全日本自動車ショー（ショウ）」と呼ばれていた自動車の祭典は 1964 年の第 11 回から現在と同じ「東京モーターショー」に変わりました。

自動車だけでなく交通網の多様化が進みます。1961 年に大阪環状線が完成、空では日本航空の国内線がジェット機を導入、翌 1962 年には国産初の旅客機 YS-11 が完成しました。東海道新幹線や羽田〜浜松町間にモノレールが開業するのは、東京オリンピックが開催された 1964 年のことでした。鉄道網の整備は進んだものの、都市部の人口増加に追い付かず、1961 年頃から通勤ラッシュが激化していきます。また 1962 年には東京が世界で初めて人口 1000 万人都市となり、住宅難が深刻化しました。

政治の季節と言われた 1960 年のいわゆる安保闘争が終わり、退陣した岸内閣から池田内閣に代わり、所得倍増政策が打ち出され、実際、国民の所得は急カーブを描いて上昇しました。国民は生活を楽しむ余裕も生まれ、力道山人気のプロレスやプロ野球がブームになり、テレビの普及を後押しします。NHK の朝の連続テレビ小説が始まり、テレビ受信契約がうなぎ上りに増加します。オリンピックが開催され、王貞治がホームラン 55 本の日本記録を達成、金田正一が 14 年連続 20 勝を達成した 1964 年にはテレビ普及率は 80%に達しました。

この頃、瓶入り牛乳は 16 円、ビールは 125 円、銭湯は 19 円でした。

7 トヨタ・パブリカ

108万通の応募の中から選ばれた車名は、トヨタの大衆車の意味合いが込められていた。キャッチフレーズは"これ以下はムリ、これ以上はムダ"だった。

トヨタ自動車は、1955年に日本で最初の純国産といわれた本格的な乗用車クラウン（RS）を発表しました。その後クラウンに次いで、コロナ（ST10）を発売し、さらに多くの人に低価格で実用的な乗用車を提供すべく、パブリカ（UP 10）を発売しました。

パブリカは、1961年の6月30日に発売されますが、発売に先立って、トヨタは前年の東京モーターショー（1960年10月、晴海）に、まだパブリカと名付けられる前のUP 10試作車を「トヨタ大衆車」として出展しています。この参考出展された車は、UP 10の最終試作車20台の中の1台でした。車名は広く一般に公募し、108万通の応募の中から、パブリック（大衆＝すべての国民のための：PUBLIC）、カー（車：CAR）を組み合わせた「パブリカ（PUBLICA）」という名前に決定されたと発表しています。とても良い響きをもった名前だと、筆者は未だに思っています。

パブリカの発売にあたって用いられた"これ以下はムリ、これ以上はムダ"というキャッチフレーズは、この車を適切に表現したものでした。

パブリカは、発売当初シンプルなモノグレードのみでしたが、当時の日本人にはあまり受け入れられず、東京渡し価格38.9万円という低価格にもかかわらず、目標の月間販売台数3000台には遠く及びませんでした。その2年後、当時の日本人が自家用車に求めていた高級イメージに合致するホワイトリボンタイヤ、サイドモール、水色の着色ガラス、クロームメッキのフルホイールキャップなどを装着したデラックスモデルが登場。1963年7月の月間販売台数は1724台から2974台と飛躍的に増え、前月比70％の増加となりました。

当時の担当者はパブリカの車体色を、「ボディカラーを決める際に、暗く濃い色は心理的に不適当で、大衆車として明るいクリーム系、ピンク系、ライトグレー系を選んだ」と語っている（この車の色はメロンピンク）。

パブリカはレースの舞台にも登場し、第1回日本グランプリ（1963年5月、鈴鹿サーキット）のC-Ⅱクラスに8台が出場、1位から7位までを独占しています。

トヨタ自動車はパブリカ発売当初、運転免許証取得の方法や、購入者のために日曜大工によるカーポートのつくり方についてのアドバイスをしたり、また森永乳業とタイアップし、パブリカが当たる清涼飲料コーラスのキャンペーンをしたりして、販売増加に努めました。またパブリカのための独立したディーラーネットワークも設立しています。

パブリカにはメロンピンクなどのカラフルなボディカラーもあり、著名な自動車評論家の小林彰太郎氏がパブリカについて"シヴィル・ミニマムの潔さ"という表題を付けた文章を書いています。この中で発売当初のパブリカについて"1000cc以下の国産車の中でbest value for moneyを持っていると言わざるを得ない"と述べ、自動車雑誌の中で絶賛していました。この記事はいまもって強く筆者の心に残っています。

車　名	トヨタ・パブリカ
形式・車種記号	UP10
全長×全幅×全高（mm）	3520×1415×1380
ホイールベース（mm）	2130
トレッド前×後（mm）	1203×1160
最低地上高（mm）	—
車両重量（kg）	580
乗車定員（名）	4
燃料消費率（km/l）	24
最高速度（km/h）	110
登坂能力（sinθ）	0.387
最小回転半径（m）	4.35
エンジン形式	—
種類、配列気筒数、弁型式	空冷2気筒水平対向式
内径×行程（mm）	78×73
総排気量（cc）	697
圧縮比	7.2：1
最高出力（PS/rpm）	28/4300
最大トルク（kg・m/rpm）	5.4/2800
燃料・タンク容量（ℓ）	25
トランスミッション	前進4段後退1段　2,3,4速シンクロメッシュ
ブレーキ	主　油圧内部拡張4輪制動
	駐車　機械式後2輪制動
タイヤ	6.00-12　2P
カタログ発行時期（年）	1961-1964

スポーティで プリティで 美しいスタイル
5
な7788

メロンピンクのパブリカが停まっていて、運転席には微笑む若い女性が座っている。1960 年代はまだ女性ドライバーが少ない時代で、女性も含めてより多くの人にパブリカに乗ってもらいたかったので、あえて女性を起用したのではないかと思われる。このカタログを見ると、今までの乗用車にはほとんど使用されていなかった樹脂製のホイールキャップが取り付けられている。

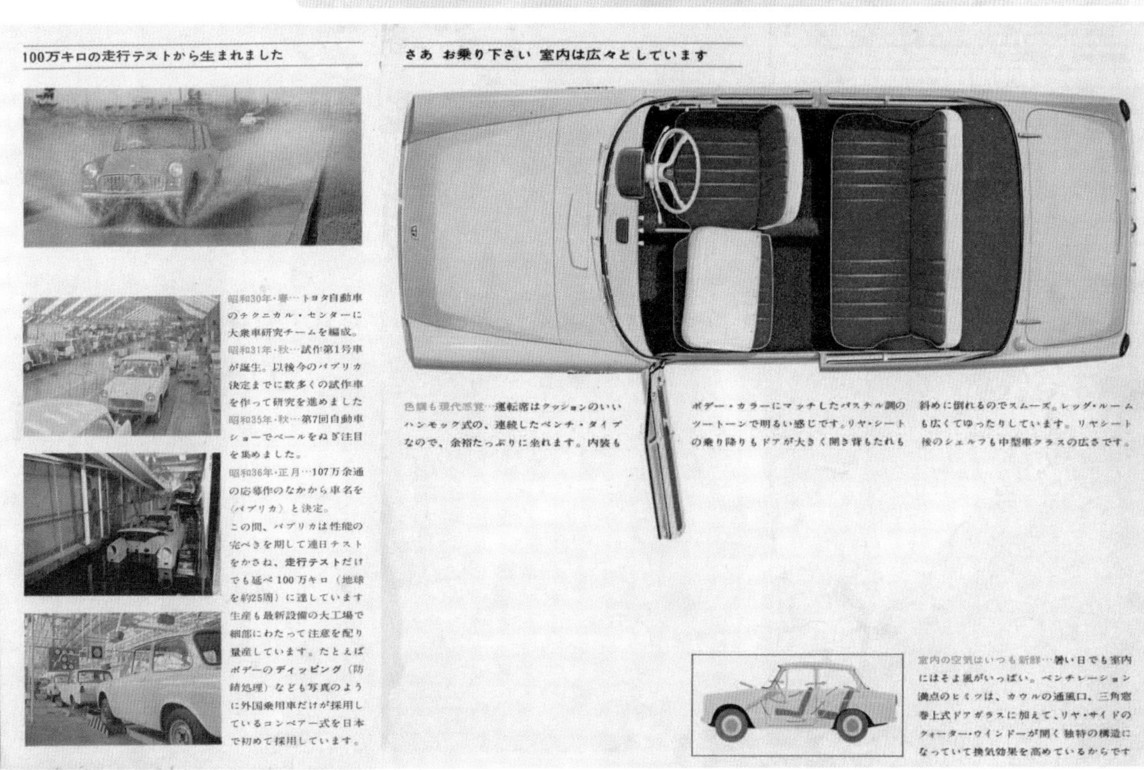

100万キロの走行テストから生まれました

昭和30年・春…トヨタ自動車のテクニカル・センターに大衆車研究チームを編成。
昭和31年・秋…試作第1号車が誕生。以後今のパブリカ決定までに数多くの試作車を作って研究を進めました
昭和35年・秋…第7回自動車ショーでベールをぬぎ注目を集めました。
昭和36年・正月…107万余通の応募作のなかから車名を〈パブリカ〉と決定。
この間、パブリカは性能の完ぺきを期して連日テストをかさね、走行テストだけでも延べ100万キロ（地球を約25周）に達しています
生産も最新設備の大工場で細部にわたって注意を配り量産しています。たとえばボデーのディッピング（防錆処理）なども写真のように外国乗用車だけが採用しているコンベアー式を日本で初めて採用しています。

さあ お乗り下さい 室内は広々としています

色調も現代感覚…運転席はクッションのいいハンモック式の、連続したベンチ・タイプなので、余裕たっぷりに坐れます。内装もボデー・カラーにマッチしたパステル調のツートーンで明るい感じです。リヤ・シートの乗り降りもドアが大きく開き背もたれも斜めに倒れるのでスムーズ。レッグ・ルームも広くてゆったりしています。リヤシート後のシェルフも中型車クラスの広さです。

室内の空気はいつも新鮮…暑い日でも室内にはそよ風がいっぱい。ベンチレーション満点のヒミツは、カウルの通風口、三角窓巻上式ドアガラスに加えて、リヤ・サイドのクォーター・ウインドーが開く独特の構造になっていて換気効果を高めているからです

“さあ　お乗り下さい、室内は広々としています”との表記とともにシートがベンチ・タイプで余裕がある運転席、快適な乗降を保証する大きく開閉するドア、荷物を置くのに便利な広々としたリヤシート後のシェルフ、換気性の高い優れたベンチレーションシステムなどについて説明。また、トヨタ自動車では「大衆車研究チーム」を編成して大衆車の研究をしたことなどを説明しながら、走行テストだけでも“100 万キロの走行テストから生まれました”と謳っている。

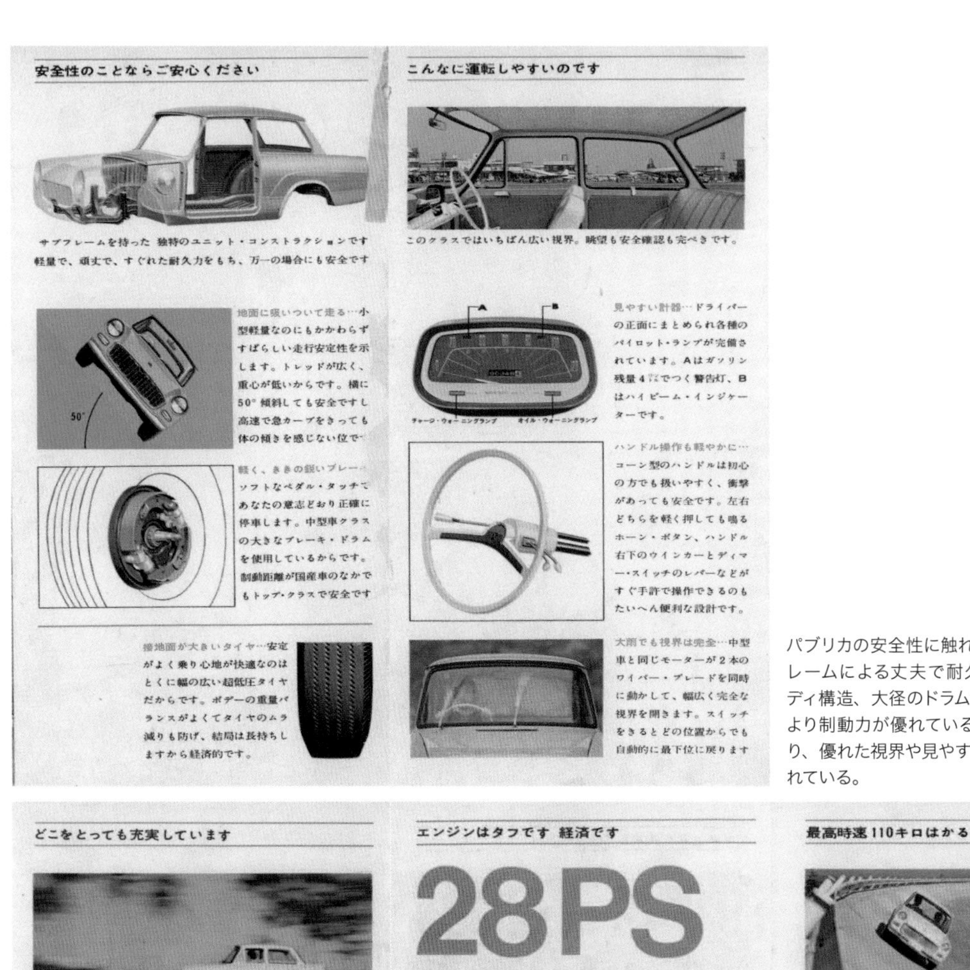

パブリカの安全性に触れており、サブフレームによる丈夫で耐久性の優れたボディ構造、大径のドラムブレーキ採用により制動力が優れていることを語っており、優れた視界や見やすい計器類にも触れている。

エンジンのイラストによりその構造や利点に関して述べている。水平対向2気筒の強力な28馬力エンジン、強制空冷式の特性を説明した上で、パブリカのエンジンは重心位置が低いので、ロードホールディングも優れていると解説。パブリカが発売された当時のクラウンやコロナのマニュアルミッションは3速のコラムシフトだったが、パブリカの変速機は4速のコラムシフトが採用されており、加速が優れていて燃費も1リットル24kmという経済性が高いことなども語られている。

広いトランク室…スペア・タイヤを床面に埋めこんでいますから
スペースが広く使え、ゴルフ・バッグがラクに3組も入ります。

デコボコ道も苦にならない

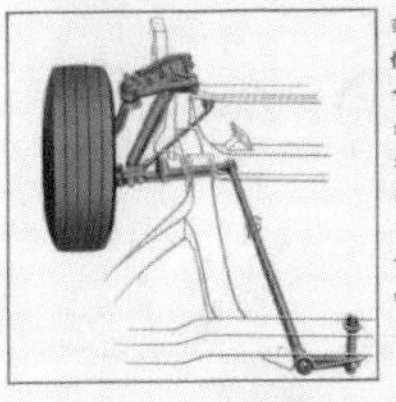

新機構のサスペンション…
快適な乗り心地は、独自のサスペンション機構から生まれます。フロントはトーションバーとボール・ジョイント式、リヤは非対称式リーフで共に複動式ショックアブソーバーが併用されていますから、ショックを大きく軽減します。

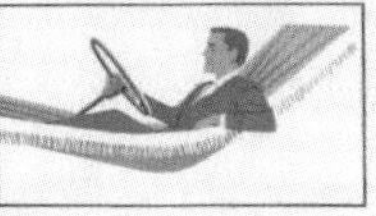

姿勢になじむハンモック式シート…シートの座も背もハンモック・タイプですから
あなたの姿勢によくなじみ長距離走っても疲れません

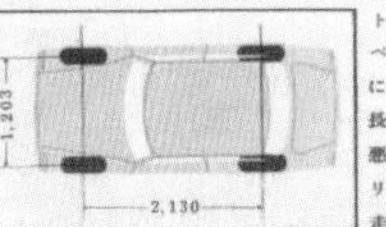

トレッドも広い、ホイールベースも長い…全長、全巾に比してホイール・ベースが長く、トレッドが広いので悪路でのピッチングやローリングが少なく、すぐれた走行安定性をもたらします

あなたのために生まれたほんとうの大衆乗用車です

パブリカは　PUBLIC と CAR の合成語で
ひろく〈国民に〈愛される車〉という意味です

パブリカは　おとな4人がゆったり乗れる本格的大衆乗用車です　軽快なボデーに強力28馬力エンジン！　最高時速はかるく110キロという国際レベルで　小型車ながら　加速力も登坂力も中型クラス…など　ご期待どおりの高性能です　高速時の走行安定性も乗り心地もすばらしく　燃費も1リットルで24キロと経済　スタイルの美しさ　充実した室内装備　広いトランクなど　新しいホーム・カーとしての条件にかなった大衆乗用車です

パブリカが発売された当時の日本の道路は舗装率も低くて、砂利道やぬかるんだ道もたくさんあった。車もそんな事情も考慮しなければならなかったのである。フロントはトーションバーとボールジョイントにより、リアはリーフ式の複動式ショックアブソーバーを併用して路面からのショックを軽減するとある。ハンモック式のシートもトレッドやホイールベースを最大限広げているのも“デコボコ道”に配慮したのであろう。

パブリカ UP10の仕様

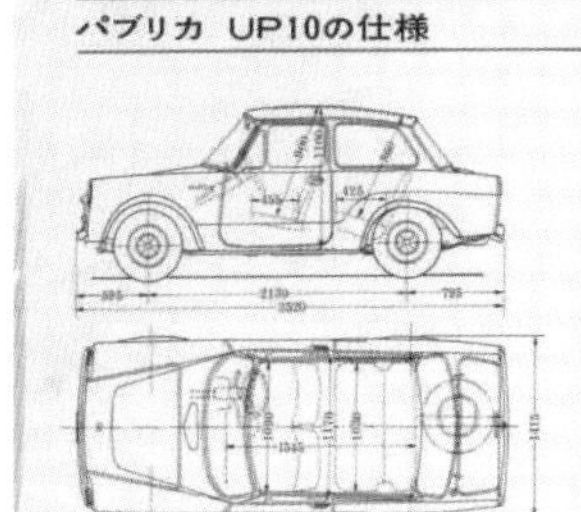

車両型式	UP10
●寸　法	
全長	3,520mm
全巾	1,415〃
全高	1,380〃
ホィール・ベース	2,130〃
トレッド(前)	1,203〃
〃　(後)	1,160〃
●重　量	
車両重量	580kg
乗車定員	4名
車両総重量	800kg
●性　能	
最高速度	110km/h
燃料消費量（平坦舗装路）	24km/ℓ
登坂能力	0.387sinθ
最小回転半径	4.35m
●エンジン	
エンジン型式	空冷2気筒水平対向式
内径×行程	78mm×73mm
総排気量	697cc.
圧縮比	7.2：1
最高出力	28PS/4,300r.p.m
最大トルク	5.4m・kg/2,800r.p.m
燃料タンク容量	25ℓ
バッテリー	12V−32A.H.
ゼネレーター	12V−180W
スターター	12V−0.5PS

●走行伝導装置	
クラッチ	乾燥単板式
トランスミッション	前進4段、後退1段　2,3,4速シンクロメッシュ
操作方式	リモート・コントロール
変速比（第1速）	4.444
〃（第2速）	2.923
〃（第3速）	1.833
〃（第4速）	1.125
〃（後　退）	5.812
減速機　歯車形式	ハイポイド・ギヤ
〃　減速比	3.890
ステアリング形式	ウォーム、セクターローラー式
〃　歯車比	18：1
前車軸形式	独立懸架
後車軸形式	半浮動式
主ブレーキ	油圧内部拡張4輪制動
駐車ブレーキ	機械式後2輪制動
●懸架方式	
前輪懸架方式	ウィッシュ・ボーン　トーションバーばね
後輪　〃	平行半楕円板ばね
ショック・アブソーバー	油圧複動筒形
スタビライザー	トーションバー(前)
ボデー構造	一体構造
タイヤ	6.00−12　2P

（本仕様は改良のため変更する事があります）

●燃料消費は公式試験で平坦舗装路を実際に走った数値です。時速30％の定地走行では立当り30％、一般の運転では仕様書の80％位です。

パブリカはパステル調の4色です

カタログの最後には、明るい色調のパブリカを4台並べ、“パブリカはパステル調の4色です”とボディカラーの説明をしているが、当時の大衆車では珍しくカラフルなカラーが用意されていた印象であった。

8 日野コンテッサ 900

フランス・ルノーとの提携によりノックダウン生産された日産ルノーの後継モデル。東京オリンピックの聖火リレーでパトロールカーとしても活躍した。

1952年4月、サンフランシスコ平和条約の発効とともに、日本はようやく主権を回復しました。この年、日野ヂーゼル工業（後の日野自動車）は、ルノー4CVの製造・販売に関してルノー公団と提携を結びました。翌53年4月には発売に漕ぎ着け、1957年には完全国産化を達成しました。ノックダウン生産を通して、日野自動車は乗用車づくりを一から学んだのです。日野自動車は、ルノー公団との提携終了にあたり、日野ルノーの後継モデルとしてコンテッサ900を誕生させました。

初代コンテッサの開発には5年の歳月がかけられ、1961年4月に全国で一斉に発売されています。当時の価格は、デラックスが65.5万円、スタンダードが58.5万円でした。

スタイルは日野自動車の社内デザインで、端正なスリーボックスセダンでした。この車の発売に先だって日野自動車は、コンマースという前輪駆動のワンボックス型商用車を世に送り（1960年2月）、前輪駆動車の市場参入の可能性について調査したのですが、期待に反して、2年間で2400台ほどの生産数に終わりました。そのことも影響してか、日野ルノーに代わる後継車の駆動方式は、FFではなく、日野ルノーと同じRRとなりました。

コンテッサは一見すると日野ルノーより一回り大きく見えますが、サイズ的にはさほど変わりません。しかし室内ははるかに広く、床面もフラット。日野ルノーでは大きな欠点とされた収納面の問題に関しても、フロントに日野ルノーより収納力の大きいトランクスペースをしつらえることで、この問題をクリアしています。

ここで、モータースポーツにおける活躍についても、触れておきたいと思います。コンテッサはラジエターなどが必要となる水冷エンジンを搭載している割には車重が軽く、スタンダードで720kg、装備の多いデラックスでも750kgしかないため、パワーウェイトレシオが低く抑えられており、走りは軽快そのものでした。サスペンションについても、4輪ともコイルスプリングの独立懸架で、当時の国産車としては先進の機能を備えていました。その結果、コンテッサは第1回日本グランプリ（1963年5月、鈴鹿サーキット）において、ツーリングカーのC-Ⅲクラス（排気量701〜1000cc）で優勝。国内スポーツカーのB-Ⅰクラス（排気量1300cc以下）でも、ツインキャブのエンジンに換装されたコンテッサは、総合2位の快挙を成し遂げました（いずれもドライバーは立原義次氏）。

コンテッサはファミリー需要やタクシー需要が主でしたが、変わったところでは、1964年の東京オリンピック聖火リレーの際、鹿児島県警の白黒のパトロールカーとして使われていました。

また1963年5月には、タクシー需要の更なる掘り起こしに向けてLPG車を発売。同年10月には、2連式キャブレターや4段フロアシフトを備え、バケットシートも採用した本格的なスポーツモデルのコンテッサSを追加発売しています。

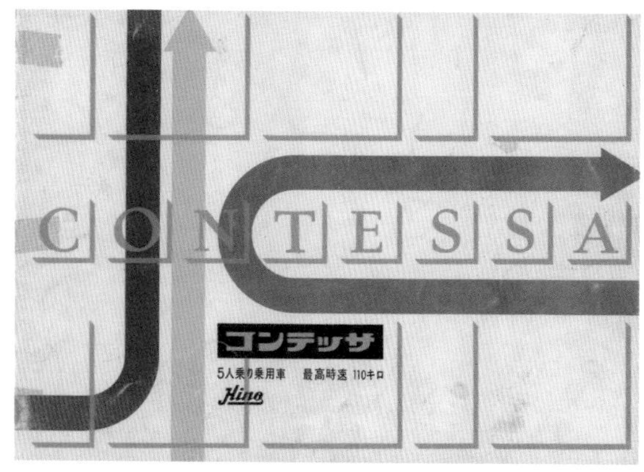

コンテッサ900がデビューしたのは、1961年2月27日であった。東京・品川のプリンスホテルでの発表会では、見学者は5000名を超えたという。コンテッサの車名はイタリア語で伯爵夫人を意味する。

車　名	日野コンテッサ　デラックス
形式・車種記号	—
全長×全幅×全高（mm）	3795×1475×1415
ホイールベース（mm）	2150
トレッド前×後（mm）	1210×1200
最低地上高（mm）	205
車両重量（kg）	750
乗車定員（名）	5
燃料消費率（km/l）	20（定地40km/h）
最高速度（km/h）	110
登坂能力（sinθ）	0.33
最小回転半径（m）	4.3
エンジン形式	—
種類、配列気筒数、弁型式	頭上弁・水冷直列4シリンダ
内径×行程（mm）	60×79
総排気量（cc）	893
圧縮比	8.0
最高出力（PS/rpm）	35/5000
最大トルク（kg・m/rpm）	6.5/3200
燃料・タンク容量（ℓ）	32
トランスミッション	選択摺動及び2,3速シンクロメッシュ
ブレーキ	足動　油圧内部拡張全輪制動
	手動　機械式内部拡張後二輪制動
タイヤ	5.50-14-2PR
カタログ発行時期（年）	1961-1962

CONTESSA

コンテッサ（伯爵夫人）は軽快で
安定した乗心地を最大目的として
新設計された５人乗り乗用車です
テストにテストをかさねて遂に完
成したコンテッサは　性能・乗心
地・あらゆる点に　絶対の自信！
若々しいボデーラインに奥ゆかし
い気品を秘め　さっそうとハイウ
エイを走る乗用車‥‥　デザイン
機構・すべてが全く新らしいコン
テッサこそ　新時代の乗用車です

５人がコンテッサを見つめる写真を載せ“軽快で安定した乗り心地を最大目的として新設計された”と述べている。このカタログの大きな特徴は、ここではすべてを紹介できないが、信頼感、流動美、耐久力、安全度、行動性、高性能、雰囲気、経済的、新設計そして最高級という 10 のテーマを設定し、それぞれの角度から車を説明していることである。写真は豪華なデラックスモデルで、ホワイトタイヤ、熱線吸収の色ガラス、高感度ラジオ、ウインドウォッシャー、換気性能の高い暖房装置などが装備されている。

ダンときく加速　強力３５馬力のリヤエ
ンジンは　最高時速１１０キロをマーク
どんな坂でも一気に走破できる登坂力を
生み出す原動力　ダッシュがきく車です
エンジン冷却は　非常に効果的な方法を
とり　いかなる場合にもオーバーヒート
しません　エンジン及びギヤ・ボックス
の取付けには　独特の防振ゴムを使用し
不快な騒音　ビビリ音が全然ありません

“信頼感”として“強力 35 馬力のリヤエンジンは 最高時速 110 キロをマーク”と謳い、大きなうぐいす色のスタンダードモデルとともに、893cc の水冷直列４気筒エンジン、前進３段のトランスミッション、コイルバネを採用したサスペンションを組み合わせた写真を載せている。

“流動美”では、深いブルーのコンテッサの後ろ姿とともに、車の名前が伯爵夫人を意味するイタリア語の“CONTESSA”に由来するもので、“《気品を秘めた美しさ》を表わした”とあり、その名に恥じない気品ある優美なモデルであることを強調している。

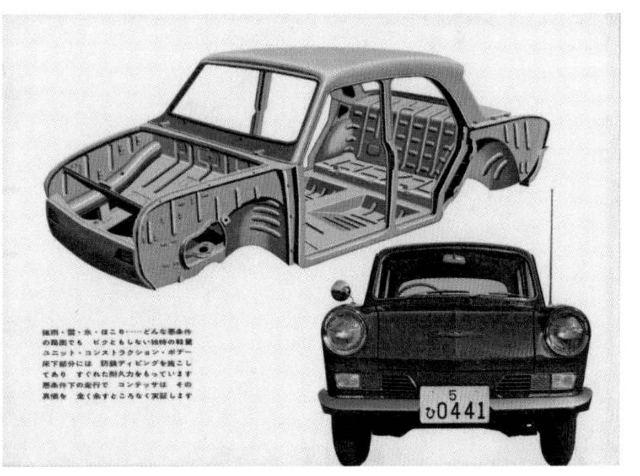

強雨・雪・氷・ほこり……どんな悪条件
の路面でも　ビクともしない独特の軽量
ユニット・コンストラクション・ボデー
床下部分には　防錆ディピングを施こし
てあり　すぐれた耐久力をもっています
悪条件下の走行で　コンテッサは　その
真価を　全く余すところなく実証します

“耐久力”では、どんな悪路でも“ビクともしない独自の軽量ユニット・コンストラクション・ボデー”を採用していることに触れ、その構造を紹介する大きなイラストを載せている。床下部分には防錆ディピング（コーティング）が施されている。

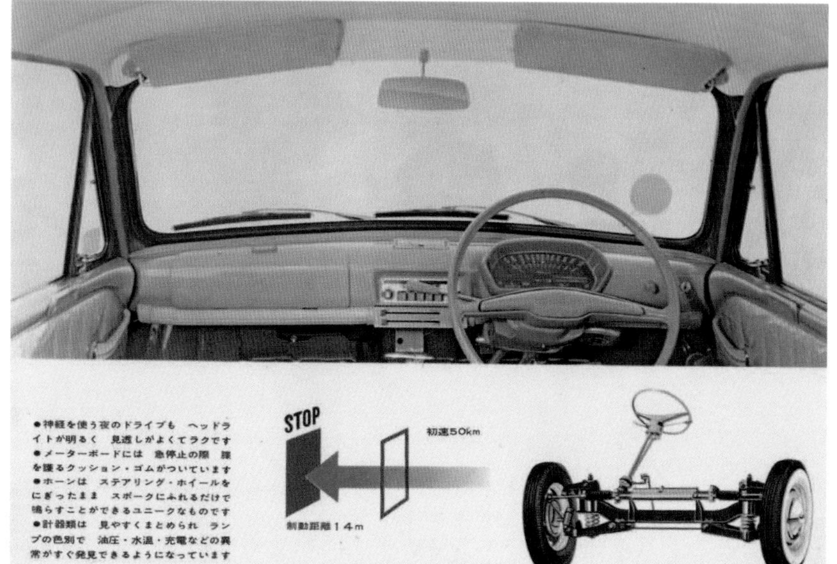

●神経を使う夜のドライブも　ヘッドライトが明るく　見透しがよくてラクです
●メーターボードには　急停止の際　膝を護るクッション・ゴムがついています
●ホーンは　ステアリング・ホイールをにぎったまま　スポークにふれるだけで鳴らすことができるユニークなものです
●計器類は　見やすくまとめられ　ランプの色別で　油圧・水温・充電などの異常がすぐ発見できるようになっています
STOP
初速50km
制動距離14m

"安全度"では、初速50キロでの制動距離が14メートルと効きが良い点に加えて、4輪独立懸架による高いロードホールディング性能を持つ点、さらに重心が低く、高い安定性を実現している点を説明している。また広い視野が得られる前面ガラス、2つのワイパー、急停止の際に膝を守るクッション・ゴムに加えて、油圧、水温、充電の異常を知らせるランプを備えたダッシュボードの写真や、コイル・スプリングウイッシュボーン式のフロントサスペンションのイラストも載せている。

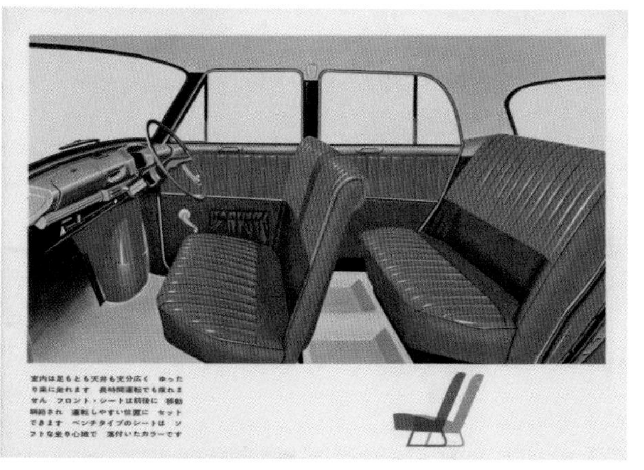

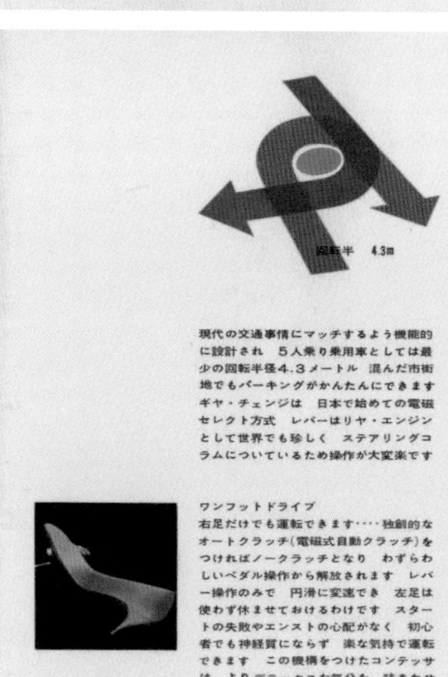

現代の交通事情にマッチするよう機能的に設計され　5人乗り乗用車としては最少の回転半径4.3メートル　混んだ市街地でもパーキングがかんたんにできます　ギヤ・チェンジは　日本で始めての電磁セレクト方式　レバーはリヤ・エンジンとして世界でも珍しく　ステアリングコラムについているため操作が大変楽です
ワンフットドライブ
右足だけでも運転できます‥‥独創的なオートクラッチ(電磁式自動クラッチ)をつければノークラッチとなり　わずらわしいペダル操作から解放されます　レバー操作のみで　円滑に変速でき　左足は使わず休ませておけるわけです　スタートの失敗やエンストの心配がなく　初心者でも神経質にならず　楽な気持で運転できます　この機構をつけたコンテッサは　よりデラックスな気分を　味あわせてくれることでしょう―オプショナル―

"行動性"では、自家用車を持つことによる日々の行動範囲の飛躍的拡大が得られることを印象づけている。トランクはフロントにあり、"5人の旅行に必要なスーツケース 手廻り品が充分に積め ボンネットは運転席からの操作で開けられる新設計です"とアピールしている。スペアタイヤはトランク前部に収納されている。

"雰囲気"では、室内の様子を紹介している。"室内は足元も天井も充分広く ゆったり楽に坐れます"と快適な室内空間をアピールしているのは、RR駆動によって床をフラットにしたことによって実現したものと言えるだろう。フロント・シートは前後に移動できる。

"高性能"では、機能的に設計された車で、最小回転半径を4.3メートルに抑えた結果、駐車が簡単なことが紹介されている。さらに日本初の電磁セレクト方式のシフトレバーの採用、オプションのオートクラッチによってクラッチ操作から解放され、快適な運転を実現したことを強調している。ドアトリムとシートは鮮やかな赤を基調とし、華やかな室内の写真が添えられている。

“新設計”では、すべて下まで開くドア・ガラスを採用して室内の換気がよいことをアピールしている。左側にはドアの開閉で点滅するルームライト、メーターボード左側にあり様々なものが収納できるボックス、収納性の高い前ドアポケットが紹介されている。

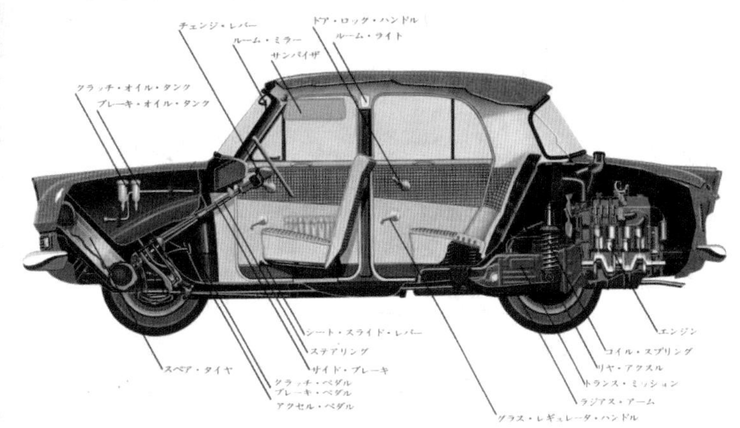

側面の大きなカットボディをカラフルなイラストで載せ、ゆったりとした室内を改めて紹介している。リヤエンジンであることとともに、室内の床面が平らであることがよくわかる。

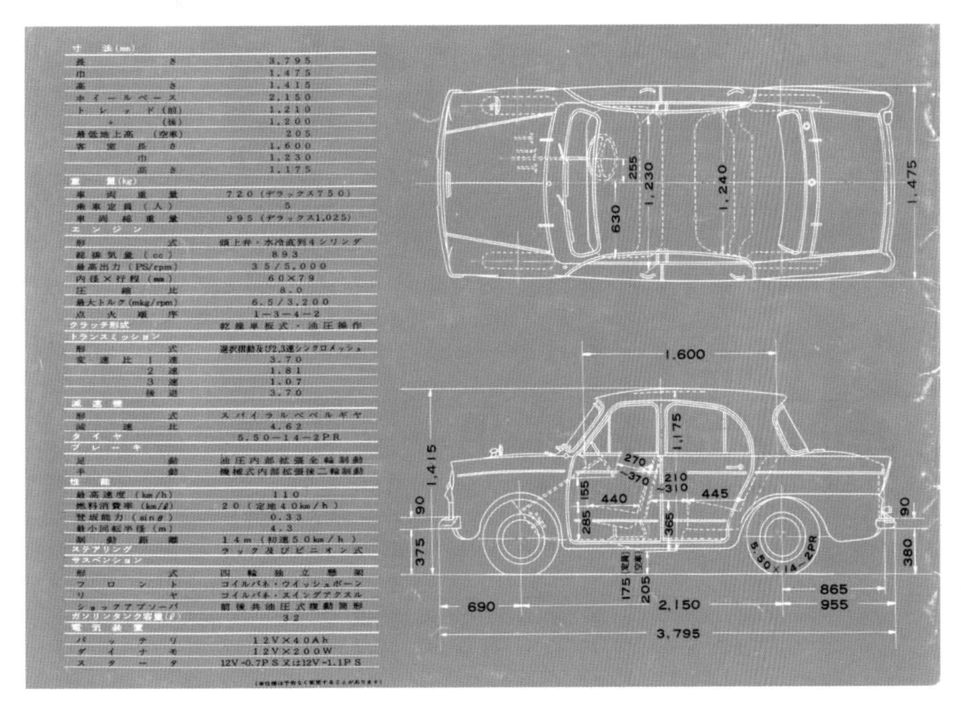

寸法(mm)	
長さ	3,795
巾	1,475
高さ	1,415
ホイールベース	2,150
トレッド(前)	1,210
〃 (後)	1,200
最低地上高 (空車)	205
客室 長さ	1,600
巾	1,230
高さ	1,175
重量(kg)	
車両重量	720(デラックス750)
乗車定員(人)	5
車両総重量	995(デラックス1,025)
エンジン	
形式	頭上弁・水冷直列4シリンダ
総排気量(cc)	893
最高出力(PS/rpm)	35/5,000
内径×行程(mm)	60×79
圧縮比	8.0
最大トルク(mkg/rpm)	6.5/3,200
点火順序	1−3−4−2
クラッチ形式	乾燥単板式・油圧操作
トランスミッション	
形式	選択摺動及び2,3速シンクロメッシュ
変速比 1速	3.70
2速	1.81
3速	1.07
後退	3.70
減速機	
形式	スパイラルベベルギヤ
減速比	4.62
タイヤ	5.50−14−2PR
ブレーキ	
足動	油圧内部拡張全輪制動
手動	機械式内部拡張後二輪制動
性能	
最高速度(km/h)	110
燃料消費率(km/ℓ)	20(定地40km/h)
登坂能力(sinθ)	0.33
最小回転半径(m)	4.3
制動距離	14m(初速50km/h)
ステアリング	ラック及びピニオン式
サスペンション	
形式	四輪独立懸架
フロント	コイルバネ・ウイッシュボーン
リヤ	コイルバネ・スイングアクスル
ショックアブソーバ	前後共油圧式複動筒形
ガソリンタンク容量(ℓ)	32
電気装置	
バッテリ	12V×40Ah
ダイナモ	12V×200W
スタータ	12V-0.7PS又は12V-1.1PS

(本仕様は予告なく変更することがあります)

日野コンテッサのスペック表。

9 いすゞベレル 2000

英国メーカーとの提携で学んだ技術をもとに独自開発された中型セダン。性能面でも外国車に十分太刀打ちできる車と評価された。

戦前、いすゞ（当時は、いすゞの前身であるヂーゼル自動車工業）は、陸軍省と商工省の命により 1943 年に高級乗用車の試作車を完成させたことがある由緒正しい自動車メーカーです。

戦後、イギリスのルーツ自動車との提携を通して乗用車づくりを学んだいすゞは、1953 年 10 月にヒルマンミンクスをつくりました。その後継車として 1962 年 4 月に、独自に開発した初のオリジナルモデルとして誕生したの中型セダンがベレルです。

モノコック構造やサスペンションなどのシャシーは、ヒルマンミンクスで得た技術を踏襲しています。ベレルという車名は、いすゞという社名の由来でもある三重県の伊勢神宮を流れる五十鈴（いすゞ）川を起源とし、ローマ数字で五十を表すエル（L）と、鈴のベル（BELL）を合成したものです。最初 " エルベル " の名称も考えていたようですが、言葉の響きなどからベレル（BELLEL）と名付けられました。

ベレルは端正な 3 ボックスセダンで、テールエンドを断ち切ったイタリア風のデザインと、ハイウェイスコープと名付けられ側面までまわり込んだフロントスクリーン、そして夜間のドライブに便利なビームチェンジャー（フロントグリルの右下にあるブルーの受光センサーでヘッドライトのハイビーム、ロービームを自動で切り替える装置）などが特徴でした。スペシャルデラックスは 1962 年 10 月に発売されています。

ところで私の手許にある自動車専門誌には、スペシャルデラックスの詳細な解説とロードテストを特集した記事があります。それによるとツイン・ツーステージ・キャブレターの採用により標準モデルに比べて 10 馬力の出力の増加があり、最高速度も 145km/h と高く、ベレルの中で最高の登坂能力は群を抜いて大きく、性能面でも外国車と十分に太刀打ちでき、高速道路でも堂々たる貫禄を表すのに適した内容を狙った車と解説していました。こうしてベレルは好感と期待をもって市場に投入されたのです。

1965 年 10 月にはフルモデルチェンジと言っていいほどの大規模なモデルチェンジが施され、後期型はキャビンを除いてフロントグリル、ボンネット、トランク、テールランプが一新され、ヘッドライトは縦に 2 つ配列されました。筆者が中学生の頃、黒塗りの後期型モデルが、松江市内の役所の車庫の定位置に停まっていたことを懐かしく思い出します。ベレルは一代限りで 1967 年 5 月には生産を終えました。しかしベレルはクラウン、セドリックそしてグロリアの強固な牙城に果敢に切り込んだいすゞの中型車として筆者の心に強く残っています。ゆえにベレルをはじめ多くの個性的なモデルを世に送り出したいすゞが、後に乗用車市場から撤退したことは、とても残念に思っているのです。

いすゞはヒルマンの国産化により習得した技術を導入して、乗用車部門に進出。そしていすゞが独自に開発した新しい乗用車としてベレルを発表したのは 1961 年 10 月 16 日のことであった。写真は第 11 回（1964 年）東京モーターショーにおけるいすゞベレルのスペシャルデラックスで、同年にマイナーチェンジを受けている。

車　名	いすゞベレル　スペシャルデラックス
形式・車種記号	—
全長×全幅×全高（mm）	4485×1690×1493
ホイールベース（mm）	2530
トレッド前×後（mm）	1339×1360
最低地上高（mm）	195
車両重量（kg）	1235
乗車定員（名）	6
燃料消費率（km/l）	—
最高速度（km/h）	145
登坂能力（sinθ）	0.423
最小回転半径（mm）	5400
エンジン形式	ガソリンGL201
種類、配列気筒数、弁型式	水冷4サイクル直列頭上弁式4シリンダ
内径×行程（mm）	83×92
総排気量（cc）	1991
圧縮比	8.5
最高出力（PS/rpm）	95/4600
最大トルク（kg・m/rpm）	16.2/2400
燃料・タンク容量（ℓ）	47
トランスミッション	2,3,4速シンクロメッシュ式
ブレーキ	足　内部拡張油圧式4輪ブレーキ 前…ユニサーボ　後…デュオサーボ
	手　内部拡張機械式後2輪ブレーキ
タイヤ	7.00-13-4P
カタログ発行時期（年）	1962-1963

わが国初のツイン・ツーステージ・キャブレターを備えた国産最高級乗用車であること、欧州調の優雅なフォルムやしっとりと落ち着いたインテリアなど国賓を乗せるのにふさわしいゴージャス・カーとして、“車作り50年　いすゞ技術の粋が　バランスの取れた性能に生きています”と強調している。“国賓を乗せるにふさわしい”との文章はユーモラスな感じも受けたが、それだけ、いすゞ自動車がベレルに誇りをもって世に送り出したことが伝わってくる表現だと言えるだろう。右は白い帽子を手にした運転手が、ベレルの横に立っているショット。このカタログは、運転手付きでの使用、オーナードライバー用の両方のアピールがなされている。

薄いグリーンとベージュのツートンカラーのベレルと、横に立つ若い女性の写真が目に入る。フロントフェンダー部分には「Bellel Special」とあり、フロントグリルには「Isuzu」とあるのがわかる。

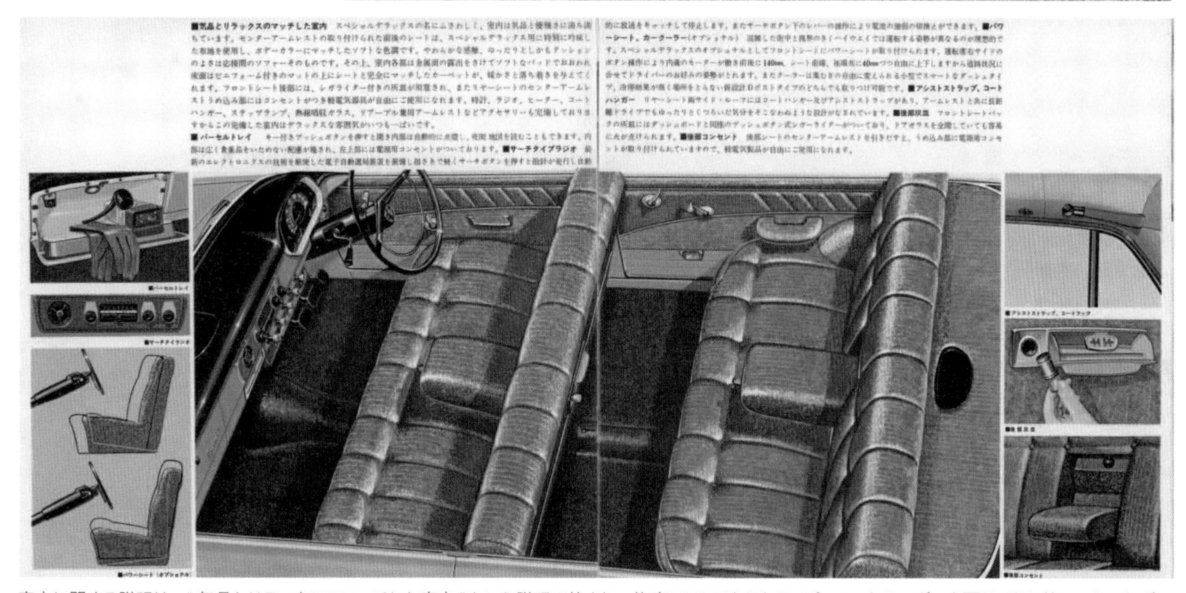

室内に関する説明は、“気品とリラックスのマッチした室内”という説明で始まり、後席のアシストストラップ、コートハンガーを両サイドに持つこと、シガーライター付きの灰皿を備えていること、後部シートのセンターアームレストを引き出すと電源コンセントがあり“軽電気製品”を使用できるなどを述べ、後部座席の装備の充実ぶりを強調している。フロントには、電動で位置調整ができるパワーシートがオプションで用意されていた。

"使いやすい操縦装置"のキャプションを付けた見開きのページで、ブラウンを基調にしたダッシュボードのカラーイラストを載せている。メーターの中にトリップメーターが装備されていて1日の走行距離が一目でわかることや、オートアンテナ付きのラジオ（電子自動選局装置付き）も備えられている。ワイパーボタンをひねれば定量の水が自動的に噴射する"ウインドワッシャー"も紹介されている。

■95馬力エンジンは、ハイウエイカー"ベレル"の名にふさわしく加速性、高速性を第1に、しかも実用性を兼ね備えた高性能エンジンです。わが国乗用車界で最初のツィンツーステージキャブレーターを装備しておりますので、空気の吸入効率が高く、各シリンダーへの適切な配分とあいまって時速145kmのハイスピードと高出力、高トルクを発揮いたします。その上、2400回転の低回転で最大トルクが発揮されるよう設計され、常用スピードで最も使いやすく、実用的な面でも完ぺきです。カムシャフト、シリンダーブロック、クランクシャフト、マニホールドなど、各部機構は高速連続運転に完全に耐える設計、材質、加工が施され、信頼性はまったく比類がありません。

■ツイン・ツーステージ・キャブレーター　95馬力エンジンは、わが国乗用車界で始めて、2個の気化器を備えたいわゆるツインキャブエンジンです。2個の気化器は、前後のスロットルシャフトをフレキシブルカップリングで連結し、リングを介して1本のネジリ棒でアクセルペダルにつながって作動します。ツインキャブのため高速回転時の吸入効率が高く、しかも燃料が均一に配分されるようにインレットマニホールドを工夫しましたので非常に高い高速性能を発揮します。またそれぞれのキャブはツーステージとなっていますので低速回転時にも燃料の霧化がよくトルクの向上と燃費の減少など実用的にもすぐれた特長を示します。

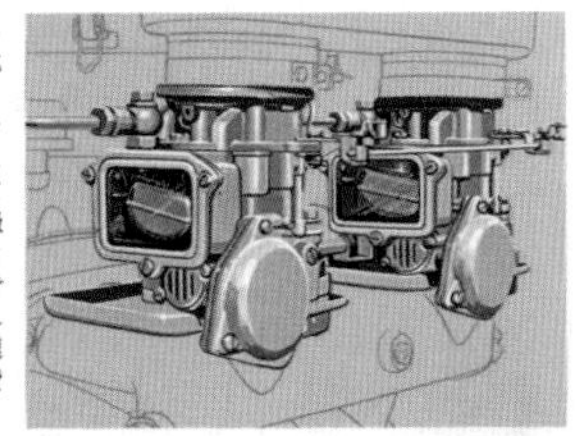

"2000cc/95PS"と大きな文字を添え、"わが国乗用車で初めて"の2個の気化器を備えたツイン・ツーステージ・キャブレターを持つことをアピールしている。最高速度は145kmであること、高出力、高トルクを発揮すると述べ、2400回転の低回転で最大トルクを発生する非常に使いやすいエンジンであることも強調している。ツーステージ・キャブレーターの採用で、低速回転でも燃料の霧化がよく、トルクの向上と燃料の減少効果が紹介されている。

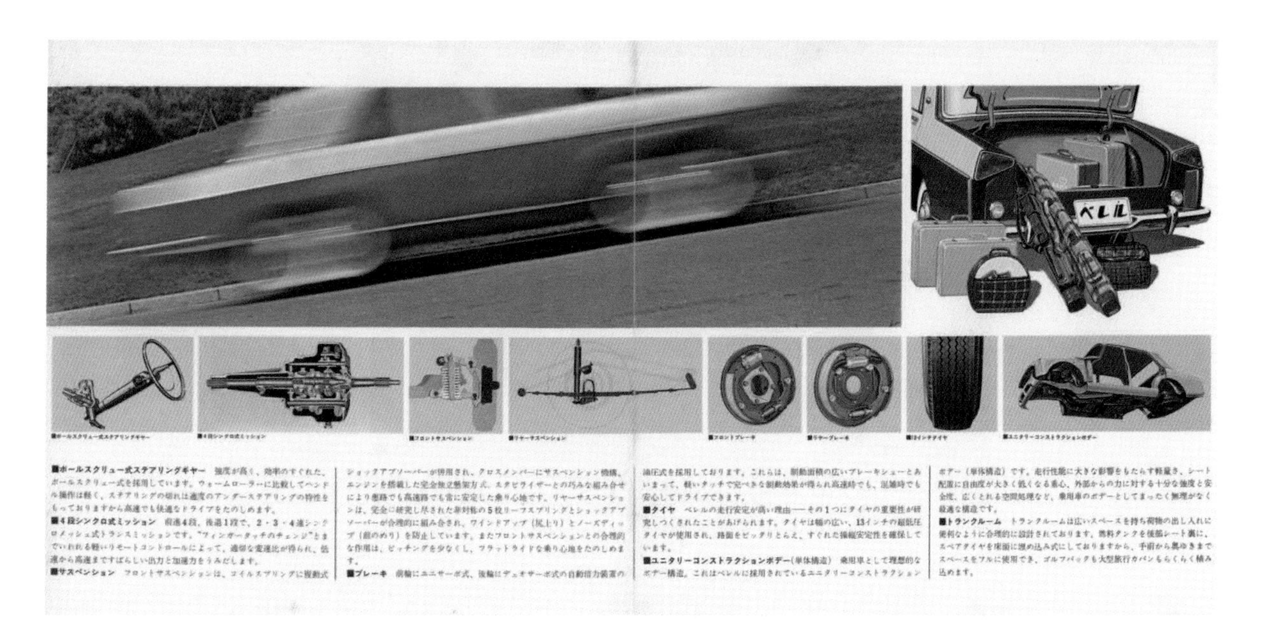

前進４段で、2・3・4速シンクロメッシュ式ミッションを持つことや、ユニタリーコンストラクションボディー（単体構造）で軽量、低重心の理想的な乗用車であることも強調している。さらにイラストを見ると、フロントサスペンションにはコイルスプリングを採用した独立懸架方式を採用していることがわかる。乗り心地は“スタビライザーとの巧みな組み合せにより悪路でも高速路でも常に安定”と解説している。ブレーキはフロントがユニサーボ式、リヤがデュオサーボ式で“軽いタッチで完ぺきな制動効果”が得られると述べている。トランクは“合理的に設計”（スペアタイヤを床下に収納）され、広いスペースができたことをカラフルなイラストで示している。

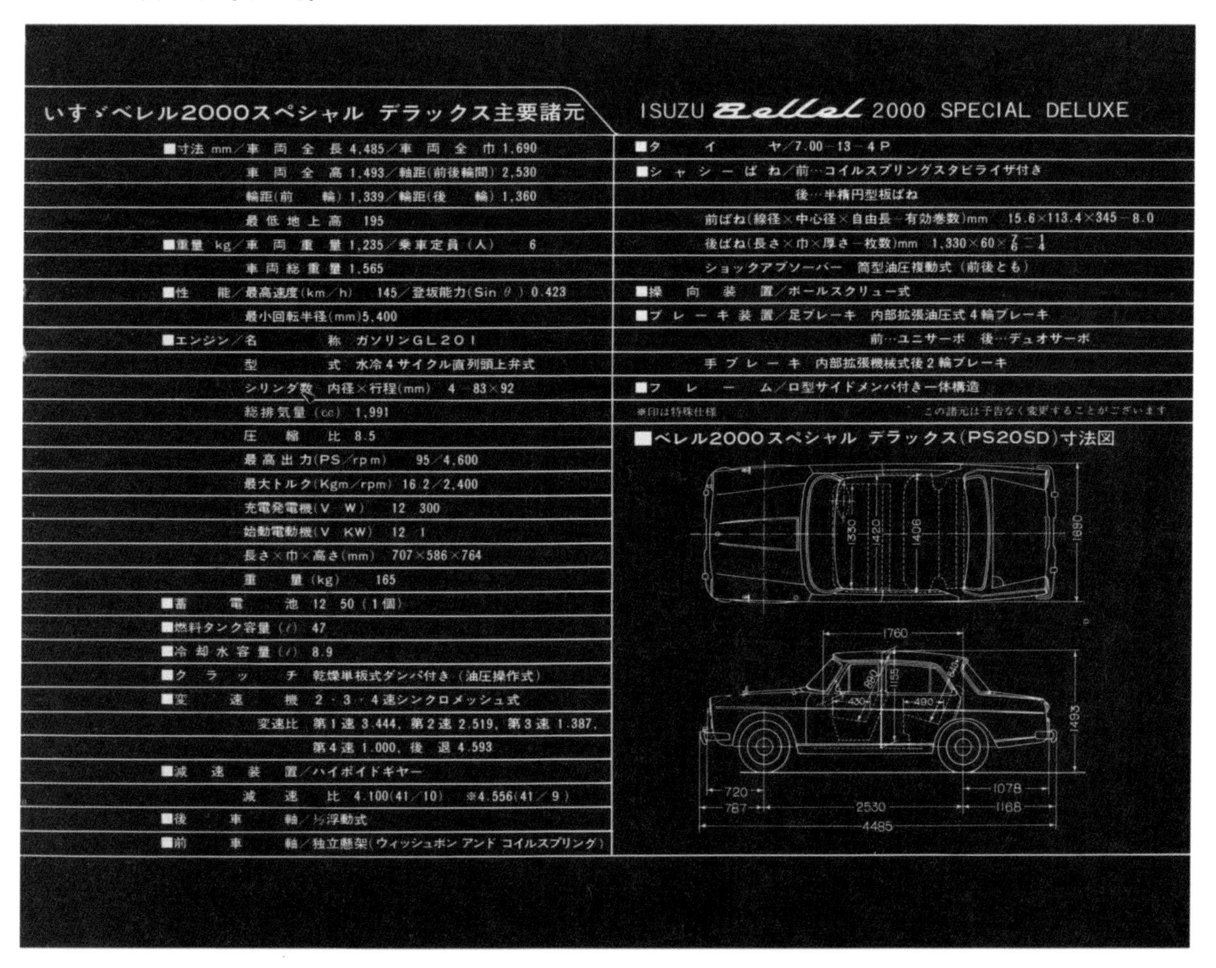

いすゞベレル2000スペシャル デラックス主要諸元

■寸法 mm／車両全長 4,485／車両全巾 1,690
車両全高 1,493／軸距(前後輪間) 2,530
輪距(前輪) 1,339／輪距(後輪) 1,360
最低地上高 195
■重量 kg／車両重量 1,235／乗車定員（人） 6
車両総重量 1,565
■性能／最高速度(km／h) 145／登坂能力(Sin θ) 0.423
最小回転半径(mm)5,400
■エンジン／名称 ガソリンGL201
型式 水冷4サイクル直列頭上弁式
シリンダ数 内径×行程(mm) 4 83×92
総排気量(cc) 1,991
圧縮比 8.5
最高出力(PS／rpm) 95／4,600
最大トルク(Kgm／rpm) 16.2／2,400
充電発電機(V W) 12 300
始動電動機(V KW) 12 1
長さ×巾×高さ(mm) 707×586×764
重量(kg) 165
■蓄電池 12 50（1個）
■燃料タンク容量(ℓ) 47
■冷却水容量(ℓ) 8.9
■クラッチ 乾燥単板式ダンパ付き（油圧操作式）
■変速機 2・3・4速シンクロメッシュ式
変速比 第1速 3.444、第2速 2.519、第3速 1.387、
第4速 1.000、後退 4.593
■減速装置／ハイポイドギヤー
減速比 4.100(41／10) ※4.556(41／9)
■後車軸／½浮動式
■前車軸／独立懸架(ウィッシュボン アンド コイルスプリング)

ISUZU Bellel 2000 SPECIAL DELUXE

■タイヤ／7.00－13－4P
■シャシーばね／前…コイルスプリングスタビライザ付き
後…半精円型板ばね
前ばね(線径×中心径×自由長－有効巻数)mm 15.6×113.4×345－8.0
後ばね(長さ×巾×厚さ－枚数)mm 1,330×60×$\frac{7}{6}$－$\frac{1}{4}$
ショックアブソーバー 筒型油圧複動式（前後とも）
■操向装置／ボールスクリュー式
■ブレーキ装置／足ブレーキ 内部拡張油圧式4輪ブレーキ
前…ユニサーボ 後…デュオサーボ
手ブレーキ 内部拡張機械式後2輪ブレーキ
■フレーム／ロ型サイドメンバ付き一体構造
※印は特殊仕様　この諸元は予告なく変更することがございます

■ベレル2000スペシャル デラックス(PS20SD)寸法図

10 三菱ミニカ

ミニチュアカーの略称として命名されたミニカ。著名な工業デザイナーの金子徳次郎氏の手になるスタイルは、万人受けするシンプルなものだった。

三菱の軽四輪自動車の先駆けとして開発された軽商用車の三菱360は、1960年に全日本自動車ショーで発表され、1961年4月に発売されました。そしてその三菱360をベースに、軽乗用車の人気が高まりつつあることも視野に入れ、1962年10月に乗用車タイプとして三菱ミニカが発売されました。発売当時は単一グレードでしたが、後にスタンダードが追加されました。

ミニカのパワートレインやボディの基本構造は、三菱360バンを踏襲しています。三菱360バンのBピラー以後を乗用車としてリデザインし、リアウインドーをほぼまっすぐ落としたことにより後部座席の居住性を確保し、小型乗用車を意識した独立式トランクを設けて差別化を図りました。デザインは当時著名な工業デザイナーの金子徳次郎氏によるもので、シンプルで万人受けする好感の持てるデザインでした。

1960年当時は軽乗用車でも庶民にとっては高価であったため、高級車と遜色ない豪華なムードを必要としたのでしょう。MINITURE（ミニチュア）CARの略称を命名されたミニカ（MINICA）は1960年代のスバル360やキャロル360などの個性的な軽自動車のなかにあって、三菱らしい“奇をてらわない”堅実な後輪駆動の3ボックスセダンでした。

ミニカは堅牢性と経済性を第一に考えた車で、日常使う走行シーンにおいては、極めて優れた力を発揮していました。最高速度は86km/hと控えめですが、取り扱いやすい2サイクルの空冷2気筒エンジンは、3500回転で最大トルクを発生。これらに加えて、小さな回転半径による取り扱いやすさ等がミニカの美点といえます。

このカタログを通して見ると三菱の堅実な車づくりが実感できます。この初代ミニカは、16万2575台が生産され、軽乗用車クラスの約20パーセントのシェアを占めました。端正なデザインや大きな収納力などで一定の人気を得ていたのです。

ミニカは1969年7月にフルモデルチェンジされ、保守的な3ボックスのセダンから180度変わって、空気抵抗をスムーズに受け流す“ウイング・フローライン”と名付けられた直線基調のデザインに変わり、クラス初のリヤフラップ（開閉式レジャーウインドウ）などを持つ、時代を反映するハッチバックタイプのミニカ70（セブンゼロ）へと受け継がれました。

1961年に発売した商用車「三菱360」の人気が高まり、月販が3000台を越すようになり、ライトバン、ピックアップに続く第3弾として1962年10月に発売されたのが三菱ミニカである。

車　名	三菱ミニカ
形式・車種記号	LA20
全長×全幅×全高（mm）	2995×1295×1370
ホイールベース（mm）	1900
トレッド前×後（mm）	1100×1070
最低地上高（mm）	150
車両重量（kg）	490
乗車定員（名）	4
燃料消費率（km/l）	27
最高速度（km/h）	86
登坂能力（sinθ）	0.30
最小回転半径（m）	3.6
エンジン形式	ME21
種類、配列気筒数、弁型式	強制空冷2サイクル2気筒直列
内径×行程（mm）	62×59.6
総排気量（cc）	359
圧縮比	8.2
最高出力（PS/rpm）	17/4800
最大トルク（kg・m/rpm）	2.8/3500
燃料・タンク容量（ℓ）	20
トランスミッション	前進4段後退1段　オールシンクロメッシュ
ブレーキ	主　油圧式内部拡張全輪制動
	補助　手動機械式後二輪制動
タイヤ	前輪　5.20-10　2PR　後輪　5.20-10　2PR
カタログ発行時期（年）	1962

MINICA
軽免許
4人乗り
三菱ミニカ
乗って楽しく　仕事にもグンとファイトがわく——
三菱ミニカは　皆さまに幸福をもたらすまったく新らしい感覚の軽乗用車です
デラックスな居住性と　ダイナミックな機動力——今までの小型車にはなかった豪華なムードとすぐれた性能は　大型車にも劣りません
クロームメッキのグリルとサイドモールディング　一段と洗練された美しいスタイル　便利な広いトランクなど………
三菱ミニカはあなたの良き伴侶です

“豪華なムードとすぐれた性能は　大型車にも劣りません”との説明文とともに、秋も深まり、落ち葉の敷き詰められた道に、薄いグリーンのミニカが停まっている写真を大きく載せている。ボンネットフードの中央には、金色の三菱エンブレムが光っている。左右に広がったフロントグリルにも一面にクロームメッキが施され豪華に仕上げられている。ミニカは商用の三菱360との差別化を図るため、縦型のフロントグリルにはクロームメッキが施され、豪華に仕上げられていた。他に小さなエンブレムもゴールドメッキの装飾が用いられていた。

“三菱ミニカでファミリー・ドライブ”というページでは、野原に黄色いテントを張り、レジャーを楽しむ若い男女と水色のミニカの写真を紹介する。
サイズは軽自動車だが、リアトランクが独立した3ボックススタイルを確立している。

長時間のドライブでも疲れない　すぐれた走行性——とくに　お子さま連れの遠出では　ミニカの良さがわかります

快適な乗り心地
理想的な懸架方式によるサスペンションと体にピッタリ合うクッションのきいたシート　すぐれた防音装置　使い易いハンドルチェンジなどで乗り心地は満点　疲れないドライブが楽しめます

広いトランク
スーツケースやバックがらくにつめる　軽乗用車では最大の広さです　山や海など遠出の荷物はこのトランクで十分　室内がフルに使えます

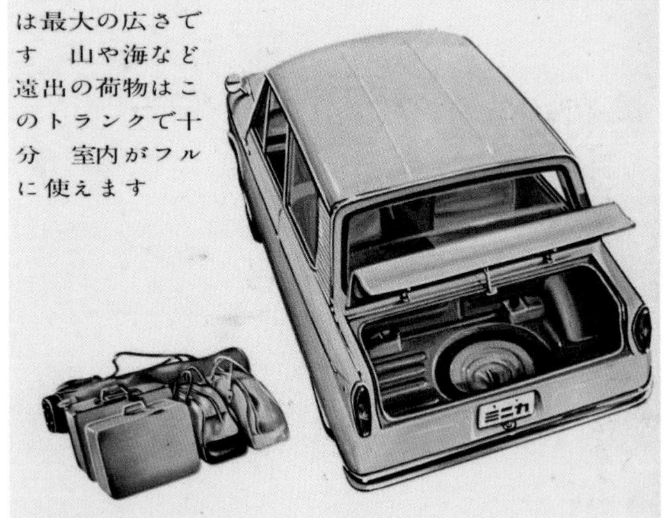

快適な乗り心地とともに、後輪駆動を生かし、独立した広いトランクを持つことや、“スーツケースやバッグがらくにつめる 軽乗用車では最大の広さ”と収納スペースを謳い、収納可能なゴルフバッグやボストンバッグを車の横に並べている。スペースの限られた軽乗用車の中にあって収納力のあるトランクを持つことは、ミニカの最大のセールスポイントだった。

“三菱ミニカでビジネス快調！”と述べたところでは、見開きページでホワイトのミニカを取り囲むビジネス関係者たちを写し出し、ここでは最小回転半径 3.6 メートルという取りまわしの良さを解説。駐車スペースが小さくて済むのに、大きな収納力が確保されている点でファミリーカーとしてだけでなく、ビジネスカーとしても最適な車だと推奨している。

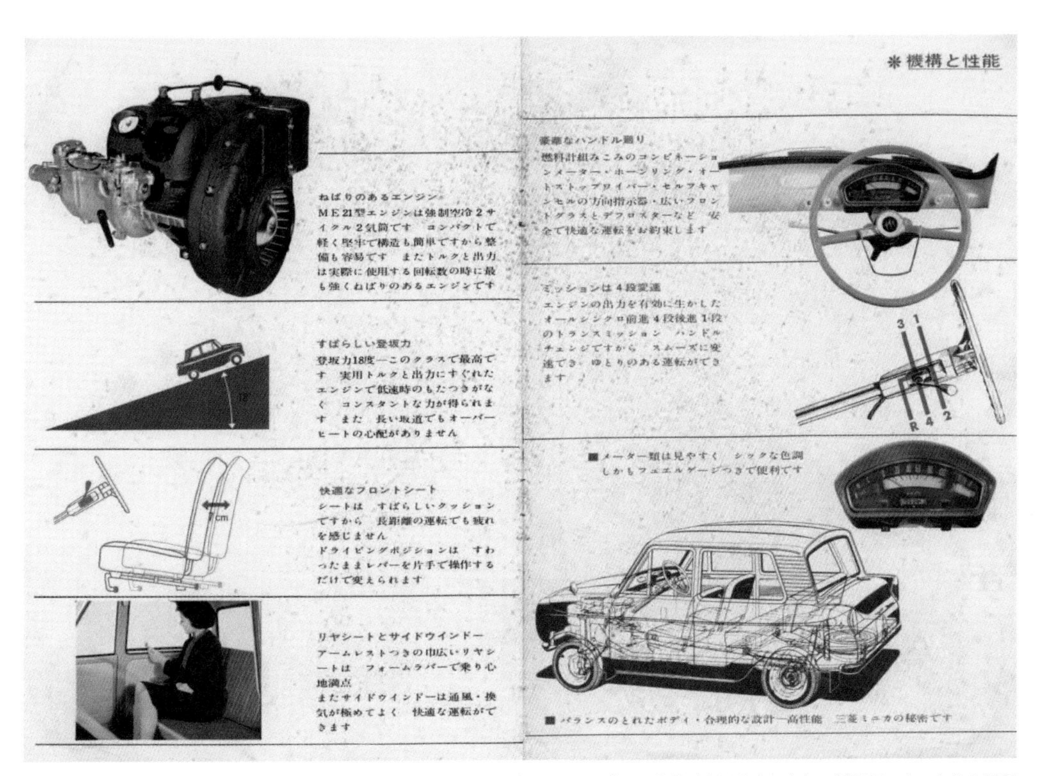

ねばりのあるエンジン
ME21型エンジンは強制空冷2サイクル2気筒です　コンパクトで軽く堅牢で構造も簡単ですから整備も容易です　またトルクと出力は実際に使用する回転数の時に最も強くねばりのあるエンジンです
すばらしい登坂力
登坂力18度―このクラスで最高です　実用トルクと出力にすぐれたエンジンで低速時のもたつきがなく　コンスタントな力が得られます　また　長い坂道でもオーバーヒートの心配がありません
12°
快適なフロントシート
シートは　すばらしいクッションですから　長距離の運転でも疲れを感じません
ドライビングポジションは　すわったままレバーを片手で操作するだけで変えられます
リヤシートとサイドウインドー
アームレストつきの巾広いリヤシートは　フォームラバーで乗り心地満点
またサイドウインドーは通風・換気が極めてよく　快適な運転ができます
※機構と性能
豪華なハンドル廻り
燃料計組みこみのコンビネーションメーター・ホーンリング・オートストップワイパー・セルフキャンセルの方向指示器・広いフロントグラスとデフロスターなど　安全で快適な運転をお約束します
ミッションは4段変速
エンジンの出力を有効に生かしたオールシンクロ前進4段後進1段のトランスミッション　ハンドルチェンジですから　スムーズに変速でき　ゆとりのある運転ができます
3 1
R 4 2
■メーター類は見やすく　シックな色調　しかもフエエルゲージつきで便利です
■バランスのとれたボディ・合理的な設計―高性能　三菱ミニカの秘密です

エンジンは“トルクと出力は実際に使用する回転数の時に最も強くねばりのあるエンジンです”と述べ、登坂力は18度であり、低回転で太いトルクが得られることを強調している。しかしミニカは低回転域の使いやすさは良かったようだが、発表された最高速度は86km/hと低く、ユーザーの間では、もう少し最高速度を上げてほしいとの要望が少なからずあったようだ。なお右側では、燃料計を組み込んだコンビネーションメーターなど装備の充実、エンジンの出力を生かしたオールシンクロの前進4段後進1段のトランスミッションの採用、ハンドル部にあるチェンジレバーにより、ゆとりのある運転ができることなどを説明している。右下には透視図を載せ、“バランスのとれたボディ・合理的な設計ー高性能 三菱ミニカの秘密です”としめくくっている。

■三菱ミニカ仕様

	型式	LA 20
寸法	全長	2,995mm
	全巾	1,295mm
	全高	1,370mm
	軸距	1,900mm
	輪距 前	1,100mm
	輪距 後	1,070mm
	最低地上高	150mm
重量	車両重量	490kg
	乗車定員	4名
	車両総重量	710kg
性能	最高速度	86km/h
	登坂能力	0.30sinθ
	最小回転半径	3.6m
	制動距離（初速50km/h）	14m
	燃費（舗装平坦路 最大荷重時）	27km/ℓ
機関	型式	ME21強制空冷 360cc2サイクル
	シリンダー数及配列	2気筒直列
	内径×行程	62×59.6mm
	総排気量	359cc
	圧縮比	8.2
	最大出力	17ps/4,800rpm
	最大トルク	2.8kgm/3,500rpm
クラッチ	型式	乾燥単板式
変速機	型式	前進4段 後退1段 オールシンクロメッシュ
	変速比 第1速	3.673
	変速比 第2速	2.350
	変速比 第3速	1.491
	変速比 第4速	1.000
	変速比 後退	4.652
減速機	型式	ハスバカサ歯車式
	減速比	6.167：1
ブレーキ装置	主ブレーキ	油圧式内部拡張全輪制動
	補助ブレーキ	手動機械式後二輪制動
操縦装置	型式	ウォームホイール式
	歯車比	15：1
懸架装置	懸架方式 前輪	横置き半楕円板ばね
	懸架方式 後輪	非対称半楕円板ばね
	緩衝器形式 前輪	油圧単動筒型
	緩衝器形式 後輪	油圧単動筒型
車体	車体	単体構造
	扉数	2
タイヤ	前輪	5.20−10 2PR
	後輪	5.20−10 2PR
その他	電池	12V 18AH
	燃料タンク容量	20ℓ

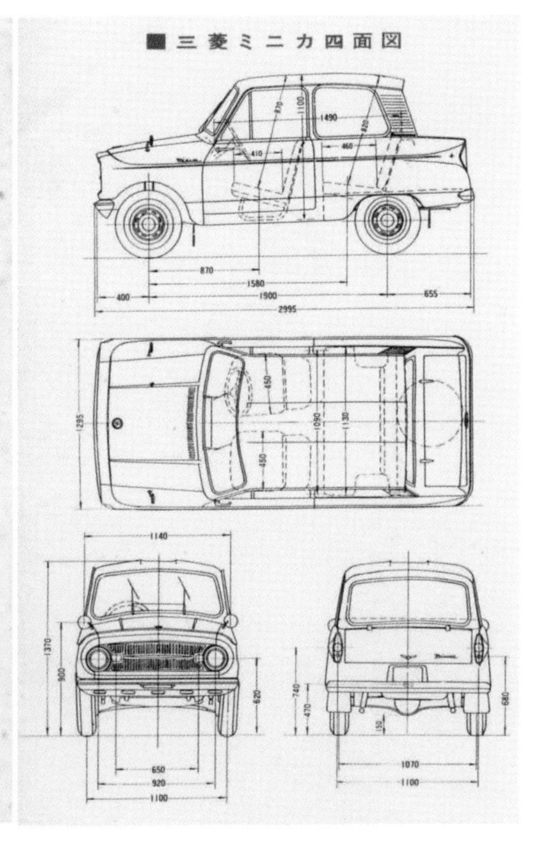

左は三菱ミニカの仕様書、右は四面図。

11 トヨタ・ランドクルーザー

警察予備隊に採用されることも目指して開発されたトヨタ・ジープBJ型を前身とするランドルーザー。車名は「陸の巡洋艦」という意味の合成語。

トヨタ・ランドクルーザーは、世界中で高い評価を受けている四輪駆動車のひとつで、テレビのニュースなどでも車体の側面にUNと書かれた国連での使用車などを見ることができます。

ランドクルーザーの前身となるトヨタ・ジープBJ型の登場は1951年です。エンジンは、当時大型トラックに用いられていた初代B型ガソリンエンジンで、「Jeep」タイプの車に搭載されたこともあり、「BJ型」と呼ばれました。

トヨタ・ジープBJ型は最初、陸上自衛隊の前身である警察予備隊に採用・納入する目的で開発されました。車両採用試験には、トヨタ・ジープBJ型の他に、日産パトロール（4W60型）も参加しましたが、最終的には米国ウィリス・オーバーランド社が開発し三菱がライセンス生産するウィリスジープが採用されています。

なお「ジープ」という名称が、ウィリス・オーバーランド社の商標権に抵触するため、1954年6月に正式にトヨタ・ランドクルーザーと改名しました。英語の「Land（陸）」と「Cruiser（巡洋艦）」を合成した名前で、「陸の巡洋艦」という意味の車名です。

B型よりも強力なF型ガソリンエンジンを搭載した2代目のランドクルーザーはFJ20型と名付けられ1955年11月に登場、続いてFJ40型が1960年8月に登場しました。

またランドクルーザーは、対米輸出で最初に成功したトヨタ車だと言うことができます。トヨタはこれ以前にも初期のRSD型クラウンを米国に輸出していましたが、排気量の少ない非力なエンジンだったため、高速道路への合流が困難なこともあり、アメリカ市場に受け入れられなかったのです。

最初に米国に輸出されたランドクルーザーは、初代クラウンの2倍以上の排気量と太いトルクを持ち、アメリカでの使用にも十分に耐えることができたのでしょう。

このカタログが出された頃は、ランドクルーザーの個人購入はもちろんのこと、雪国の自治体などの法人需要も多かったと聞いています。雪の多いところでは、悪路に強い四輪駆動のランドクルーザーが消防車として使用されていたのです。

筆者の住む積雪地帯の市は当時“村"だったのですが、このカタログと同様のF型エンジン搭載の消防車を購入していました。余談ですが、筆者の村では、消防車仕様のランドクルーザーの納入以前は、放水用エンジンとしてフォードのエンジンを搭載した手押しポンプ車を使用していました。

時が移り、ランドクルーザーは、法人需要に加えてレジャー目的など個人での購入も多くなり、高い信頼性を誇るトヨタの四輪駆動車の主力として、世界中の道を走っています。「キング・オブ・オフロード」の称号にふさわしいランドクルーザーは、同一車名で継続生産されている日本製の自動車としては、最長の歴史を誇っている世界の四輪駆動車を代表する名車なのです。

このカタログは、ホイールベース別に2285mmのFJ40、2430mmのFJ43、2650mmのFJ45Vについて紹介している。FJ45Vはボンネットから後ろのキャビン部分の幅が広がり、1720mmの全幅を持つ。

車　名	トヨタ・ランドクルーザー
形式・車種記号	FJ40貨客兼用車
全長×全幅×全高（mm）	3840×1665×1950
ホイールベース（mm）	2285
トレッド前×後（mm）	1404×1350
最低地上高（mm）	200
車両重量（kg）	1480
乗車定員（名）	3または7
燃料消費率（km/l）	—
最高速度（km/h）	135
登坂能力（sinθ）	0.72
最小回転半径（m）	5.3
エンジン形式	—
種類、配列気筒数、弁型式	6気筒直列頭上弁式
内径×行程（mm）	90×101.6
総排気量（cc）	3878
圧縮比	7.5：1
最高出力（PS/rpm）	125/3600
最大トルク（kg・m/rpm）	29/2000
燃料・タンク容量（ℓ）	70
トランスミッション	前進3段後退1段　2,3速シンクロメッシュ
ブレーキ	前　ツーリーディング
	後　デュアル・ツーリーディング
タイヤ	前　7.60-15　4P　後　7.60-15　6P
カタログ発行時期（年）	1960

TOYOTA LAND CRUISER

トヨタ・ランドクルーザーはその機能的なスタイルと強大な機動力が特長ですが、新たに乗用車なみの操縦性が加わり、万能車としての機能がいっそう充実しました。●強力・経済エンジン…最高出力 125馬力、スピードにけん引力に素晴らしい威力を発揮し、しかも燃料消費は2パーセントも向上しています。●2スピード・トランスファー…フロント・ドライブの切換えは勿論、高低2段に作動する2スピード・トランスファーの採用により山、河、荒地など不整地も簡単に走破できます。●強力確実なブレーキ…新型ブレーキの採用で、前後進とも強大で確実な制動力が得られます。●頑丈な足回り…どんな悪路にも酷使にも素晴らしい耐久力を発揮します。

“トヨタ・ランドクルーザーはその機能的なスタイルと強大な機動力が特長ですが、新たに乗用車なみの操縦性が加わり、万能車としての機能がいっそう充実しました”としてエンジン性能の向上、2スピード・トランスファーの採用、新型ブレーキの採用などを列挙している。右と中央のモデルは、左ハンドルなので、輸出仕様車であろう。

リモート・コントロール　3人掛け

トランスミッションは前進3段・シンクロメッシュ、リモート・コントロール方式ですから運転が楽で、3人がゆったりと坐わることができます。2スピード・トランスファーと合わせて3段を6段にも活用することになり状況に応じて最も適切な変速比が選択できます。その上2スピード・トランスファーはパネル・コントロール方式でフロント・ドライブの切換もバキュームを利用したボタン式ですから操作も簡便で足元も広々としています

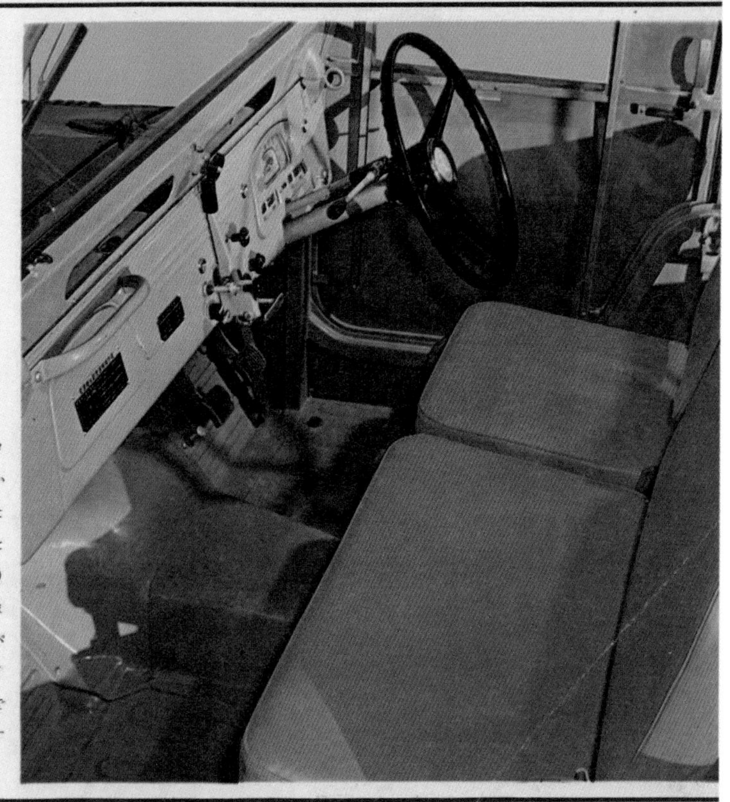

このページの写真では、シフトレバーが床面から伸びていない“リモート・コントロール”（コラムシフト）の変速機を採用しているため、フロントシートに3人がゆったりと座れることが強調されている。2スピード・トランスファーもパネル・コントロール方式とするなどして、足元のスペースを確保していた。

グランドキャニオンを思わせる岩肌に沿った悪路を登るグリーンのランドクルーザーの写真を左に掲載して、その右には大きな幌つきタイプの“ランドクルーザーの代表 キャンバス・トップ”を紹介している。２種類のホイールベースのうちショート（2285mm）がFJ40、ロング（2430mm）がFJ43である。右下は、リヤ・ゲート（下開き／観音開き）およびリヤのキャンバス・ドア（巻上式／観音開き）の相違で３種類あることが紹介されている。

２ドアと４ドアのライトバンタイプのモデル、FJ45Vを紹介。４ドア・タイプが標準型で、２ドアも希望によって架装できるとある。リヤ・ドアは、４ドア・タイプは上下開きで２ドア・タイプは観音開きとなる。左側の写真のようにワゴンタイプのランドクルーザーが岩に囲まれた悪路を走る姿もまた、アメリカの荒野を連想させ、同車がすでにアメリカをはじめ海外に多く輸出されていることを、強く印象づけている。

“全輪駆動の強じんなシャシー”“強く・タフで・経済な125馬力エンジン”と述べ、その性能をアピールしている。エンジンは各部の改良などにより燃費、最高速度ともに20％向上したと紹介されている。カラーイラストでは、幅の広い非対称式リーフスプリングの採用をはじめ、リヤに前後進とも同様に働くデュアル・ツーリーディングを採用したブレーキ、前後ともに耐久性の強いハイポイド・ギヤを採用したアクスルなどを詳しく説明している。

“2スピード パネルコントロール トランスファー”の装備により、3段の変速機を実質6段として使用できることを紹介している。またオプションでパワー・テイク・オフ（PTO）システムを選択できるため、ランドクルーザーのエンジンの動力をフロント、リヤ、中央の3ヵ所から車外に取り出せると説明し、その使用例として、回転式ノコギリで木材をカットしているユニークなイラストも載せている。フロントにはPTOを利用したウィンチの装着も可能だった。

ランドクルーザーの魅力のひとつに、充実した特殊モデルのラインナップがある。カタログでも、救急車、消防車、無線中継車、ピックアップトラック、さらにはトレーラーの牽引に至るまでイラストで説明、海外で農作業に活躍するランドクルーザーの写真もあわせて掲載している。

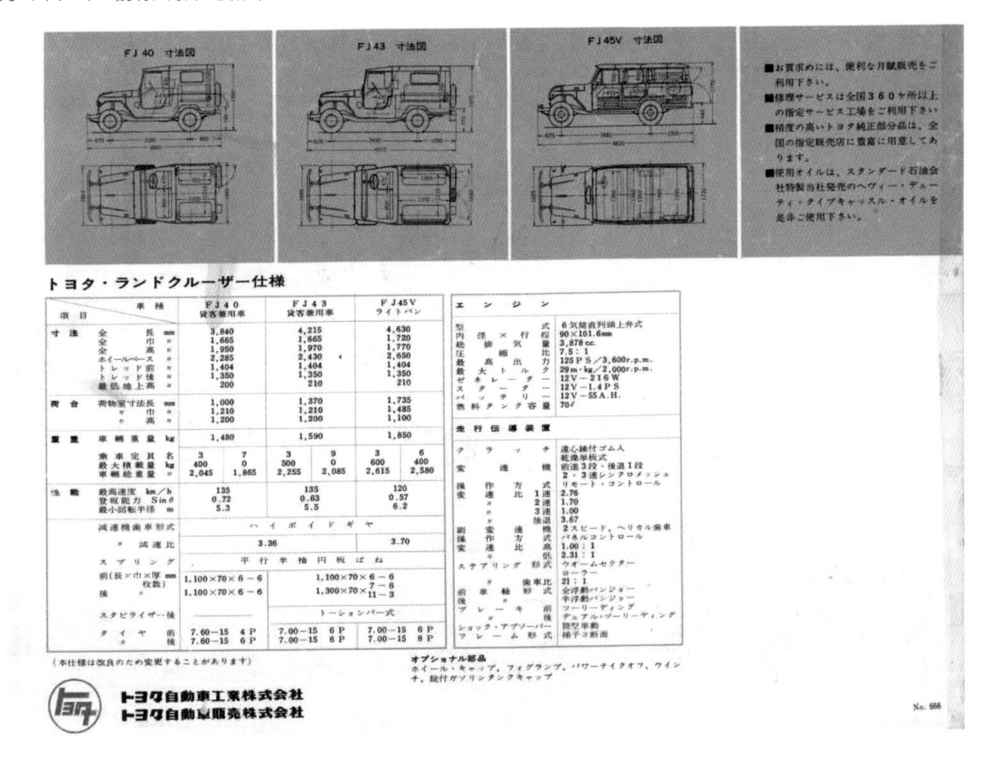

■お買求めには、便利な月賦販売をご利用下さい。
■修理サービスは全国３６０ヶ所以上の指定サービス工場をご利用下さい
■精度の高いトヨタ純正部分品は、全国の指定販売店に豊富に用意してあります。
■使用オイルは、スタンダード石油会社特製当社発売のヘヴィー・デューティ・タイプキャッスル・オイルを是非ご使用下さい。

トヨタ・ランドクルーザー仕様

項目		FJ40 貨客兼用車	FJ43 貨客兼用車	FJ45V ライトバン
寸法	全長 mm	3,840	4,215	4,630
	全巾 〃	1,665	1,665	1,720
	全高 〃	1,950	1,970	1,770
	ホイールベース 〃	2,285	2,430	2,650
	トレッド前 〃	1,404	1,404	1,404
	トレッド後 〃	1,350	1,350	1,350
	最低地上高 〃	200	210	210
荷台	荷物室寸法長 mm	1,000	1,370	1,735
	〃 巾 〃	1,210	1,210	1,485
	〃 高 〃	1,200	1,200	1,100
重量	車輌重量 kg	1,480	1,590	1,850
	乗車定員 名	3 / 7	3 / 9	3 / 6
	最大積載量 kg	400 / 0	500 / 0	600 / 400
	車輌総重量 〃	2,045 / 1,865	2,255 / 2,085	2,615 / 2,580
性能	最高速度 km/h	135	135	120
	登坂能力 Sinθ	0.72	0.63	0.57
	最小回転半径 m	5.3	5.5	6.2
	減速機歯車形式	ハイポイドギヤ		
	〃 減速比	3.36		3.70
	スプリング	平行半楕円板ばね		
	前（長×巾×厚 mm 枚数）	1,100×70×6−6	1,100×70×6−6	
	後 〃	1,100×70×6−6	1,300×70×7−6 / 11−3	
	スタビライザー後	——	トーションバー式	
	タイヤ 前	7.60−15 4P	7.00−15 6P	7.00−15 6P
	〃 後	7.60−15 6P	7.00−15 6P	7.00−15 8P

エンジン	
型式	6気筒直列頭上弁式
内径×行程	90×101.6mm
総排気量	3,878 cc.
圧縮比	7.5：1
最高出力	125PS／3,600r.p.m.
最大トルク	29m・kg／2,000r.p.m.
ゼネレーター	12V−216W
スターター	12V−1.4PS
バッテリー	12V−55A.H.
燃料タンク容量	70ℓ

走行伝導装置	
クラッチ	遠心錘付ゴム入 乾燥単板式
変速機	前進3段・後退1段 2・3速シンクロメッシュ
操作方式	リモート・コントロール
変速比 1速	2.76
〃 2速	1.70
〃 3速	1.00
〃 後退	3.67
副変速機	2スピード、ヘリカル歯車
操作方式	パネルコントロール
変速比 高	1.00：1
〃 低	2.31：1
ステアリング形式	ウオームセクターローラー
〃 歯車比	21：1
前車軸形式	全浮動バンジョー
後 〃	半浮動バンジョー
ブレーキ 前	ツーリーディング
〃 後	デュアル・ツーリーディング
ショック・アブソーバー	筒型単動
フレーム形式	梯子コ断面

（本仕様は改良のため変更することがあります）

オプショナル部品
ホイール・キャップ、フォグランプ、パワーテイクオフ、ウインチ、錠付ガソリンタンクキャップ

トヨタ自動車工業株式会社
トヨタ自動車販売株式会社

トヨタ・ランドクルーザーの仕様書。

12 マツダ・キャロル360

R360クーペとともに、著名な工業デザイナー、小杉二郎氏の手でデザインされたキャロル360。リアウインドウを垂直に切り立たせた"クリフカット"が特徴だった。

1931年にDA型三輪トラックの製造で自動車市場に参入した東洋工業（初代キャロル360の売り出された当時は、マツダはブランド名であり、社名は東洋工業でした）は、1960年5月に初の乗用車としてR360クーペという非常に小さなクーペを発売しました。

デザインは、軽三輪トラックのK360やオート三輪トラックのT2000など多くのマツダ車の優れたデザインを手掛けた著名な工業デザイナーの一人であった、小杉二郎氏です。

R360クーペは非常に小さな車で、4人乗りとはいえ後部座席は非常に狭く、実質2人乗りで本格的なファミリーカーとは言い難いものでした。そのため、R360クーペから2年後の1962年の2月に、マツダは"歓びの歌"の名を冠するキャロル360を発売しました。

マツダはそれにさかのぼる1961年の東京モーターショーに、マツダ700という小型車を出品しています。キャロル360はマツダ700と並行して開発がすすめられていました。キャロル360もR360クーペと同様に小杉二郎氏のデザインで、バランスのとれた好感の持てる良いデザインでした。キャロル360はR360クーペの欠点を補うべく車室、特に後部座席のヘッドクリアランスを考慮し、リアウインドーを垂直に切り立たせた"クリフカット"デザインを採用、これがキャロル360のデザイン上の大きな特徴となりました。

エンジンにも特徴があり、R360クーペでは空冷V型2気筒であったのに対して、キャロル360では水冷直列4気筒を採用していました。また、当初は2ドアのみでしたが、後に軽自動車では初となる4ドアも追加されました。

すでに販売されていたR360クーペは実質的に2人乗りであったが、1962年2月23日に発売されたキャロルは、軽自動車の枠内でファミリーカーとしての理想を追求し、大人4人の居住性が確保されていた。

このカタログの出た1960年当時、マツダは宣伝広告に"技術革新のマツダ"という言葉をよく用いていました。工場では自社製のトランスファーマシンを使い、品質管理の行き届いたオートメーション工場で総生産台数はすでに100万台を超えたと述べて、工場の生産ラインを写真で説明しています。そしてカタログの最後に非常に興味深い一文を載せています。

"画期的なロータリーエンジンの開発など、技術革新をめざす東洋工業のたゆまない努力がある"と述べ、ロータリーエンジンの開発が着々と進んでいることを示しています。ちなみにマツダの累計生産100万台目の車は、キャロル360をベースにしてつくられた小型車版のキャロル600でした。

ところで筆者が中学生の頃、叔父がキャロル360の2ドアデラックスを所有していました。車体は水色のボディに青のルーフのしゃれたツートーンカラーであったと思います。この水冷4気筒エンジンの車は、アイドリング時のエンジン音の少なさや、ダッシュボードを覆う柔らかいパッドなどを備えた上質な室内を持ち、マツダの言う「普通車を超えた軽自動車」でした。筆者は時々乗せてもらいましたが、このカタログを見るとそのことが懐かしく思い出されるのです。

車　名	マツダ・キャロル360　2ドア
形式・車種記号	KPDA
全長×全幅×全高（mm）	2980×1295×1340
ホイールベース（mm）	1930
トレッド前×後（mm）	1050×1100
最低地上高（mm）	190
車両重量（kg）	550
乗車定員（名）	4
燃料消費率（km/l）	26
最高速度（km/h）	94
登坂能力	—
最小回転半径（m）	4.3
エンジン形式	—
種類、配列気筒数、弁型式	水冷直列4シリンダー4サイクルO・H・V
内径×行程（mm）	46×54
総排気量（cc）	358
圧縮比	10.0
最高出力（PS/rpm）	20/7000
最大トルク（kg・m/rpm）	2.4/3000
燃料・タンク容量（ℓ）	20
トランスミッション	前進4段後退1段　2,3,4シンクロメッシュ
ブレーキ	足　油圧内部拡張式4輪制動
	手　機械内部拡張式後輪制動
タイヤ	5.20-10-4PR
カタログ発行時期（年）	1962

別荘のような建物にドレッシーな服装の男女とその近くに佇むウイローグリーンのキャロル 360 は、普通車のセンスを盛り込んだというイメージを演出しているようだ。

MAZDA キャロル 360
快適で　すばらしい
くるまのある生活
その楽しさを歌う　マツダキャロル
★ 乗用車をくらしの中に　★ 家族みんなが楽しめて
★ しかも維持費はすくなくて　このような夢を実現したのがマツダキャロルです　クリフカットスタイル！
４人乗りデラックスムードのキャビン　がん丈なボディー　画期的な水冷４シリンダーエンジンなどかずかずの特長を誇り　しかもドライブは軽免許でＯＫ　維持費は安い軽乗用車　これがファミリーカー　マツダキャロルです
大人がゆったり４人乗り
明るい室内は　リヤエンジン横置きという画期的な設計により　十分の広さがあり　大人４人がゆったりとすわれます。　フロントシートはもちろん　リヤシートも足まわりヘッドクリアランスともに深い考慮がはらわれてじつにすばらしい居住性をうみだしています。
ニューモデル　キャロル３６０ 4ドアタイプ
あなたのファミリーカーに
４ドア誕生!!
いま　日本で１番人気のある　ファミリーカー　キャロル360に　新らしく4ドアタイプがくわわりました　軽乗用車に　画期的な水冷4 シリンダー サイクル エンジン搭載　さらに　４ドアの採用と　軽乗用車のイメージをつぎつぎに　破ったキャロル360は　スタイルから性能まで　すべて普通車のセンスがあふれています
家計に負担をかけない理想的なファミリーカーなら　キャロル３６０の２ドア　４ドアタイプからお選びください
１人に１枚のドアを…
さっと乗って　さっと降りる　このクラス唯一　世界でも例をみない4ドアの採用で　乗り降りはスピーディーです　スムーズです　２ドアとちがって　フロントシートにすわっておられる人に気を使う心配はまったくありません　着物を召した女性の方など　乗り降りにはやはり４ドアが理想的です　しかし　小さな子供のいらっしゃる家庭　家族だけで　いつも活用される方　通勤に使用される方などにとっては　２ドアもまた魅力です
４ドア室内
室内は　２ドアとまったく変わりありません　ただ　リヤドアのウインドーは　通風のよい巻きあげ式になっています　インターロックは確実で安全なプッシュ式を採用しています

“ 快適で すばらしい くるまのある生活 その楽しさを歌う マツダキャロル ” との言葉が目に入る。そして右のニューモデルとして登場したキャロル 360 の４ドアタイプは、“ あなたのファミリーカーに ４ドア誕生 !!” と “ １人に１枚のドアを…” のタイトルとともに、前後のドアを開けて室内を写した写真を載せている (ボディカラーはラークベージュ)。そして “ このクラスで唯一 世界でも例をみない４ドアの採用 ” であることを訴えている。

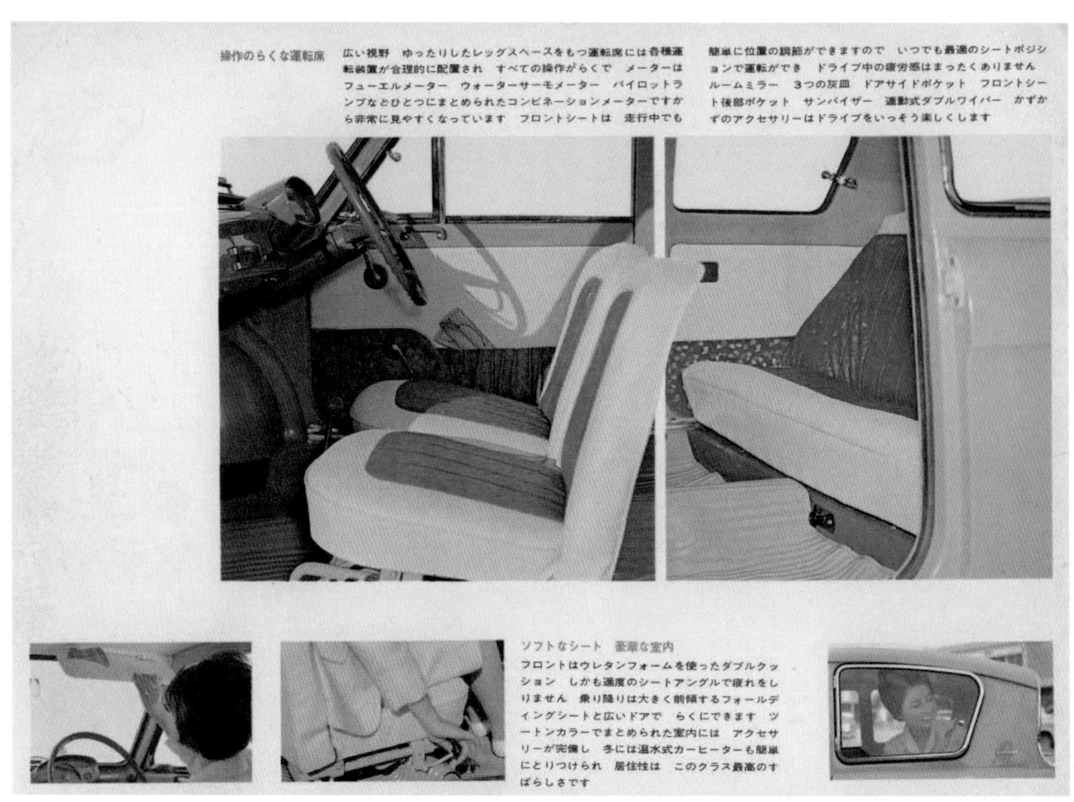

マツダはカタログの中で、キャロルのことを、“ 普通車を超えた軽自動車 ”と呼んでいた。この言葉こそ、キャロルのプロフィールを表すのに最もふさわしい表現であろう。

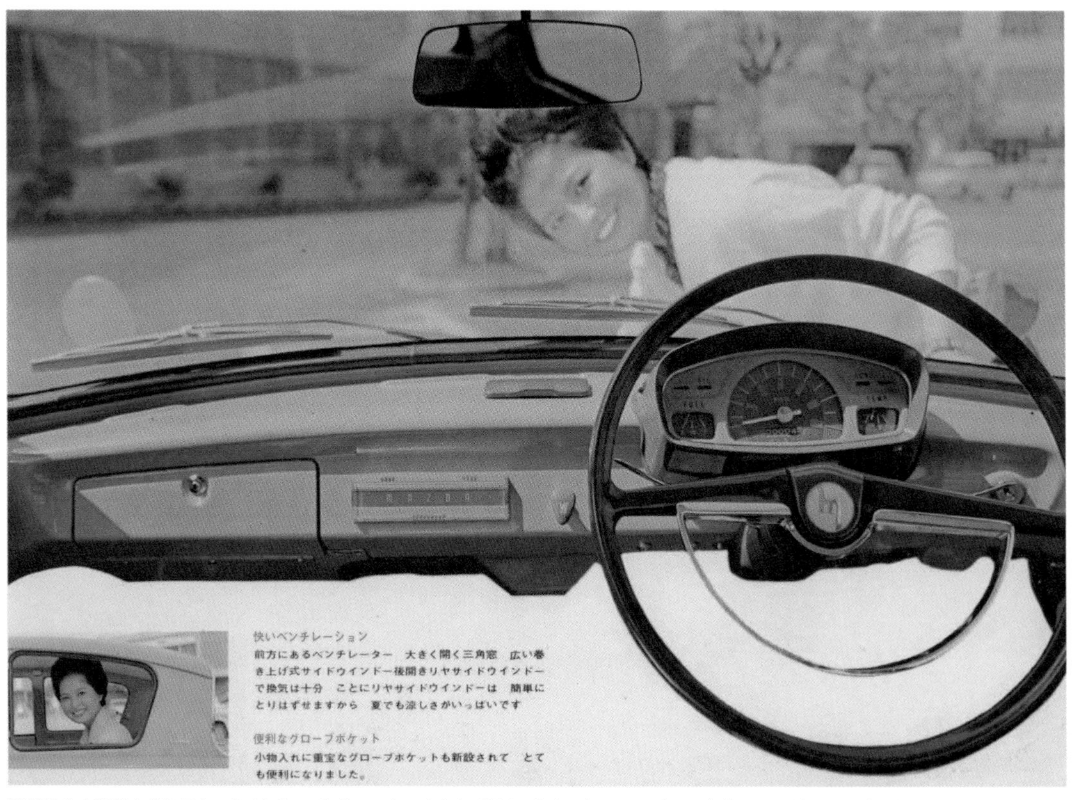

燃料計や水温計などを収め、充実したスピードメーターや大きく開く三角窓に加えて、グローブボックスが新設され便利になったことが語られている。リアサイドウインドーは、夏の暑さのために簡単に外せる構造だった。

一段とよくなった出足　加速　登坂力
画期的な軽合金の水冷4シリンダーエンジン
高性能　水冷20馬力
4シリンダー／4サイクル
★冷却のよいアルミ合金のダイカスト製　★静かで振動の少ない水冷4シリンダー　★高圧縮比で高性能　★低速でも　高速でも　ねばりある4サイクル
馬力-UP
20PS
360cc

すでに定評ある水冷エンジンが　さらに馬力アップ！　出足　登坂力などの性能を　ぐんと向上しました　また各所の改良により燃料消費率もよくなり　エンジン音も一段と静かになって　よりいっそう高性能エンジンになりました　また　水冷アルミ合金製であるため冷却性能がいちじるしくすぐれ　しかも4シリンダー　4サイクルですから静かで振動が少なく　速度全域にわたってコンスタントな性能を発揮します

★耐摩耗性にすぐれた鋳鉄製ウエットライナー　★剛性の高い5軸受けクランクシャフト　★2連式キャブレター　★温水式吸気加熱方式　★電気式フューエルポンプ　★ろ紙エレメント使用のフルフロー式オイルフィルター

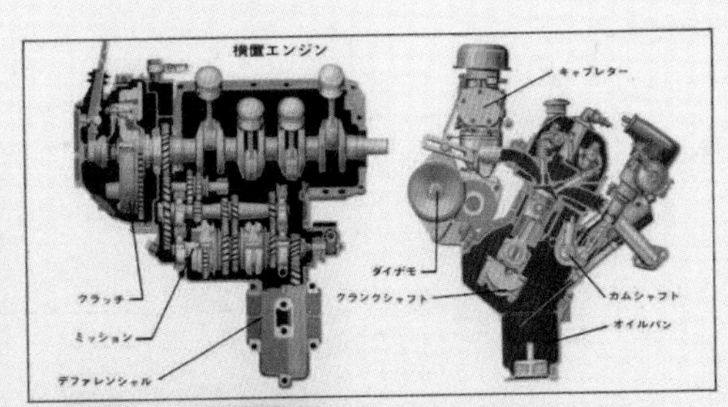

エンジン出力を有効に生かす4段ミッション
前進4段　後退1段のトランスミッションは走行状況に応じて変速することにより　エンジン出力を有効に生かすことができます2・3・4速はシンクロメッシュですから　変速操作は容易にできます

この世界最小とも言われたアルミ製の自動車用水冷４気筒エンジンをマツダは“白いエンジン”と呼んでいたが、確かにキャロルの特筆できる点は、このエンジンにある。“4シリンダー／４サイクル ★冷却のよいアルミ合金ダイカスト製 ★静かで振動の少ない水冷4シリンダー ★高圧縮比で高性能”などと他社とは異なるエンジンの特徴を並べ、カタログの一面を割いてエンジンのクローズアップ写真を載せ、さらに横置きエンジンのレイアウトやミッション部を描いたカットモデルのカラーイラストによって詳細な説明を加えている。そしてそれに合わせて４速の変速機をもち、2・3・４速はシンクロメッシュ機能を有し、“変速操作は容易にできます”と述べている。

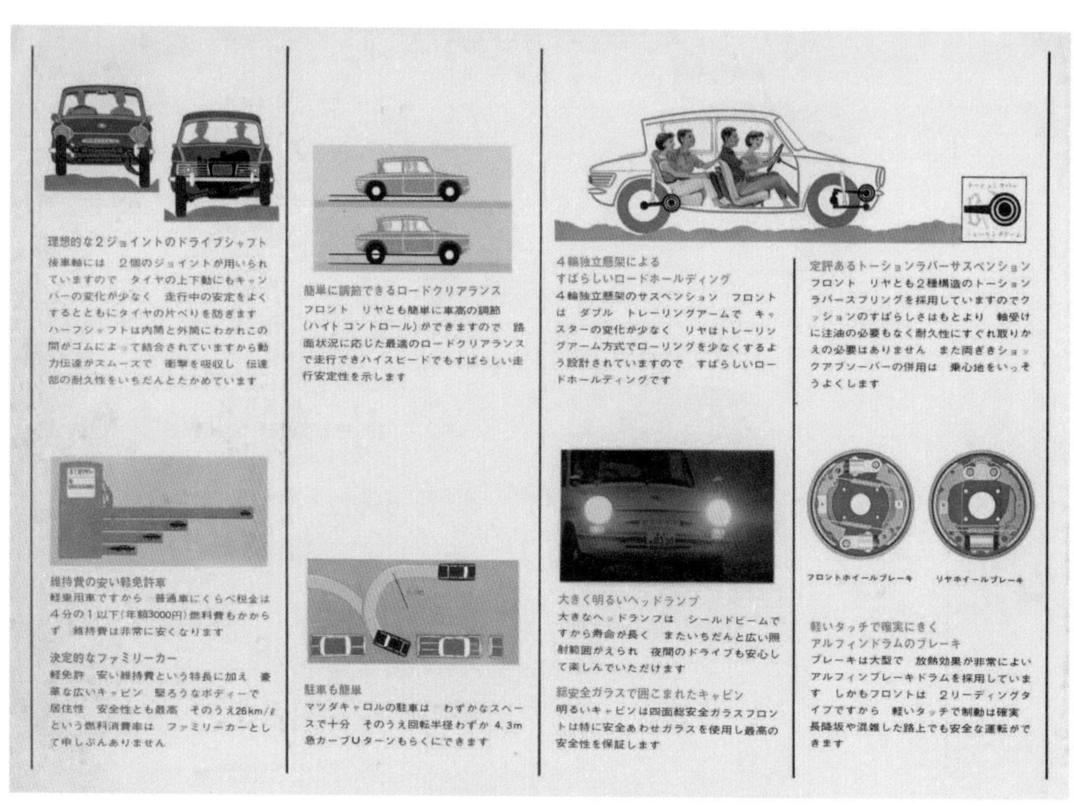

理想的な2ジョイントのドライブシャフト
後車軸には　2個のジョイントが用いられていますので　タイヤの上下動にもキャンバーの変化が少なく　走行中の安定をよくするとともにタイヤの片べりを防ぎます　ハーフシャフトは内筒と外筒にわかれこの間がゴムによって結合されていますから動力伝達がスムーズで　衝撃を吸収し　伝達部の耐久性をいちだんとたかめています

簡単に調節できるロードクリアランス
フロント　リヤとも簡単に車高の調節(ハイトコントロール)ができますので　路面状況に応じた最適のロードクリアランスで走行できハイスピードでもすばらしい走行安定性を示します

4輪独立懸架による
すばらしいロードホールディング
4輪独立懸架のサスペンション　フロントは　ダブル　トレーリングアームで　キャスターの変化が少なく　リヤはトレーリングアーム方式でローリングを少なくするよう設計されていますので　すばらしいロードホールディングです

定評あるトーションラバーサスペンション
フロント　リヤとも2種構造のトーションラバースプリングを採用していますのでクッションのすばらしさはもとより　軸受けに注油の必要もなく耐久性にすぐれ取りかえの必要はありません　また両ぎきショックアブソーバーの併用は　乗心地をいっそうよくします

維持費の安い軽免許車
軽乗用車ですから　普通車にくらべ税金は4分の1以下(年額3000円)燃料費もかからず　維持費は非常に安くなります

決定的なファミリーカー
軽免許　安い維持費という特長に加え　豪華な広いキャビン　堅ろうなボディーで居住性　安全性とも最高　そのうえ26km/ℓという燃料消費率は　ファミリーカーとして申しぶんありません

駐車も簡単
マツダキャロルの駐車は　わずかなスペースで十分　そのうえ回転半径わずか 4.3m 急カーブUターンもらくにできます

大きく明るいヘッドランプ
大きなヘッドランプは　シールドビームですから寿命が長く　またいちだんと広い照射範囲がえられ　夜間のドライブも安心して楽しんでいただけます

総安全ガラスで囲まれたキャビン
明るいキャビンは四面総安全ガラスフロントは特に安全あわせガラスを使用し最高の安全性を保証します

フロントホイールブレーキ　リヤホイールブレーキ

軽いタッチで確実にきく
アルフィンドラムのブレーキ
ブレーキは大型で　放熱効果が非常によいアルフィンブレーキドラムを採用しています　しかもフロントは　2リーディングタイプですから　軽いタッチで制動は確実長時坂や混雑した路上でも安全な運転ができます

マツダは、走行関係について、2ジョイントのドライブシャフトを後車軸に採用した結果、キャンバーの変化が少なくて走行中の快適性が良いこと、また4輪独立懸架サスペンションにより“すばらしいロードホールディングです”と語る。最小回転半径が4.3mとUターンも楽にできることやトーションラバーサスペンションの採用によって、注油の心配がなく耐久性も優れていて取りかえの必要がないことも伝えている。

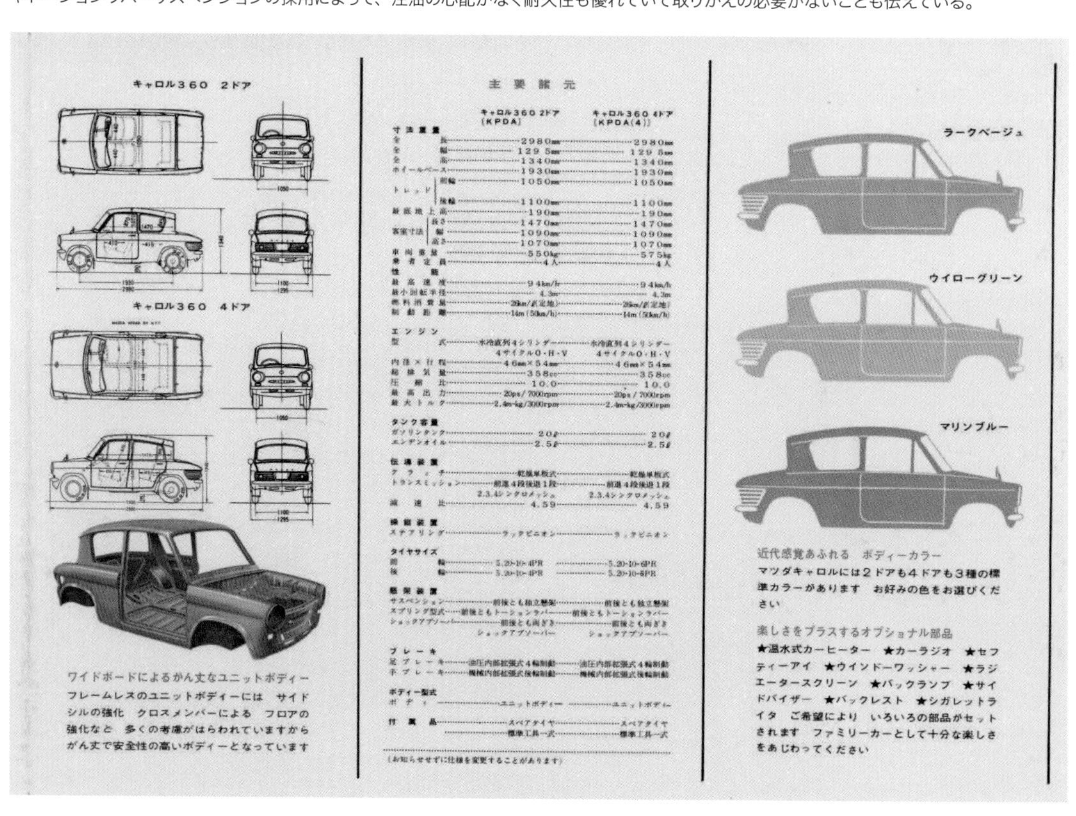

キャロル360　2ドア

キャロル360　4ドア

ワイドボードによるがん丈なユニットボディー
フレームレスのユニットボディーには　サイドシルの強化　クロスメンバーによる　フロアの強化など　多くの考慮がはらわれていますからがん丈で安全性の高いボディーとなっています

主要諸元

	キャロル360 2ドア〔KPDA〕	キャロル360 4ドア〔KPDA(4)〕
寸法重量		
全長	2980mm	2980mm
全幅	1295mm	1295mm
全高	1340mm	1340mm
ホイールベース	1930mm	1930mm
トレッド　前輪	1050mm	1050mm
トレッド　後輪	1100mm	1100mm
最低地上高	190mm	190mm
客室寸法　長さ	1470mm	1470mm
客室寸法　幅	1090mm	1090mm
客室寸法　高さ	1070mm	1070mm
車両重量	550kg	575kg
乗車定員	4人	4人
性能		
最高速度	94km/h	94km/h
最小回転半径	4.3m	4.3m
燃料消費量	26km/ℓ(定地)	26km/ℓ(定地)
制動距離	14m(50km/h)	14m(50km/h)
エンジン		
型式	水冷直列4シリンダー 4サイクルO・H・V	水冷直列4シリンダー 4サイクルO・H・V
内径×行程	46mm×54mm	46mm×54mm
総排気量	358cc	358cc
圧縮比	10.0	10.0
最高出力	20ps/7000rpm	20ps/7000rpm
最大トルク	2.4m-kg/3000rpm	2.4m-kg/3000rpm
タンク容量		
ガソリンタンク	20ℓ	20ℓ
エンジンオイル	2.5ℓ	2.5ℓ
伝導装置		
クラッチ	乾燥単板式	乾燥単板式
トランスミッション	前進4段後退1段 2.3.4シンクロメッシュ	前進4段後退1段 2.3.4シンクロメッシュ
減速比	4.59	4.59
操縦装置		
ステアリング	ラックピニオン	ラックピニオン
タイヤサイズ		
前輪	5.20-10-4PR	5.20-10-6PR
後輪	5.20-10-4PR	5.20-10-6PR
懸架装置		
サスペンション	前後とも独立懸架	前後とも独立懸架
スプリング型式	前後ともトーションラバー	前後ともトーションラバー
ショックアブソーバー	前後とも両ぎきショックアブソーバー	前後とも両ぎきショックアブソーバー
ブレーキ		
足ブレーキ	油圧内部拡張式4輪制動	油圧内部拡張式4輪制動
手ブレーキ	機械内部拡張式後輪制動	機械内部拡張式後輪制動
ボディー型式		
ボディ	ユニットボディー	ユニットボディー
付属品	スペアタイヤ 標準工具一式	スペアタイヤ 標準工具一式

(お知らせせずに仕様を変更することがあります)

ラークベージュ

ウイローグリーン

マリンブルー

近代感覚あふれる　ボディーカラー
マツダキャロルには2ドアも4ドアも3種の標準カラーがあります　お好みの色をお選びください

楽しさをプラスするオプショナル部品
★温水式カーヒーター　★カーラジオ　★セフティーアイ　★ウインドーワッシャー　★ラジエータースクリーン　★バックランプ　★サイドバイザー　★バックレスト　★シガレットライタ　ご希望により　いろいろの部品がセットされます　ファミリーカーとして十分な楽しさをあじわってください

■第３章■

高速道路時代の幕開け

高度成長の時代に入り、マイカーがブームとなり、乗用車のバリエーションも急激に拡大してきた。1964年から名称が全日本自動車ショーから東京モーターショーに改められた（写真は1964年の第11回東京モーターショーに出展された国内初のV8・2599ccエンジン搭載のクラウンエイト）。

1966年は「マイカー元年」と言われるなど、1960年代も後半に入ると自動車が庶民の手に届くようになり始めました。

乗用車のモデルバリエーションもサニー、カローラ、ファミリア、ブルーバード、コロナといった大衆車からグロリア、クラウン、センチュリーといった高級車、さらにはコスモスポーツ、フェアレディZなどのスポーツカーまで広がり、軽自動車も多くのメーカーから販売されるようになりました。まさに自動車の大衆化時代の幕が開いたと言っていいでしょう。

こうした中で1965年には免許保有者は2000万人を突破、またそれまであった軽免許は普通免許に吸収されました。自動車保有台数が1000万台を超えたのは1967年のことで、この年、日本の自動車生産台数はアメリカに次ぐ世界第2位となるなど自動車大国日本の道を歩み始めます。

高速道路の建設も急ピッチで進められ、1965年にまず、名神高速道路が全通、1967年には首都高速環状線が全通、1969年には東名高速道路も東京から名古屋までつながりました。

こうした中で負の側面も顕在化してきました。交通事故が急増し、自動車の排気ガスを原因とする大気汚染も深刻化しました。これらの対策として1968年に乗用車運転席の安全ベルトの設置が義務化され、交通反則金制度が始まりました。

大気汚染対策では一酸化炭素（CO）を3%以下とする排出ガス規制実施（1966年）、大気汚染防止法施行（1968年）、COを2.5%以下とする排出ガス規制強化（1969年）など法律や規制が相次いで打ち出されました。

日本経済は高度成長の時代に入り、いざなぎ景気（1965年10月から1970年7月までの57ヵ月）などとも呼ばれました。こうした中で3C（カー、カラーテレビ、クーラー）と呼ばれる耐久消費財が普及し、国民生活は年を追うごとに豊かになっていきました。1969年にはGNP（国民総生産）が世界第2位となり、この年の経済白書は「豊かさへの挑戦」でした。そうした中で、中国では文化大革命が始まり、ベトナム戦争が激化しました。日本では安田講堂事件（1969年）など学園紛争の嵐が吹き荒れました。

ビートルズが来日したのは1966年。これを契機にグループサウンズ旋風が巻き起こります。

その他の主な出来事としては、朝永振一郎博士のノーベル賞受賞（1965年）、3億円強奪事件、川端康成氏のノーベル文学賞受賞（1968年）、米国によるアポロ11号の人類初の月面着陸（1969年）などが記憶に残るところです。

13 トヨタ・コロナ

全面開通直前の名神高速道路を使って連続10万km高速公開テストが実施された3代目コロナ。高性能と耐久性がアピールされた。

1956 年の経済不況下で、タクシー業界は 60 万円ほどの小型車の開発をトヨタに打診していました。その要望に応じて、トヨタは後にコロナとなる車の開発に 1956 年 7 月から着手、翌 1957 年 5 月の第 4 回全日本自動車ショウに出品しています。

急な話だったため、4 枚のドアは、トヨペットマスターのものを利用しています。

1957 年 7 月 1 日に発売されたコロナは、1960 年 4 月 1 日に 2 代目（PT20）に、1964 年 9 月 12 日には 2 度目のフルモデルチェンジを経て 3 代目（RT40）となり、日本車として初めてミリオンセラーを記録しました。3 代目のスタイルは、サイドビューでフロントバンパー上部を頂点としてリヤに一直線に流れる「アローライン」を特徴とし、4 灯式ヘッドランプも採用しています。

RT40 の発表会は 9 月 5 日にホテルニューオータニで行なわれました。同じ頃、名神高速道路の完工開通式が行なわれたのです（全面開通は 1965 年 7 月 1 日でした）。筆者はおそらく、トヨタが意識的に新型コロナの発表のタイミングを合わせたのだ、と思っています。そして RT40 は“高速時代をひらく新型コロナ”のキャッチフレーズで売り出されました。

トヨタは、コロナの発表直後に、全線開通直前の名神高速道路を使って、連続 10 万 km 高速走行公開テストを実施したのです。テストは熾烈を極め、3 台の白い車にブルーのストライプを入れたコロナは 276 往復 10 万 km を完全走破。1964 年 9 月 14 日から 58 日間にも及ぶ長期間の連続走行によって、高性能と耐久性をアピールしました。

年配の方で少しでも車について関心のある人なら、BC 戦争という言葉を聞いたことがあると思います。日産自動車のブルーバード（BLUEBIRD）とトヨタ自動車のコロナ（CORONA）が激しい販売競争を繰り広げていました。この BC 戦争は、1964 年 9 月にフルモデルチェンジした RT40 の登場によって、コロナに軍配が上がったと言えるでしょう。

ところで、筆者は、1966 年 6 月号の自動車専門誌に掲載されたコロナ討論という興味深い記事を見つけました。それは“5 台コロナが当たる！コロナ討論会にご参加ください”という、一風変わった広告でした。討論の内容は、1 問・コロナの人気はなぜ出たのか、2 問・信頼のできるファミリーカーの性能とは何か、3 問・車を選ぶときスタイルをどのくらい重視するのか、4 問・ファミリーカーに必要な〈ゆとり〉とは何か、この中から 1 問を選び応募するというものでした。

トヨタは、このようなキャンペーンを通して新型コロナの市場調査も行なうなど、販売面でも一丸となって邁進していたのです。

ベストセラーとなった 3 代目コロナ（RT40）は、1968 年にカローラに抜かれるまで販売台数首位の座をキープした。表紙のイラストは左が 5 ドアセダン、手前が 4 ドアセダンデラックス、奥に見えるのがハードトップ。

車　名	トヨタ・コロナ　デラックス
形式・車種記号	RT40-D
全長×全幅×全高（mm）	4110×1550×1420
ホイールベース（mm）	2420
トレッド前×後（mm）	—
最低地上高（mm）	—
車両重量（kg）	945
乗車定員（名）	5
燃料消費率（km/l）	—
最高速度（km/h）	140
登坂能力（sinθ）	0.371
最小回転半径（m）	4.95
エンジン形式	—
種類、配列気筒数、弁型式	—
内径×行程（mm）	—
総排気量（cc）	1490
圧縮比	—
最高出力（PS/rpm）	70/5000
最大トルク（kg・m/rpm）	11.5/2600
燃料・タンク容量（ℓ）	45
トランスミッション	—
ブレーキ	前 デュオ・サーボ
	後 デュオ・サーボ
タイヤ	5.60-13 4P.R.
カタログ発行時期（年）	1966-1967

New
あなたのお好きなコロナは
どれですか?
3つのスタイルの中から
自由に、楽しくお選びください
運転の仕方でもお選びになれます。
宇宙がテーマの美しいカラーも豊富です
コロナ デラックス(5人乗り)
空気力学から生まれた
国際性のあるセダンです
コロナ ハードトップ(4人乗り)
センター・ピラーのない
日本で唯一のハードトップです
コロナ 5ドア(5人乗り)
魅惑のルーフラインをもつ
ファストバックです

“あなたのお好きなコロナはどれですか?”と問いかけ、セダン、ハードトップ、そして5ドアセダンのそれぞれサイドビューとともに、特徴を説明。宇宙がテーマと称して、ボディカラーは“コロナという名称にふさわしく、宇宙の天体や現象に色のテーマをとった、美しいコスミック・カラー”と表現されていることは興味深い。

“明るく、神秘的な宇宙の青”とカタログで表現されているアストロ・ブルー・メタリック色のコロナセダンのデラックスモデル。室内は前後ともにブルーのベンチシートが採用されており、“室内は5人乗りで一ばん広く、快適です”と解説。このモデルには、トヨタが独自に開発した2ペダル操作の《トヨグライド・オートマチック》が搭載されていた。

赤と白のツートーンのシートのコロナセダンのスタンダードモデル。このモデルには、1200cc／55馬力エンジンが搭載されており、経済性の高さを宣伝する。

高性能なスポーツセダンのコロナ 1600S。オールシンクロの 4 段フロアシフト、スピードメーターに加えてタコメーター、安全ベルト、高速型のタイヤなどが標準装備されている。

“日本で唯一のハードトップ…その流麗なスタイルは、ひとたび走ると一本の矢を思わせ、見た方の心をつかんではなしません”と解説するコロナハードトップは、センターピラーがなく、画期的でスポーティーなデザインであった。

2 ドアハードトップについては、1500ccの 70 馬力／最高速度 140km/h とこの1600ccの 90 馬力／最高速度 160 km/h をマークするコロナハードトップ 1600S が設定されていた。1967 年 8 月 22 日には、「コロナ X プロトタイプ」をベースに、トヨタ 2000GT の弟分とも称される DOHC･1600cc･110 馬力の 9R エンジンを搭載し、最高速度 175 km/h を誇るスパルタンなトヨタ 1600GT が誕生した。

コロナ5ドア

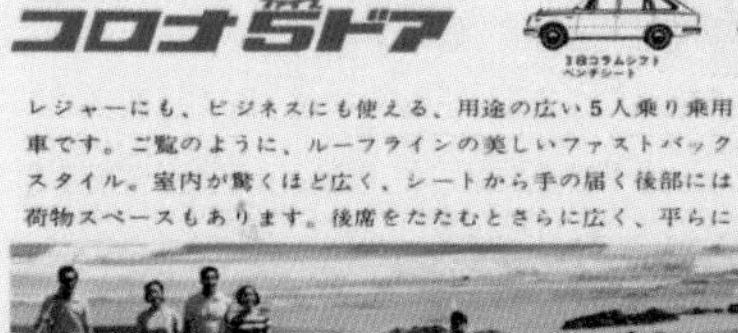

レジャーにも、ビジネスにも使える、用途の広い5人乗り乗用車です。ご覧のように、ルーフラインの美しいファストバックスタイル。室内が驚くほど広く、シートから手の届く後部には荷物スペースもあります。後席をたたむとさらに広く、平らになり、手回り品がよりたくさん積めます。ご家族でのドライブに、奥さまのお買物に、ご主人の通勤の足として…あるいは気のあった仲間でキャンプやスキーに行かれる時も便利です。また会社の業務連絡、ホテルの送迎用にもぴったりです

広さが調節できる荷物スペース…室内の後部には、広い荷物スペースがあります。シートにいながら手回り品に手が届くのでとても便利です。右側には夜間に役立つランプもついています。

後席をたたむとさらに広く…リヤ・シートの背もたれは2段に調節でき、前へ倒して固定できます。荷物スペースは、さらに広く、平らになり、かさばった物でもラクに積めます。床には美しいマットが敷かれ、手回り品をいためません。この床は2重式で、下部にはスペア・タイヤや工具類が納められます。

コロナ5（ファイブ）ドアが、海辺を散策するファミリーの傍に停まっている。リアに大きく開くゲートを備える5ドアのセダンは、このモデルのデビュー当時は、珍しいタイプであった。その頃のトヨタは、先駆的なデザインのこの5ドアについて、カーゴスペースの大きい用途の広い自家用車として、多彩な活用シーンを考えていたようだが、1965年10月から1968年9月の約3年間で販売を中止している。

コロナ乗用車シリーズ仕様

〈 〉内はトヨグライド付
〔 〕内は特別仕様

この仕様は改良のため予告なく変更することがあります

車種	コロナ1200cc	コロナ・スタンダード	コロナ・デラックス	コロナ・5ドアセダン	コロナ・ハードトップ	コロナ1600S	コロナ・ハードトップ1600S
車両型式	PT40	RT40〈RT40-C〉	RT40-D〈RT40-DC〉	RT56〈RT56-C〉	RT50〈RT50-C〉	RT40S	RT51
全長 mm	4,065	4,065	4,110	4,110	4,110	4,110	4,110
全幅 〃	1,550	1,550	1,550	1,550	1,565	1,550	1,565
全高 〃	1,420	1,420	1,420	1,420	1,375	1,420	1,375
ホイールベース 〃	2,420	2,420	2,420	2,420	2,420	2,420	2,420
車両重量 kg	900	920〈935〉	945〈960〉	990〈1,005〉	960〈975〉	965	980
乗車定員 名	5	5	5	5	4	5	4
最高速度 km／h	120	140	140	140	140	160	160
登坂能力 sin θ	0.330	0.379	0.371	0.357	0.384	0.402〔0.451〕	0.417〔0.466〕
最小回転半径 m	4.95	4.95	4.95	4.95	4.95	4.95	4.95
総排気量 cc	1.198	1,490				1,587	
最高出力 PS／r.p.m.	55／5,000	70／5,000				90／5,800	
最大トルク m-kg／r.p.m.	8.8／2,800	11.5／2,600				12.8／4,200	
燃料タンク容量 ℓ	45	45				45	
ブレーキ（前）	デュオ・サーボ					ディスク	デュオ・サーボ〔ディスク〕
〃（後）	デュオ・サーボ					L.&.T.	デュオ・サーボ〔L.&.T.〕
タイヤ（前・後）	5.60―13 4P.R.					6.15―14 4P.R.	

宇宙をテーマにした美しいコスミック・カラー・シリーズ

宇宙の天体や現象にテーマをとった美しい色です。宝石の輝きをはなつ豪華なメタリック塗装と、色鮮やかな焼付塗装があります

実際の車の塗色と、多少かわって見える場合があります。正確に色をごらんになりたい時は、セールスマンのカラー見本をご参照ください。

DELUXE
（＊印は1600Sと共通）

- ギャラキシー・ホワイト　＊晴れた夜空の銀河の白
- ボウライド・グリーン・メタリック　＊流星群のファンタジックな緑
- サターン・ベージ・メタリック　未来の輝きをはなつ土星の薄茶
- スターダスト・グレイ・メタリック　＊星くずのゴージャスなグレイ
- ブラック　格調高く、気品にあふれた黒
- プロミネンス・レッド　＊太陽の紅炎の赤
- アストロ・ブルー・メタリック　明るく、神秘的な宇宙の青

STANDARD

- ファーマメント・ブルー　天空の明るく軽快な青
- ルーナー・グレイ　月の光の青みがかったグレイ
- アークティック・グリーン　北極圏に繁る草木の緑
- メティオリック・ブラウン　隕石の男性的な茶
- ボルカニック・ベージ　白亜化した溶岩の象牙色

5-DOOR SEDAN

- ボウライド・グリーン・メタリック　流星群のファンタジックな緑
- サターン・ベージ・メタリック　未来の輝きをはなつ土星の薄茶
- スターダスト・グレイ・メタリック　星くずのゴージャスなグレイ
- ギャラキシー・ホワイト　晴れた夜空の銀河の白
- プロミネンス・レッド　太陽の紅炎の赤

HARDTOP

- プラネット・シルバー・メタリック　遊星がはなつ魅惑の銀
- リリー・ホワイト　ユリの花の優雅な白
- ソーラー・レッド　燃える太陽の鮮烈な赤
- スターダスト・グレイ・メタリック　星くずのゴージャスなグレイ
- ビーナス・ゴールド　金星の輝きを思わせる優美な金

14 三菱デボネアエグゼクティブ

三菱が自動車メーカーとして総力を挙げて開発した5ナンバーフルサイズの高級セダン。四隅が張り出したアメリカ車を彷彿とさせるデザインだった。

新三菱重工（後の三菱重工業。以下、三菱）は、1963年にコルト1000を発売し、本格的な自動車メーカーの仲間入りを果たしました。小型車であるコルトと並行して新三菱重工が開発していたのが、高級車「三菱コルト・デボネア」でした。ツインキャブ・デュアルエキゾースト6気筒2.0Lエンジンを搭載し、最高速度155km/hを誇るこの車は、初の5ナンバーフルサイズセダンであり、自動車メーカーとして三菱が総力を挙げてつくり上げたモデルでした。第10回全日本自動車ショー（1963年10～11月）でお披露目され、翌1964年7月に発売の運びとなりました。

名称については、コルトでは大衆車のイメージが強いためか、コルトをとって、デボネアとして世に出ることになりました。なおデボネア（DEBONAIR）という名前ですが、英語で「快活」「ていねい」「やさしい」という意味だと、三菱は説明しています。デザインについては、当時米国GM（ゼネラル・モーターズ）社のデザイナーだったハンス・S・ブレッツナー氏を招聘。既存の国産車とは一線を画す、アメリカのフルサイズカーを彷彿とさせる四隅の張り出したボディをつくり上げました。

ブレッツナー氏は、この車の開発に情熱をかけ、モーターショーの出品車のシート生地に京都西陣織を採用、展示場のデザインも自ら行なったそうです。

1970年頃、デボネアは、中型ハイヤーとしても用いられていました。近年ではとても信じ難いことですが、当時東京を走る大型ハイヤーは、プレジデントなどの国産車やメルセデスベンツなどもありましたが、ほとんどがポンティアックやオールズモビルといったアメリカ車でした。富裕層の所有する自家用車、企業の社用車など、アメリカ車が好まれる時代だったのです。これに対して中型ハイヤーはすべてが国産車で、クラウン、セドリック、グロリア、そしてこのデボネアでした。

そして発売から6年近い月日を経た1970年9月に、デボネアがここで紹介するカタログのデボネアエグゼクティブと名前を変えて再デビューを果たしました。デボネアエグゼクティブ誕生に伴う最大の変更点は、エンジンが初期から用いられた1991cc・OHVから新設計の1994cc・OHCのものに換装されたことです。三菱はこの新しいエンジンをサターン6と名付けていました。

またデボネアエグゼクティブは、ハイヤー以外は三菱系企業の重役の送り迎えなどに使われ、大部分は運転手付きで使用されたようです。当時のCMでも"走る重役室"と謳っているほどです。

国産車のイメージとは異なるスタイルのデボネアが登場したのは、1964年に新三菱重工など3社が合併して三菱重工業として発足した翌月の7月15日であった。その後22年間という長寿命を誇った。

車　名	三菱デボネアエグゼクティブ オールパワー
形式・車種記号	A31-KU
全長×全幅×全高（mm）	4670×1690×1470
ホイールベース（mm）	2690
トレッド前×後（mm）	1390×1390
最低地上高（mm）	200
車両重量（kg）	1360
乗車定員（名）	5
燃料消費率（km/l）	—
最高速度（km/h）	155
登坂能力（sinθ）	0.51
最小回転半径（m）	5.3
エンジン形式	6G34
種類、配列気筒数、弁型式	直6OHC
内径×行程（mm）	73.0×79.4
総排気量（cc）	1994
圧縮比	10.0
最高出力（PS/rpm）	130/6000
最大トルク（kg・m/rpm）	17.0/4000
燃料・タンク容量（ℓ）	55
トランスミッション	ボルグワーナ
ブレーキ	前 パワーサーボ付ディスクブレーキ
	後 デュオサーボ
タイヤ	6.95-14-4PR
カタログ発行時期（年）	1970

“ 端正な美しさが映える正統派高級セダン ” のタイトルとともに、砂利を敷き詰めた広場に停まるアルペンシルバーのモデルを俯瞰でとらえたデボネアエグゼクティブ。光が効果的な役目を果たしており、特徴的な直線を生かしたボディが映える美しいカット。

草原を背景に、ボディを後ろからとらえた高級車のカタログでは珍しい構図の写真である。ボディカラーの記載が無かったので確定はできないが、シートがベージュ色らしく、当時は最も豪華なイメージを醸し出していたアトラスゴールドという色調のメタリックカラーのモデルだろう。個性的なテールランプのデザインがこの車のひとつの特徴であった。

“ 軽やかな操縦性を生むゆとりある運転席 ” のタイトルのついたインテリアデザイン。木目パネルをふんだんに用いた高級感あふれる直線基調のダッシュボードなどは、エクステリアデザイン（外観）と統一感のあるイメージを与えてくれるデザインである。

高級車として重要な後部座席は、ブルーを基調としたセンターアームレスト付きのゆったりとしたシートを “ やすらぎを約束する豪華なインテリア ” として説明。

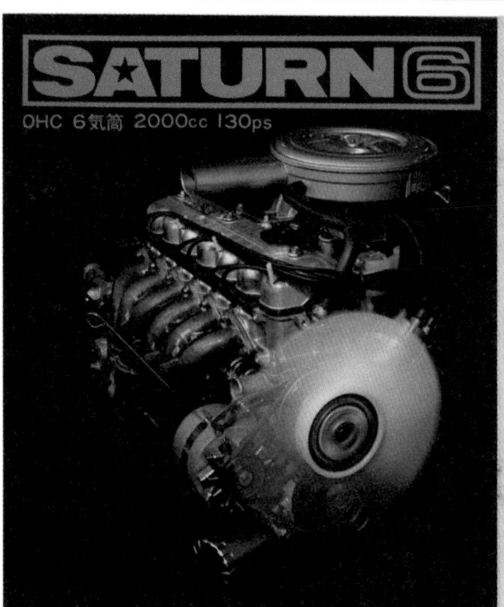

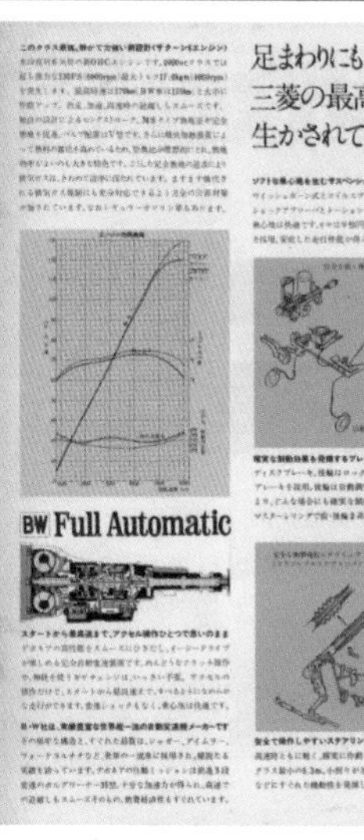

水冷直列の OHC 6 気筒 2000cc 130ps の新型エンジン “SATURN（サターン）6” が稼動している状態をイメージする写真で紹介。最高速度は 170km/h と発表されており、“ このクラス最強 ” と誇示している。同時に、搭載されているボルグワーナー製のフルオートマチックについては、カットモデルのカラーイラストを掲載し、“ すぐれた品質はジャガー、ダイムラーなど、世界の一流車に採用され、確固たる実績を誇っています ” と謳っている。サスペンションは、フロントが独立懸架であり、ウィッシュボーン式とコイルスプリングを採用、リアサスペンションは、半楕円形のリーフスプリングが採用されていた。

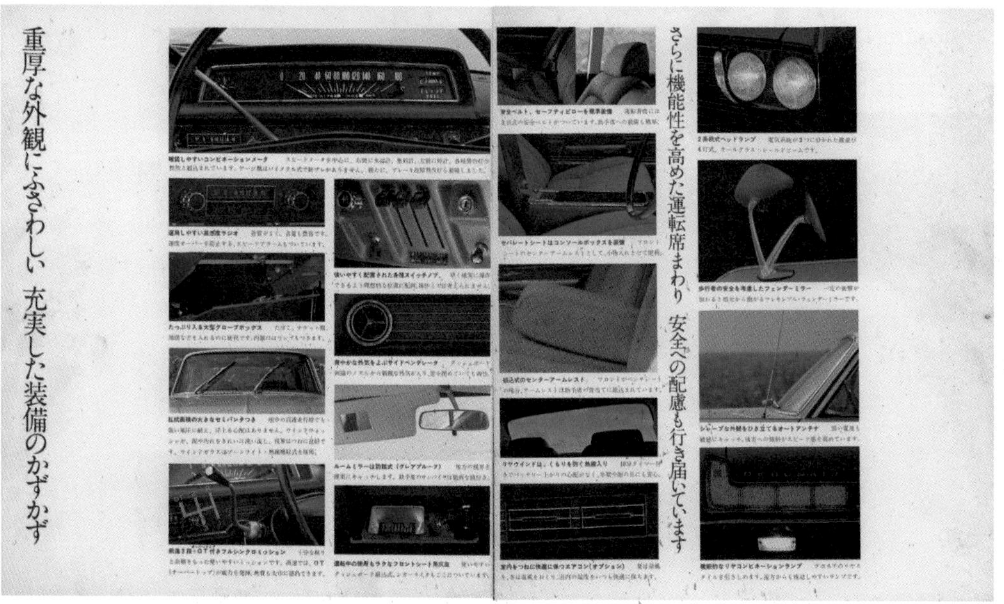

ユニークな高感度ラジオ(音質が良く、音量も豊富で、速度オーバーを防止するスピードアラーム付き)、収納力の大きいグローブボックス、前進 3 段+ OT（オーバートップ）付きのミッション、熱線入りのリアウインド、フルオートエアコン（オプション）など、すでに後年の高級車にも劣ることのない、様々な装備が搭載されていたことは非常に興味深い。

●常装備 ◎希望装備

車種 / 項目			マニュアルミッション EC	EB	EW	オートマチックミッション K	KB	KW	KU
標準車種			130PS 120PS			130PS 120PS		130PS	130PS
オプション車種				130PS 120PS	130SP 120PS		130PS 120PS	120PS	120PS
室内装備品	シート	ベンチ リクライニング	●		●	●		●	
		セパレート		●			●		●
	時計・ラジオ・シガーライター		●	●	●	●	●	●	●
	空調	ヒーター	●	●	●	●	●	●	●
		エアコン	◎	◎	◎	◎	◎	◎	◎
		クーラー	◎	◎	◎	◎	◎	◎	◎
	パワーウインド			◎	●		◎	●	●
	パワーシート								●
	パーソナルランプ		●	●	●	●	●	●	●
外装	レザートップ		◎	◎	◎	◎	◎	◎	◎
安全装備品	シートベルト		●	●	●	●	●	●	●
	ヘッドレスト		●	●	●	●	●	●	●
	ディスクブレーキ		●	●	●	●	●	●	●
	コラプシブルステアリング		●	●	●	●	●	●	●
	熱線リヤデフロスタ		●	●	●	●	●	●	●
	ブレーキ故障警告灯		●	●	●	●	●	●	●
	パッシングライト		●	●	●	●	●	●	●

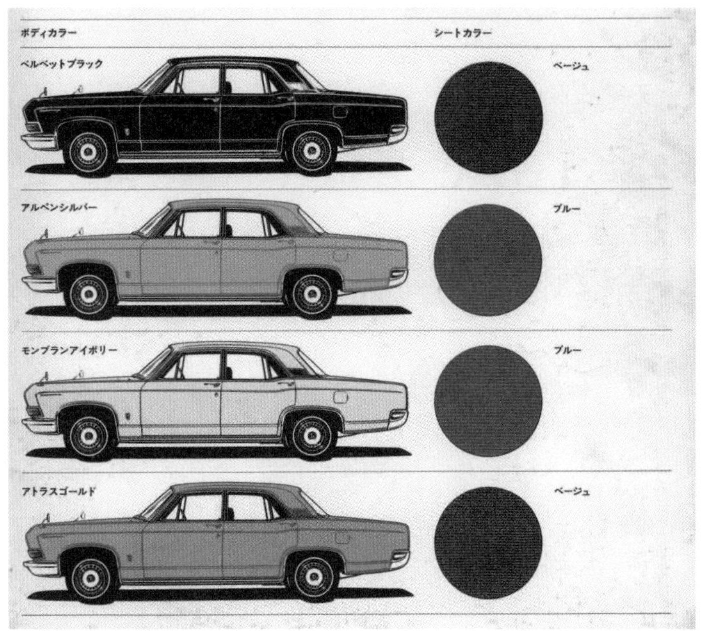

デボネアエグゼクティブのボディカラーは、ベルベットブラック、アルペンシルバー、モンブランアイボリー、アトラスゴールドの4色が用意され、車種もマニュアルミッションモデルで3種類、オートマチックミッションモデルでは4種類が設定されていた。

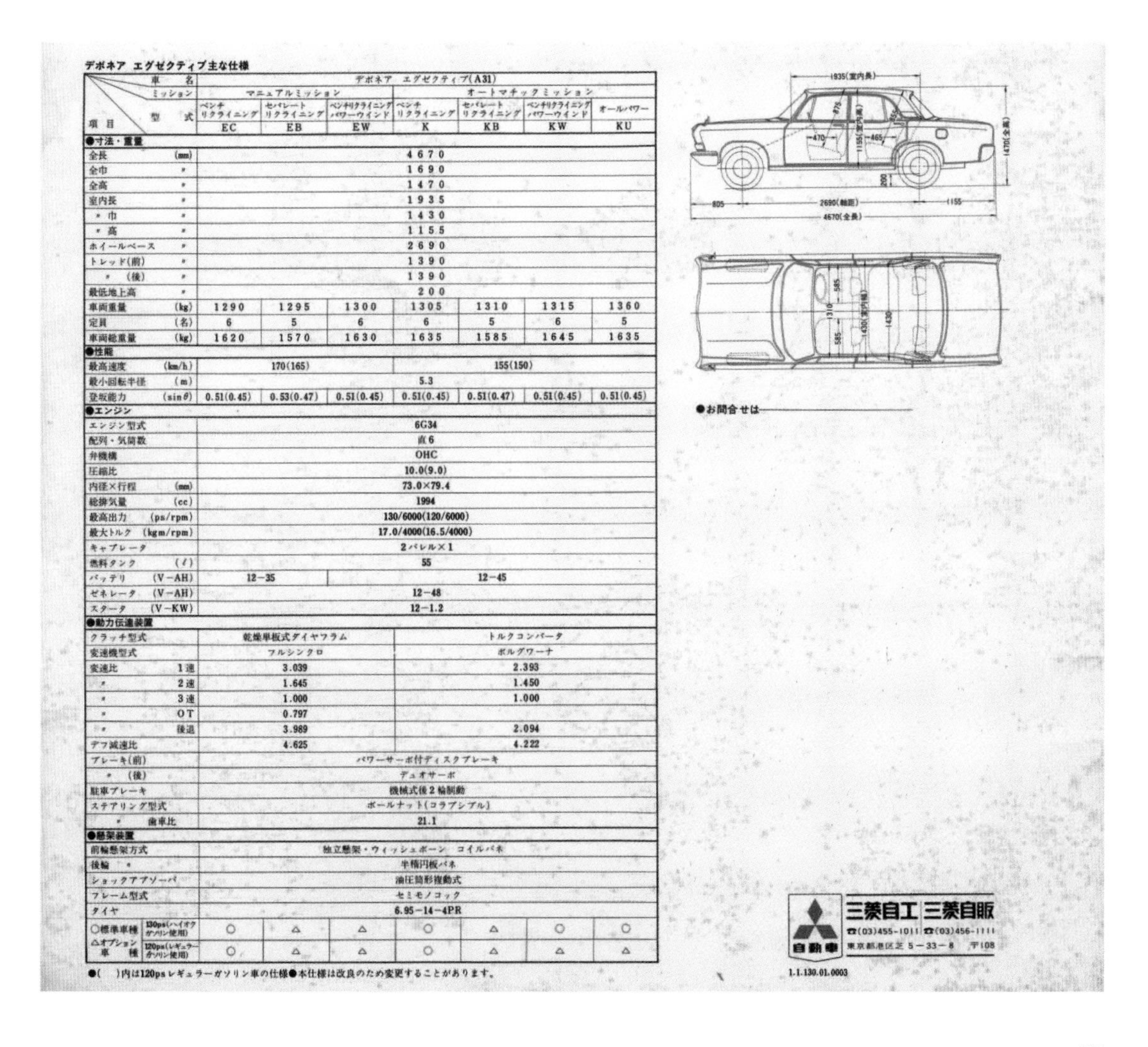

デボネア エグゼクティブ主な仕様

車名	デボネア エグゼクティブ(A31)						
ミッション	マニュアルミッション			オートマチックミッション			
項目 / 型式	ベンチ リクライニング EC	セパレート リクライニング EB	ベンチリクライニング パワーウインド EW	ベンチ リクライニング K	セパレート リクライニング KB	ベンチリクライニング パワーウインド KW	オールパワー KU
●寸法・重量							
全長 (mm)	4670						
全巾 〃	1690						
全高 〃	1470						
室内長 〃	1935						
〃 巾 〃	1430						
〃 高 〃	1155						
ホイールベース 〃	2690						
トレッド(前) 〃	1390						
〃 (後) 〃	1390						
最低地上高 〃	200						
車両重量 (kg)	1290	1295	1300	1305	1310	1315	1360
定員 (名)	6	5	6	6	5	6	5
車両総重量 (kg)	1620	1570	1630	1635	1585	1645	1635
●性能							
最高速度 (km/h)	170(165)			155(150)			
最小回転半径 (m)	5.3						
登坂能力 (sinθ)	0.51(0.45)	0.53(0.47)	0.51(0.45)	0.51(0.45)	0.51(0.47)	0.51(0.45)	0.51(0.45)
●エンジン							
エンジン型式	6G34						
配列・気筒数	直6						
弁機構	OHC						
圧縮比	10.0(9.0)						
内径×行程 (mm)	73.0×79.4						
総排気量 (cc)	1994						
最高出力 (ps/rpm)	130/6000(120/6000)						
最大トルク (kgm/rpm)	17.0/4000(16.5/4000)						
キャブレータ	2バレル×1						
燃料タンク (ℓ)	55						
バッテリ (V−AH)	12−35		12−45				
ゼネレータ (V−AH)	12−48						
スタータ (V−KW)	12−1.2						
●動力伝達装置							
クラッチ型式	乾燥単板式ダイヤフラム			トルクコンバータ			
変速機型式	フルシンクロ			ボルグワーナ			
変速比 1速	3.039			2.393			
〃 2速	1.645			1.450			
〃 3速	1.000			1.000			
〃 OT	0.797						
〃 後退	3.989			2.094			
デフ減速比	4.625			4.222			
ブレーキ(前)	パワーサーボ付ディスクブレーキ						
〃 (後)	デュオサーボ						
駐車ブレーキ	機械式後2輪制動						
ステアリング型式	ボールナット(コラプシブル)						
〃 歯車比	21.1						
●懸架装置							
前輪懸架方式	独立懸架・ウィッシュボーン コイルバネ						
後輪 〃	半楕円板バネ						
ショックアブソーバ	油圧筒形複動式						
フレーム型式	セミモノコック						
タイヤ	6.95−14−4PR						
○標準車種 △オプション車種 130ps(ハイオクガソリン使用)	○	△	△	○	△	○	○
○標準車種 △オプション車種 120ps(レギュラーガソリン使用)	○	△	△	○	△	△	△

●(　)内は120psレギュラーガソリン車の仕様●本仕様は改良のため変更することがあります。

●お問合せは

三菱自工 三菱自販
☎(03)455-1011 ☎(03)456-1111
自動車 東京都港区芝5−33−8 〒108

1.1.130.01.0003

15 トヨタ・クラウンエイト

日本初の2.6リッターV8エンジンを搭載した高級車。小型車サイズを超える高級車で、パワーウインドー、オートドライブなどが装備されていた。

クラウンエイトは1964年4月に発売された大型乗用車で、2代目のクラウンをベースに開発されました。クラウンエイトは、クラウンよりも全長で110mm、車幅では150mmも大きくなり、文字通り本格的な大型乗用車として登場したのです。さらに日本初の2.6リッターV型8気筒（V8）エンジンが搭載されたので、それにちなんでクラウンエイトと名付けられました。この車は、小型車規格を優に超える堂々とした車幅を持ち、さらに豪華な内装も施され、V8ワイドサルーンとして開発されました。装備の面でも高級志向で、当時キャデラックやリンカーンなどにしか採用されていなかったパワーウィンドー、パワードアロック、パワーシート、オートドライブ機構などを標準装備していました。

クラウンエイトは、アメリカや欧州勢の独占状態にあった大型の法人車、大型のハイヤー向け市場を狙ってトヨタ自動車が満を持して世に送り出した最上級モデルだったのです。当時は佐藤栄作総理大臣の公用車としても用いられていました。

クラウンエイトは注目度も非常に高く、自動車専門誌でも、発売直後の5月号にロードテストのリポートを掲載。日本初のV8エンジンを搭載したという点だけでなく、高級セダンにふさわしい乗心地の良さと高い静粛性を実現している点にも注目し、高く評価していました。同誌は、表紙にも、石造りの大きな車寄せに停まるブラウンのクラウンエイトの写真を載せています。V8エンジンの搭載は、それほどまでに衝撃的だったのでしょう。ちなみにクラウンエイト発売時の3000cc以下の乗用車用V8エンジンは、世界的に見ても非常に珍しく、BMWが1957年から1960年にかけて製造していたBMW502 V8スーパー4ドアリムジーネなど、わずかに例を見る程度でした。

「V」の字の中にあるマークは、クラウンの車名の由来である「王冠」。その下に数字の「8」を配置することで、V型8気筒エンジンを搭載していることを訴求している。

搭載されたV8エンジンは総排気量が2599ccで、前述の通りV8エンジンとしては非常に小さく希少なものだったのです。

ところで筆者の住んでいた島根県松江市には、知る限りにおいてクラウンエイトが2台ありましたが、どちらもボディカラーは黒でした。1台は初期型で、地元のトヨタディーラーの所有車、もう1台は後期モデルで県庁の公用車でした。なお県庁のガレージには、黒塗りで横に大きく広がったテールフィンを持つアメリカ車のシボレーインパラも停まっていました（県庁における最後のアメリカ製公用車。以前は多くのアメリカ車が公用車として使われていましたが、国産車に順次切り替えられました）。クラウンエイトは、1967年7月に生産終了となり、総生産台数は、3834台でした。一代限りで生産を終えましたが、トヨタの最高級車という地位を確立し、そのポジションはセンチュリーに引き継がれました。

車　名	トヨタ・クラウンエイト
形式・車種記号	VG10-A
全長×全幅×全高（mm）	4720×1845×1460
ホイールベース（mm）	2740
トレッド前×後（mm）	1520×1540
最低地上高（mm）	185
車両重量（kg）	1380
乗車定員（名）	5
燃料消費率（km/l）	—
最高速度（km/h）	150
登坂能力（sinθ）	0.472
最小回転半径（m）	5.9
エンジン形式	—
種類、配列気筒数、弁型式	8気筒90°V型頭上弁式
内径×行程（mm）	78×68
総排気量（cc）	2599
圧縮比	9.0
最高出力（PS/rpm）	115/5000
最大トルク（kg・m/rpm）	20/3000
燃料・タンク容量（ℓ）	70
トランスミッション	前進4段後退1段オールシンクロメッシュ
ブレーキ	前 ツー・リーディング
	後 セルフ・サーボ
タイヤ	7.00-13 6P.R.
カタログ発行時期（年）	1965-1967

“ 豪華さを加えた本格的ワイド・サルーン ” のキャプションとともに、ブラウンのボディカラーのモデルを正面からとらえた写真を載せている。ここで紹介するカタログは、フロント・グリルなどのデザインを変更して、４段ミッション車などを追加した際のもの。この写真の次のページでは “ トヨタ技術の結晶が秘められています ” と謳って、“ わが国で初めて開発した ”V 型８気筒エンジン、トヨグライド・オートマチック（自動変速機）、最高速度 150km の高性能などについて説明している。

豪華で、最大の室内 数多いオートマチック装置
TOYOTA CROWN EIGHT VG10-B

室内に関しては、“ 豪華で最大の室内 数多いオートマチック装置 ” のキャプションとともに、室内幅 1560mm という広さに加えて、パワーウインドウ、電磁力を使いドアをロックするマグネット・ドアロックやパワーシート（オプション）など、快適なドライブを約束する装備の数々を紹介している。

最高級車の
地位をさらに高めました
ゆったりと広いトランク・ルーム
TOYOTA CROWN EIGHT VG10-B

グリーンのモデルを後ろからとらえた写真とともに、デザインを一新したリヤ・グリルとひとまわり大きくなったテールランプ、ゆったりとしたトランク・ルームの写真を載せている。“ フル・セットのゴルフ・バッグが横にも縦にも、楽におさまります ” というトランク・ルームは、トランク・リッドを開けて広さを強調するなど、工夫が凝らされている。

“運転の自動化を推進する クラウン・エイト”のキャプションとともに、見開きのイラストで、ダッシュボードの説明をしている。ダッシュボードは、5ナンバーのクラウンとは違って、木目調のパネルを用い、またステアリングホイールの中央にもV8を強調した“EIGHT”と記されたシンボルマークが付けられている。ここでは、トヨグライド・オートマチックの標準装備はもとより、コンライト（ヘッドライトの自動コントロールシステム）に関しても解説している。

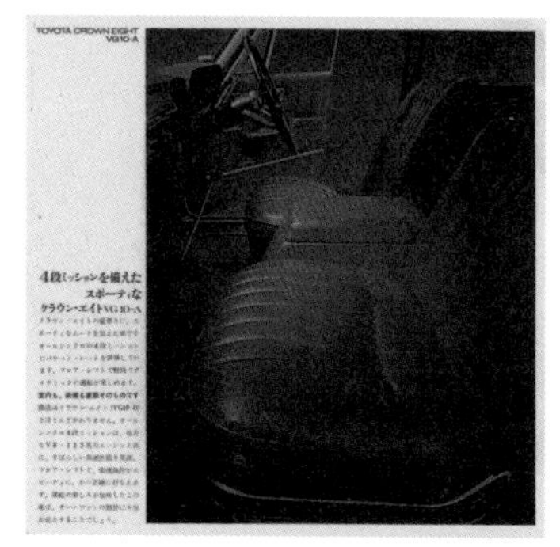

今回からラインナップに加わったVG10-Aタイプについて紹介している。VG10-Aタイプはセパレートタイプのバケット・シートを持つ4段フロアシフトのスポーティーなモデルで、運転を楽しむドライバー向けの仕様となっていた。4段ミッションはオールシンクロで、3速の変速比が1.000となる。

VG10-Aとともに今回から加わった廉価版のクラウンエイトスペシャルVG10-Cを紹介している。スペシャルにはパワーウインドーがなくマグネット・ドアロック、コンライトなどの装備が省かれている。トランスミッションについても、オートマチックの選択ができず、3段のオーバードライブ付きマニュアルトランスミッションのみだった。フロント・グリルのオーナメントも、上級モデルに比べて小さいものを使用していた。

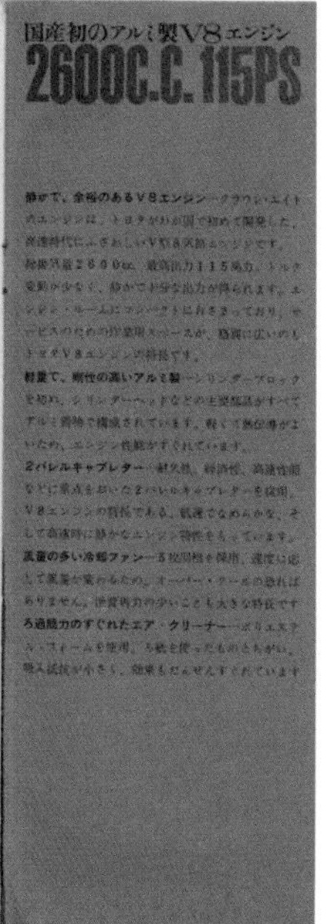

国産初のアルミ製V8エンジン
2600C.C. 115PS

クラウンエイトの最大の特徴であるV8エンジンのイラストを大きく載せて、詳細に解説している。2600cc、115馬力のエンジンは、シリンダーブロックをはじめとして、シリンダーヘッドなどの主要部品はアルミ鋳造され、熱伝導がよく性能が優れていることが強調されている。また冷却ファンは5枚羽根として、速度に応じて風量が変わるので、オーバー・クールの恐れはないとしている。

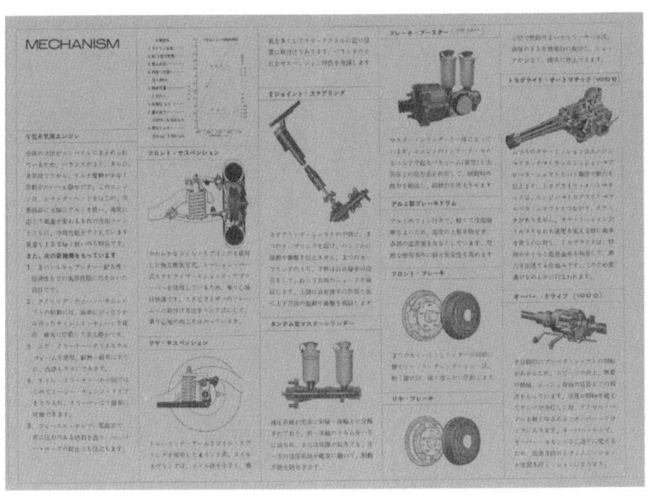

TOYOGLIDE AUTO-MATIC

トヨグライド・オートマチック（完全自動変速装置）

トヨタが独自の技術で開発し、わが国に運転の自動化を開いた装置です。めんどうなクラッチ操作や、神経を使うギヤ・チェンジもいっさい必要ありません。完全なノークラッチ・ノーチェンジです。発進をはじめ急加速の場合など、通常の走行はすべてコントロール・レバーをDレンジに入れたままでイージー・ドライブが楽しめます。あとはアクセル・ペダルの踏み加減一つで、スピード調節も思いのままなめらかに無段階変速して、エンストや空ふかしもありません。トヨグライド・オートマチックは、日本の国情に合った性能と故障の不安がないよさが認められ、一ばんご愛用いただいています。世界の高級車の中でも、キャデラックやリンカーンは100%が自動変速装置つきといわれています。

●トヨグライド・オートマチック各レンジの作動

Nレンジ—エンジン始動のとき　Rレンジ—車をバックさせるとき
Dレンジ—通常の走行のとき　Pレンジ—駐車のとき
Lレンジ—エンジン・ブレーキをかけるとき

AUTO-DRIVE (OPTION)

オート・ドライブ（オートマチック・スピード・コントロール）

国産車で初めて実用化した自動走行装置です。アクセル・ペダルを踏まなくても、道路条件に関係なく自動車を一定のスピードで走らせることができますハイウェイや、車両の混み合わない郊外でのドライブに威力を発揮します。各地に自動車専用道路があいついで誕生している現在、きわめて価値のある装置といえます。（VG10-A,Bに装備できます）

オート・ドライブの操作

アンダー・パネル右下にあるダイヤルを希望の車速にセットします。そしてその速度になるとアクセルペダルが重くなります。そこでスイッチを入れるとオート・ドライブが作動しはじめます。追い越しや急加速を必要とする場合には、アクセル・ペダルをさらに踏みこめばよく、ペダルから足を離せば、はじめにセットした車速にもどります。ブレーキ・ペダルを踏むと、オート・ドライブは自動的に解除されます。この時は再びセットしなおしてください。

クラウンエイトの様々な機構を紹介している。サスペンションはフロントにコイル・スプリングを使用した独立懸架方式、リアには４リンク式を採用している。さらに、ハンドルへ振動や衝撃を伝えるのを防ぐ２ジョイント・ステアリングなど、高級車にふさわしい装備が並ぶ。あわせてトヨタが独自で開発した、２段の完全自動変速装置であるトヨグライド・オートマチック、オート・ドライブ（オートマチック・スピード・コントロール）の操作方法などの説明をしている。

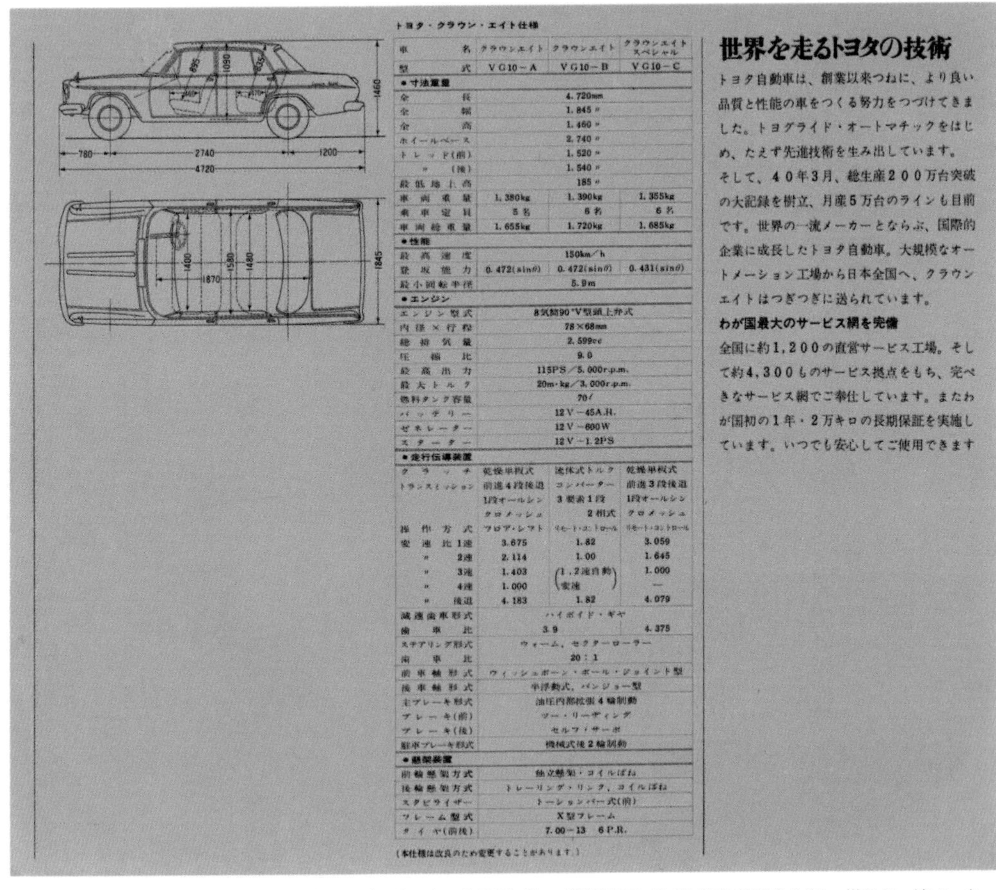

トヨタ・クラウン・エイト仕様

車名	クラウンエイト	クラウンエイト	クラウンエイトスペシャル
型式	VG10－A	VG10－B	VG10－C
●寸法重量			
全長	4.720mm		
全幅	1.845 〃		
全高	1.460 〃		
ホイールベース	2.740 〃		
トレッド（前）	1.520 〃		
〃（後）	1.540 〃		
最低地上高	185 〃		
車両重量	1.380kg	1.390kg	1.355kg
乗車定員	5名	6名	6名
車両総重量	1.655kg	1.720kg	1.685kg
●性能			
最高速度	150km／h		
登坂能力	0.472(sinθ)	0.472(sinθ)	0.431(sinθ)
最小回転半径	5.9m		
●エンジン			
エンジン型式	8気筒90°V型頭上弁式		
内径×行程	78×68mm		
総排気量	2.599cc		
圧縮比	9.0		
最高出力	115PS／5.000r.p.m.		
最大トルク	20m・kg／3.000r.p.m.		
燃料タンク容量	70ℓ		
バッテリー	12V－45A.H.		
ゼネレーター	12V－600W		
スターター	12V－1.2PS		
●走行伝導装置			
クラッチ トランスミッション	乾燥単板式 前進4段後退1段オールシンクロメッシュ	流体式トルクコンバーター 3要素1段2相式	乾燥単板式 前進3段後退1段オールシンクロメッシュ
操作方式	フロア・シフト	リモート・コントロール	リモート・コントロール
変速比 1速	3.675	1.82	3.059
〃 2速	2.114	1.00	1.645
〃 3速	1.403	（1，2速自動変速）	1.000
〃 4速	1.000		—
〃 後退	4.183	1.82	4.079
減速歯車形式	ハイポイド・ギヤ		
歯車比	3.9		4.375
ステアリング形式	ウォーム，セクターローラー		
歯車比	20：1		
前車軸形式	ウィッシュボーン・ボール・ジョイント型		
後車軸形式	半浮動式，バンジョー型		
主ブレーキ形式	油圧内部拡張4輪制動		
ブレーキ（前）	ツー・リーディング		
ブレーキ（後）	セルフ・サーボ		
駐車ブレーキ形式	機械式後2輪制動		
●懸架装置			
前輪懸架方式	独立懸架・コイルばね		
後輪懸架方式	トレーリング・リンク，コイルばね		
スタビライザー	トーションバー式（前）		
フレーム型式	X型フレーム		
タイヤ（前後）	7.00－13　6P.R.		

（本仕様は改良のため変更することがあります。）

世界を走るトヨタの技術

トヨタ自動車は、創業以来つねに、より良い品質と性能の車をつくる努力をつづけてきました。トヨグライド・オートマチックをはじめ、たえず先進技術を生み出しています。

そして、４０年３月、総生産２００万台突破の大記録を樹立、月産５万台のラインも目前です。世界の一流メーカーとならぶ、国際的企業に成長したトヨタ自動車。大規模なオートメーション工場から日本全国へ、クラウンエイトはつぎつぎに送られています。

わが国最大のサービス網を完備

全国に約1,２００の直営サービス工場。そして約4,３００ものサービス拠点をもち、完ぺきなサービス網でご奉仕しています。またわが国初の１年・２万キロの長期保証を実施しています。いつでも安心してご使用できます

クラウンエイトのスペック表。右側には“世界を走るトヨタの技術”と謳い、創業以来たえず先進技術を生み出し、世界の一流メーカーと肩を並べ、国際的企業に成長し続けていることを強調している。

16 日産グロリアスーパー6

1966年、日産自動車とプリンス自動車工業が合併。フルモデルチェンジされ、車名もプリンス・グロリアから日産グロリアに名称が変わる。

戦時中おもに陸軍の戦闘機や偵察機を製造していた立川飛行機の技術者達によって、1947年6月、東京電気自動車が設立されました。同社は電気乗用車やトラックを開発し、たま号と命名（地名「多摩」から）。翌年には「たま・ジュニア」と「たま・セニア」といった小型電気自動車を発売し、1949年11月には社名もたま電気自動車に改名しましたが、当時は朝鮮戦争の影響によって、バッテリーに使われる鉛の価格高騰などもあり、ガソリン車の生産にシフトすることになりました。かくて、富士精密工業（中島飛行機の後継企業のひとつ）にエンジンの製作を依頼し、ガソリン車の生産を開始しました。このガソリンエンジンは、フランスのプジョーのエンジンを参考にしてつくられました。1951年11月には、たま電気自動車から社名をたま自動車に変更し、たま自動車は、当時の皇太子殿下の立太子礼（皇太子に即位される式典）に因み、1952年11月、社名をプリンス自動車工業に変更しました（その後1954年4月に、プリンス自動車工業と富士精密工業は合併します）。

3代目グロリアの特徴的なヘッドライト部分。スタイリングは前年に発表された御料車「ロイヤル」に似たイメージを持たせている。1971年にはセドリックの姉妹車となった。

初代グロリアBLSI型は、1959年2月に、このプリンス自動車工業によって世に送り出されたのです。グロリアはラテン語で“栄光あれ”の意味で、皇太子殿下のご成婚を記念して名付けられました。

1963年6月には、2000ccクラスとして国産初となる直列6気筒SOHCエンジンG7型（2000ccとして日本で初めて100馬力を突破したエンジン）を搭載した「グロリアスーパー6」が追加されました。

1966年8月、日産自動車はプリンス自動車工業と合併。プリンスの最上級モデルだったグロリアをフルモデルチェンジし、「日産グロリア」として発売しました。これが、3代目となるA30型です。このグロリアは、そのヘッドライトのデザインから、一般には「縦目のグロリア」と呼ばれていました。

高級中型車グロリアの設計に際して重視されたのは、最新のスタイル、高速安定性、快適な居住性、高い信頼性の4項目だったそうです。グロリアの発売される1年前の自動車専門誌を見ると、フォードのフェアレーンやギャラクシーなど縦目4灯のヘッドライトを備えたアメリカ車が数多く紹介されていますが、グロリアも小さなアメリカ車のような車でした。

車　名	日産グロリアスーパー6
形式・車種記号	PA30
全長×全幅×全高（mm）	4690×1695×1445
ホイールベース（mm）	2690
トレッド前×後（mm）	1385×1390
最低地上高（mm）	175
車両重量（kg）	1275
乗車定員（名）	6
燃料消費率（km/l）	—
最高速度（km/h）	160
登坂能力（sinθ）	40.8%
最小回転半径（m）	5.5
エンジン形式	G7
種類、配列気筒数、弁型式	OHC・6気筒
内径×行程（mm）	75×75
総排気量（cc）	1988
圧縮比	8.8
最高出力（PS/rpm）	105/5200
最大トルク（kg・m/rpm）	16.0/3600
燃料・タンク容量（ℓ）	50
トランスミッション	オールシンクロメッシュ式3段＋OD（オーバードライブ）
ブレーキ	前 ディスク式
	後 リーディングトレーリング式
タイヤ	6.95-14-4PR（チューブレス）
カタログ発行時期（年）	1967-1968

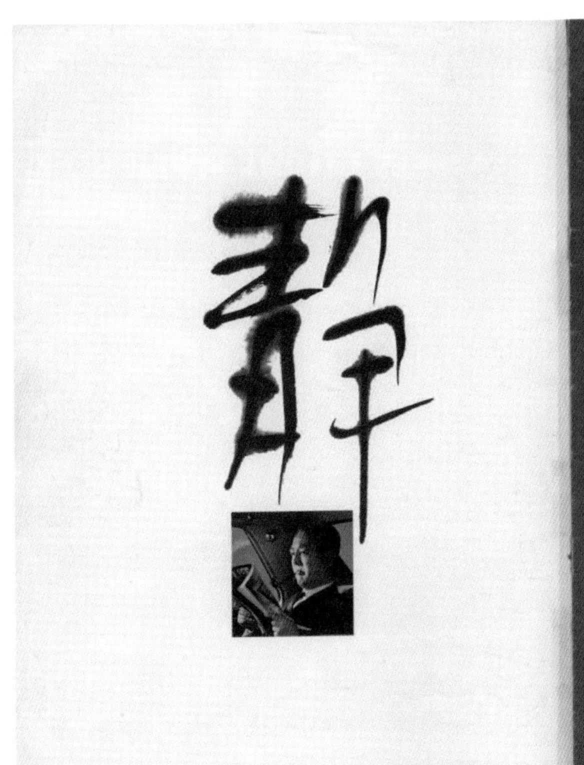

グロリアの思想

静

日本にもようやくハイウエー時代が訪れ、国産車は急速に高速性能を高めています。とくに日産の車は国内だけでなく国際舞台で堂々と欧米車と競っていますが、これはハイウエー建設に先行した日産の技術の勝利でした。しかし、いま私どもが考えますことは、高速メカニズムの開発はもちろんですが、同時に、高速性を十分に支える車の本質をバランスよく向上させることであり、そこに技術と才能を奉仕させるべきだということです。新型のグロリア・スーパー6はその問題と真剣に取組んだ解答です。
この開発は地味な努力の連続でした。ある意味では商品開発というよりも、より学問に接近した研究でした。疾風のようにハイウェーを駆けるチカラをフルに生かしながら安全性をいかに守るか?車室に侵入する騒音をどう防ぎ、静かで快適な居住性が得られるか?など、「乗る人」に重点を置いて自問し、技術で自答しようとした結論がここにあります。日本に初めて誕生した「静粛な車」知性ある人に選ばれるのにふさわしい充実した車と信じます。 グロリア・スーパー6は「空前の収獲」といわれる車の理想像です。

墨跡あざやかな毛筆による大きな“静”の文字が書かれ、“グロリアの思想”というタイトルを付けて、この車が“日本に初めて誕生した「静粛な車」知性ある人に選ばれるのにふさわしい充実した車と信じます”と長い文面の最後を締めくくっている。この静粛性こそ、“グロリアの思想”だったのだろう。

端麗でフォーマルな装いの
グロリア・スーパー6
世界の日産の最新鋭です

“端麗でフォーマルな装いのグロリア・スーパー 6 世界の日産の最新鋭です”のタイトルに加えて“エンジンも高級車用として OHC・6 気筒が常識になってきました。しかしグロリア・スーパー 6 は 1963 年の発売当初から日本初の OHC・6 気筒を搭載していました”とあり、また“日本最初の乗用車「ダットサン」生みの親「日産」が、40 年にわたる最も深い経験を生かしてつくり上げた名車”とある。1966 年のプリンス自動車工業と日産自動車の合併直後のため、プリンス自動車工業製のエンジンを搭載していること、日産の設計による車体であることを示唆する文面がこのようにわかりやすく書かれていた点が興味深い。

日本の水準を3年リードしているOHC・6気筒2000cc105PS

比類なし！2年・6万km無給油のイージー・ケアー実現

“日本の水準を３年リードしているOHC･6気筒2000cc105PS”のキャプションとともに、この車の最大の特徴であるエンジンのカラー写真を掲載。あわせて､2年･6万kmまでグリスアップ(潤滑剤のグリスなどを機械部品に補給すること)が不要で手が掛からないこと、ディスクブレーキ（前輪）およびタンデム・マスターシリンダーの採用によって高い安全性を確保していることについても説明している。このG7エンジンは、プリンス・スカイラインなどに搭載されていた、プリンス自動車工業が開発したエンジンである。

現代の風貌ロイヤル・ライン

こんなに運転し易い車が いままであったでしょうか

“こんなに運転し易い車がいままであったでしょうか”と問いかけて、運転席の大きな写真を載せ、安全性を徹底して追求していることが述べられており、数々の安全運転機構などを採用し、搭載されていることを紹介。

グロリア スーパー6 仕様書

車名	グロリアスーパー6
型式	PA30
寸法	
全長	4690mm
全幅	1695mm
全高	1445mm
ホイールベース	2690mm
トレッド(前)	1385mm
トレッド(後)	1390mm
最低地上高	175mm
客室(長)	1830mm
客室(幅)	1420mm
客室(高)	1135mm
重量	
車両重量	1275kg
車両総重量	1605kg
乗車定員	6名
性能	
最高速度	160km/h
登坂能力	40.8%(Sinθ)
最小回転半径	5.5m
制動距離	13m(初速50km/h)
エンジン	
型式	G7　OHC・6気筒
内径×行程	75mm×75mm
総排気量	1988cc
圧縮化	8.8
最高出力	105PS/5200r.p.m
最大トルク	16.0m−kg/3600r.p.m
キャブレター	下向通風
エアクリーナー	濾紙式
燃料ポンプ	ダイヤフラム式
燃料タンク容量	50ℓ
潤滑装置	全圧送式(フルフロー式)
冷却装置	強制循環式、ワックスペレット式
バッテリー	12V−35AH
ジェネレーター	12V−45A(交流式)
スターチングモーター	12V−1.4kw
クラッチ	乾燥単板式
トランスミッション	オールシンクロメッシュ式 3段+OD(オーバードライブ)
Low	2.957
2nd	1.572
Top	1.000
OD	0.785
Rev	2.922
減速機形式	ハイポイドギア式
減速比	4.875
ステアリング形式	リサーキュレーティングボール式
歯車比	19.8
走行装置	
前車軸	独立懸架式
後車軸	半浮動式
タイヤ	6.95−14−4PR(チューブレス)
ブレーキ装置	
主ブレーキ	(前)ディスク式 (後)リーディングトレーリング式 油圧真空サーボ付独立2系統式
駐車ブレーキ	機械内拡後2輪制動
懸架装置	
前軸	独立懸架、ウイシュボーンコイル式 16.5×120×352.5−6.8 (線径×中心径×自由張−有効巻数)
後輪	半楕円板バネ 1442×70×6−1/7−2/6−1(長×巾×厚mm−枚数)
ショックアブソーバー	油圧複動式
スタビライザー	トーションバー式

本仕様書は改良のため予告なく変更することがあります。

保証 NISSAN 日産自動車では全車種12ケ月又は2万粁迄の保証制度を実施しています

グロリア・スーパー6仕様書。グロリア・スーパー 6、スタンダードのグロリア、グロリア・スーパーデラックス、グロリア・バンデラックス、グロリア・バンの5つのシリーズが用意されていることを紹介。

17 トヨタ・カローラ（KE10型）

1966年11月に発売。「パブリカ」と「コロナ」の中間に設定した1リッタークラスの5人乗り小型セダン。

ある自動車専門雑誌に、「トヨタ自動車の社長が、近いうちに1000ccクラスの小型車を出しますと発言した」という記事が出ました。その傍らには、カローラを彷彿させる簡単なイラストも載っていました。それからしばらくした1966年11月に、カローラが発売されたのです。発売当初の価格はデラックスモデルで49.5万円でした。1966年は日本の人口が1億人を突破、ビートルズの来日やインディ国際レース（インディアナポリス・インターナショナル・チャンピオンレース）が富士スピードウェイで開催された年です。ちなみに最大のライバルの1000ccの日産サニーが誕生したのもこの年です。

トヨタはカローラを日本のハイ・コンパクトカーと呼んでいました。カローラは最初、ファストバックのクーペとしてつくられる予定でしたが、販売会社のトップから「クーペボディでは売れない」との強い要望があり、急遽オーソドックスなスリーボックスセダンに変更されて発売されたそうです。この時、本来なら発売される予定だったファストバックモデルがカローラスプリンターとなります（初代スプリンター）。スプリンターは2代目以降カローラとは別の独立したモデルとなりますが、初期にはカローラの派生モデルとして、カローラスプリンターと呼ばれていたのです。カローラは、当初2ドアセダンのみが販売されていました。カローラという名称は、花の最も美しい部分である“花冠”に由来しています。クラウン(王冠)、コロナ(光冠)に次ぐ、第3の冠（かんむり）が使用されたネーミングとなります。トヨタは、この時代の新型車に関して、冠を入れたネーミングを強く意識していたらしく、車名の公募は行なっていなかったのです。ちなみにライバルの日産サニーは、広く全国に車名を公募、約850万通の応募があった中で“sunny”と決められました。

ところで、当時の自動車雑誌の試乗記事を見ると、カローラを「ベビィムスタングのような車だ」と言った人がいました。トヨタのスポーティー戦略は大成功だったと言えるでしょう。スポーティーなイメージを強調するために、トヨタは“プラス100ccの余裕”のコピーで、カローラがライバル車日産サニーに対して排気量でも優位に立っていることを誇示していました（その後、日産側が“隣のクルマが小さく見えます”と反撃に出たことは良く知られています）。この初代カローラから始まる歴代のカローラシリーズは、トヨタが世界的な自動車メーカーに成長する礎を築いた車であり、2021年に累計生産台数5000万台を超えた日本が世界に誇るべき名車中の名車だと筆者は思っています。

開発責任者の長谷川龍雄氏は、カローラ設計の狙いとして「ユーザーからの評価が50点では大衆車として失格である。大衆車はあらゆる面で80点以上の合格点でなければならない」という名言を残している。

車　名	トヨタ・カローラ　デラックス
形式・車種記号	KE10D
全長×全幅×全高（mm）	3845×1485×1380
ホイールベース（mm）	2285
トレッド前×後（mm）	1230×1220
最低地上高（mm）	170
車両重量（kg）	710
乗車定員（名）	5
燃料消費率（km/l）	22
最高速度（km/h）	140
登坂能力（sinθ）	0.405（23° 54′）
最小回転半径（m）	4.55
エンジン形式	K型
種類、配列気筒数、弁型式	水冷4気筒直列頭上弁式
内径×行程（mm）	75×61
総排気量（cc）	1077
圧縮比	9.0
最高出力（PS/rpm）	60/6000
最大トルク（kg・m/rpm）	8.5/3800
燃料・タンク容量（ℓ）	36
トランスミッション	前進4段・後進1段　前進オール・シンクロメッシュ
ブレーキ　（前）	ツー・リーディング式
（後）	リーディング・トレーリング式
タイヤ	6.00-12 4PR（前後）
カタログ発行時期（年）	1966-1968

遠くのやまなみを背景に、見開きのページで、白い大きなカローラに若い夫婦と子供という家族の写真を載せている。あらゆる階層をターゲットとしたカローラだが、若いファミリーこそが最重要の想定ユーザーだったのかもしれない。
カタログではヘッドライトから見たカローラについて、“豹の目を思わせる精悍な感じ”と表現。トヨタは初代カローラの宣伝において、“カローラは豹”というキャッチフレーズをひんぱんに用いていた。

“独創的なスタイル”とキャプションを付けたページではヘッドライト、リアのCピラー、後ろ姿、ホイールキャップ、テールランプにフォーカスした7枚の写真を載せている。細かなディテールにこだわって仕上げたことをアピールしている（右）。
当時、乗用車の変速機は一部のスポーティーなモデルを除いて、大部分はコラムシフトだった。それに対してカローラは、高速長距離ドライブの際に運転が最高に楽しめる４段フロアシフトを採用。すべてのモデルをスポーティーなオーラで包むという、巧みな戦略を取った。当時多くの日本人の持つフロアシフトに対するイメージは、バスやトラックの変速機というものだった。これは大きな挑戦だったと思うが、トヨタのこの戦略は大成功、カローラは爆発的なヒットとなった。このカローラのフロアシフトはバスやトラックのように長いものだったが、しばらくするとカローラのための市販のコンソールボックスも売り出され、長いシフトレバーを上手く隠す工夫もされた（下右）。

“リビングルームそのままの快適設計”と述べたところでは、赤を基調としたシートやダッシュボードの大きな写真に加えて、高感度ラジオの写真も掲載、あわせて専用のカークーラーも取り付け可能（オプション）と紹介している。他のページでは“すべての雑音を遮断した静粛設計”と謳っている。

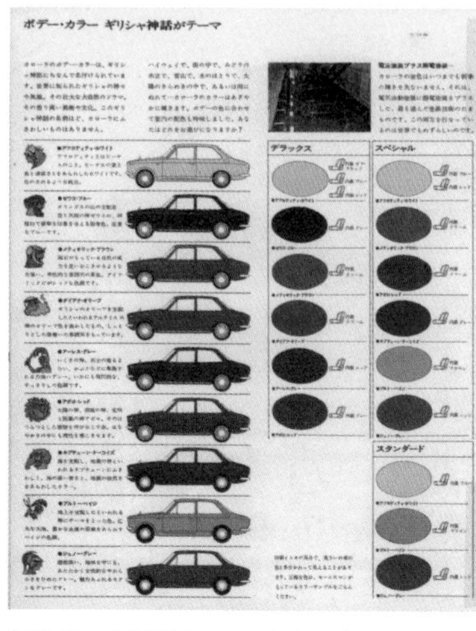

“ギリシャ神話がテーマ”とするボディカラーが全９色も揃っていることを、カラーイラストを用いて紹介している。グレードごとに選べる色や、内装色についてもボディカラーに応じて複数の色があることも詳しく説明されている。

カローラ スペシャル

カローラの仕様

カローラ・デラックス寸法図

各グレードの仕様や寸法図とともに、カローラ専用の工場として建設された高岡工場の写真を掲載し、月に12000台生産できると説明している。また、生産・販売・輸出の各台数で日本第１位であること、そしてトヨタのサービスと品質保証についてアピールしている。

カローラ スタンダード

カローラの高性能の秘密—エンジン

このカローラにはデラックス、スペシャル、スタンダードの３つのグレードがあった。デラックスモデル(上)の紹介では、シートはフルリクライニングと強調、1500ccクラス並みの広いトランクルーム、後席のひじ掛け、鏡付きのサンバイザーを紹介している。廉価版のスペシャルモデル（中）もリクライニングシートを装備、ラジオ、ヒーターといった充実した装備を持つと強調している。スタンダードモデル（下）については、車の傍にビジネスマンを配した写真を掲載した上で、ビジネスカーとしての使用にも最適なこと、さらにスタンダードを元に、自分の好きな車に仕立てることも可能と説明している。そして大きなエンジンのイラストを載せて、“1100cc 60psトヨタ技術を集めた高性能エンジン”と謳っている。

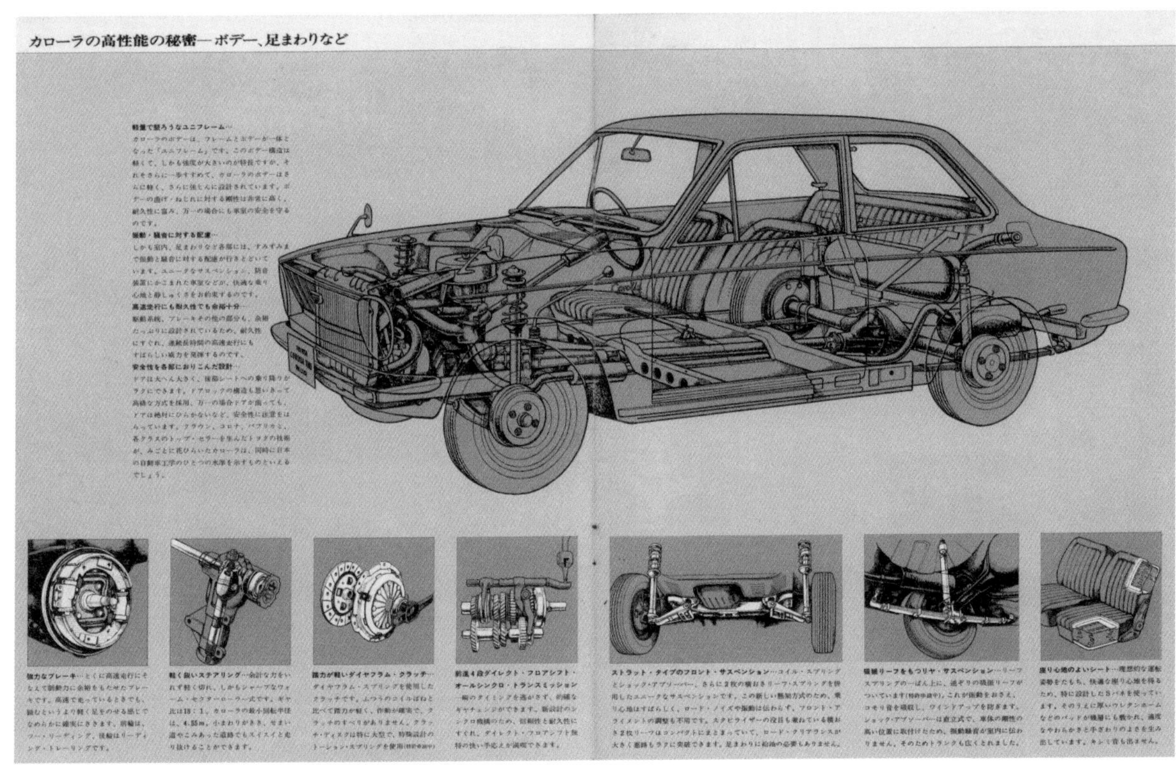

“カローラの高性能の秘密”のページでは、車全体の透視図を大きく掲げている。“軽量で堅ろうなユニフレーム”（フレームとボディが一体となった構造）、“振動･騒音に対する配慮”、“高速走行にも耐久性能でも余裕十分”、“安全性を各部におりこんだ設計”、の４つのパートに分けて詳細に解説。さらに「走る・曲がる・止まる」の基本設計について各部のイラストを付けてわかりやすく解説している。

“耐久設計”のページでは、零下 50 度の寒さや摂氏 50 度の暑さ、豪雨などあらゆるテストを行なって耐久性を実証し、塗装などについても様々な対策が施されていると解説している。“安全設計”のページでは、エンジンに余裕があることが安全につながることや、室内にはいたるところに安全パッドが装備されていること、視界や車外に対する安全性にも万全の配慮がされていることなどが記載されている。

18 日産フェアレディＺ

ミスターKこと米国日産社長の片山豊氏が米国市場開拓を目指し、開発を訴えたフェアレディZ（輸出名：DATSUN240Z）。世界各地で大ヒットした。

日産のスポーツカー生産の歴史は非常に古く、戦前の1935年にはダットサン14型ロードスターが、戦後復興途上の1952年にはダットサン・スポーツが誕生しています。この長い伝統を継承・発展させるべく、フェアレディは、1961年10月に第8回全日本自動車ショーでお披露目されました。翌1962年には、ダットサン・フェアレディ1500として発売されるとともに、アメリカにも輸出され、一定の評価を獲得しました。

フェアレディＺは1969年11月にフルモデルチェンジされ、ハッチバックを持つ2シーターのクローズドタイプとしてデビューを果たしました。劇的な変身ぶりに驚嘆したことを、筆者は今なお鮮明に覚えています。このデザインの変更には、当時米国日産社長であった片山豊氏のアドバイスが大きかったと言われています。片山氏は、アメリカのユーザーがラグジュアリー志向で、長距離を自由に安全に移動できる車を求めていると指摘。ノーズが長いシャープなデザインに加えて、エンジンやサスペンション、ブレーキ等の強化を実現し、クローズドタイプを完成に導きました。もしＺがオープンモデルで発売されていたら、今日の成功は無かったでしょう。先陣を切り開発陣を鼓舞したのも、他ならぬ片山氏でした。片山氏は、その後も“ミスターK”と呼ばれて敬愛され、1998年には米国自動車殿堂入りの名誉に輝いています。ちなみに、Ｚは全生産台数の70％を輸出に向け、北米市場を中心に世界各地で大ヒット車となりました。

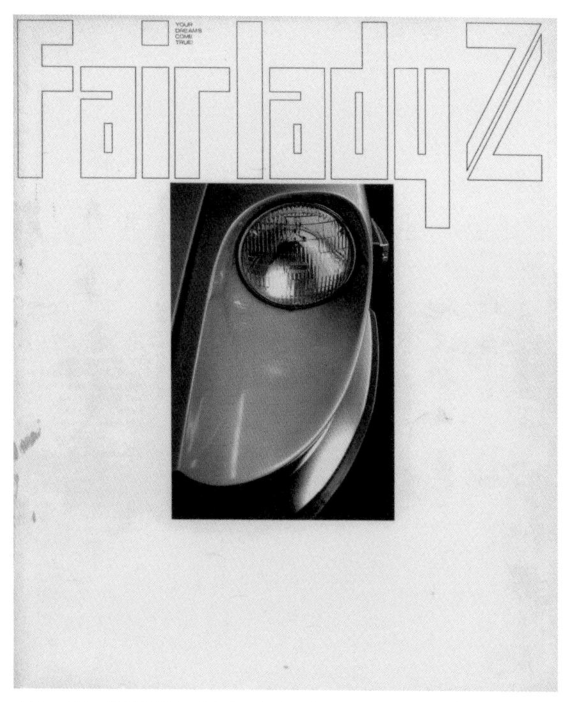

クルージングが可能なGTカーとなったフェアレディZ。初代モデルは1978年までの8年間で、世界販売52万台以上を記録し、世界の自動車史上、最も売れたスポーツカーのひとつとして知られている。

発売当初は3つのモデルで構成され、標準モデル、高級なＬタイプ（どちらもL20型エンジン搭載）、最上級の432（S20型エンジン搭載＝スカイラインGT-R用）があり、価格は標準モデルが93万円、Ｌタイプが108万円、スパルタンな432は185万円でした。最上級の432は、「4バルブ・3キャブレター・2カムシャフト」というS20型エンジンのメカニズムに由来したネーミングです。また、競技専用のベース車両として徹底的に軽量化された432Rも用意されていました。1971年11月には、米国向けモデルと同じく2.4Lのエンジンを搭載し、ロングノーズ、オーバーフェンダーなどを装着した240ZGが登場しています。ラリーにおける活躍も印象的でした。とりわけ、1971年の第19回東アフリカサファリラリーでは1位2位を独占。総合、クラス、チームのトリプル優勝という快挙を成し遂げました。こうした栄光の歴史を想起させるべく、サファリラリー以降の日産はよく、“ラリーの日産”のキャッチフレーズを用いていました。その記憶が未だに鮮やかに残っています。

車　名	フェアレディZ432
形式・車種記号	—
全長×全幅×全高（mm）	4115×1630×1290
ホイールベース（mm）	2305
トレッド前×後（mm）	1355×1345
最低地上高（mm）	165
車両重量（kg）	1040
乗車定員（名）	2
燃料消費率（km/l）	14.5（定速60km/h）
最高速度（km/h）	210
登坂能力（sinθ）	0.420
最小回転半径（m）	4.8
エンジン形式	S20型
種類、配列気筒数、弁型式	水冷直列6気筒DOHC　4バルブV配置
内径×行程（mm）	82×62.8
総排気量（cc）	1989
圧縮比	9.5
最高出力（PS/rpm）	160/7000
最大トルク（kg・m/rpm）	18.0/5600
燃料・タンク容量（ℓ）	60
トランスミッション	OD付　前進5段　後退1段 フルシンクロメッシュ式
ブレーキ	前 ディスク式
	後 リーディングトレーリング式
タイヤ	6.95H　14-4PR
カタログ発行時期（年）	1969

モンテカルロシルバーのZ432を左正面からとらえたショット。ボディの側面には、赤い432のエンブレムが輝いている。漆黒のマグネシウム製ホイールが、このスパルタンなモデルをさらに引き締めている。エンジンはS20型を搭載して、最高速度210km/h、0-400mの加速は15.8秒という高性能を誇る。なお、カタログ中では、モータースポーツ向けのZ432Rもスペック表はないものの160馬力であることを紹介している。

“名実ともに世界最高のグランドパーソナルスポーツ”として、グランプリグリーンのZ432を左後方からとらえたショット。荷物の出し入れに便利なハッチゲートには赤い432のエンブレムが付き、リヤウインドーの下には初期型の特徴と言える2つのベンチレーションがついている。Z432と他のモデルとの外観上の大きな相違点は、縦に配置された2本のエキゾーストパイプである。

スポーツカーらしい５連メーターが印象的な運転席まわり。ステアリングの右前方に大きなスピードメーター、左前方にはタコメーターを据え、中央には左から時計（ストップウォッチ付き）、電流・燃料の複合計、油温・油圧の複合計という小さな３つのメーターを並べている。これまでの車に見られた各種スイッチ、ノブ類は、ステアリングコラムの左側にまとめられるなど整理され、“理想のコントロール方式”であると強調している。当時のスポーツカーは、何連ものメーターを横に配置するのが特徴であった。この中央の３つのメーターの配置は、第二世代にも受け継がれている。またステアリングホイールとシフトノブは、ウッドタイプを採用している。

黒一色でかためられたスパルタンなコックピット。“夢の運転席まわり”と謳っているその様子には、冴えわたる機能美を感じる。バケットタイプのシートは、シートの上下調整やシートバック（背もたれ）の角度調整も可能。“ロングドライブにも、またサーキットランの際にも、ドライバーに少しも無理をしいることがありません”と紹介され、本モデルの性格を反映していると言える。安全ベルトは、当時としては珍しい三点式である。

デイトナレッドの標準モデルを側面からとらえている。スポーツカーらしい美しいフォルムは、今日の路上においてもまったく古さを感じさせない。“夢のモータリングを夢のような価格で”とあるように、4速MTを搭載して価格は93万円で、Z432のマグネシウムホイール車185万円と比べても安価であったことがわかる。シルバーと黒を巧みに組み合わせたホイールキャップはオプション。1974年1月には2by2と名付けられた4シーターモデルが登場して実用性を高めた。

グランプリオレンジの高級グレードZ-Lタイプを前面から大きくとらえたショット。トランスミッションは5速MTを装備して、最高速度は195km/hとなる。そのほか、バンパーにゴムが付くなどの違いがある。長めのボンネットが洗練されたスタイルに良くマッチし、スポーツカーで駆ける喜びを約束している。

Z432に搭載されたS20型エンジン（左）は、最初はスカイライン2000GT-Rに搭載に搭載されたもので、1気筒あたり4バルブ、ソレックスキャブレター3基のツインカムエンジンに改造したものである。ここではS20型エンジンの特徴を、性能曲線と走行性能曲線を載せるなどして紹介している。ZとZ-Lには、標準モデルのL20型（排気量2000cc）が搭載されている。ブレーキシステムは、フロントにガーリング製6インチマスターバック付きのディスクブレーキ。リアには、放熱効率に優れたアルミフィン付きドラムのリーディングトレーリング式を採用。前後ともに自動調整機能を備えている。サスペンションは“新開発の4輪独立懸架”で、フロント・リアともストラットを採用し、驚異的な走行安定性を獲得している。ステアリングはラック&ピニオン式を採用、シャープな応答性と高速走行の安定性の両立をねらっている。輸出モデルは排気量2400ccのL24型を採用し、後に日本でもL24型搭載のモデルが登場することになる。

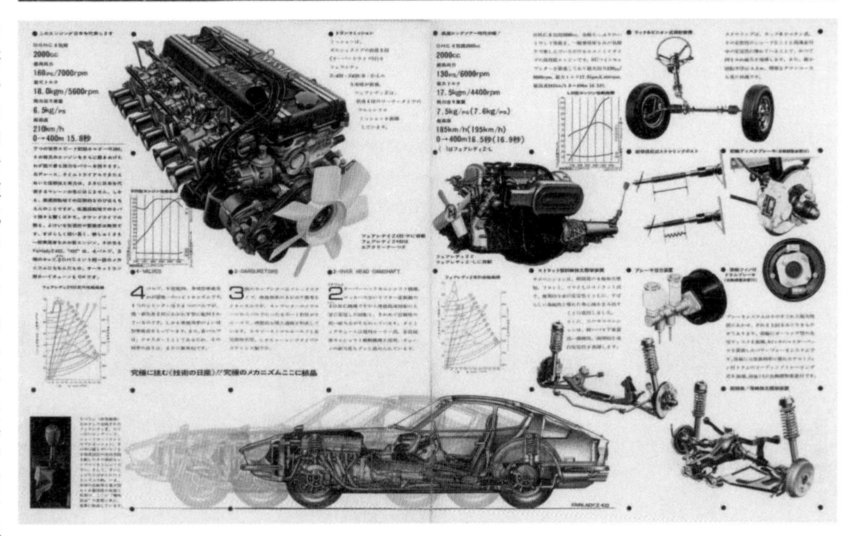

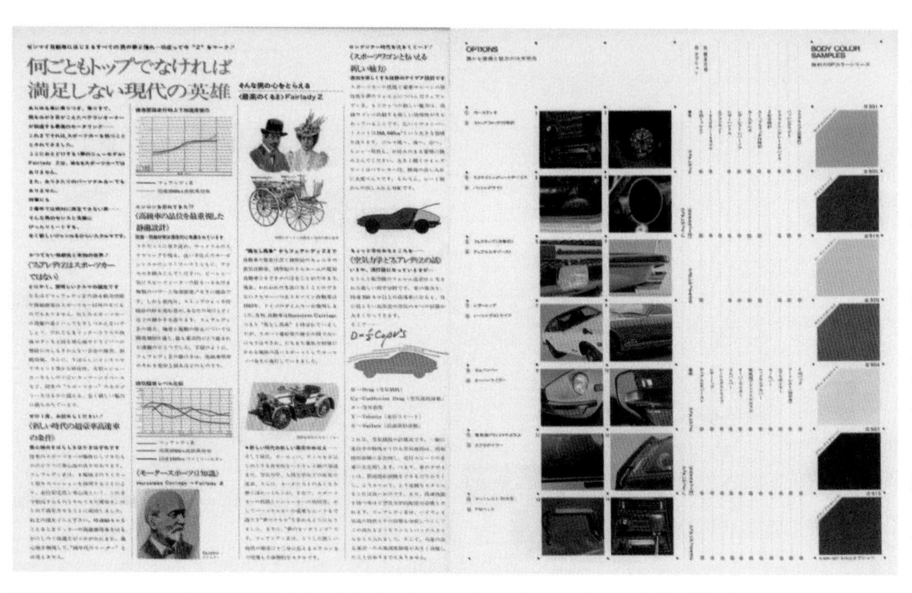

最後にカタログを締め括るべく、"何ごともトップでなければ満足しない現代の英雄"と題した文章が添えられている。フェアレディZが"従来の「スポーツカー」のカテゴリーをはるかに越える、まったく新しい魅力に満ちて"いることから始まり、スポーツカーの歴史を少し紹介するなどして、フェアレディZがいかに優れているかを強調している。日産は誇りと自信を持って、フェアレディZを世に送り出したことが理解できる。オプションには、ストップウォッチ付き時計、カーステレオ、デュアルエキゾースト、レザートップ、レーシングストライプ、電熱線入りリアガラス、エアスポイラーなど、多彩な装備を写真で説明。あわせて、ボディカラーのサンプルを紹介している。モンテカルロシルバー、デイトナレッド、ルマンイエロー、サファリゴールド、グランプリホワイト、グランプリグリーン、グランプリオレンジの7色である。

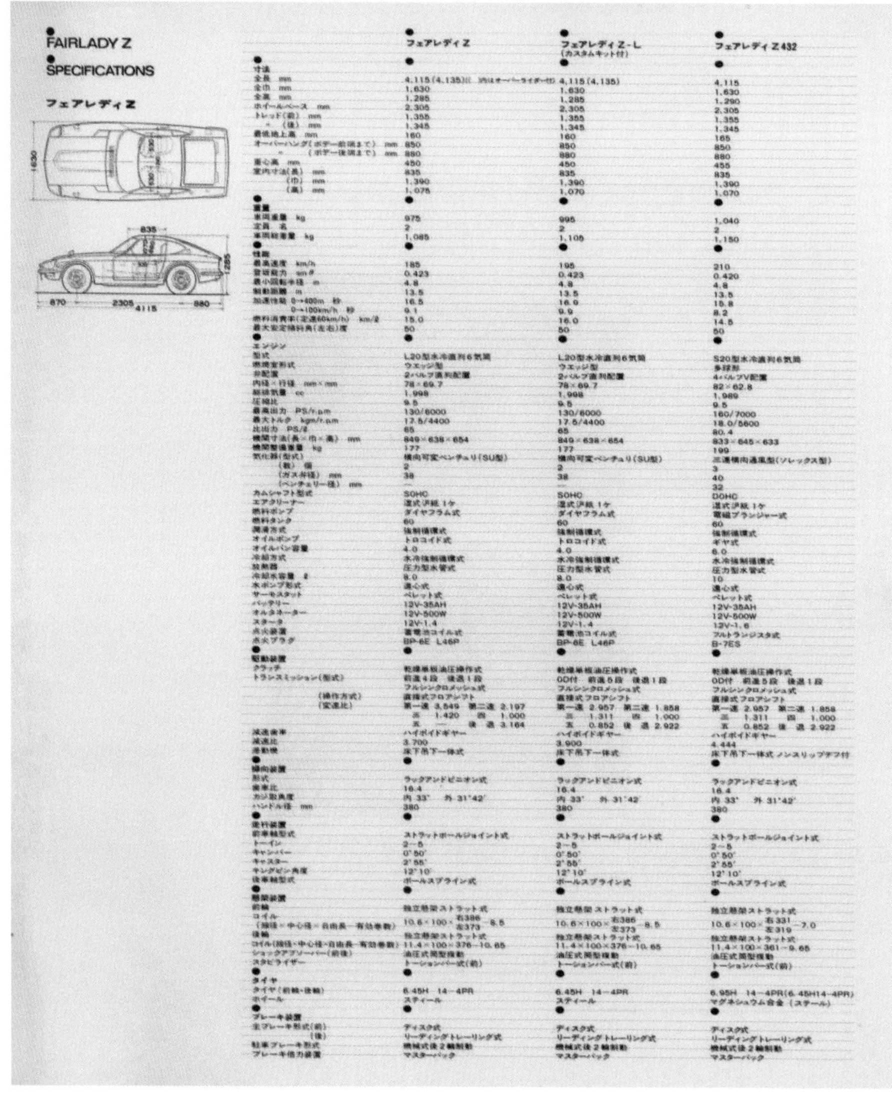

FAIRLADY Z
SPECIFICATIONS

フェアレディZ

	フェアレディZ	フェアレディZ-L (カスタムキット付)	フェアレディZ432
寸法			
全長 mm	4,115(4,135)( )内はオーバーライダー付	4,115(4,135)	4,115
全巾 mm	1,630	1,630	1,630
全高 mm	1,285	1,285	1,290
ホイールベース mm	2,305	2,305	2,305
トレッド(前) mm	1,355	1,355	1,355
〃 (後) mm	1,345	1,345	1,345
最低地上高 mm	160	160	165
オーバーハング(ボデー前端まで) mm	850	850	850
〃 (ボデー後端まで) mm	880	880	880
重心高 mm	450	450	455
室内寸法(長) mm	835	835	835
(巾) mm	1,390	1,390	1,390
(高) mm	1,075	1,070	1,070
重量			
車両重量 kg	975	995	1,040
定員 名	2	2	2
車両総重量 kg	1,085	1,105	1,150
性能			
最高速度 km/h	185	195	210
登坂能力 sinθ	0.423	0.423	0.420
最小回転半径 m	4.8	4.8	4.8
制動距離 m	13.5	13.5	13.5
加速性能 0→400m 秒	16.5	16.9	15.8
0→100km/h 秒	9.1	9.9	8.2
燃料消費率(定速60km/h) km/ℓ	15.0	16.0	14.5
最大安定傾斜角(左右)度	50	50	50
エンジン			
型式	L20型水冷直列6気筒	L20型水冷直列6気筒	S20型水冷直列6気筒
燃焼室形式	ウエッジ型	ウエッジ型	多球形
弁配置	2バルブ直列配置	2バルブ直列配置	4バルブV配置
内径×行程 mm×mm	78×69.7	78×69.7	82×62.8
総排気量 cc	1,998	1,998	1,989
圧縮比	9.5	9.5	9.5
最高出力 PS/r.p.m	130/6000	130/6000	160/7000
最大トルク kgm/r.p.m	17.5/4400	17.5/4400	18.0/5600
比出力 PS/ℓ	65	65	80.4
機関寸法(長×巾×高) mm	849×638×654	849×638×654	833×645×633
機関整備重量 kg	177	177	199
気化器(型式)	横向可変ベンチュリ(SU型)	横向可変ベンチュリ(SU型)	三連横向通風型(ソレックス型)
(数) 個	2	2	3
(ガス弁径) mm	38	38	40
(ベンチュリー径) mm	—	—	32
カムシャフト型式	SOHC	SOHC	DOHC
エアクリーナー	湿式沪紙 1ケ	湿式沪紙 1ケ	湿式沪紙 1ケ
燃料ポンプ	ダイヤフラム式	ダイヤフラム式	電磁プランジャー式
燃料タンク	60	60	60
潤滑方式	強制循環式	強制循環式	強制循環式
オイルポンプ	トロコイド式	トロコイド式	ギヤ式
オイルパン容量	4.0	4.0	6.0
冷却方式	水冷強制循環式	水冷強制循環式	水冷強制循環式
放熱器	圧力型水管式	圧力型水管式	圧力型水管式
冷却水容量 ℓ	8.0	8.0	10
水ポンプ形式	遠心式	遠心式	遠心式
サーモスタット	ペレット式	ペレット式	ペレット式
バッテリー	12V-35AH	12V-35AH	12V-35AH
オルタネーター	12V-500W	12V-500W	12V-500W
スターター	12V-1.4	12V-1.4	12V-1.6
点火装置	蓄電池コイル式	蓄電池コイル式	フルトランジスタ式
点火プラグ	BP-6E L46P	BP-6E L46P	B-7ES
駆動装置			
クラッチ	乾燥単板油圧操作式	乾燥単板油圧操作式	乾燥単板油圧操作式
トランスミッション(型式)	前進4段 後退1段 フルシンクロメッシュ式	OD付 前進5段 後退1段 フルシンクロメッシュ式	OD付 前進5段 後退1段 フルシンクロメッシュ式
(操作方式)	直接式フロアシフト	直接式フロアシフト	直接式フロアシフト
(変速比)	第一速 3.549 第二速 2.197 三 1.420 四 1.000 五 — 後 退 3.164	第一速 2.957 第二速 1.858 三 1.311 四 1.000 五 0.852 後 退 2.922	第一速 2.957 第二速 1.858 三 1.311 四 1.000 五 0.852 後 退 2.922
減速歯車	ハイポイドギヤー	ハイポイドギヤー	ハイポイドギヤー
減速比	3.700	3.900	4.444
差動機	床下吊下一体式	床下吊下一体式	床下吊下一体式 ノンスリップデフ付
操向装置			
形式	ラックアンドピニオン式	ラックアンドピニオン式	ラックアンドピニオン式
歯車比	16.4	16.4	16.4
カジ取角度	内 33° 外 31°42′	内 33° 外 31°42′	内 33° 外 31°42′
ハンドル径 mm	380	380	380
走行装置			
前車軸型式	ストラットボールジョイント式	ストラットボールジョイント式	ストラットボールジョイント式
トーイン	2〜5	2〜5	2〜5
キャンバー	0°50′	0°50′	0°50′
キャスター	2°55′	2°55′	2°55′
キングピン角度	12°10′	12°10′	12°10′
後車軸型式	ボールスプライン式	ボールスプライン式	ボールスプライン式
懸架装置			
前輪	独立懸架ストラット式	独立懸架ストラット式	独立懸架ストラット式
コイル(線径×中心径×自由長—有効巻数)	10.6×100×右386/左373—8.5	10.6×100×右386/左373—8.5	10.6×100×右331/左319—7.0
後輪	独立懸架ストラット式	独立懸架ストラット式	独立懸架ストラット式
コイル(線径×中心径×自由長—有効巻数)	11.4×100×376—10.65	11.4×100×376—10.65	11.4×100×361—9.65
ショックアブソーバー(前後)	油圧式筒型複動	油圧式筒型複動	油圧式筒型複動
スタビライザー	トーションバー式(前)	トーションバー式(前)	トーションバー式(前)
タイヤ			
タイヤ(前輪・後輪)	6.45H 14—4PR	6.45H 14—4PR	6.95H 14—4PR(6.45H14—4PR)
ホイール	スティール	スティール	マグネシュウム合金 (スチール)
ブレーキ装置			
主ブレーキ形式(前)	ディスク式	ディスク式	ディスク式
(後)	リーディングトレーリング式	リーディングトレーリング式	リーディングトレーリング式
駐車ブレーキ形式	機械式後2輪制動	機械式後2輪制動	機械式後2輪制動
ブレーキ倍力装置	マスターバック	マスターバック	マスターバック

フェアレディZ432、Z-L、Zのスペック表。

■第4章■

マイカーの急増と排ガス対応の時代

モータリゼーションの進展に伴い、公害問題や交通事故などの負の側面も現れてきた。東京モーターショーではこうした時代を反映し、安全・公害対策技術やその試みが多く展示された（写真は1970年の東京モーターショーに展示されたロータリーエンジン搭載の日産サニーの参考出品車）。

1967年に1000万台を超えた自動車保有台数は4年後の1971年には2倍の2000万台に到達しました。また運転免許保有者が1973年に3000万人に達しました。こうした中で一家に一台のマイカーブームは益々高進し、自動車メーカー各社はそうしたニーズに応えようと、相次いで新型車を市場に出しました。東京モーターショーの主催者であった自動車工業振興会の資料によると、1970年には実に15台もの新型車が発表されました。ひと月に2台以上発表された月もあったことになります。ちなみに1971年から1973年までの3年間はいずれも11台、石油ショックに見舞われた1974年は6台にとどまっています。

自動車の普及は負の側面も照らし出しました。1970年には光化学スモッグが大きな社会問題となりました。また交通事故死者数も1970年に1万6765人とピークを迎え、その後減少していきます。交通渋滞も深刻になりました。こうした問題に対処するため、1970年には炭化水素（HC）規制強化（還元装置取り付けの義務化）が、1973年には使用過程車への排出ガス規制が始まりました。米国でもマスキー法が可決され、排出ガス規制が強化されましたが、当初の規制年であった1975年は1年延期されました。交通事故増加に対しては、1972年に初心者マーク制度が導入され、1974年には前席3点式、後席2点式のシートベルトが義務化されます。

交通渋滞対策としてバス優先路線が設けられ、ノーカーデーなども実施されることになります。

1973年、第四次中東戦争が勃発し、これを機に第一次オイルショックが起こりました。スーパーの店頭からトイレットペーパーや洗剤が姿を消し、買いだめ騒動が起こり、物価が急騰。狂乱物価や便乗値上げといった言葉が流行し、景気も後退。1975年には日本のGNPが初のマイナス成長となりました。

オイルショックのおかげで1975年の東京モーターショーは中止に追い込まれます。またガソリンスタンドの日曜・祭日休業が実施されました。

物価の高騰はオイルショックのせいだけでなく、ドル円の変動相場制による円高や「日本列島改造論」を契機とした開発ブームも引き金でした。

1970年は日本万国博覧会（大阪エキスポ）が開催され、日航機よど号ハイジャック事件や三島由紀夫割腹自殺など物騒な出来事がありました。一方で歩行者天国が東京に出現しました。翌1971年は沖縄返還協定が調印され、1972年には日中国交回復が実現し、パンダブームが起こります。札幌オリンピックが開催されたのもこの年です。1973年には競馬でハイセイコー人気が起こり、映画「日本沈没」がヒットします。1974年、読売巨人軍の長嶋茂雄選手が引退し、佐藤栄作元首相にノーベル平和賞が贈られました。

19 日産サニークーペ

"隣のクルマが小さく見えます"をキャッチコピーにカローラと販売合戦。
SUツインキャブを搭載したスポーティグレードも追加された。

1966年4月に登場した初代のサニーは、トヨタのカローラと並ぶ大ヒットとなり、1966年はマイカー元年と呼ばれるようになりました。当時の大衆車を代表するモデルはサニーの他には、トヨタ・カローラ、マツダ・ファミリアなどがありましたが、いずれもセダンとともにスポーティなクーペもラインナップに載せていました。 こうした中、1968年3月に新設定された初代のサニークーペ1000cc（KB10型）は若者を中心に高い支持を得て、フォグランプを付けたり、フェンダーミラーをスポーツタイプに付け替えたりして、それぞれが自分流の工夫でドレスアップをして、楽しんでいました。

サニークーペはファストバックの小粋な車で、アメリカのスペシャルティカーをコンパクトにしたようなルックスでした。

2代目モデルのサニー1200cc（B110型）は、一回り大きくなり、カローラを意識した"隣のクルマが小さく見えます"という有名なキャッチフレーズとともに、1970年1月6日に市場に投入されています。

この2代目でもトヨタとの熾烈な販売合戦は続き、BC（ブルーバードVSコロナ）戦争と同様に、CS（カローラVSサニー）戦争と呼ぶ人もいたようです。1970年4月には、SUツインキャブを装着したスポーティなサニー1200GXが最上級グレードとして設定されました。

さらに1972年8月になると、セダン、クーペともに1200GX-5を新設。レーシングパターンのオーバートップではない直結5速ミッションを採用していました。

2代目サニーは、一般ユーザーのみならず自動車評論家からも好評を博しました。たとえば、自動車専門誌には、「最もサニーらしいサニーはSUツインキャブ採用で高性能なB110型の1200GXだった」との称賛の記事が載っています。また別の自動車専門誌でも、OHVながら吹き上がりのいいエンジンと軽量ボディの組み合わせを高く評価し、ツーリングカーレースにおける活躍を、その成果として示しています。富士スピードウェイのTSレースカテゴリーでは、1971年〜1974年、さらに1977年、1979年、1980年、1982年と実に通算8回にわたってシリーズチャンピオンに輝いているのです。

サニーのカタログを見ていると、自動車が個性あふれるデザインを持ち、輝いていた時代だったとしみじみ感じます。セダン、クーペに加えてあらゆるバリエーションが用意され、車が秘める可能性、喜びが飽くことなく追求された時代。車が若い人の関心を集め、話題の中心を占めていた幸福な時代と言えるでしょう。

高級化やスポーティ化など、ファミリーカーに対する顧客の様々な要求に応えるべく登場した2代目サニー。1971年には1428ccエンジン搭載の「サニーエクセレント1400シリーズ」が追加された。

車　名	日産サニークーペ1200GX
形式・車種記号	KB110-GK
全長×全幅×全高（mm）	3825×1515×1350
ホイールベース（mm）	2300
トレッド前×後（mm）	1240×1245
最低地上高（mm）	170
車両重量（kg）	705
乗車定員（名）	5
燃料消費率（km/l）	—
最高速度（km/h）	160
登坂能力（tanθ）	0.52
最小回転半径（m）	4.1
エンジン形式	A-12
種類、配列気筒数、弁型式	4サイクル水冷頭上弁式（OHV）直列4気筒
内径×行程（mm）	—
総排気量（cc）	1171
圧縮比	9.0
最高出力（PS/rpm）	80/6400
最大トルク（kg・m/rpm）	9.8/4400
燃料・タンク容量（ℓ）	38
トランスミッション	前進4段フルシンクロ後退1段
ブレーキ　（前）	ディスク
（後）	リーディングトレーリング
タイヤ	6.00-12-4PR
カタログ発行時期（年）	1972

大きなブルーのGLを前から、シルバーのGLを後ろからとらえた見開きの写真が目を奪う。" 数ある日本のクーペの中でもひときわ抜きんでた走行性能とフィーリングを秘めています " と誇らしげに宣言して、まずGLの紹介からスタートしている。このカタログは、フロントグリルやインストルメントパネルのデザインを変更したモデルで、GLは1200ccのシングルキャブレターで68馬力であった。

" イメージを一新した、重厚なインストルメントパネル " のキャプションとともに、豪華な室内をとらえた大きな写真が載っている。写真のGLでは、ドライバーシートまわりは、気品ある木目タイプのステアリングホイールやシフトノブに加えて、GX同様に計器盤の一部も木目調で、高級モデルにふさわしいつくりとなっている。メーター類は、中央にスピードメーター、右手には複合メーター（燃料計や水温計など）、左手には三針式時計が配置されている。さらに" ロング・ツーリングに真価を見せる―豪華・快適設計のインテリア " のキャプションで、前後のスライドが140mmと長いフロントバケットシートや、ヒーターを組み込んだ強制ベンチレーター、広いカーゴスペース（後部座席のバックレストを前方に倒すことで出現する。日産では" マジックスペース " と名付けている）などを紹介している。

豪快なクーペフィーリングが満喫できる 高級クーペ

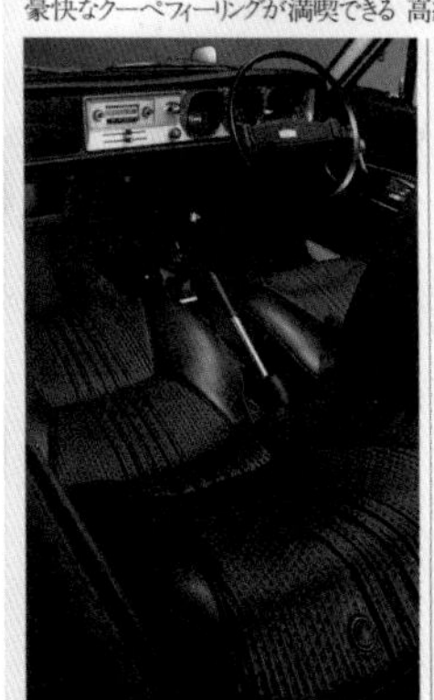

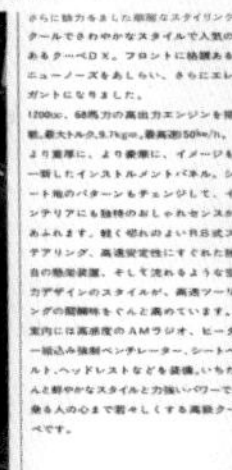

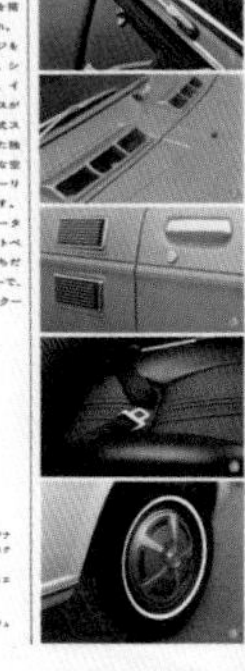

ベーシックモデルのクリーム色のDXを後方からとらえた写真。このモデルは、メーター類も中央のスピードメーターと右側の複合メーターのみで、ステアリングホイールやシフトノブもシンプルなつくりとなり、装備も簡素になっているが、ドライバーの安全のために二点式のシートベルトを運転席に装備したことには触れている。ドライバーをはじめ、乗員の安全対策が大きな関心事となりつつあった時代だった。

サニークーペが安定して速く走り 美しく曲れるのには理由があります。
いちだんと信頼性、安全性をました、独自のハイメカニズム
1200クーペGL
全域にわたって
スムーズにパワーを発揮する
《高速快走》設計エンジン
サニークーペ（GL・DX）に採用されている4気筒1200ccエンジンは、低速から高速域まで非常にスムーズに回転が上がり、きわめて軽く高回転まで吹くことに定評があります。
最大出力68PS/6,000r.p.m、最大トルクは9.7kgm/3,600r.p.m。数々のレース経験と伝統をもつ、日産の技術陣が精魂をこめて磨きあげた、高性能タイプ。とくに、中・低速でのネバリ強さに加え、高速性能にはずば抜けた優秀性を発揮、最高速の150km/hは余裕をもってマークする実力です。高速回転にすぐれた5ベアリングクランクシャフト、F770メタルの3層ケルメットベアリング、さらに燃焼効率のよいハイカムシャフト方式などのハイメカニズムを採用。日本の高速道路ではもちろん、欧米でのフリーウエイドライブにもビクともしない《高速快走設計》エンジンです。苛酷な連続高速耐久性にもすばらしい頼もしさを示します。しかも、5ベアリングによるクランクの剛性向上と、鉄板ではなく、合成樹脂製の冷却ファンを採用した結果、エンジンのノイズレベルもきわめて低く、120km/hで走行中でも楽に普通の声で話ができるほどです。とにかく全域にわたってバランシングがよく、神経をいらだたせることもなく思いきり回せる高性能エンジンといえます。しかも経済性にもすぐれ（公式テストで22km/ℓ）、とくに高速走行中（90km/h以上）では群を抜いて経済的なエンジンです。
2000ccクラスGTにも匹敵する、
出足の鋭さと高速域での伸び
サニークーペの馬力荷重はきわめて小さく、クルマにとって最も重要な実質的な馬力、トン当たりの馬力（1トン当りの馬力）はDXで99.3馬力、GXでは実に118馬力をマークします。
ストラット型のフロントサスペンション
特許の二重防振装置つきリヤサスペンション
0→100m 9.5秒（GX）、0→400m 17.9秒（GL、DX）、16.7秒（GX）という加速のよさは、軽い車重に秘められた、実質的には2000ccクラスGTにも匹敵する強大なパワーに原因します。例えていえば、俊足の競走馬に、小さなおサルを乗っけて走るような身軽さをもつサニークーペ。これなら、出足の鋭さや、加速の際にもおくれをとることはめったにないはずです。さらにご注目いただきたいのは、高速域での圧倒的なパワーとその伸びのよさです。
高速性能を重視したエンジン設計と強大なトルク、そして独自のハイギアリング―高速性に重点をおいたすぐれたギア比の設定――により、ハイウエイでの追越しや登坂も、トップギアのままでも充分であり、トップギア1000r.p.mでのスピードは、実に26.4km/hを記録（1200ccクラスの標準は普通23～24km/h）。爽快な高速ツーリングが十二分に楽しめます。巡航速度もきわめて高く、例えば120km/h～130km/hで長時間走ったとしても、全く無理な感じはありません。
群を抜く操縦性能と、
レスポンスのよいミッション
ずい所に、高度なメカが網羅されたサニークーペのメカニズムの中で、ひときわすぐれているのはステアリング性能とミッションの感触といえます。
絶妙なドライビングポジション（シート設計及びペダル、ハンドル位置のバランス）とあいまって、長時間運転しても疲れがこないのは、軽く正確な応答性をもつ、独特なR・B式ステアリングのせいです。低速では軽く、高速ではしっとりと手応えがあり安定する独特なステアリング機構を採用。ロックからロックまでは遊びを入れずに3⅓回転し、最小回転半径は4.1mと抜群の小回り性能を発揮します。実際サニークーペほどせまいスペースで方向変換のラクな車はないと思われます。またコーナリングでの反応もきわめて安定してかつスムーズといえます。さらにサニークーペはギアシフトの感触がすばらしく、非常に軽く、確実にシンクロします。シンクロメッシュは絶対といってもよいほど強力であり、軽いかわりに、ストロークの大きいポルシェタイプなどに比べても、はるかによい感じでスパッときまります。サニークーペのミッションは、国産車の中でも、ずば抜けてすぐれているといってもよいでしょう。
1200cc
68ps/6000r.p.m
speed 150km/h

車全体の透視図（1200クーペGL）。“サニークーペが安定して速く走りw 美しく曲れるのには理由があります。”のキャプションを付けて、メカニズムの面からサニークーペの優位性を説明している。搭載されるA-12型エンジンは、伝統と数々のレース経験を持つ日産の技術陣がつくり上げたもので、150km /hを余裕でマークする実力を備え、“ 欧米でのフリーウェイドライブにもビクともしない《高速快走設計》”を謳っている。

“ツインキャブ83馬力のホットな世界―若いハートをビートする“感じるクルマ”GX。”のキャプションが、抜きん出たパワーと走行性能を強調している。室内もスポーティで、3連のメーターの中央にスピードメーター、右手には複合メーターを配置。GLでは時計のあった位置に、8000回転まで刻まれたタコメーターが装備されている（時計はセンターコンソールにビルトインされた）。GXではステアリングホイールやシフトノブに“皮”の素材が用いられており、スポーツモデルらしいつくりとなっている。サイドにはダブルアクセントストライプを付け、砲弾型のフェンダーミラー、さらに、シルバーメッキをほどこしたエグゾーストパイプも装備されていた。6ポジションの“ニッサンマチック”車も設定された。

ツインキャブ83馬力のホットな世界――
若いハートをビートする“感じるクルマ”GX。

1200cc
83ps/6400r.p.m
speed 160km/h

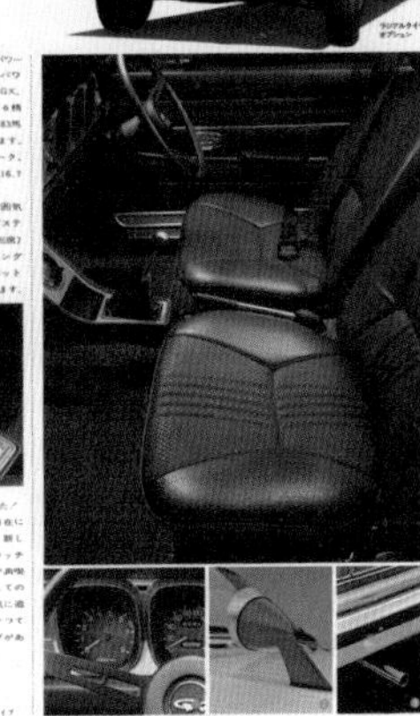

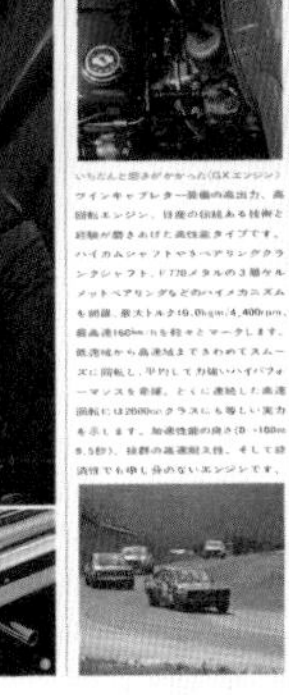

美しい姿勢をくずさず、
安定して曲がり抜けるコーナリング性能
軽く、レスポンスの鋭いステアリングに加えて、走行性を大きく左右するサスペンション機構でも、サニークーペは秀でています。前輪には、フェアレディZやスカイラインGTのものと同じストラット型の独立懸架。後輪には半楕円リーフを採用。ハイウエイでも悪路でも実に頼もしい接地性を見せます。例えば3速を使ったフルパワーの高速コーナリングにも、安定した姿勢で、きれいに曲り抜け、ほとんど限界に近い状態でのコーナリングでもロールは少なく（特にフロントのロール剛性が高く優秀）バランスのよい美しい姿勢をくずしません。これはサニークーペのサスペンション機構がいかにすぐれているかを明りょうに示しています。また、このサスペンションは乗り心地を快適に保つ、かげの立役者でもあります。とくにS型スプリングを採用したシート設計と、特許の防振装置、そして筒型複動の前後のショックアブソーバーなどにより、悪路における乗り心地のよさは格別です。

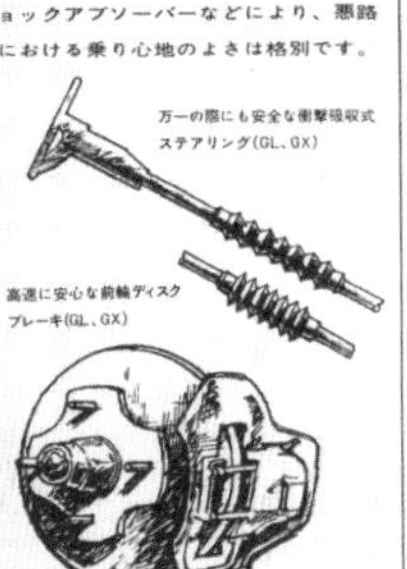

万一の際にも安全な衝撃吸収式ステアリング(GL、GX)

高速に安心な前輪ディスクブレーキ(GL、GX)

エンジン性能によく見あった、
確実性の高いブレーキ性能
エンジンがどんなに優秀でも、サスペンションやブレーキの不確実な車ほど危険なものはありません。とくにブレーキは、スピードの高いクルマほど強力な制動力が要求されます。その点サニークーペにはパワフルなエンジン性能によく見合うすぐれたブレーキシステムが採用されています。前輪には高速走行に安心なディスクブレーキ(GL、GX)、後輪には確実性の高いリーディングトレーリング式を採用。低速では軽い踏力で強力な効果が得られ、連続するハイウエイ走行にもきわめて安心です。

また、サニークーペは全車に、ブレーキの油圧系統を前後2系統に分けたタンデムマスターシリンダーを装備。万一、片方が不調になっても全く安心です。ロングドライブにも信頼できる高度なブレーキシステムといえるでしょう。

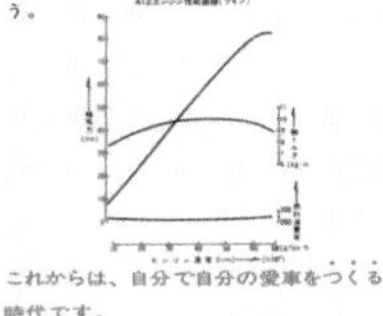

これからは、自分で自分の愛車をつくる時代です。
魅力のポイントの数多いサニークーペですが、これからの時代はご自分で愛車をさらに磨きあげる時代。スタイリングにはレザートップや精悍な砲弾型ミラー、アクセントストライプなど、

インテリアには、タコメーターやクーラー、カーステレオ、さらに走行性の向上にはラジアルタイヤなどなど…サニークーペには、あなた好みの車に仕立てあげる専用の注文部品を数多く用意してあります。あなただけのステキなサニークーペに、きっと羨望の目が集中するでしょう。

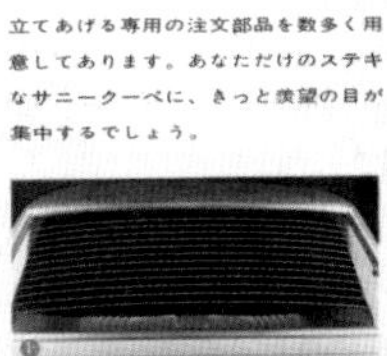

①後窓のくもりを消しさる熱線リヤウインドウ
②③本格的な木製ステアリングとシフトノブ
④⑤レーシングタイプの皮巻ステアリングとシフトノブ

●レザートップや砲弾型ミラー、フォグランプなどをフル装備したオプション仕様車

新車の保証は「2年または5万キロ」まで
…いつでもどこでも笑顔でサービス！
サニークーペにお決めになったら便利な銀行融資をご利用ください。簡単な手続きの上、銀行金利ですから、一般のローンよりずっとおトクです。期間は24ヶ月まで、お支払い方法は銀行とご相談ください。またサニークーペのうしろには全国に18,000ヶ所も充実したサービス網がひかえております。その上、日産自動車では新車の保証を2年または5万キロまで延長。さらに日産車に適した定期点検基準を設けるなど、あなたの愛車をいつまでも大切に見守りつづけております。

サニークーペ1200二面図

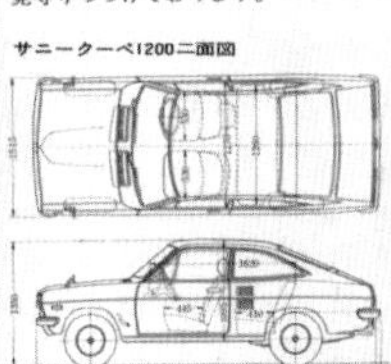

■SUNNY COUPE1200 諸元表
（　）はオートマチック車〈　〉はGXのハイオクガソリン仕様

車種	DX	GL	GX
車両型式　フロアシフト	KB110	KB110−G	KB110−GK
ニッサンフルオートマチック	KB110−A	KB110−GA	KB110−GAK
全長（mm）	3,825		
全巾（mm）	1,515		
全高（mm）	1,350		
ホイールベース（mm）	2,300		
トレッド（前）（mm）	1,240		
〃（後）（mm）	1,245		
最低地上高（mm）	170		
車両重量（kg）	695(730)	700(735)	705(740)
乗車定員（名）	5		
最高速度（km/h）	150(145)	150(145)	160〈160〉(155)
登坂能力(tanθ)　フロアシフト	0.522	0.519	0.52〈0.53〉
〃　ニッサンフルオートマチック	0.503	0.499	0.50
最小回転半径（m）	4.1		
エンジン型式	A−12		
〃　種類	4サイクル水冷頭上弁式(OHV)		
シリンダー配列と数	直列4気筒		
総排気量（cc）	1,171		
圧縮比	9.0		9.0〈10.0〉
最大出力（PS/rpm）	68/6,000		80〈83〉/6,400
最大トルク（kgm/rpm）	9.7/3,600		9.8〈10.0〉/4,400
キャブレター	シングル（2連式気化器）		ツイン(SU)
変速機　フロアシフト	前進4段フルシンクロ後退1段		
〃　ニッサンフルオートマチック	（前進3段後退1段フルオートマチック）		
懸架装置（前）	独立懸架ストラット式		
〃（後）	半楕円リーフスプリング		
ショックアブソーバー	油圧式筒型複動（前・後）		
ブレーキ（前）	ツーリーディング	ディスク	ディスク
〃（後）	リーディングトレーリング		
タイヤサイズ	6.00−12−4PR		
燃料及び燃料タンク容量（ℓ）	レギュラーガソリン〈ハイオクガソリン〉38		

●本仕様は改良のため予告なく変更することもございます。

“これからは、自分で自分の愛車をつくる時代です。”のコピーとともにグリーンのGLを上からとらえ、オプションの白いレザートップを身にまとい（レザートップは当時大人気のアイテムで、多くの車がよく付けていた）、砲弾型ミラー、フォグランプに至るまで装備したモデルが紹介されている。機構の解説では、前輪にはフェアレディZやスカイラインGTと同じストラット型の独立懸架、後輪にはリーフスプリングを採用した結果、“ハイウエイでも悪路でも実に頼もしい接地性”であることや、ブレーキについてもタンデムマスターシリンダーを装備するなど、安全対策も万全である点を強調している。

20 日産スカイライン 2000GT-R

“羊の皮を被った狼”と呼ばれ、日本グランプリで活躍した初代スカイラインGT-R。1973年発売の2代目はオイルショックの逆風にさらされ、幻のGT-Rとされた。

モータースポーツの世界で数々の栄光を勝ち取った名車スカイラインの初代モデルは、1957年4月にデビューしました。1963年11月にはフルモデルチェンジされ、一回り小さな小型車として2代目が登場します。当時プリンス自動車は第1回日本グランプリレースにスカイラインスポーツをエントリーするなどしていましたが、思ったほどの成果を挙げられずにいました。そこで同社は、汚名返上のために強力なマシンが必要と判断し、態勢を整えました。

1964年5月の第2回日本グランプリ「GT-Ⅱレース」での必勝を期して、4気筒1500ccのホイールベースと全長を200mm延長してグロリア用6気筒2000ccのG7型エンジンを搭載するという斬新な手法で、2代目スカイラインをベースにしたレーシングモデルであるGTを100台ほど製作。レース前日の5月1日に発売しました。実戦用車両には、ウェーバー3連キャブレター等により125馬力を発生、5速クロスミッションなどを搭載して、後に“羊の皮を被った狼”と呼ばれるほどにつくり込みました。その結果誕生したプリンス・スカイラインGTは、同グランプリにおいて、優勝こそポルシェカレラGTS904に譲ったものの、2位から6位までを独占しました。一時はトップを走ったスカイラインGTは「ポルシェとレースで戦ったスカイライン」として高く評価され、市販に移行。翌1965年2月にはカタログモデル・スカイライン2000GTとして正式に発売されました。

こうした流れの中で、1969年2月に、最新技術の粋を集めた初代スカイライン2000GT-Rが誕生しました。GT-Rは、打倒ポルシェを目標に開発されたプロトタイプレーシングカー・プリンスR380（1965年6月完成）のノウハウを搭載した高性能車で、デビューからわずか2年10ヵ月で国内ツーリングカーレースにおいて前人未踏の累計50勝を達成しました。

そして2代目スカイライン2000GT-Rは、第19回東京モーターショーに出展され、翌1973年1月に発売されました。

しかし、排ガス規制の強化に直面した上、オイルショックの逆風にもさらされ、ツーリングカーレースへの参戦もなくなったことなどから、わずかな台数で生産中止に追い込まれ、「幻のGT-R」とも呼ばれています。

その後、スカイラインは代を重ね、1989年5月には8代目スカイライン（R32型）が発売され、さらにその3ヵ月後の8月には、実に16年ぶりの復活となった3代目スカイラインGT-Rが登場して、大きな話題となるのです。

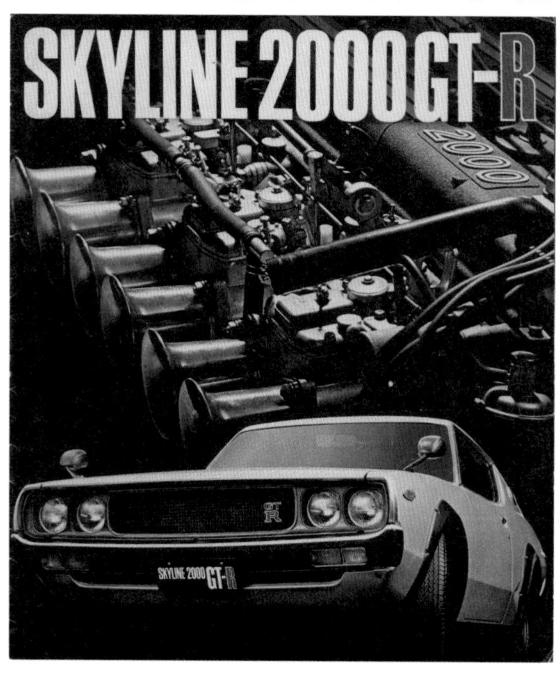

車体の後ろに大きく掲げられたS20エンジンは、初代スカイラインGT-Rに続き搭載された。メーカー資料では販売台数は僅か4ヵ月で終了し、生産総数は200台足らずであったとされている。

車　名	日産スカイラインハードトップ2000GT-R
形式・車種記号	KPGC110
全長×全幅×全高（mm）	4460×1695×1380
ホイールベース（mm）	2610
トレッド前×後（mm）	1395×1375
最低地上高（mm）	165
車両重量（kg）	1145
乗車定員（名）	5
燃料消費率（km/l）	—
最高速度（km/h）	200
登坂能力（tanθ）	0.46
最小回転半径（m）	5.2
エンジン形式	S20型
種類、配列気筒数、弁型式	水冷直列6気筒D・OHC
内径×行程（mm）	82×62.8
総排気量（cc）	1989
圧縮比	9.5
最高出力（PS/rpm）	160/7000
最大トルク（kg・m/rpm）	18.0/5600
燃料・タンク容量（ℓ）	55（ハイオク）
トランスミッション	ポルシェタイプ5速フロア
ブレーキ	前 ディスク
	後 ディスク
タイヤ	175HR14（チューブレス・ラジアル）
カタログ発行時期（年）	1973

あの豪放な気性を内に秘め、デザインを昇華。Rが甦った、不死鳥のように。

“あの豪放な気性を内に秘め、デザインを昇華。R が甦った、不死鳥のように。”のタイトルを付けて、スカイライン GT-R を右サイドからとらえた写真を大きく掲載。フロントとリアには、175HR14 のタイヤを覆うべく、初代 GT-R とは異なり、前後にオーバーフェンダーを装着、ホイールは黒一色のスチール製であり、獰猛なイメージを見るものに与える。

レースの栄光を背景に持つ、真のグランドツーリング。その走る機能に妥協はない。

GT-R を後方からとらえて、“レースの栄光を背景に持つ、真のグランドツーリング。その走る機能に妥協はない。”と謳う。丸型のリアテールランプの形状は、レースで活躍したスカイライン S54B にも通じるデザイン。リアスポイラー（注：エア・スポイラーと呼んでいる）は標準装備であった。

アクセルワークの妙技、ヒール&トウ、ドリフト。
自在に操り奔放に駆る。テクニックを知る男のコックピット。

左側にはドライバーズシートから見えるコックピットの全面写真。ダッシュパネルには、スピードメーターとタコメーターを中央部に据え、左にやや小ぶりな油圧計（オイルプレッシャーゲージ）、水温計（テンパラチャーゲージ）、燃料計（フューエルゲージ）、時計（オプション）が並び、右にも電流計（アンメーター）という、スパルタンな車にふさわしい７個のメーターを備えている（注：オリジナルモデルはラジオ、時計などは付かない走りに徹したモデルだが、このカタログにはどちらも付いている）。皮巻きのステアリングホイールの中央には、赤色をベースにしたＳのロゴマークを付けたホーンパッドや同じく赤色のシフトガイドなど、スポーツ感溢れるデザインであった。右側のブラックのスポーティなホールド性の高いバケットタイプのフロントシートと相まって、GT-Rの風格にふさわしい仕様となっていることがわかる。

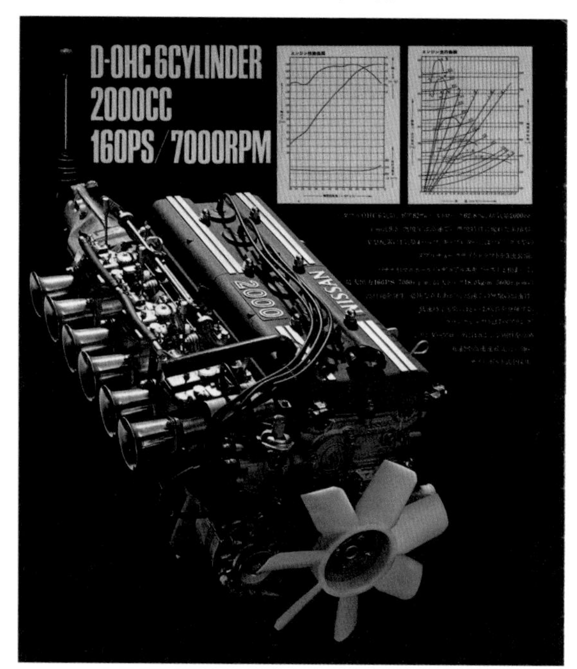

大きなエンジンの写真を載せて、"D-OHC 6CYLINDER 2000CC 160PS/7000RPM" と黒地にグレーの文字で、搭載するS20型エンジンを紹介。キャブレターにはイタリアのソレックス製のダブルチョークサイドドラフトタイプを３連装していた。エンジン性能曲線によると、回転数が5600rpm時に軸出力は160馬力をマークすることがわかる。

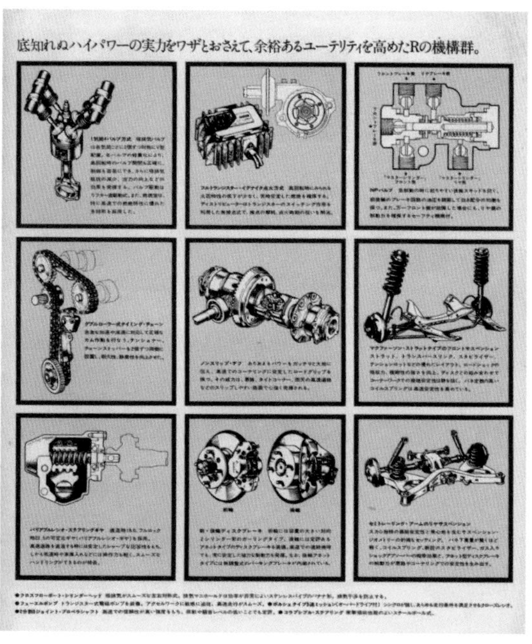

GT-Rが誇る、日産の技術による先進の機構の数々について、イラストとともに解説。１気筒４バルブ方式のエンジン、正確なカム作動を保証するダブルローラー式タイミング・チェーン、高速でのコーナリングなどで機能を発揮するノンスリップ・デフ、さらには、スタビライザー付きのマクファーソン・ストラット式サスペンション（フロント）、バネ下重量が軽くガス入りのショックアブソーバーを採用するセミトレーリング・アーム式サスペンション（リア）、前・後輪にディスクブレーキを装着したことなど、走りのための機構を丁寧に説明している。

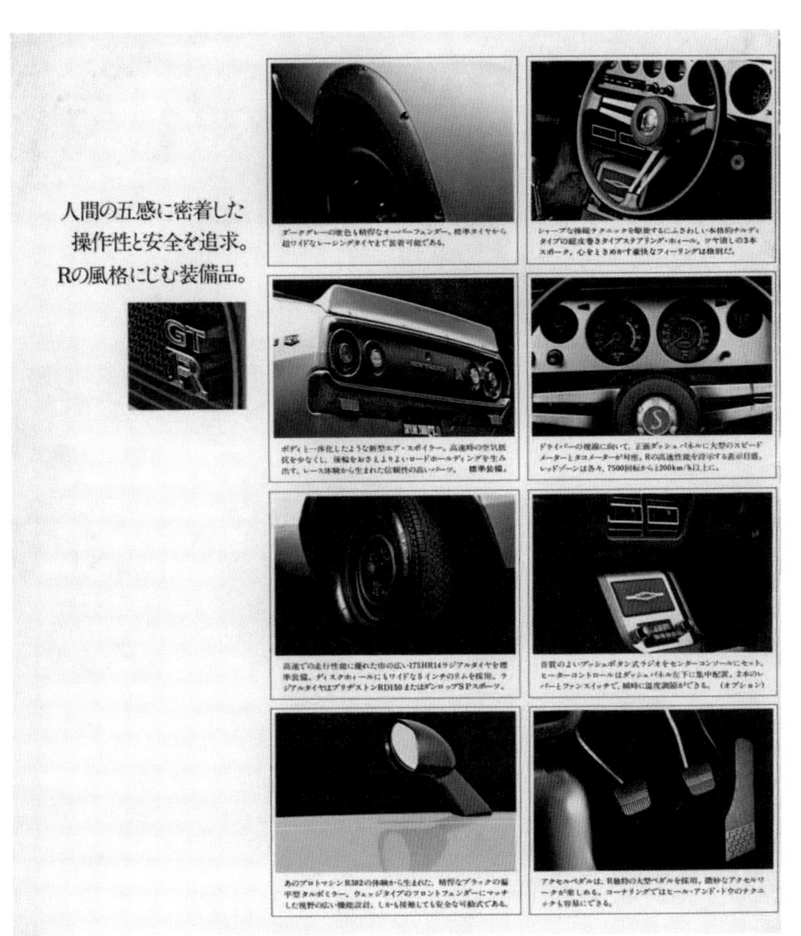

人間の五感に密着した操作性と安全を追求。Rの風格にじむ装備品。

ダークグレーの艶色も精悍なオーバーフェンダー。標準タイヤから超ワイドなレーシングタイヤまで装着可能である。

シャープな操縦テクニックを駆使するにふさわしい本格的ナルディタイプの総皮巻きタイプステアリング・ホィール。ツヤ消しの3本スポーク。心をときめかす豪快なフィーリングは格別だ。

ボディと一体化したような新型エア・スポイラー。高速時の空気抵抗を少なくし、後輪をおさえよりよいロードホールディングを生み出す。レース体験から生まれた信頼性の高いパーツ。　標準装備。

ドライバーの視線に向いて、正面ダッシュパネルに大型のスピードメーターとタコメーターが対座。Rの高速性能を誇示する表示目盛。レッドゾーンは各々、7500回転からと200km/h以上に。

高速での走行性能に優れた巾の広い175HR14ラジアルタイヤを標準装備。ディスクホィールにもワイドな5インチのリムを採用。ラジアルタイヤはブリヂストンRD150またはダンロップSPスポーツ。

音質のよいプッシュボタン式ラジオをセンターコンソールにセット。ヒーターコントロールはダッシュパネル左下に集中配置。2本のレバーとファンスイッチで、瞬時に温度調節ができる。（オプション）

あのプロトマシンR382の体験から生まれた、精悍なブラックの偏平型タルボミラー。ウェッジタイプのフロントフェンダーにマッチした視野の広い機能設計。しかも接触しても安全な可動式である。

アクセルペダルは、R独特の大型ペダルを採用。微妙なアクセルワークが楽しめる。コーナリングではヒール・アンド・トウのテクニックも容易にできる。

“人間の五感に密着した操作性と安全を追求。Ｒの風格にじむ装備品。”の記述とともに、Ｒ独特の大型アクセルペダルがヒール&トウなどのテクニックを容易にしていること、ダークグレーのオーバーフェンダーや新型のエア・スポイラー、ナルディタイプの総皮巻きタイプのステアリングホイールなど、写真や挿絵を使って装備を紹介する。

スカイライン2000GT-R諸元

車名	スカイラインハードトップ2000GT-R
	ポルシェタイプ5速フロア
型式	KPGC 110
■寸法・重量	
全長 (mm)	4460
全巾 (mm)	1695
全高 (mm)	1380
ホイールベース (mm)	2610
トレッド 前 (mm)	1395
〃 後 (mm)	1375
最低地上高 (mm)	165
室内長 (mm)	1790
〃 巾 (mm)	1340
〃 高 (mm)	1125
車両重量 (kg)	1145
定員 (名)	5
車両総重量 (kg)	1420
■性能	
最高速度 (km/h)	200
登坂能力 (tan θ)	0.46
最小回転半径 (m)	5.2
■エンジン	
型式	S20型水冷直列6気筒D-OHC
内径×行程 (mm)	82×62.8
総排気量 (cc)	1989
圧縮比	9.5
最高出力 (PS/rpm)	160/7000
最大トルク (kg-m/rpm)	18.0/5600
バッテリー (V-AH)	12-35
ジェネレーター (V-A)	12-35
燃料タンク容量 (ℓ)	55 (ハイオク)
キャブレター	ソレックス3キャブ
■走行伝達装置	
クラッチ	乾・単板ダイヤフラム
ミッション形式	ポルシェタイプフルシンクロ
操作方式	フロアシフト式
変速比 1速	2.906
変速比 2速	1.902
変速比 3速	1.308
変速比 4速	1.000
変速比 5速	0.864
変速比 後退	3.382
減速機歯車形式	ハイポイドギア式ノンスリップデフ
〃 歯車比	4.444
ステアリング形式	ボールナット式 (コラプシブル型)
〃 歯車比	19.0-22.5
前車軸形式	ストラットボールジョイント式
後車軸形式	半浮動ボールスプライン式
■ブレーキ形式	
ブレーキ (前)	ディスク
〃 (後)	ディスク
駐車ブレーキ形式	機械式後2輪制動
■懸架装置	
前輪懸架方式	ストラット式 (スタビライザー付)
後輪懸架方式	セミトレーリングアーム式 (スタビライザー付)
ショックアブソーバー	油圧複動式(前)ガス入り複動式(後)
タイヤ (前後)	175HR14 (チューブレス・ラジアル)

●レギュラー仕様車もございます

●本仕様は予告なく変更することがあります

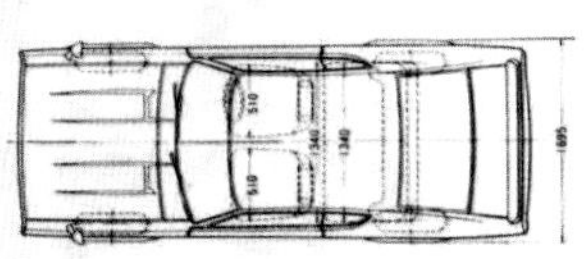

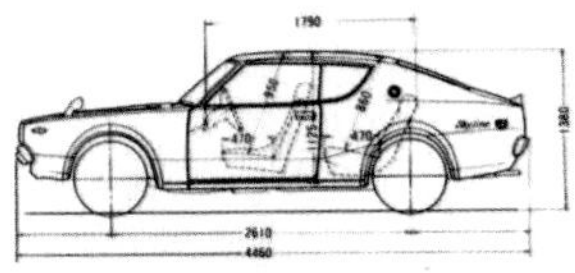

21 マツダ・カペラ

東洋工業創立50周年の年に、ファミリアとルーチェの間を埋める主力乗用車として登場。新開発の12A型2ローターのロータリーエンジンを搭載。

マツダ（当時の社名は東洋工業）は、夢のエンジンと言われたロータリーエンジン（RE）を実用化、世界初となる2ローターREの搭載車「コスモスポーツ」を1967年に発売し、世界に技術力の高さをアピールしました。1970年代に入って排ガス規制が強化されると、いち早く対応に成功し、その結果、無鉛ガソリンを使用できるREは低公害エンジンとしても評価され、低公害車優遇税制の適用も受けました。マツダはRE車を中心とする商品戦略を進め、米国への輸出も拡大しました。

東洋工業の創立50周年にあたる1970年5月、カペラが満を持して発売されました。カペラはファミリアとルーチェの間を埋める新しい主力乗用車として企画され、ボディータイプは2ドアクーペと4ドアセダン、エンジンは新たに開発された12A型2ローターのREと1600ccレシプロエンジンの2つが用意されました。

ところで筆者は、カペラ発売直後のある週刊誌に（1970年7月号）、“ジャンボは飛ぶ、カペラは走る”とのコピーを付けた広告を見つけました。その中でマツダは、1970年代はREの時代になると予言、それは強い確信に満ちたものでした。不思議な広告で、ジャンボジェットは写っていましたが、車の写真は1枚もありませんでした。車が写っていないのが筆者にはかえって強く印象に残ったものです。テレビCMでは“我々の大空、我々の大地”と謳い、天翔る飛行機と地上を走る自動車を結びつけていますが、そもそもカペラという名称自体が、全天でも最も明るく輝く星の一つである馭者（ぎょしゃ）座“α星”に由来しているのです。カペラは、後の初代サバンナより全長が少し大きい車で、性格はサバンナに比べると少し大人しいモデルでした。

筆者は、カペラの中でも一番スポーティーなGS Ⅱという紫色のクーペを、一度夜のドライブに連れ出したことがあります。運転すると、他のRE車と同様、圧倒的な静粛性と走りの良さが印象的でした。カペラがアメリカの自動車専門誌『ロードテスト』のインポートカーオブザイヤー（1972年）に輝いたことも、RE車が海外でも高い評価を受けた証と言えるでしょう。

マツダは、世界で唯一のRE車を量産するメーカーとして、排ガス規制、オイルショックなど様々な困難を乗り越え、数多くのRE車を世に送り出してきました。2012年にマツダはRE車の生産をストップしましたが、世界の自動車史に残るREサプライヤーとして、マツダの名は、私たちの記憶に深く刻まれています。

風のカペラ
ROTARY COUPE GS II・GS・ROTARY SEDAN GR・1600 SEDAN GL・1600 COUPE GF・1500 SEDAN・1600 COUPE

2ドアクーペは、「ウェービーライン」と呼ばれる波を打つようなラインと、セミファストバックスタイルが特徴。長いホイールベースとワイドトレッドで快適な乗り心地を目指した。

車　名	マツダ・カペラロータリークーペ　GS
形式・車種記号	—
全長×全幅×全高（mm）	4150×1595×1395
ホイールベース（mm）	2470
トレッド前×後（mm）	1290×1290
最低地上高（mm）	170
車両重量（kg）	975
乗車定員（名）	5
燃料消費率（km/l）	—
最高速度（km/h）	190
登坂能力	33° 49′
最小回転半径（m）	4.7
エンジン形式	12A
種類、配列気筒数、弁型式	2ローターロータリーエンジン
内径×行程（mm）	—
総排気量（cc）	573×2
圧縮比	9.4
最高出力（PS/rpm）	120/6500
最大トルク（kg・m/rpm）	16.0/3500
燃料・タンク容量（ℓ）	65
トランスミッション	前進4段後退1段
ブレーキ	前 ディスク
	後 リーディング＆トレーリング
タイヤ	165SR13
カタログ発行時期（年）	1971

“ 風のカペラに待望の「G シリーズ」が登場。世界で初めて「RE マチック」も同時発売。” として 1971 年に改良されたカペラシリーズ。広々とした草原を舞台にグリーンのクーペのモデルを紹介する写真が、見開きページを飾る。フロントグリルは精悍な銀枠のブラックマスクで、ロータリーマークのセンターエンブレム、そしてボンネットの黒色塗装のパワーバルジが目を惹く。RE マチックについては “ 世界で初めてオートマチック・ロータリーも登場しました ” とある。後ろ姿を見ると、ヘキサゴンランプ、リヤフィニッシャーに加えて、GS の “ グレードマーク ” が、ロータリーエンジン搭載車のダイナミックさを表現している。

運転席については、“ 無敵のロータリーパワーを操つる男の座。ペリスコープ・コックピット。”（潜水艦の内部のような機能的なドライバーポジションを備えた操縦室）のキャプションを付けて、大きな 3 つのメーターを持つスポーティーな T 型ダッシュボードを紹介している。クーペ GS とセダン GR にはオートリサーチ式 AM ラジオ付カーステレオなど “ 豪華装備 ” が付く。

ロータリーセダン GR。セダンの最高級グレードであり、オーバーライダーが標準装備されているのが外観上の特徴。リヤビューを見ると「RE」などの文字が見られ、ロータリーエンジン搭載車であることをアピールしている。RE マチック車の設定もある。

" 大きなゆとりが生まれるブラック&ホワイトの空間。安全・豪華な風のサルーン " ロータリーセダン GR の黒を基調としたダッシュボード。衝撃吸収式のステアリングホイール、オートリサーチ式のラジオ、カーステレオなど、贅を尽くした装備の数々を紹介している。室内の紹介では " 停車中でも新鮮な外気を導入するブーストベンチレーション（二系統換気システム）の採用 " で、「風のカペラ」にふさわしく、いつも爽やかな室内を実現していると誇らしげに述べている。

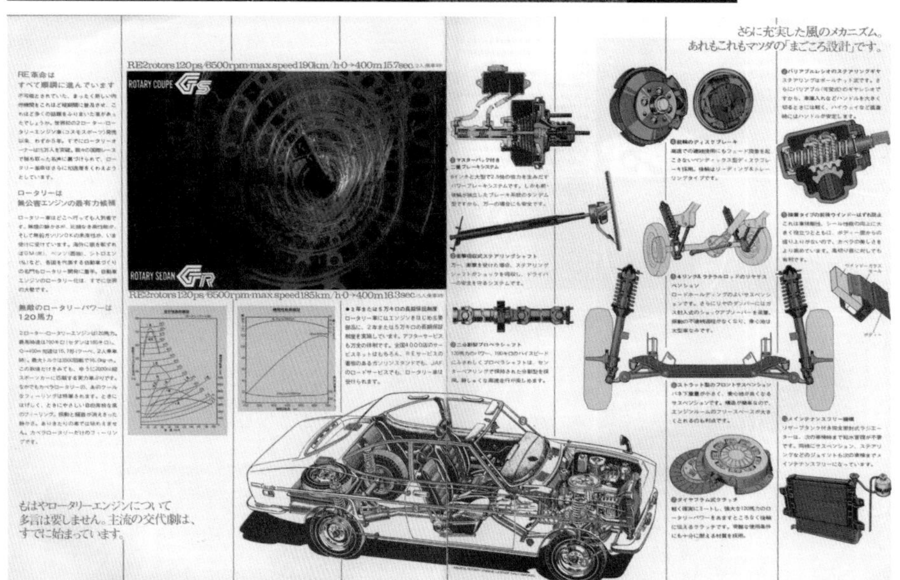

クーペの透視図とともに、サスペンションやブレーキについても触れ、走行性能曲線図（ロータリークーペ GS）や機関性能曲線図もあわせて載せている。カペラは、クーペ、セダンともに前輪にディスクブレーキを付け、全モデルにマスターバック付き二重ブレーキシステムを装備するなど、安全面にも万全の配慮をしていた。カタログの中では " 世界初の２ローター・ロータリーエンジン車<コスモスポーツ>発売以来、わずか 5 年。すでにロータリーオーナーが 15 万人を突破 " したことなどを強調している。そして " もはやロータリーエンジンについて多言は要しません。主流の交代劇は、すでに始まっています。" と述べ、レシプロエンジンからロータリーエンジンへの大変革が始まったと宣言しているのが非常に印象的である。

①オートリサーチ式AMラジオ付きカーステレオ…電波をキャッチして自動的に選局できるラジオです。運転操作の邪魔になりません（GS・GR）。
②AMラジオ…DX車に標準装備です。
③時計…耐振性にすぐれた秒針付きです。
④コンビネーションスイッチレバー…この一本のレバーで6種のスイッチ操作ができます。
⑤ブーストベンチレーション…停車中でも爽やかな風を送る強制換気システム。しかもドライバーの顔に微風が送れる二系統システムです。
⑥タコメーター…エンジンの回転数を見るメーター。ハードなドライブには欠かせません。
⑦絵文字入りスイッチノブ…見やすく操作に間違いがありません。灰皿は使いやすい大型サイズです。
⑧ステアリングロック…LOCKの位置でキーを抜くとステアリングが固定され動かなくなります。
⑨T型コンソールボックス…GS、GRに標準装備。リヤステップランプ付きです。
⑩センターコンソールボックス…ロータリークーペDXに標準装備。リヤステップランプ付きです。
⑪防眩式脱落ミラー…当たると落下するルームミラー。GR、GSは防眩式です。
⑫ヒューズボックス…ダッシュボード下部に設置。サービス性のよいヒューズボックス。
⑬左右別系統ヒューズのヘッドランプ…片方のヒューズが切れても全部消灯することがありません。
⑭セカンダリーベンチレーション…走行中、新鮮な外気を導入します。
⑮イルミネーションランプ…夜間、スイッチ・ノブ類や灰皿を照明します。
⑯ウォークイン機構の前席…シートバックを倒すと最前端位置に前進し、後席への乗り降りが楽になります。また最初の位置にロックされる記憶装置もついています（クーペ）。
⑰安全合わせガラス…万一のときにも前方視界の保てる安全度の高いガラスです。
⑱二段式ドアチェッカー…不意にドアを外の障害物に当てることがありません。
⑲オーバーライダー…GRに標準装備です。
⑳可倒式フェンダーミラー…強い力がくわわると根元から曲がる安全ミラーです。GSのみ砲弾型。
㉑熱線プリント式リヤデフォッガー…後方視界をよくします。スイッチはヒータースイッチに組み込み式です。
㉒フォグランプ…GSに標準装備です。
㉓トランクルーム…ご覧のように広々としています。
㉔ラジアルタイヤ…GSには165SR13のレーヨンラジアルタイヤが標準装備です。

新しい風にはファッションカラーもくわわりました。
目うつりするでしょうが、お選びください。

	カペラロータリークーペ				カペラロータリーセダン			
	GS	GS	DX	標準車	GR	GR	DX	標準車
エンジン	RE2ローター 120ps				RE2ローター 120ps			
●豪華装備								
オートリサーチ式AMラジオ付きカーステレオ	●	●			●	●		
AMラジオ			●				●	
秒針付き時計	●	●	●		●	●	●	
カーヒーター	●	●	●		●	●	●	
ブーストベンチレーション	●	●	●		●	●	●	
センターコンソールボックス	●	●	●		●	●		
シガーライター	●	●	●		●	●	●	
リヤステップランプ	●	●	●		●	●		

コンビネーションスイッチレバー、タコメーター、熱線プリント式リヤデフォッガーなど、豊富な装備の説明をしている。左右別系統ヒューズのヘッドランプや安全合わせガラスなど、安全に関する装備についても紹介されている。

カペラ主要諸元

	カペラロータリークーペ			カペラロータリーセダン		
	GS	DX	GS	GR	DX	GR
●寸法重量						
全長	4150mm	←	←	4210mm	4150mm	4210mm
全幅	1595mm	1580mm	1595mm	1580mm	←	←
全高	1395mm	←	←	1435mm	←	←
ホィールベース	2470mm	←	←	2470mm	←	←
トレッド（前輪）	1290mm	←	←	1290mm	←	←
トレッド（後輪）	1290mm	←	←	1290mm	←	←
最低地上高	170mm	←	←	170mm	←	←
客室（長さ）	1710mm	1745mm	1710mm	1710mm	1745mm	1710mm
客室（幅）	1320mm	←	←	1320mm	←	←
客室（高さ）	1130mm	←	←	1150mm	←	←
乗車定員	5名	←	←	5名	←	←
車両重量	975kg	965kg	980kg	980kg	970kg	985kg
●性能						
最高速度	190km/h	←	180km/h	185km/h	←	175km/h
登坂能力	33°49′	←	30°57′	33°49′	←	30°57′
最小回転半径	4.7m	←	←	4.7m	←	←
制動距離（50km/h）	13.0m	←	←	13.0m	←	←
0→400m	15.7秒（2名乗車時）		17.5秒（2名乗車時）	16.3秒（5名乗車時）		18.4秒（5名乗車時）
●エンジン						
形式	2ローターロータリーエンジン（12A）			2ローターロータリーエンジン（12A）		
総排気量	573cc×2			573cc×2		
圧縮比	9.4			9.4		
最大出力	120ps/6500rpm			120ps/6500rpm		
最大トルク	16.0kg-m/3500rpm			16.0kg-m/3500rpm		
燃料	レギュラーガソリン			レギュラーガソリン		
燃料タンク容量	65ℓ			65ℓ		
オイル容量	5.5ℓ			5.5ℓ		
バッテリー	12V-45Ah NS60			12V-45Ah NS60		
●伝導装置						
操作方式	フロアシフト		REマチック	フロアシフト		REマチック
クラッチ	乾燥単板ダイヤフラム式		流体式	乾燥単板ダイヤフラム式		流体式
トランスミッション	前進4段後退1段		前進3段後退1段	前進4段後退1段		前進3段後退1段
変速比 第一速	3.683（シンクロ）		2.458	3.683（シンクロ）		2.458
変速比 第二速	2.263（シンクロ）		1.458	2.263（シンクロ）		1.458
変速比 第三速	1.397（シンクロ）		1.000	1.397（シンクロ）		1.000
変速比 第四速	1.000（シンクロ）		—	1.000（シンクロ）		—
変速比 後退	3.692		2.181	3.692		2.181
減速比	3.900		3.900	3.900		3.900
●操縦装置						
ステアリング	ボールナット式			ボールナット式		
●タイヤサイズ						
前輪	165SR13	6.45-13-4PR	165SR13	6.45-13-4PR	←	←
後輪	165SR13	6.45-13-4PR	165SR13	6.45-13-4PR	←	←
●懸架装置						
前輪懸架方式	ストラット式			ストラット式		
後輪懸架方式	4リンク式&ラテラルロッド			4リンク式&ラテラルロッド		
ショックアブソーバー	前後とも筒形復動式			前後とも筒形復動式		
●ブレーキ						
手	機械式後2輪制動			機械式後2輪制動		
足（前）	ディスク			ディスク		
足（後）	リーディング&トレーリング			リーディング&トレーリング		

※付属品：スペアタイヤ・標準工具一式　●本仕様は改良のため予告なく変更することがあります。

カペラロータリークーペGS

カペラロータリーセダンGR

●ボディーカラーについてはカラーサンプルをご参照ください。

22 ホンダ・アコード

シビックより一回り大きい３ドアハッチバック。発売６ヵ月で５万台を販売した大ヒット車で、２代目からは米国でも生産され、その後のモデルでは"逆輸入"もされた。

シビックの成功後、シビックから一回り大きいアコードがデビューしました。1976年5月のことです。英語で"調和（ACCORD）"を意味する名前が付けられたアコードは、人と社会と車の調和を目指して誕生し、広く世の中に受け入れられました。初代アコードは、背の低い3ドアハッチバックモデルの斬新なデザインで登場し、発売と同時に驚異的な大ヒット車となったのです。

開発に先立って、ホンダの技術研究所役員室は、シビックから引き続き開発責任者となった木澤博司氏に、2つの条件を示しています。1つ目は、時速130kmで快適にクルーズできること、2つ目はできるだけシビックの部品を流用することでした。アコードの基本コンセプトは、「使い勝手が良く、スタイリッシュで、スポーティーな小型3ドアハッチバック車」というものでした。アコードのデザインは、当時のフォルクスワーゲンパサートの影響を受けたと木澤氏は述べておられました。またボディのデザインについては、シビックの開発時に初めて試みた併行異質自由競争主義（製品ごとの開発と長期的な研究を同時に進行させる方式）という手法が、本格的に採用されたそうです。

発売当時の資料では、「1600ccクラス最大の広いトレッド」「ひとクラス上のクルマでもまれに見る広さ」と謳い、さらに「いかにも安定感のある低い重心設計」であることを訴求している。

当初の月間販売目標は4000台でしたが、3ヵ月後には8000台に修正され、その年の実質販売実績は、発売6ヵ月で5万台を越えました。そして、1976年のカー・オブ・ザ・イヤー（日本カー・オブ・ザ・イヤーの前身）も受賞しました。先行販売したシビックの3ドアハッチバックスタイルが日米両市場で好評を博していた中、万全を期して、あえて手堅い販売戦略を立てたのだろうとも言われています。1977年10月には4ドアセダンが追加販売され、人気に拍車がかかりました。市場の予想では3ドアハッチバックに続いて5ドアハッチバックが出ると思われていましたが、端正な4ドアセダンでした。

アコードは順調な販売を続け、輸出も好調で、米国でも高い評価を受けました。社会人になった筆者の友人が、ハッチバックを買って訪ねてきた時のことを今もって思い出します。1981年9月にはフルモデルチェンジを受け、一回り大きな2代目となりました。1982年、アメリカ・オハイオ工場での日本メーカー初の乗用車現地生産が始まり、4代目アコードではアメリカ製のワゴンなど、かなりの数が日本に逆輸入され、"帰国子女"などと呼ばれて愛されました。かつては輸入車のような風情を魅力のひとつとしたアコードですが、時とともに新たな輝きを加えてゆきました。

車　名	ホンダ・アコードハッチバックGX
形式・車種記号	E-SM
全長×全幅×全高（m）	4.230×1.620×1.340
ホイールベース（m）	2.380
トレッド前×後（m）	1.410×1.400
最低地上高（m）	—
車両重量（kg）	915
乗車定員（名）	5
燃料消費率（km/l）	12.5（10モード走行）
最高速度（km/h）	—
登坂能力	—
最小回転半径（m）	—
エンジン形式	EK
種類、配列気筒数、弁型式	CVCC・水冷直列4気筒横置OHC
内径×行程（mm）	—
総排気量（㎤）	1750
圧縮比	—
最高出力（PS/rpm）	95/5300
最大トルク（kg・m/rpm）	14.3/3500
燃料・タンク容量（ℓ）	—
トランスミッション	5速マニュアル
ブレーキ　（前）	前輪大径サーボ付きディスク
（後）	リーディングトレーリングデュアルPCV付
タイヤ	スチールラジアル165SR13（ミシュランXZX）
カタログ発行時期（年）	1980-1981

夕日を受けたハッチバックタイプ 1600 の横に佇む若い女性の写真とその下には、“ 個性の主張、ハッチバック。カーライフの多様化に対応する可変空間。” の文章とともに、テールゲートを開けた写真を載せ、収納スペースの大きさを印象づける。ハッチバック 1800GX については、“ 配光特性に優れたハロゲンヘッドライト “、“ ルーフコンソール ”、“ ミシュラン製 165SR13XZX・スチールラジアルタイヤ ” を装着した “ ブラックアルミホイール ” などの部品に触れている。

アコード 1600EX モデルの 4 ドアサルーンを紹介。カタログ内では、最高級モデルの 1800 EX-L については、“ リアシート・センターアームレスト ”、“ パワーウインド ”、“ 3ディメンション AM/FM・カセット式ステレオ “ 等の装備に触れながら、ベージュを基調とした室内のカットモデルも載せている。なおサルーンのエクステリアデザイン（外観）については、この時のマイナーチェンジでヘッドライトが丸型 4 灯から角形 4 灯に変更となり、フロントのイメージが一新された。

ENGINE 逞しい走りと、みごとな低燃費を両立させた、先進のCVCC-II新エンジン。

センタートーチ燃焼室とラピッド・レスポンスコントロールシステムの採用により、CVCCエンジン最大の特長である希薄燃焼方式の燃焼効率の良さを最大限に生かしきることに成功。低公害エンジンでは困難とされていた、壮快なパワー/レスポンスと優れた低燃費を高い次元で両立させた先進のエンジンです。低速から高速まで、あらゆる走行域で優れたドライバビリティを発揮。加速はどこまでも逞しく、レスポンスはあくまでもシャープに。アコードのダイナミックな変貌を実証する、高性能の心臓です。

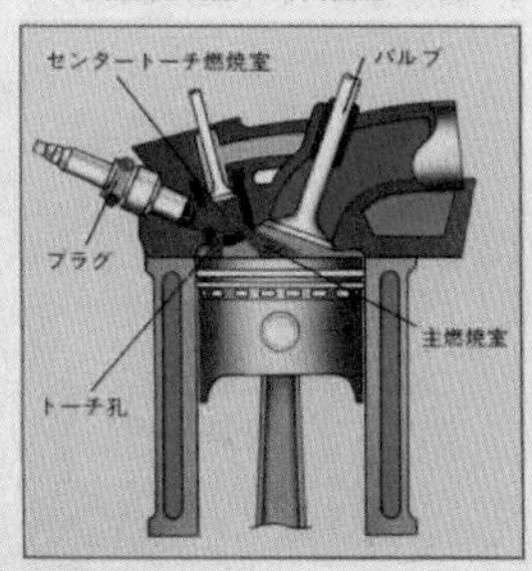

センタートーチ燃焼室

副燃焼室の位置を主燃焼室のほぼ中央に配した多孔型センタートーチ燃焼室を採用。希薄混合気の燃焼速度を速め、しかもムラのない安定した燃焼を可能にしました。これにより燃焼効率を飛躍的に高め、良好な燃費をもたらします。

ラピッド・レスポンスコントロールシステム

走行条件を感知して、ガソリンと空気の混合比とEGR率を連動させながら、理想的にコントロールするシステムです。クルージング等の低負荷時には、薄い混合気を送って燃費を良くし、加速等の中～高負荷時には理論混合比付近まで濃くして、良好なパワー/レスポンスをもたらします。

自動戻し付オートチョークシステム

始動操作と同時に自動的にチョークがセットされます。また、暖機完了と同時にエンジン回転が自動的にアイドリング近くまでさがるので、それだけ燃料の節約となり、騒音も抑えられます。

エンジンオイルの劣化を抑える、オイルクーラー

高回転走行時に高温となるエンジンオイルを冷却。オイルの効果を長もちさせ、同時にエンジンの信頼性を高めます。

確実な点火、フルトランジスタ点火方式

ポイントギャップの調整やポイント交換など、メンテナンスが不要です。始動性に優れ、安定したエンジン性能を引きだします。

低維持費の実現、メンテナンス部品の高性能化

交換時期の長いメンテナンス部品を採用し、ひときわ優れた経済性と信頼性を実現しています。●エンジンオイル＝10,000km●エンジンオイルフィルター＝20,000km●フューエルフィルター＝40,000km。

燃費	
10モード走行運輸省審査値	60km/h定地走行テスト値
サルーン1800	5速車 型式E-SM タイプ=SL、ES、EX、EX-L
13.0km/ℓ	22.0km/ℓ
サルーン1600	5速車 型式E-SV タイプ=SL、GF、EX
14.5km/ℓ	22.0km/ℓ
ハッチバック1800	5速車 型式E-SM タイプ=GL、GX、EX-L
12.5km/ℓ	22.0km/ℓ
ハッチバック1600	5速車 型式E-SV タイプ=SL、LX、EX
14.5km/ℓ	23.0km/ℓ

確かな走りをもたらす、ホンダ伝統のメカニズム

F・F方式＋ストラット方式四輪独立懸架＋台形

ハンドルを切った方向に素直に駆動力が働くF・F(フロントエンジン フロントドライブ)方式。四輪それぞれが、独自に路面からのショックを吸収するストラット方式四輪独立懸架。そして、超ワイドトレッドの台形ボディ。このホンダが鍛え抜いたメカニズムのみごとなマッチングにより、優れた走破性と確かな走行安定性を実現。雪道、泥道、横風など悪条件下の走行でも、快適な乗り心地をもたらします。

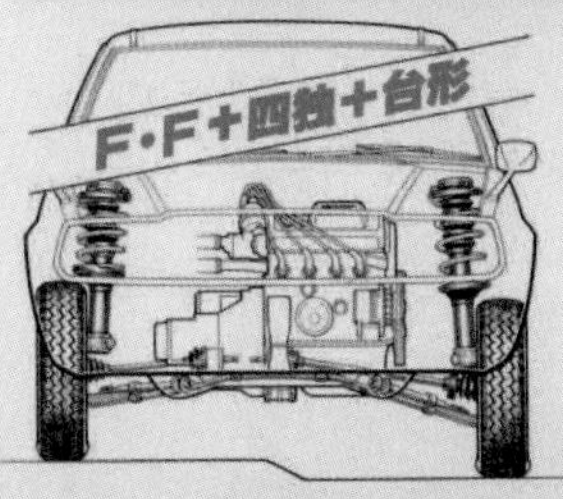

的確な操舵感覚、ラック&ピニオン式ステアリング

ダイレクトな操舵フィーリング。応答性に優れたシャープで確実なハンドリングが得られます。

快適な乗り心地を生む、リアサスペンション機構

●オフセットスプリング方式リアサスペンション＝ダンパーの作動をスムーズにし、走行中の軸摩擦を低減。快適な乗り心地を実現しています。

●リアサスペンションのコンプライアンス機能を確保＝走行中、道路のつなぎ目などで「コッン」と感じる不快な衝撃をソフトに吸収します。

●二重マウント(ダブマウント)方式リアダンパー＝リアダンパー先端の軸受部にマウントを二重に設置。これにより、小刻みな振動や突発的な振動をも柔軟に吸収し、しなやかでひきしまった乗り心地をもたらします。

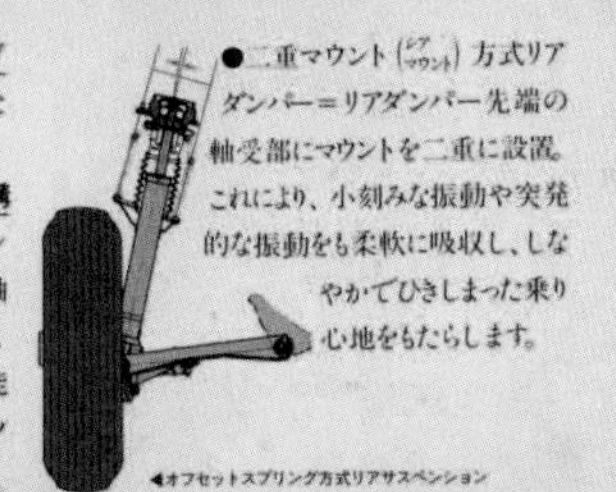

◀オフセットスプリング方式リアサスペンション

SILENT 徹底した防音・消音対策。トータルな追求により、ハイレベルの静粛性を実現。

エンジンの振動と音を抑える設計

●サブフレームラバーマウント方式＝エンジンを支えるサブフレームにゴムのマウントを使用。二重クッションによる静粛性の追求です(1800シリーズ)。

●8ウェイトバランサー＝クランクシャフトの回転で発生する振動を8個のバランサーにより、その発生源から抑制します。

●防振装置付ドライブシャフト＝ドライブシャフトの振動で生じる室内のこもり音を防振装置で抑制。高速走行時の室内騒音を軽減します。

排気音を抑える設計

●レゾネーター内蔵プリチャンバー付エキゾーストパイプ＝エキゾーストパイプに、プリチャンバーを設置。しかも低周波減衰をはかるレゾネーターを内蔵しています。エキゾーストパイプ内で、排気音とその反射音を相殺させることによって音を低減させるわけです。これにより、排気音を低く抑え、室内空間の静粛性を高めます。

車外の騒音を室内に入れない設計

●ドアシール＝外部騒音の侵入を防ぐと同時に、高速走行などで発生する風切り音をも抑えます。

●インシュレーター(遮音材)＝エンジンルームと室内をしきるトーボードとフロア部に吸音性に優れた遮音材を使用。エンジンルームからの透過音や走行時のロードノイズの侵入を抑えます。

●電気系統の配線・配管の入念な処理＝エンジンルームから室内への配線・配管口のキメ細かな処理により、騒音の室内侵入を大幅に減少。

3

エンジンとミッション部分に関しては、ホンダらしく精密に描かれた“CVCC-Ⅱ新エンジン”の構造図を載せ、このエンジンが“多孔型センタートーチ燃焼室”を持ち、この副燃焼室を主燃焼室のほぼ中央に配置することによって、希薄混合気の燃焼速度を速め、“燃焼効率を飛躍的に高め、良好な燃費をもたらします”と説明している。さらに、“ラピッド・レスポンスコントロールシステム”の採用によって、高速、低速など、あらゆる走行域において理想的な混合比をコントロールしていることで“良好なパワー/レスポンスをもたらします。”とある。そして“確かな走りをもたらす、ホンダ伝統のメカニズムF・F方式+ストラット方式四輪独立懸架+台形（注：ボディ形状のこと）”と謳い、“優れた走破性と確かな走行安定性を実現。雪道、泥道、横風など悪条件下の走行でも、快適な乗り心地をもたらします。”と解説している。

SMOOTH アコードの「車質」を語る、ホンダ独自の2つのスムーズ・ドライブ機構。

スムーズに、のびやかに

ODオーバードライブ付 ホンダマチック

スムーズさ、力強さ、静かさで、いままでのオートマチックの概念を変えた、オーバードライブ付ホンダマチック。すでに、アコードをお求めの2人に1人*の方が選択。爽快な走行フィーリングが多くの人を魅了しているのです。発進時はLローレンジで逞しい瞬発力を。市街地ではアクセルを踏むだけで、なめらかに力強く加速する、無段変速の★スターレンジで俊敏な走りを。ハイウェイではODオーバードライブレンジで悠々たる高速クルージングを。特にODは5速ミッション車にひけをとらないほどの静粛性と優れた経済性を発揮します。(*昭和54年9月〜55年2月・ホンダ調べ)

ひと目でわかる、ATポジション表示

タコメーター内に、ATレンジのマークを表示。前方を向いたままで、ATレンジのセレクト位置を容易に確認することができます。表示は見やすい点灯式ドットパターン。夜間はライトのスイッチを入れると減光し、眩しさを防ぎます。

(サルーン1600EX・1800ES、EX、EX-L ハッチバック1600LX、EX・1800GX、EX-L)

P パーキング＝前輪をミッションで確実にロック。サイドブレーキと併用すれば四輪ともロックされます。
R リバース＝バックするとき、使用してください。
N ニュートラル＝中立。
OD オーバードライブ＝ハイウェイなど、高速走行時に使用してください。
★ スターレンジ＝ほとんどの通常走行をカバーします。
L ロー＝発進、急坂、曲がりくねった坂道の上り下りなど、強いトルクやエンジンブレーキが必要なとき、お使いください。
● エンジン始動は P N のみでできます。飛び出し防止の安全設計です。
● 排出ガスレベルと燃費を最良に保つため、発進時、および40km/hまでは L レンジをご使用ください。

スムーズに、軽やかに

車速応動型 パワーステアリング

低速ではきわめて軽く、速度が増すにつれ高速では適度の重さに安定する、車速応動型パワーステアリング。車の速度に応じて、文字通りハンドルの手応えが変化します。たとえば、車庫入れや狭い場所での駐車の際は、きわめてわずかな力で操作でき、スピードがあがるにつれ次第に重さを増し、ハイウェイ走行など高速時には適度の重さに安定します。あたかもドライバーの気持ちを読みとるかのように反応、自然で確実な操舵フィーリングをもたらす、車速応動型パワーステアリング。ホンダ独自の機構です。すでに、アコード・ユーザーの80%*もの方が選択。その快適さが、スムーズなハンドリングが、多くの方の心を捉えています。(*昭和54年9月〜55年2月・ホンダ調べ)

車速応動型機構は、
昭和51年度の自動車技術会賞(技術賞)の
栄誉に輝きました。
社団法人 自動車技術会主催

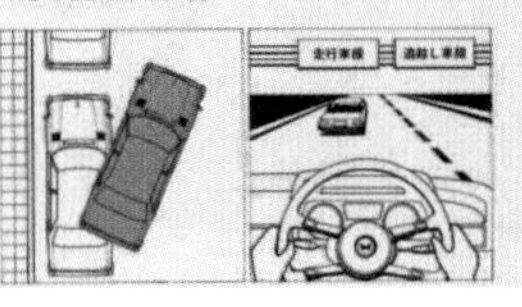

無段変速が特徴のオーバードライブ付きホンダマチックと“低速ではきわめて軽く、速度が増すにつれ高速では適度の重さに安定する”車速応動型のパワーステアリング（1976年自動車技術会賞受賞）を“ホンダ独自の2つのスムーズ・ドライブ機構。”として解説している。

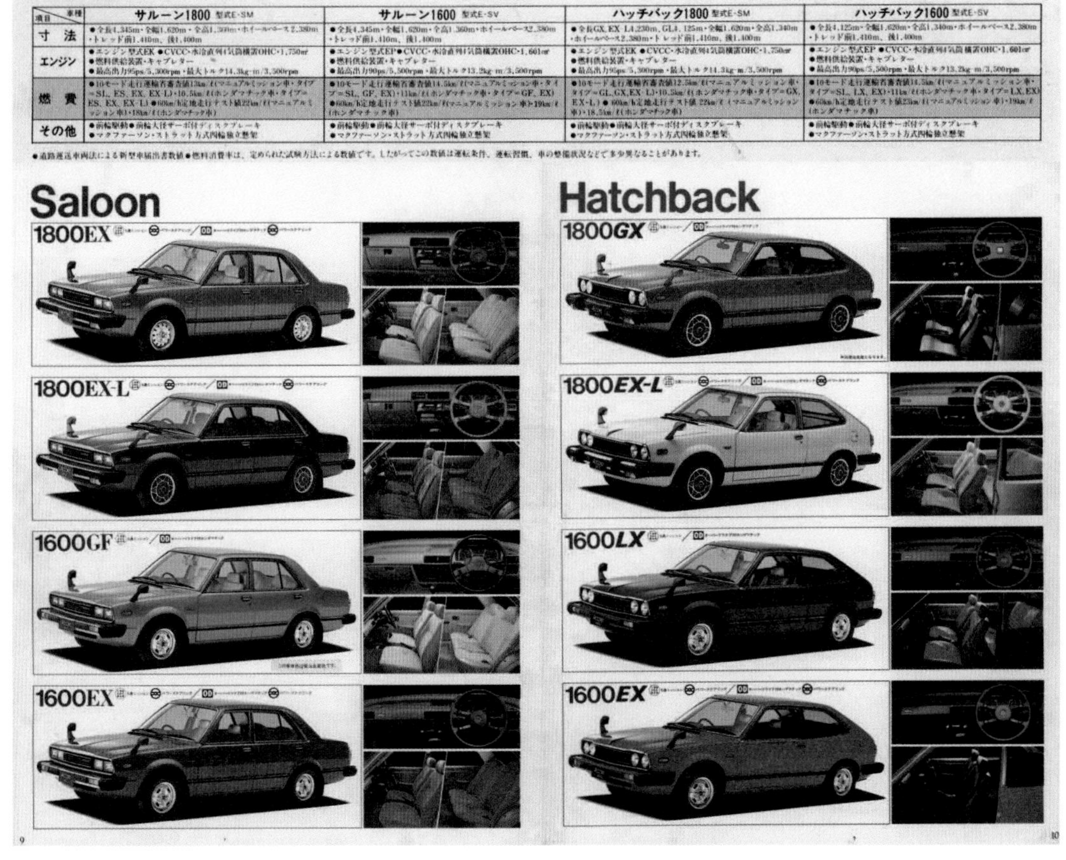

■主要諸元表

項目＼車種	サルーン1800 型式E-SM	サルーン1600 型式E-SV	ハッチバック1800 型式E-SM	ハッチバック1600 型式E-SV
寸法	●全長4,345m・全幅1,620m・全高1,360m・ホイールベース2,380m・トレッド前1,410m、後1,400m	●全長4,345m・全幅1,620m・全高1,360m・ホイールベース2,380m・トレッド前1,410m、後1,400m	●全長GX、EX-L4,230m、GL4,125m・全幅1,620m・全高1,340m・ホイールベース2,380m・トレッド前1,410m、後1,400m	●全長4,125m・全幅1,620m・全高1,340m・ホイールベース2,380m・トレッド前1,410m、後1,400m
エンジン	●エンジン型式EK ●CVCC・水冷直列4気筒横置OHC・1,750cm³ ●燃料供給装置・キャブレター ●最高出力95ps/5,300rpm・最大トルク14.3kg-m/3,500rpm	●エンジン型式EP ●CVCC・水冷直列4気筒横置OHC・1,601cm³ ●燃料供給装置・キャブレター ●最高出力90ps/5,500rpm・最大トルク13.2kg-m/3,500rpm	●エンジン型式EK ●CVCC・水冷直列4気筒横置OHC・1,750cm³ ●燃料供給装置・キャブレター ●最高出力95ps/5,300rpm・最大トルク14.3kg-m/3,500rpm	●エンジン型式EP ●CVCC・水冷直列4気筒横置OHC・1,601cm³ ●燃料供給装置・キャブレター ●最高出力90ps/5,500rpm・最大トルク13.2kg-m/3,500rpm
燃費	●10モード走行運輸省審査値13km/ℓ(マニュアルミッション車・タイプ=SL、ES、EX、EX-L)・10.5km/ℓ(ホンダマチック車・タイプ=ES、EX、EX-L) ●60km/h定地走行テスト値22km/ℓ(マニュアルミッション車)・18km/ℓ(ホンダマチック車)	●10モード走行運輸省審査値14.5km/ℓ(マニュアルミッション車・タイプ=SL、GF、EX)・11km/ℓ(ホンダマチック車・タイプ=GF、EX) ●60km/h定地走行テスト値22km/ℓ(マニュアルミッション車)・19km/ℓ(ホンダマチック車)	●10モード走行運輸省審査値12.5km/ℓ(マニュアルミッション車・タイプ=GL、GX、EX-L)・10.5km/ℓ(ホンダマチック車・タイプ=GX、EX-L) ●60km/h定地走行テスト値22km/ℓ(マニュアルミッション車)・18.5km/ℓ(ホンダマチック車)	●10モード走行運輸省審査値14.5km/ℓ(マニュアルミッション車・タイプ=SL、LX、EX)・11km/ℓ(ホンダマチック車・タイプ=LX、EX) ●60km/h定地走行テスト値23km/ℓ(マニュアルミッション車)・19km/ℓ(ホンダマチック車)
その他	●前輪駆動●前輪大径サーボ付ディスクブレーキ ●マクファーソン・ストラット方式四輪独立懸架	●前輪駆動●前輪大径サーボ付ディスクブレーキ ●マクファーソン・ストラット方式四輪独立懸架	●前輪駆動●前輪大径サーボ付ディスクブレーキ ●マクファーソン・ストラット方式四輪独立懸架	●前輪駆動●前輪大径サーボ付ディスクブレーキ ●マクファーソン・ストラット方式四輪独立懸架

●道路運送車両法による新型車届出書数値●燃料消費率は、定められた試験方法による数値です。したがってこの数値は運転条件、運転習慣、車の整備状況などで多少異なることがあります。

主要装備一覧　サルーン1800にはSL、ES、EX、EX-L。サルーン1600にはSL、GF、EX、ハッチバック1800にはGL、GX、EX-L、ハッチバック1600にはSL、LX、EXのグレードが、2つのボディ形状にそれぞれ用意されていた。

23 マツダ・サバンナ

10A型ロータリーエンジンを搭載、ロータリー初のワゴン車も設定。後期モデルでは12A型に換装し、レースでも活躍、スカイラインGT-Rの50連勝を阻止した。

サバンナ（SAVANNA）は、1971年9月に誕生しました。命名の理由は、"大草原を疾走する猛獣の野生美と溢れるパワー"のイメージに加えて、世界初の大西洋横断蒸気船、原子力商船がともに「SAVANNA（英語で熱帯、亜熱帯の大草原の意味）」に由来しているそうですが、このことからもサバンナに対するマツダの期待の大きさがうかがえます。

この頃のマツダ（当時の社名は東洋工業）は、ロータリーエンジン（RE）に非常に力を入れていました。

サバンナは10A型REを搭載した画期的なRE専用モデルで4ヵ月後には、RE車で初めてのワゴンも用意されました。市場における注目度もすこぶる高く、他メーカーからの乗り換え需要が多かったことも話題になりました。実に、当時は下取り車の半数以上が、他メーカーの車だったそうです。

サバンナは、セリカ1600GTやスカイライン2000GTなどとともに、若者を中心に高い人気を誇っていました。街中などで走っている姿を、よく見かけたものです。

筆者が東京で学生をしていた1970年頃、「マツダロータリー」という名を冠したショールームが都内の一等地に陣取っていました。銀座4丁目交差点近くにある、総ガラス張りの円筒形のビルの中でした。REに対するマツダの力の入れ方、会社の勢いを強く感じたものです。

サバンナは"ロータリースペシャルティ"をキャッチフレーズとして、ロータリーエンジン専用車として発売された。サイドのラインは「アーチェリーカーブ」と呼ばれている。

1972年9月には、最上位機種GT（12A型エンジン搭載で、輸出名はマツダRX-3）が追加されています。レース仕様のRX-3は、生産型の出力を125馬力から220馬力へ引き上げ、車両重量についても770kgと、100kgも軽量化していました。

サバンナはモータースポーツの舞台における活躍も目立ち、なかでもこのレース仕様のサバンナ（RX-3）は、1971年12月に開催された富士ツーリストトロフィーレース（富士スピードウェイ、500マイル）で総合優勝に輝き、強敵スカイラインGT-Rの国内レース50連勝を阻止するという快挙をなしとげ、その後もスカイラインGT-Rと互角以上の闘いを繰り広げています。

RX-3は、マツダ・サバンナレース仕様として、1972年の第19回東京モーターショーにも出品されていたこともあり、車好きの中には、サバンナのことをRX-3と呼ぶ人もいるのです。

1978年3月には、RX-3のRE後継車として、サバンナRX-7が誕生し、世界中のモータースポーツ・レースで大活躍。日産フェアレディ(DATDSUN)240Zやポルシェ911など、名だたる強豪を向こうに回して、IMSA（国際モータースポーツ協会：米国の自動車レース統括団体）通算100勝という輝かしい成績を残しました。

車　名	マツダ・サバンナクーペGS II
形式・車種記号	—
全長×全幅×全高（mm）	4065×1595×1350
ホイールベース（mm）	2310
トレッド前×後（mm）	1300×1290
最低地上高（mm）	165
車両重量（kg）	875
乗車定員（名）	5
燃料消費率（km/l）	—
最高速度（km/h）	180
登坂能力（tanθ）	0.61
最小回転半径（m）	4.3
エンジン形式	10A
種類、配列気筒数、弁型式	ロータリーエンジン
内径×行程（mm）	—
総排気量（cc）	491×2
圧縮比	9.4
最高出力（PS/rpm）	105/7000
最大トルク（kg・m/rpm）	13.7/3500
燃料・タンク容量（ℓ）	60
トランスミッション	前進4段後退1段　前進フルシンクロメッシュ
ブレーキ	前 油圧式4輪制動ディスク
	後 油圧式4輪制動リーディング＆トレーリング
タイヤ	Z78-13-4PR
カタログ発行時期（年）	1971

“サバンナにロータリー以外の車はありません。どこで会ってもロータリーの誇りを見せつけます。”と宣言。サバンナがロータリーエンジン専用モデルであることを前面に打ち出し、“あのコスモスポーツを、ルーチェロータリークーペを生んだ華麗なる系統<ロータリースペシャルティ>”と謳っている。ロングノーズのフロント部分は“フォーミュラーイメージ”がみなぎると紹介している。リアビューは、3連式のラウンドテールやヒップアップのダックテールなどを紹介している。表紙の裏に紫色の背景に白字で大きく書かれた“直感”の文字は、サバンナが直感に訴える車であることを強調している。

コックピットは、完全無反射式の大きなスピードメーターとタコメーターを中央に配置、その左横には時計と、水温計、電流計、燃料計の３つの小さなメーターが並んでいる。サバンナの登場した1971年当時は、スポーツカーなどで、航空機のコックピットのように６連７連とメーターを並べて装備するのが流行だった。シートはハイバケットタイプで、ホールド性に配慮されている。

セダンは薄いブラウンのボディカラーのGRモデルを載せ、"大人５人豊かに抱擁するスペシャルティルーム。波うつような深みのある空間です。"とのキャプションとともに、アイドリングの静かさで"エンジンをウッカリ再始動させてしまうほど"の防音仕様について説明。単なるスペシャルティカーとは次元が違うことを強調している。

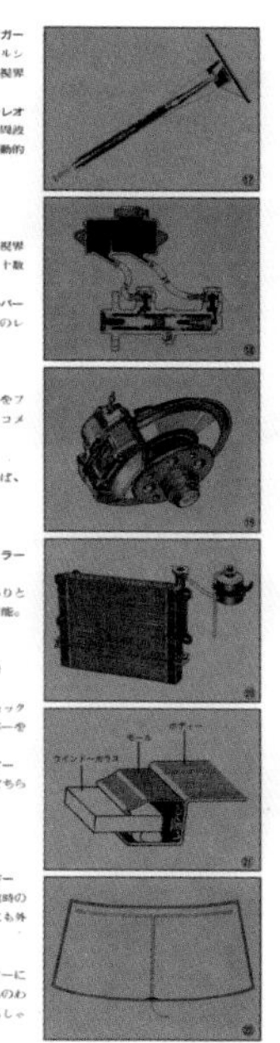

①熱線プリント式リアデフォッガー
デフロスターと連動式。オールシーズン、オールタイム、後部視界はクリアー。
②自動選局ラジオ付カーステレオ
とくに長距離走行には重宝。周波数が変わっても、ラジオが自動的に局をサーチ。
③ＧＳⅡマーク
④ボディーストライプ
⑤安全合わせガラス
万一の衝撃時にもクリアーな視界を確保する高級安全ガラス。十数年来全車種に採用。
⑥コンビネーションスイッチレバー
６種類のスイッチ類を、１本のレバーに集約。
⑦ダブルピラーアンテナ
⑧タコメーター
豪放繊細なロータリーパワーをフルに引き出すには、やはりタコメーターのフル活用。
⑨ステアリングロック
ＬＯＣＫの位置でキーを抜けば、盗難防止も万全。
⑩エアエクストラクター
⑪ワイドグリップ78タイヤ
⑫フレキシブルフェンダーミラー
⑬フルコンソール
クーラー、ステレオまで、ありとあらゆるオプションが内蔵可能。
⑭フロントエンブレム
⑮３連式テールランプ
⑯カークーラー（オプション）
⑰衝撃吸収ハンドル
ステアリングシャフトが、ショックを吸収。万一のときドライバーを守る安全メカニズム。
⑱タンデムマスターシリンダー
前後輪の油圧回路が独立。どちらかが故障しても制動可能。
⑲ディスクブレーキ（前輪）
⑳密封式ラジエーター
車検まで給水容易不要。
㉑接着タイプの前後ウインドー
美しいスタイルを生み、高速時の風切音がなく、万一の衝撃にも外れる心配がありません。
㉒ウインドシールドアンテナ
アンテナをフロントウインドーにシールドしました。出し入れのわずらわしさから解放。しかもしゃれています。

豪華・安全装備一覧表

装備＼車種	クーペ				4ドア		
	標準車	SX	GS	GSⅡ	標準車	RX	GR
コンソール　フロント		○	○	○		○	○
〃　リア			○	○			○
〃　センターアームレスト				○			
リクライニングシート		○	○	○		○	○
助手席側安全ベルト（3点式）			○	○			○
ヒーター		○	○	○		○	○
ラジオ		○	○	○		○	○
オートサーチラジオ付ステレオ				○			
ステアリングロック			○	○			○
オートクロック				○			
タコメーター		○	○	○		○	○
トリップメーター	○	○	○	○	○	○	○
ウインドシールドアンテナ							○
安全合わせガラス	○	○	○	○	○	○	○
熱線プリント式デフォッガー			○	○			○
フレキシブルフェンダーミラー			○	○			○
脱落式ルームミラー		○	○	○		○	○
2スピードワイパー	○	○	○	○	○	○	○
衝撃吸収ハンドル				○			
コートハンガー			○	○			○
ロープロフィールタイヤ	○	○	○	○	○	○	○
ワイドグリップ78タイヤ				○			
ディスクブレーキ（フロント）	○	○	○	○	○	○	○
マスターバッグ				○			
ダブルプロポーショニングバルブ	○	○	○	○	○	○	○
タンデムマスターシリンダー			○	○			○
密封式ラジエーター	○	○	○	○	○	○	○
ボディーストライプ			○	○			

"サバンナの装備は、いずれ劣らぬ豪華さです。"とのキャプションで、熱線プリント式リアデフォッガー、衝突時にもクリアーな視界を確保する安全合わせガラス、衝撃吸収ハンドル、タンデムマスターシリンダー（前後輪の油圧回路が独立しており、どちらかが故障しても制動可能）など、22項目について解説している。写真⑪のワイドグリップ78タイヤはクーペGS Ⅱのみに装備される。

前ページの写真、もういちどごらんください。
今さらとお思いでしょうが…これがエンジンなのです。
この写真だけでも
<RE革命>の偉大さを語るには十分でしょう。

不可能とされていた、まったく新しい内燃機関を、これほど短期に開発し、これほど短期間に普及させ、これほど多くの話題をふりまいた例が過去あったでしょうか。100年という長年月の間に常識化していたあの<往復ピストンエンジン>とはあまりにもかけ離れたメカニズム。もういちど、美しくも奇妙なこの形を見つめてください。数々の海外レース経験で勝ち取った名声と、無公害エンジンとしての未来性が、脈々と流れているのです。

○まわるピストンだから、振動が生じません。
○まわるピストンだから、レスポンスの良さは驚異的です。
○複雑なバルブやクランクメカニズムがないため、合理的でシンプルです。
○メカニズムが簡単だから、馬力当り重量はレシプロエンジンの約半分です。
○メカニズムが簡単だから、トラブルの可能性は極少です。
○まわるピストンだから、シンプルなメカニズムだから、騒音の発生原因がなく静かです。
○無鉛ガソリンで高性能を発揮するなど、無公害エンジンの有力候補です。

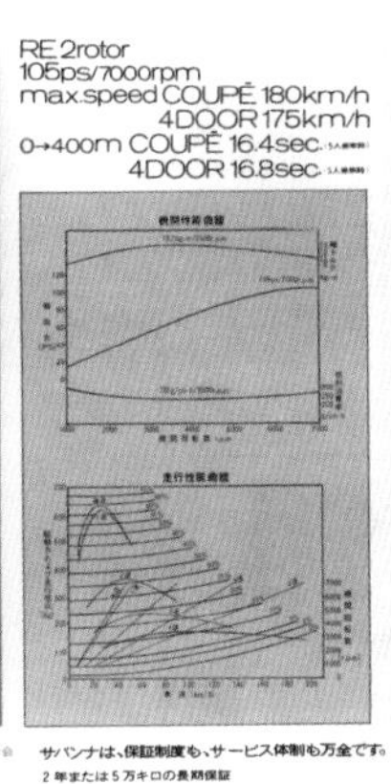

<RE革命>の経過をご紹介します。
自動車史上、これほどセンセーショナルな話題が渦巻いた時期があったでしょうか。RE革命は、今後一層その加速度と広がりを増すでしょう。

●1929
フェリックスバンケル技師、回転機械についての系統的調査、研究を開始。
●1951
西ドイツＮＳＵ社、バンケル技師と技術提携。
●1958
米国カーチスライト社ライセンシーとなる。
●1959
ＮＳＵ社、ロータリーエンジン100時間耐久テスト完了。その成功を世界に発表。
ＮＳＵ・バンケルエンジンの基礎調査開始。
●1960
西ドイツフィヒテル・ウント・ザックス社、ライセンシーとなる。
●1961
技術提携、ライセンシーとなる。
ヤンマーディーゼル、西ドイツクレックナー、フンボルトドイツ社、ダイムラーベンツ社、マン社、クルップ社、ライセンシーとなる。
●1963
第10回東京モーターショーに、ロータリーエンジン単体と部品を初出品。
●1964
第11回東京モーターショーに、ロータリーエンジン単体とテストカー・コスモスポーツを出品。
イタリアアルファロメオ社、ライセンシーとなる。
●1965
英国ロールスロイス社、西ドイツポルシェ社ライセンシーとなる。
●1966
約100台のコスモスポーツによる社外耐久テスト開始。
米国アウトボードマリーン社、ライセンシーとなる。
●1967
世界で初の2ローターロータリーエンジン車、コスモスポーツ発売。
ロンドン、およびパリモーターショーにコスモスポーツ出品。
第14回東京モーターショーにＲＸ87とＲＸ85を出品。
ルクセンブルグコモーター社、西ドイツヨハネスグラウプナー社、ライセンシーとなる。
ＮＳＵ社、2ローターロータリーエンジン車ＲＯ80発表。
●1968
ロータリーエンジンが日刊工業新聞1967年度新製品賞に選ばれ、<増田賞>を受賞。
世界初のロータリーエンジン量産化で<モータートレンド賞>を受賞。
ファミリアロータリークーペ発売。
●1969
ロータリーエンジン量産設備に対し、開銀の<国産技術振興資金>融資決定。
ファミリアロータリークーペ、シンガポールＧＰ（サルーン&ツーリングカーレース）で総合優勝。
ファミリアロータリークーペ、オーストラリア輸出開始。
大阪府警の名神パトカー10万キロ走破。
ファミリアロータリークーペ、フランコルシャン24時間レース5位6位に入賞。
ルーチェロータリークーペ発売。
ロータリーエンジンの開発で、第4回機械振興協会賞受賞。
●1970
ＳＡＥ（アメリカ自動車技術会）で論文を発表。
フレストロータリー発売。
ロータリーエンジンの開発に対し<昭和44年度機械学会賞>受賞。
カペラロータリー発売。
フレストロータリーアメリカ輸出開始。
ＲＥ搭載プロトタイプ<シェブロンマツダ>ルマン24時間レース5位入賞。
内外自動車メーカーが、ロータリーエンジン研究者「多表明」。
ＧＭ、トヨタ自動車工業がロータリーエンジンを注文。
第17回東京モーターショーにＥＸ005、ＲＸ500を出品。
ロータリー車生産累計10万台達成。
日産自動車、ＧＭ、鈴木自動車工業、ライセンシーとなる。
●1971
カペラ対米輸出開始。
モスクワの第8回石油会議で（ＲＥと燃料）について発表。
トヨタ自動車工業、ライセンシーとなる。
サバンナ発表。

サバンナは、保証制度も、サービス体制も万全です。
2年または5万キロの長期保証
サバンナのエンジンと重要部品には、2年または5万キロの長期保証制度を実施しています。アフターサービスの点でも、ご心配をおかけしません。全国4000店のサービスネットはもちろん、この看板の掲ったガソリンスタンド、ＪＡＦのロードサービスなど、いたるところでお受けになれます。
RE SERVICE

“自動車エンジンの主流は、もうロータリー。＜ RE 革命＞はすべて順調に進んでいます。”と述べ、カラーイラストでロータリーエンジンの詳細な動きを説明し“100 年という長年月の間に常識化していたあの＜往復ピストンエンジン＞”とはまったく違うメカニズムの新しい内燃機関をつくり上げたことを強調している。そして“＜ RE 革命＞の経過をご紹介します。”と題して、見開きページの下半分ほどのスペースに、1929 年のフェリックス・バンケル技師の研究開始から始まり、1971 年のサバンナの発表に至るまでのロータリーエンジン車の歴史を、年表形式で説明している。とりわけ第 11 回東京モーターショーにおけるロータリーエンジン（単体）とコスモスポーツ（テストカー）の出品（1964 年）などの自社に関する項目ついては、青字にして誇らしげに見える。この年表を見ると、ロータリーエンジン車が数々の海外レースを戦ってきたこともわかる。

上は“サバンナのスペシャルティラインアップ”と題して、5 色、5 タイプ（GSII、GS、SX、GR、RX）のモデルを紹介している。さらに、スポーティに仕上げるためのレーシングスクリーン、セーフティスコープ（フロントスクリーン上の日よけ）、リアウインドーバイザーのオプションについても触れている。右はクーペ GS Ⅱのスペック表。

サバンナクーペＧＳⅡ主要諸元　（　）内は４ドアGR

●寸法重量		
全長		4065mm
全幅		1595mm
全高		1350（1375）mm
ホイールベース		2310mm
トレッド	前	1300mm
	後	1290mm
最低地上高		165mm
客室寸法	長さ	1700mm
	幅	1290mm
	高さ	1115（1130）mm
車両重量		875（870）kg
乗車定員		5名
●性能		
最高速度		180（175）km/h
0→400m		16.4（16.8）秒……5名乗車時
登坂能力		0.61〈tan θ〉
最小回転半径		4.3m
制動距離		13.5m　〈50km/h〉
●エンジン		
型式		10A
総排気量		ロータリエンジン（491cc×2）
圧縮比		9.4
最高出力		105ps/7000rpm
最大トルク		13.7kg-m/3500rpm
●タンク容量		
ガソリン		60ℓ
エンジンオイル		4.9ℓ
●伝導装置		
クラッチ		乾燥単板式（ダイヤフラムスプリング）
トランスミッション		前進4段後退1段　前進フルシンクロメッシュ
変速比第１速		3.737
変速比第２速		2.202
変速比第３速		1.435
変速比第４速		1.000
変速比後退		4.024
減速比		3.700
●操縦装置		
ステアリング		ボールナット式バリアブルギヤレシオ
●タイヤサイズ		
前輪		Z78―13―4PR（6.15―13―4PR）
後輪		Z78―13―4PR（6.15―13―4PR）
●懸架装置		
サスペンション		前……独立懸架コイルバネ
		後……半楕円形板バネ
ショックアブソーバー		前後とも筒型両ぎきショックアブソーバー
●ブレーキ		
足	前輪	油圧式４輪制動　ディスク
	後輪	〃　リーディング＆トレーリング
手		機械式内部拡張式後２輪制動
●ボディ型式		
ボディー		セミモノコック
●付属品		スペアタイヤ、標準工具一式

改良のためお知らせせずに仕様を変更することがあります。

A4'7108N

24 マツダ・ロードペーサーAP

豪GMホールデンの大型ボディとシャシーに13B型ロータリーエンジンを搭載した。車名は"道路の王者"の意味で、日本を代表する大型車の期待が込められた。

車に相当詳しい人でも、ロードペーサーのことを覚えている人は少ないでしょう。今から40年以上前、筆者は、この非常に珍しい日豪合作の大型車に乗るという幸運に巡り合いました。当時、大学生だった私は、三次市（広島県北部のマツダのテストコースがあることでも有名）で、ロードペーサーに遭遇、乗車したのです。ロイヤルブルーメタリック（鮮やかで濃いブルー）というボディカラーの車で、室内の明るいベージュも良くマッチしていた印象が残っています。

ロードペーサーは、1975年4月に発売されました。オーストラリアのGM系メーカーであるホールデンとマツダが契約して、中型4ドアセダンであるホールデンプレミアのボディとシャシーを輸入。それに、マツダ最大のロータリーユニットである13B型ロータリーエンジン（RE）を搭載したものです。なおロードペーサーという名前は、"道路の王者"という意味で、「日本を代表する大型車として君臨してほしい」という、大きな期待が込められた命名です。生産累計は799台（4年間）です。

1975年の自動車専門誌の記事では、「販売台数の限られた大型のロータリーエンジン専用車を開発しようとすれば莫大な資金が必要となるため、このようにボディの供給を受けることにした」と、解説されていました。

また同自動車専門誌は"RE（ロータリーエンジン）に大型ボディをドッキング"とのキャプションを付けて、ロードペーサーを紹介していました。かくしてマツダは、念願のプレミアムクラスを、設備投資を抑えた形でラインアップすることができたのです。

著名な自動車評論家の星島浩氏は、発売直後のロードペーサーを試乗されて、振動の少なさや静粛さ、スムーズさといったREの長所が発揮されている点、さらに、他メーカーに先駆けて、REで低公害車を実用化した点を、高く評価していました。

また、「運転に際しても車の大きさを感じさせず、軽快で親しみの持てる車である」とも述べていました。

ロードペーサーはフルサイズのアメリカ車などに比べれば、コンパクトで日本の国情に合っていたと思います。マツダは販売目標を当初、月間100台としていました。日産のプレジデントにはおよばなかったものの、一時期は、トヨタのセンチュリーをしのぐ販売台数を記録したそうです。

ロードペーサーは、世界中を見渡しても、REを搭載した唯一の大型セダンであり、REの可能性をあくまで追求した先進的なモデルだったと言えるでしょう。

これは初期型モデルのポスター型のカタログ（実寸縦約60cm、横約50cmサイズの4つ折り）。実車の全幅は約1.9m近くあり、前席を3名乗車が可能なベンチシートとした定員6名の仕様も設定された。

車　名	マツダ・ロードペーサーAP　ベンチシート
形式・車種記号	C-RA13S
全長×全幅×全高（mm）	4850×1885×1465
ホイールベース（mm）	2830
トレッド前×後(mm)	1530×1530
最低地上高(mm)	160
車両重量(kg)	1565
乗車定員（名）	6
燃料消費率(km/ℓ)	—
最高速度（km/h）	165
登坂能力（tanθ）	0.43
最小回転半径(m)	5.7（車体6.3）
エンジン形式	13B型
種類、配列気筒数、弁型式	ロータリーエンジン
内径×行程(mm)	—
総排気量(cc)	654×2
圧縮比	9.4
最高出力(PS/rpm)	135/6000
最大トルク(kg・m/rpm)	19.0/4000
燃料・タンク容量(ℓ)	75（無鉛レギュラーガソリン）
トランスミッション	コラムシフト（REマチック）
ブレーキ　（前）	真空倍力装置付ディスク
（後）	真空倍力装置付デュオサーボ
タイヤ	7.50-14-4PR
カタログ発行時期（年）	1976-

ブリリアント ブラックのモデルとともにカタログ内で“ロードペーサー AP は、どの角度から眺めても、高級車としての風格と気品にあふれています。”と語っている。

このリアスタイルを撮影したモデルは、ロイアルブルー メタリックのロードペーサー AP である。リアエンブレムの「RE-130」は 13B 型ロータリーエンジンを搭載していることを示す。エグゾーストパイプがデュアル（2 本出し）になっており、“消音効果も大きく、「静かなロータリー」が、いっそう静かになりました。”と解説している。

ベージュ色のリアシートの生地は、高級モケット織を採用。サンバイザーや天井部分までも同じ素材が使用されており、“落ち着いた居住空間を創り出しています。”と説明が加えられている。フロントシートについては、セパレートシートとベンチシートの２タイプが用意されていた。

ロードペーサーAPには、空調関係は冷房、暖房、除湿、換気の各機能をもつ“マルチタイプエアコン”、オートマチックは、“REマチック”と称する、“滑らかなシフトアップを誇る”「6ポジション」が採用されていた。

ロードペーサーAP。虚飾を捨てた新しい豪華さと、国際的な機能美に満ちた大型乗用車。
その重厚で大らかなボデーを、ロータリーは驚くほど静かに滑らかに疾走させます。
51年規制を余裕をもってクリアした排出ガス対策と、すみずみに行届いた安全対策。
エグゼクティブにふさわしい居住性。……そのひとつひとつが、
これからの最高級車の水準をつくるものといえるでしょう。
地位を象徴するだけでなく、乗る方の知性と風格を語るビッグサルーンです。

51 合格
燃費改善・優遇税制適用車

“重厚で大らかなボデーを、ロータリーは驚くほど静かに滑らかに疾走させます。”と謳い、ロードペーサーAPの横いっぱいに広がるフロントグリル部分の写真を載せている。「51合格」の文字は、当時は非常に厳しいと考えられていた昭和51年度（1976年）の排出ガス規制に合格しており、“燃費改善・優遇税制適用車”であることを伝えている。

■ロータリーエンジンのAP＝REAPS・リープス
マツダは公害対策車をAPと呼びます。Anti Pollution（反汚染）です。ロータリーエンジンによる公害対策はRotary Engine Anti Pollution Systemの略でREAPSです。

■ロータリーエンジンはNOxの排出量が少ないのでその対策はCOとHCが中心です。そして、COやHCは基本的には燃やせばキレイになるのですから排気ガスがまだ熱いうちに新しい空気を送って再燃焼させます。それがサーマルリアクター方式です。

■排気ガスの成分は運転状態によって変化します。そこで、点火時期や燃料の濃さ、再燃焼用エアーの量などが、小型コンピューターによって正確にコントロールされています。

■ロードペーサーAPの排出ガスレベル（g/km）

	CO	HC	NOx
ロードペーサーAP（運輸省届出値 10モード・CVS）	1.5	0.06	0.73
昭和51年排出ガス規制値（平均値）	2.1	0.25	0.85

ロータリーエンジンが排ガス規制のクリアに大きく貢献していることを、詳細なイラストで説明。マツダはこの時代は、公害対策車をAPと呼んでいた。APはAnti Pollution（アンチ・ポリューション）の略で“反汚染”を意味するという記述が加えられている。マツダは、排気ガスがまだ熱いうちに新しい空気を送り、再燃焼させてCOとHCを減少させる「サーマルリアクター方式」によって排出ガス規制をクリアしていたのである。

ロードペーサー AP には、ロイアル ブルー メタリック、ブリリアント ブラック、ビーズ シルバー メタリックの 3 色のボディカラーに加えて、カタログにはないがオーロラ ホワイトというカラーも選べたようで、計 4 色のカラーが設定されていた。

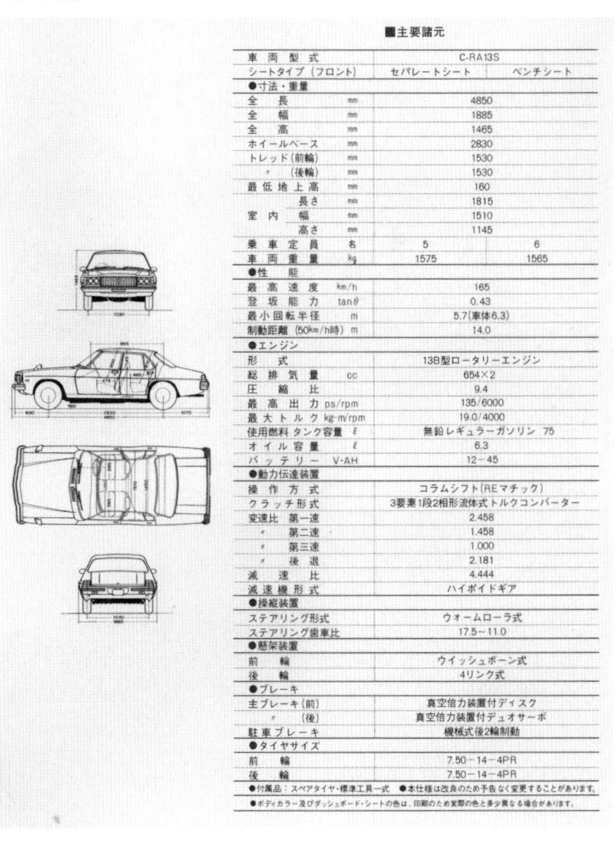

■主要諸元

車両型式		C-RA13S	
シートタイプ（フロント）		セパレートシート	ベンチシート
●寸法・重量			
全長	mm	4850	
全幅	mm	1885	
全高	mm	1465	
ホイールベース	mm	2830	
トレッド（前輪）	mm	1530	
〃（後輪）	mm	1530	
最低地上高	mm	160	
室内 長さ	mm	1815	
室内 幅	mm	1510	
室内 高さ	mm	1145	
乗車定員	名	5	6
車両重量	kg	1575	1565
●性能			
最高速度	km/h	165	
登坂能力	tanθ	0.43	
最小回転半径	m	5.7（車体6.3）	
制動距離（50km/h時）	m	14.0	
●エンジン			
形式		13B型ロータリーエンジン	
総排気量	cc	654×2	
圧縮比		9.4	
最高出力	ps/rpm	135/6000	
最大トルク	kg-m/rpm	19.0/4000	
使用燃料 タンク容量	ℓ	無鉛レギュラーガソリン 75	
オイル容量	ℓ	6.3	
バッテリー	V-AH	12−45	
●動力伝達装置			
操作方式		コラムシフト（REマチック）	
クラッチ形式		3要素1段2相形流体式トルクコンバーター	
変速比 第一速		2.458	
〃 第二速		1.458	
〃 第三速		1.000	
〃 後退		2.181	
減速比		4.444	
減速機形式		ハイポイドギア	
●操縦装置			
ステアリング形式		ウォームローラ式	
ステアリング歯車比		17.5〜11.0	
●懸架装置			
前輪		ウイッシュボーン式	
後輪		4リンク式	
●ブレーキ			
主ブレーキ（前）		真空倍力装置付ディスク	
〃（後）		真空倍力装置付デュオサーボ	
駐車ブレーキ		機械式後2輪制動	
●タイヤサイズ			
前輪		7.50−14−4PR	
後輪		7.50−14−4PR	

●付属品：スペアタイヤ・標準工具一式　●本仕様は改良のため予告なく変更することがあります。
●ボディカラー及びダッシュボード・シートの色は、印刷のため実際の色と多少異なる場合があります。

ロードペーサー AP（後期型）の主要諸元表。

25 トヨタ・セリカ

フォード・マスタングにならい“ベビイマスタング”と呼ばれたスペシャルティカー。自分だけの車をつくれるフルチョイスシステムを採用した。

1964年4月に、米フォード社から、マスタング（ムスタング）が発売されました。リー・A・アイアコッカを開発責任者とするマスタングは、スペシャルティカーと呼ばれる今までにないまったく新しいジャンルの車として、空前の大ヒットとなりました。

トヨタもセリカを、マスタングと同じようにスペシャルティカーと位置付けていました。

セリカは1970年10月の第17回東京モーターショーに出品され、直後の同年12月に発売されました。車名の「セリカ」は、「天上の、聖なる、神々しい」という意味のスペイン語“Celica”で、「無限の宇宙空間を駆けめぐるこの車のすべてを象徴」するという意味を持つ名前です。

スタイリングのベースは、1969年の第16回東京モーターショーに登場して注目を集めた、鮮やかなオレンジ色で斬新なスタイルのコンセプトカーのEX-1でした。新車発表の際にトヨタが謳ったとおり、セリカは、それまでのクーペやハードトップ、スポーツカーといった分野とは異なる、まったく新しいジャンルにおけるパーソナル・ユースを狙った乗用車で、日本初の本格的なスペシャルティカーでした。

“ベビィマスタング”とも称されたセリカは、マスタングのようにエンジン、ボディ、インストルメントパネルなどを自由に組み合わせ、自分だけの車がつくれるフルチョイス・システム（マスタングが導入し、大成功の原動力となったシステム）を、日本で初めて採用しました（DOHCエンジン搭載のGTと後に追加されたGTVはフルチョイス・システムを採用していません）。エンジン、外装、内装の組み合わせ、これにトランスミッション、塗装、各種オプション部品を組み合わせると数えきれないバリエーションとなり、価格については、フルチョイス・システムのためグレードや装備によって価格が異なり、57万円から100万円前後と幅がありました。

セリカは、スペシャルティカー発祥の地アメリカでも話題になり、国内においても、各メーカーがセリカに続くスペシャルティカーを次々に発売しています。

ところで、私の大学時代の友人が、この初代モデルの最終型である白色のハッチバッククーペを所有していました。初期のモデルとは異なり、この車はアメリカの輸出モデルに使われていたのと同じ大きなバンパーを装備していました。大きく開くテールゲートも特徴でした。

“未来の国からやってきた”（セリカ登場時のキャッチフレーズ）この車に乗って、カセット式のカーステレオで「ロマンス」など岩崎宏美さんの曲を聞きながら夜の首都高速を走ったことが、懐かしく思い出されます。

スタイルは、空気抵抗の少ないジェット機の層流翼の形が生み出す乱れのない美しい流線を意味する「ラミナー・フロー・ライン」の機能と美しさを追求したもので、高速安定性にも考慮したという。

車　名	トヨタ・セリカ　GTV
形式・車種記号	TA22-MQX
全長×全幅×全高（mm）	4165×1600×1300
ホイールベース（mm）	2425
トレッド前×後（mm）	1300×1305
最低地上高（mm）	165
車両重量（kg）	965
乗車定員（名）	5
燃料消費率（km/l）	16.5（定地）
最高速度（km/h）	190（推定）
登坂能力（tan θ）	0.61
最小回転半径（m）	5.0
エンジン形式	2T-G型
種類、配列気筒数、弁型式	水冷直列4気筒DOHC
内径×行程（mm）	85.0×70.0
総排気量（cc）	1588
圧縮比	9.8
最高出力（PS/rpm）	115/6400
最大トルク（kg・m/rpm）	14.5/5200
燃料・タンク容量（ℓ）	50
トランスミッション	前進5段オールシンクロ
ブレーキ	前 ディスク式
	後 リーディングトレーリング式
タイヤ	185/70HR-13（黒）
カタログ発行時期（年）	1972-1974

CELICA, THE SPECIALTY
現代を一歩も、二歩もリードするセリカ……その新たな全貌をお確かめください

1970年12月1日に発売されたセリカに追加車種として発表された1600GTV。“走りに徹した1600GTV精悍なデビュー！ 1600GTV。Vは勝利のイニシャル。セリカに加わった強烈な個性です。”とセリカの中でもさらにスポーツ性を高めた車種であることを語る。

まさに美しい野獣のイメージ。—— あるときは、しなやかに。ときに猛々しく。
5 Types of Exterior

5タイプの中でST、LT、ETの3つのモデルを紹介。“セリカのこの流れるようなボデーシルエットは、ラミナー・フロー・ラインと呼ばれ、空気力学をとことん追求して生み出されたものです。”と解説。尾灯・制動灯などのコンビネーションランプは、視認性向上のために立体化したという。

ロードの覇権を競いあう —— “ノーブル”なGT。“ワイルド”なGTV。
5 Types of Exterior

スパルタンな2つのモデル、GTとGTV。このモデルを“セリカのなかのセリカ。（中略）華麗なGT、熱いGTV、両雄相対したDOHCマシン…セリカの頂点です。”として、GTは「装備の豪華さ」を、GTVは「走りに徹した」と、2車の特徴を詳しく説明している。

インテリアの詳しい説明。フロントシートについては、“しずみ込むように着座。”の通り、ヘッドレスト一体のバケットタイプのシートは、低くセットされているため、足元もヘッドクリアランスも十分と述べている。CUSTOM、BASIC、DELUXE、GTV の 4 種類が用意されており、それぞれの個性に分けたデザインと素材が選ばれていることがわかる。

“ コクピットと呼ぶにふさわしいインストルメント ” と称されているメーターまわりのデザインについて、CUSTOM-SW、BASIC、DELUXE-S、GTV の 4 種類があることを紹介。なかでも GT と GTV については、専用のインテリアおよびインストルメントパネルが採用されていたが、高級感のある CUSTOM-SW は、木目調パネルを多く用いた豪華なものだった。

1407cc ／ 86ps、1588cc ／ 100ps、1588cc ／ 105ps、3 種類のエンジンに加えて、新たにレギュラーガソリン仕様の DOHC・1588cc ／ 110 馬力と 1588cc ／ 100 馬力（ツインキャブ）が追加され、計 5 種のエンジンとなり選択肢がさらに広がった。組み合わせが可能なトランスミッションもマニュアルの 4 段と 5 段の 2 種類に加えて、3 速オートマチックのトヨグライドの 3 種類から選択可能であった（GT と GTV は専用の 5 速マニュアルトランスミッション）。

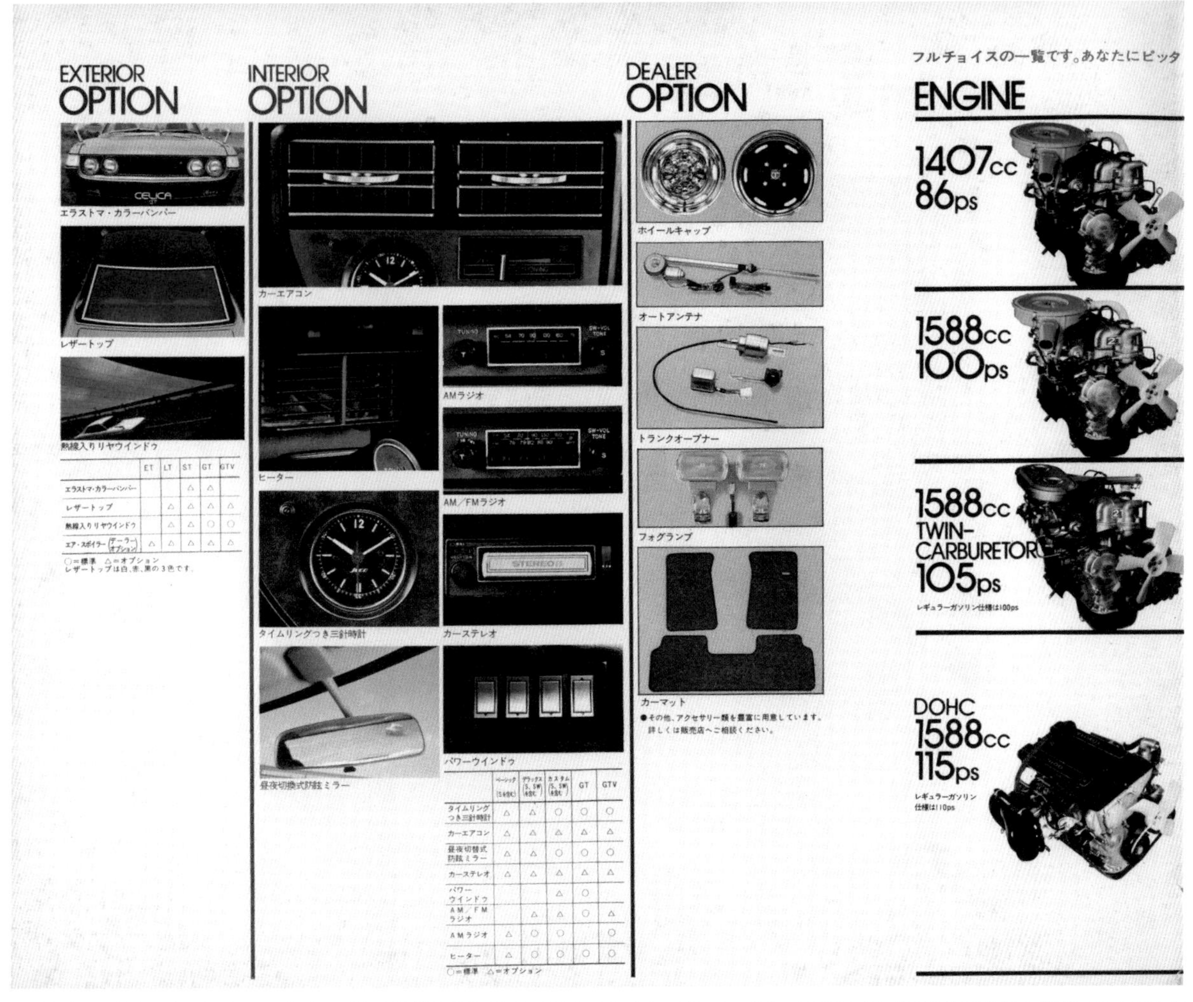

	ET	LT	ST	GT	GTV
エラストマ・カラーバンパー			△	△	
レザートップ		△	△	△	△
熱線入りリヤウインドウ		△	△	○	○
エア・スポイラー（デーラーオプション）	△	△	△	△	△

	ベーシック（S含む）	デラックス（S、SW含む）	カスタム（S、SW含む）	GT	GTV
タイムリングつき三針時計	△	△	○	○	○
カーエアコン	△	△	△	△	△
昼夜切替式防眩ミラー	△	△	○	○	○
カーステレオ	△	△	△	△	△
パワーウインドウ			△	○	
AM／FMラジオ		△	△	○	△
AMラジオ	△	○	○		○
ヒーター	△	○	○	○	○

“エラストマ・カラーバンパー”、“レザートップ”、“熱線入りリアウインドウ”の３種のオプション、“カーエアコン”などの他８種の選択可能なインテリア、５種のディーラーオプションに加えて選べる４種類のエンジンを掲載。

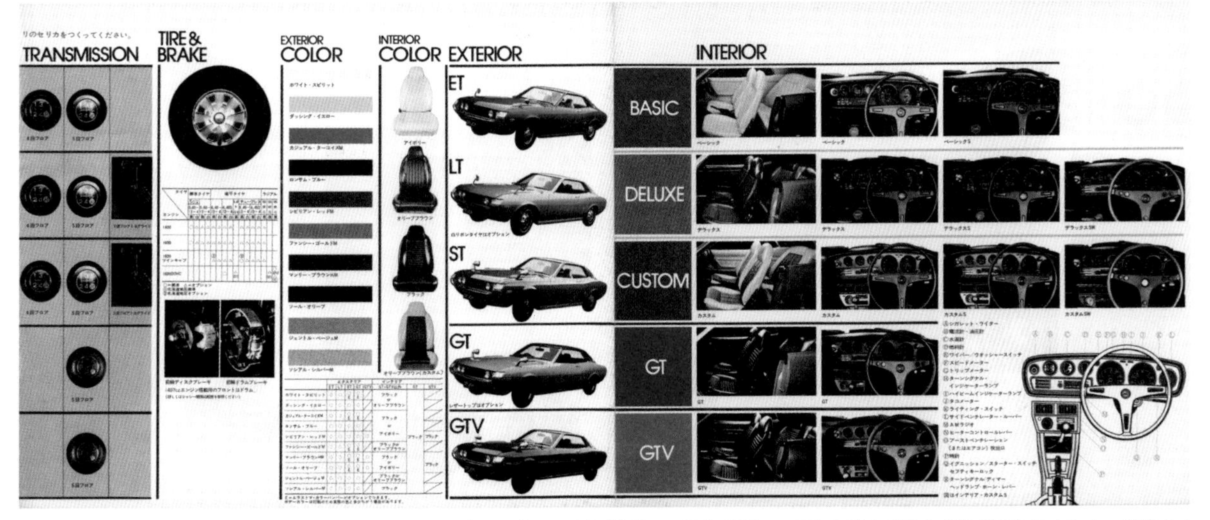

セリカのフルチョイス・システムにおけるトランスミッションは、“4段フロア”、“5段フロア”、“3速フロアトヨグライド”の３種が用意されていた。装着タイヤも多種類準備されており、９色のボディカラー、４種のシート、５つのタイプが紹介されている。当時のトヨタのプレスリリースには、このフルチョイス・システムに関して、「需要の多様化に対応して、ユーザーの個性をさらに生かすために（中略）外観、内装、エンジン、ミッションなど、できる限りユーザーの嗜好に合わせてえらぶことができるシステムである」と書かれている。

セリカ主要諸元表( )内はレギュラー仕様

エンジン	1400cc		1600cc			1600ccツインキャブ			1600ccDOHC·GT	1600ccDOHC·GTV
トランスミッション	4段フロア	5段フロア	4段フロア	5段フロア	3速フロア トヨグライド	4段フロア	5段フロア	3速フロア トヨグライド	5段フロア	5段フロア
型式	TA20−K	TA20−M	TA22−K	TA22−M	TA22−H	TA22−KZ (TA22-KZR)	TA22−MZ (TA22-MZR)	TA22−HZ (TA22-HZR)	TA22−MQ (TA22−MQR)	TA22−MQX (TA22−MQXR)
●エンジン										
エンジン型式	T型		2T型			2T−B型(2T−BR型)			2T−G型(2T−GR型)	
種類	水冷直列4気筒OHV								水冷直列4気筒DOHC	
シリンダー内径×行程mm	80.0×70.0		85.0×70.0							
総排気量cc	1,407		1,588							
圧縮比	8.5					9.4(8.5)			9.8(8.8)	
最高出力PS/rpm	86/6,000		100/6,000			105/6,000(100/6,000)			115/6,400(110/6,000)	
最大トルクkg·m/rpm	11.7/3,800		13.7/3,800			14.0/4,200(13.9/4,200)			14.5/5,200(14.0/4,800)	
キャブレター	2バレル式シングルキャブレター					2バレル式ツインキャブレター			ソレックス型ツインキャブレター	
ガソリンタンクℓ	50									
ガソリン	レギュラー					プレミアム(レギュラー)				

( )内は、新しく追加されたレギュラー仕様エンジン搭載の場合。

エンジン	1400cc		1600cc			1600ccツインキャブ			1600ccDOHC·GT	1600ccDOHC·GTV
トランスミッション	4段フロア	5段フロア	4段フロア	5段フロア	3速フロア トヨグライド	4段フロア	5段フロア	3速フロア トヨグライド	5段フロア	5段フロア
型式	TA20−K	TA20−M	TA22−K	TA22−M	TA22−H	TA22−KZ (TA22-KZR)	TA22−MZ (TA22-MZR)	TA22−HZ (TA22-HZR)	TA22−MQ (TA22−MQR)	TA22−MQX (TA22−MQXR)
●トランスミッション										
種類	前進4段オールシンクロ	前進5段オールシンクロ	前進4段オールシンクロ	前進5段オールシンクロ	前進3速トヨグライド	前進4段オールシンクロ	前進5段オールシンクロ	前進3速トヨグライド	前進5段オールシンクロ	前進5段オールシンクロ
変速比第1速	3.587	3.587	3.587	3.587	2.400	3.587	3.587	2.400	3.587	3.587
第2速	2.022	2.022	2.022	2.022	1.479	2.022	2.022	1.479	2.022	2.022
第3速	1.384	1.384	1.384	1.384	1.000	1.384	1.384	1.000	1.384	1.384
第4速	1.000	1.000	1.000	1.000	——	1.000	1.000	——	1.000	1.000
第5速	——	0.861	——	0.861	——	——	0.861	——	0.861	0.861
後退	3.484	3.484	3.484	3.484	1.920	3.484	3.484	1.920	3.484	3.484
●シャシー										
クラッチ 型式	乾燥単板ダイヤフラム				——	乾燥単板ダイヤフラム		——	乾燥単板ダイヤフラム	
クラッチ 操作方式	油圧式				——	油圧式		——	油圧式	
ディファレンシャル 型式	ハイポイドギヤ									
ディファレンシャル ギヤ比	4.100	4.300	3.900	4.111	4.111	3.900	4.111	4.111	4.111	4.111
プロペラシャフト	1本プロペラシャフト					2分割プロペラシャフト				
ブレーキ 前	ツーリーディング式		ディスク式							
ブレーキ 後	リーディングトレーリング式									
サスペンション 前	マクファーソン・ストラット式コイルスプリング									
サスペンション 後	4リンク・ラテラルロッド付コイルスプリング									
ステアリング コラム型式	リジッドタイプ								コラプシブル	
ステアリング ギヤ型式とギヤ比	リサーキュレーティングボール式 18.1									18.0~20.5(可変式)
タイヤ	5.60−13−4(黒)チューブレス					6.45−13−4(黒)チューブレス			6.45S−13−4(黒)	185/70HR−13(黒)

エンジン	1400cc		1600cc			1600ccツインキャブ			1600ccDOHC·GT	1600ccDOHC·GTV
トランスミッション	4段フロア	5段フロア	4段フロア	5段フロア	3速フロア トヨグライド	4段フロア	5段フロア	3速フロア トヨグライド	5段フロア	5段フロア
型式	TA20−K	TA20−M	TA22−K	TA22−M	TA22−H	TA22−KZ (TA22-KZR)	TA22−MZ (TA22-MZR)	TA22−HZ (TA22-HZR)	TA22−MQ (TA22−MQR)	TA22−MQX (TA22−MQXR)
●寸法										
全長 mm	4,165									
全幅 mm	1,600									
全高 mm	1,310									1,300
室内 mm 長	1,625									
室内 mm 幅	1,330									
室内 mm 高	1,060								1,070	
フロントシート・ヘッドクリアランスmm	910								920	
リヤシート・ヘッドクリアランスmm	865									
ホイールベースmm	2,425									
トレッド mm 前	1,280									1,300
トレッド mm 後	1,285									1,305
最低地上高 mm	175		170							165
●重量										
車両重量kg	890	890	895	895	910	900	900	915	955	965
定員 人	5									

エンジン	1400cc		1600cc			1600cc ツインキャブ			1600ccDOHC·GT	1600ccDOHC·GTV
トランスミッション	4段フロア	5段フロア	4段フロア	5段フロア	3速フロア トヨグライド	4段フロア	5段フロア	3速フロア トヨグライド	5段フロア	5段フロア
型式	TA20−K	TA20−M	TA22−K	TA22−M	TA22−H	TA22−KZ (TA22-KZR)	TA22−MZ (TA22-MZR)	TA22−HZ (TA22-HZR)	TA22−MQ (TA22−MQR)	TA22−MQX (TA22−MQXR)
●性能										
最高速度(推定)km/h	165	170	170	175	160	175	180	165	190(185)	190(185)
登坂能力tan θ	0.50	0.53	0.57	0.61	0.57	0.59(0.58)	0.63(0.63)	0.58(0.57)	0.63(0.59)	0.61(0.58)
0→400m加速 sec.	18.1	18.0	17.6	17.4	19.8	17.2(17.3)	17.0(17.1)	19.5(19.6)	16.5(16.6)	16.5(16.6)
燃料消費量(定地)km/ℓ	19.5	20.0	19.0	20.0	16.5	18.5	20.0	16.5	16.5	16.5
最小回転半径m	4.8									5.0

寸法図

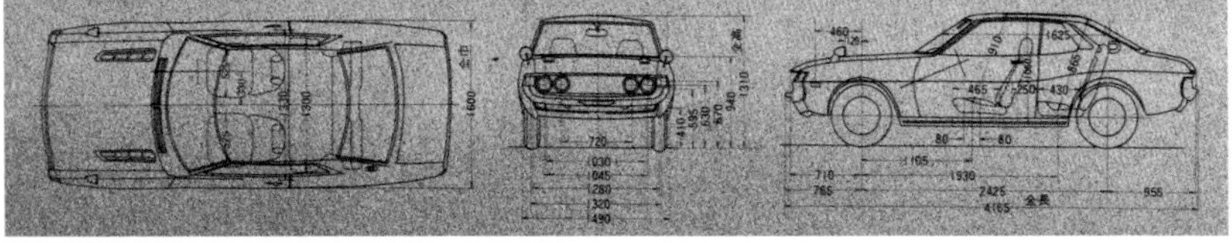

セリカの主要諸元と寸法図。

第 5 章

バブルの萌芽とスペシャリティカーの台頭

マスキー法をベースとした厳しい排ガス規制を受けて国産メーカー各社は、規制適合に懸命に取り組んだ。モーターショーにはそうした車たちが多く出展されるようになる（1977年の東京モーターショーには翌年発売の三菱の新型車ミラージュが参考出品された）。

自動車の急激な普及による大気汚染対策として、1970年代初頭から排ガス規制が順次、強化されていきましたが、1978年に導入された53年排ガス規制はNOx（窒素酸化物）排出量の大幅低減を求めるもので、自動車メーカー各社は対応に苦しみました。3元触媒の採用により、規制値は何とかクリアしましたが、出力の大幅低下は避けられず、新たなエンジンや技術の開発を求められました。こうした中で、1975年にはガソリンの無鉛化が始まり、翌1976年には10モード燃費公表制がスタート。オイルショックによるガソリン価格高騰と相まって、燃費性能向上の機運が高まっていきました。

自動車保有台数はこの年、3000万台を突破、5年後の1981年には4000万台に達します。この保有台数の中には商用車や三輪車、二輪車も含まれますが、乗用車の保有台数を見ると、1978年に2000万台に達し、モータリゼーションの進展、ファミリーカーの普及がうかがえます。自動車免許の保有者もうなぎ上りに増加しました。1973年に3000万人を突破した免許保有者は1979年に4000万人、1984年には5000万人を突破します。国内自動車生産は1980年に1104万台と1千万台を突破、日本は世界一の自動車生産国になりました。しかし、大量の輸出による相手先との摩擦も顕在化し、現地生産も始まりました。

国内の自動車ニーズの拡大を踏まえ、メーカー各社は競ってニューモデルや新ジャンルの車を出すとともに、兄弟車や姉妹車も増やしていきます。そうした中で、本章で取り上げたセリカXXやレパード、プレリュード、ソアラといったスペシャルティカーあるいはパーソナルカーと呼ばれる車が続々と誕生。これらは1985年あたりから始まったバブル経済下で登場する華やかな車たちの萌芽と言えるでしょう。

1960年代から一貫して続いてきた高度経済成長は円ドルの変動相場制による円高や第一次オイルショックによる石油高騰と狂乱物価により一転して不況局面に入りました。1978年には為替は1ドル200円の新高値を付け、円高不況という言葉が流行します。翌1979年には第二次オイルショックが起こり、さらに景気に水を差しました。こうした中でロッキード事件（1976年）、赤軍派日航機ハイジャック事件（1977年）、ホテルニュージャパン火災（1982年）、グリコ・森永脅迫事件（1984年）といったニュースが世の中を騒がせました。

その一方で、新幹線東京～博多開業（1975年）、池袋サンシャイン60の完成（1978年）、東京ディズニーランドの開業（1983年）など便利さと豊かさを享受し、レジャーを楽しむ時代の本格到来でもありました。1980年、読売巨人軍の王貞治選手が通算本塁打868本の記録を残し引退、歌手の山口百恵さんが日本武道館で引退コンサートを開きました。1983年に放映されたNHK朝の連続ドラマ小説「おしん」の視聴率が62.9％を記録しています。

26 トヨタ・セリカXX

セリカのラグジュアリーバージョンと位置付けられた高級グランドツアラー。米国ではスープラの名で販売され、人気を呼んだ。

標準型のセリカに対してセリカ XX（ダブルエックス）は、セリカのラグジュアリーバージョンと位置付けられた高級グランドツアラーでした。誕生は 1978 年 4 月です。セリカ XX は、スペイン語 “Celica” の「天の」「天空の」「神の」「天国のような」という意味に、未知数を表すアルファベット “ X ” を 2 つ重ねた車名です。

前年 8 月に誕生した 2 代目セリカがクーペとリフトバックという 2 つのタイプを持っているのに対して、セリカ XX はリフトバックのみで、セリカリフトバック（ホイールベース 2500mm、全長 4410mm）を基本として、ホイールベースを 130mm、全長は 190mm 延長し、6 気筒エンジンを搭載した結果、セリカリフトバックよりも一回り大きな車になりました。

自動車専門誌によると、セリカ XX はアメリカで大成功を収めた日産のフェアレディZ を最大の仮想敵として開発され、対米輸出も好調でした。発売直後の自動車専門誌は、セリカ XX が歴代のセリカの中でも最もアメリカ志向の強いモデルであると、率直な判定を下していました。具体的には、日本メーカーの手になるマスタングⅡやシボレーモンザのような車だとも評していました。車名については、北米市場向けは「SUPRA（スープラ）」（車名の由来はラテン語で「超えて」「上に」という意味）という車名で販売されましたが、日本国内向けは「セリカ XX」として販売されていました。

自動車専門誌では、ロードテストに関連して、標準型のセリカの猛々しさが感じられない、セリカとはイメージの違う車と評されていました。しかし角型 4 灯のヘッドライトを持つセリカ XX のフロントグリルには T 字状のデザインが採用されています。トヨタは過去に 2000GT でこのデザインを採用しており、後に 4 ドア版セリカと言われたスポーツセダンの初代カムリも採用するなど、スポーツ嗜好の強い車に用いられていたのです。

筆者は、セリカ XX のデザインは実に洗練された完成度の高いもので、今日の路上に現れても古さなどまったく感じさせない車だと考えています。同車は日本国内でも好意的に受け入れられ、都内でもしばしば目にしたものです。ボディカラーは白系が多かったような記憶があります。

セリカ XX は 1981 年 7 月にフルモデルチェンジされて 2 代目となりましたが、この 2 代目をもって 1986 年に販売終了。設計がセリカベースではなくなる 3 代目に相当するモデルから、国内向けも北米向けと同じ「スープラ」として販売されることになるのです。

CELICA XX 2800&2000 6CYLINDERS

搭載エンジンはいずれも直列 6 気筒で、発売当初は 1988cc の M-EU 型と 2563cc の 4M-EU 型エンジンであった。1980 年 8 月の変更時に 4E-EU 型エンジンは、2759cc の 5M-EU 型に換装されている。

車　名	トヨタ・セリカXX　2800G
形式・車種記号	E-MA56-BLHQE
全長×全幅×全高（mm）	4600×1650×1310
ホイールベース（mm）	2630
トレッド前×後（mm）	1365×1385
最低地上高（mm）	160
車両重量（kg）	1245
乗車定員（名）	5
燃料消費率（km/l）	8.0（10モード走行）
最高速度（km/h）	—
登坂能力（tanθ）	0.61
最小回転半径（m）	5.3
エンジン形式	5M-EU
種類、配列気筒数、弁型式	水冷直列6気筒OHC
内径×行程（mm）	83.0×85.0
総排気量（cc）	2759
圧縮比	8.8
最高出力（PS/rpm）	145/5000
最大トルク（kg・m/rpm）	23.5/4000
燃料・タンク容量（ℓ）	61
トランスミッション	4速フルオートマチック（2ウェイ・オーバードライブ付）
ブレーキ　（前）	ディスク
（後）	ディスク
タイヤ	195/70HR14
カタログ発行時期（年）	1980

巻頭ページに“新しいハート、新しい足。未知のドラマが始まる。”と文字を添え、ピュアーホワイトのセリカXX2800Gを上方からとらえたロングノーズが印象的な写真を掲載。さりげなく右にハイヒールが置かれていることに注目して欲しい。最終ページでは白いドレスの若い女性が、ハイヒールを履き、芝生の上に駐車されたセリカXX2800Gの横に立つシーンで、このカタログを“そしてまた、ドラマは始まる。”の言葉で締めくくっている。最初と最後の写真が連動している珍しい素敵なカタログである。

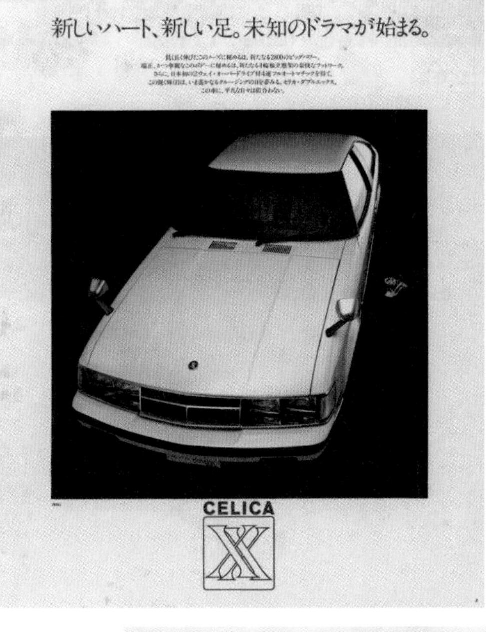

ピュアーホワイトのセリカXX2800Gの側面を紹介。さりげなく置かれた真っ赤なハイヒールと長く伸びた影が、「大人の車」とも言うべきこのモデルの奥深さを伝えているようだ。最高級グレードだったこのGグレード（2000G／2800G）については、14インチのアルミホイールが標準装備されていた。

“ここは、豊かさの本質に触れる空間。”と題して、室内を取り上げ、Gタイプにオプションの本革シートなど豪華な室内をカットモデルで紹介。この“本皮革シート”の皮革は、イギリスのコノリー（CONNOLLY）社製で、“VAUMOL”と呼ばれる最高級品であった。“ロールスロイスをはじめ、フェラーリ、アストンマーチン、ランチャといった世界の名車で使用されているもの。”であると解説されているが、カタログ中で他メーカーの車名が列挙されるのは滅多に無いことで、筆者は少し驚いた。確かに、世界に冠たる高級車と同じ内装を持つ革張りのシートの車が愛車であれば、オーナーとしては密かな歓びを感じていたのかもしれない。

フォルムが求める色と、素材が求める色と、
人間の求める色とがドラマティックにハーモニーしている。底知れぬパワーの2800。

2800G ●5M-EU型エンジン 6気筒 OHC-EFI 2,759cc・145PS／5,000r.p.m.・23.5kg-m／4,000r.p.m. ●4輪独立懸架
●5速マニュアル・4速 フルオートマチック（2ウェイ・オーバードライブ付）

▼ボデーカラー：スモーキーグリーン

オートエアコンはオプション

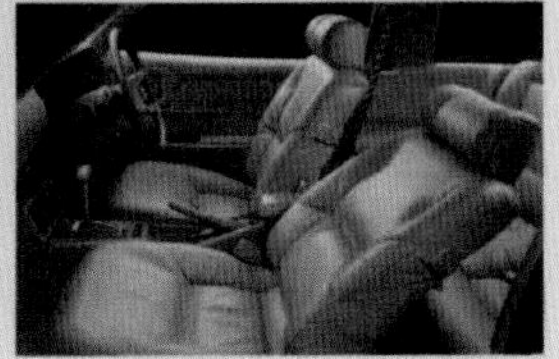

どの車にも、それぞれのドラマがある。
主人公の登場するその日を待つ、秘めたるパワーの2000シリーズ。

2000G
●M-EU型エンジン 6気筒 OHC-EFI 1,988cc・125PS／6,000r.p.m.・17.0kg-m／4,400r.p.m. ●4輪独立懸架
●5速マニュアル・4速フルオートマチック（オーバードライブ付）
▼ボデーカラー：ピュアーホワイト
オートドライブはオプション
2000S
●M-EU型エンジン 6気筒 OHC-EFI 1,988cc・125PS／6,000r.p.m.・17.0kg-m／4,400r.p.m. ●4輪独立懸架
●5速マニュアル・4速フルオートマチック（オーバードライブ付）
▼ボデーカラー：ピュアーホワイト
2000L
●M-EU型エンジン 6気筒 OHC-EFI 1,988cc・125PS／6,000r.p.m.・17.0kg-m／4,400r.p.m.
●5速マニュアル
▼ボデーカラー：フレーバートープ

“秘めたるパワーの2000シリーズ。”の2000G、2000S、2000Lには、6気筒OHC・1988cc・125PSのM-EU型エンジンが搭載され、“底知れぬパワーの2800。”と称される2800Gには、6気筒OHC・2759cc・125PSの5M-EU型エンジンが搭載されていた。4つのグレードに6色のボディカラーが用意されていた。

まさに、豪華絢爛と呼ぶにふさわしい装備群。これだけの脇役が揃えば、思いのままのドラマが描ける。

“ウレタンバンパー”、“タルボ型電動リモコン式フェンダーミラー”、“ライズアップ式ウォッシャーノズル組込みワイパー”、“ハンディマップランプ”、“チルトステアリング”などを全車標準装備。中でも“テンションリデューサー付 ELR フロントシートベルト”の装備は、衝突時には確実にロックされてドライバーを守る優れたものだった。青い文字部分は G タイプ、S タイプまたは G・S タイプに標準装備。赤い文字部分は、オプションの装備と説明されている。全 32 項目もの装備を紹介しているが、“まさに、豪華絢爛と呼ぶにふさわしい装備群。これだけの脇役が揃えば、思いのままのドラマが描ける。”と言えるだろう。

主要諸元表		2800		2000				
		G		G		S		L
トランスミッション		5速マニュアル	4速フルオートマチック	5速マニュアル	4速フルオートマチック	5速マニュアル	4速フルオートマチック	5速マニュアル
車両型式		E-MA56-BLMQE	E-MA56-BLHQE	E-MA55-BLMQE	E-MA55-BLHQE	E-MA55-BLMSE	E-MA55-BLHSE	E-MA45-BLMNE
全長 mm		4,600		4,600				
全幅 mm		1,650		1,650				
全高 mm		1,310		1,310				
ホイールベース mm		2,630		2,630				
トレッド	前 mm	1,365		1,365				
	後 mm	1,385		1,385				1,365
最低地上高 mm		160		160				
室内	長 mm	1,645		1,645				
	幅 mm	1,360		1,360				
	高 mm	1,075		1,075				
車両重量 kg		1,235	1,245	1,220				1,160
乗車定員 名		5		5				
車両総重量 kg		1,510	1,520	1,495				1,435
登坂能力 tanθ		0.61		0.43	0.46	0.43	0.46	0.45
最小回転半径 m		5.3		5.3				
燃料消費率 km/ℓ	60km/h定地走行（運輸省届出値）	16.5		17.0	16.0	17.0	16.0	17.0
	10モード走行（運輸省審査値）	8.7	8.0	9.3	8.2	9.3	8.2	9.3
エンジン型式		5M-EU		M-EU				
種類		水冷直列6気筒OHC		水冷直列6気筒OHC				
内径×行程 mm		83.0×85.0		75.0×75.0				
総排気量 cc		2,759		1,988				
圧縮比		8.8		8.6				
最高出力 ps/r.p.m(JIS)		145/5,000		125/6,000				
最大トルク kg-m/r.p.m(JIS)		23.5/4,000		17.0/4,400				
キャブレター		EFI		EFI				
燃料タンク容量 ℓ		61		61				
使用燃料		無鉛ガソリン		無鉛ガソリン				
クラッチ形式		マニュアル：乾燥単板ダイヤフラム・油圧式　オートマチック：3要素1段2相式トルクコンバーター						
変速比	第1速	3.287	2.452	3.287	2.450	3.287	2.450	3.287
	第2速	2.043	1.452	2.043	1.450	2.043	1.450	2.043
	第3速	1.394	1.000	1.394	1.000	1.394	1.000	1.394
	第4速	1.000	0.688	1.000	0.689	1.000	0.689	1.000
	第5速	0.853		0.853		0.853		0.853
	後退	4.039	2.212	4.039	2.222	4.039	2.222	4.039
変速機	歯車形式	ハイポイドギヤ		ハイポイドギヤ				
	減速比	3.727	3.909	3.909	4.300	3.909	4.300	3.909
ステアリング	形式	ボールナット式(パワーステアリング)		ボールナット式(パワーステアリング)				ボールナット式
	歯車比	16.4		16.4				19.0〜22.5
サスペンション	前	ストラット式独立懸架		ストラット式独立懸架				
	後	セミトレーリングアーム式独立懸架		セミトレーリングアーム式独立懸架				[illegible]
ブレーキ	前	ディスク		ディスク				
	後	ディスク		ディスク				リーディングトレーリング
タイヤ（標準仕様）		195/70HR14		195/70HR14		185/70HR14		

道路運送車両法による新型車届出書数値。サンルーフ仕様の場合は、車両重量が10kg増加し、室内高が45mm減少します。燃料消費率は、定められた試験条件のもとでの値です。実際の走行時には、この条件（気象、道路、車両、運転、整備などの状況）が異なってきますので、それに応じて燃料消費率が異なってきます。

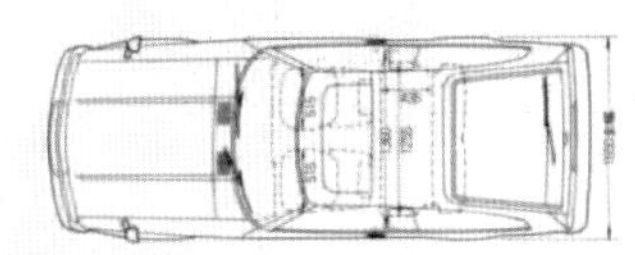

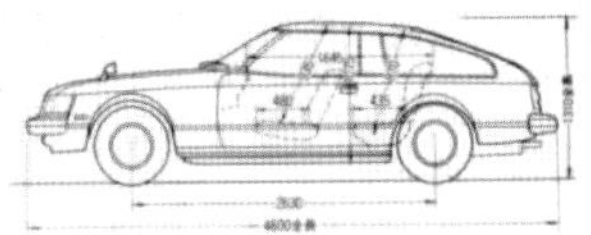

27 日産レパード

ライバルのソアラに先んじて登場した上級パーソナルカー。V6・3000ccターボモデルも追加され、戦闘力を高めた。

レパードは上級パーソナルカーを目指して開発され、トヨタ・ソアラ（1981年2月登場）に先んじて、1980年9月に初代モデルが発売されました。ソアラが2ドアクーペモデルのみであったのに対して、レパードは、2ドアクーペの他に、6ライト（両側に合わせて6つのサイドウインドーを持つ）の4ドアピラードハードトップもラインナップされました。「レパード（LEOPARD）」は英語で“豹（ひょう）”を意味します。

また、同時期に販売系列の関係から、姉妹モデルのレパードTR-X（トライエックス）も誕生しています。TR-XとはX＝未知なるものに挑むモデルだと、日産は説明していました。

レパードの誕生した1980年は、日本の自動車生産台数が1100万台を突破し、アメリカを抜いて、世界一の自動車生産国となった記念すべき年です。

レパードは、ブルーバードSSSなど既存の車の部品もためらうことなく流用。エンジンについても、新設計の直列6気筒DOHC2800ccエンジンを使用したモデルであるソアラとは違い、既存のエンジンを採用していました。初代と2代目のモデルでは、イメージキャラクターに、俳優の加山雄三氏を起用しています。

レパードには、ベーシックモデルとして1800ccの直列4気筒モデルも用意され、幅広い販売戦略を展開しましたが、ソアラの牙城を切り崩すことはできませんでした。その後1984年6月に、V6・3000ccターボのモデルが、レパードのラインナップに加えられました。

その時の自動車専門誌には、「最初からこのV6・3000ccエンジンが搭載されていたなら、レパードもイメージの面でソアラと互角の戦いができただろう」と、その早期の登場を強く期待していたのが印象的でした。

レパードは数多くの先端技術を持つ日産の野心作でしたが、1986年2月にフルモデルチェンジして、4ドアハードトップがラインナップから外れ、ライバルのソアラのように、2ドアクーペモデルのみとなりました。

レパードの登場は、日本のスペシャリティカーに一石を投じる素晴らしいものでした。

レパードは、それまでの日本車には無かった真に先進的な高級パーソナルカー、“華麗なる豹”として、日産の歴史にその名を刻んだのです。1992年6月にレパードJ.フェリーというレパードの名を冠した車が登場しますが、両者の間には直接的なつながりはないと筆者は思っていました。1996年4代目レパードが登場し、1997年にマイナーチェンジをされましたが、4代目がレパードを名乗る最後のモデルとなりました。

レパードの開発テーマは、“自分なりの価値観をもったユーザーに選ばれる車“であり、加えて“斬新なスタイルと先進技術に裏づけられた高性能・高品質を追求したニューエイジカー”であった。

車　名	日産レパード4ドアハードトップ280X・SF-L
形式・車種記号	ニッサンE-HF30GFEL
全長×全幅×全高（mm）	4630×1690×1345
ホイールベース（mm）	2625
トレッド前×後（mm）	1400×1390
最低地上高（mm）	—
車両重量（kg）	1300
乗車定員（名）	5
燃料消費率（km/l）	9.1（10モード走行）
最高速度（km/h）	—
登坂能力(tanθ)	0.45
最小回転半径（m）	5.2
エンジン形式	L28E型
種類、配列気筒数、弁型式	OHC水冷直列6気筒
内径×行程（mm）	—
総排気量（cc）	2753
圧縮比	—
最高出力（PS/rpm）	145/5200
最大トルク（kg・m/rpm）	23.0/4000
燃料・タンク容量（ℓ）	無鉛レギュラーガソリン・62
トランスミッション	OD付5速フロアシフト
ブレーキ　（前）	ベンチレーテッドディスク式
（後）	ディスク式
タイヤ	195/70HR14
カタログ発行時期（年）	1980

白い４ドアハードトップと赤い２ドアハードトップという２つのボディ形状のモデルを並べて紹介。どちらも最高級モデルの 280X・SF-L。“SENSITIVE FORM”(見るものを刺激すデザイン）の文字で、両車の感性あふれる独特なプロポーションを強調する。レパードは、２ドア・４ドアともに巧みなデザイン技術が随所に駆使されており、ブラックの細いリヤピラーなどにより、あたかもリヤピラーが無く、サイドウインドーとリヤウインドーとが、大きな１枚のガラスで造作されているかのような印象を与えてくれる。

“FANTASTIC COCKPIT” と題して、レパードのコックピットの独自装備である “ マルチ電子メーター ” などを紹介。スピードメーターとタコメーターの間に配置されたこの “ マルチ電子メーター ” は、燃料、水温、油圧、電圧の各表示をスイッチひとつで切り替えることのできる優れた機構だった。“ 先進のテクノロジーは、ここまで機能をシンプルにできる ” との文字が、先進機能をさらに強調している。オートスピードコントロールを略した “ASCD（リジューム、アクセラレート機構付）” も搭載されており、リジュームスイッチをセットすれば、ブレーキングなどでキャンセルしても元のスピードに自動で戻る日本初（注：日本初はカタログ記載されている）のシステムのアクセラレート機構を搭載。指先で ACCEL スイッチを押し続けると、アクセルを踏まなくても加速し、ACCEL スイッチを放すと、その時の車速にセットすることも可能だった。さらに、世界初の装備として、“ ワイパー付アウトサイドミラー ” も紹介。これは、フェンダーミラーにワイパーを付けて雨や雪からミラーの視界を確保するという、非常にユニークなものだった。

室内については、“SPACE FOR FREEDOM”（自由への空間）の文字を添えて、レザーシート仕様の４ドアのカットモデルを載せている。“ オートボリュームコントロール ”（車内の騒音レベルに応じてラジオやステレオの音量を自動調整するシステム）、風量も自動調整できる “ オートエアコン ”、“ 照明付きバニティミラー ” などの装備が施されていた。また２ドアハードトップ全車には、“ トランクスルーシート（前倒れスプリット式）” を採用し、トランクルームと直結し、“ チェロやスキーなどの長めの荷物もらくに運べる ” とその利便性を解説している。

大きく精密な透視図を載せ、“Super Technology” のタイトルとともに、レパードが採用した機能を解説しながら「日産の高い技術力のすべてを注いだ車」であることを伝えている。ここで特に注目すべき点は、レパードがサスペンションにオートレベライザーを搭載したことである。これはリヤサスペンションに空気バネを追加し、電子的に車高を感知して空気バネの空気圧を調整することで、車高を一定に保ちながら、乗り心地にも役立つシステムであった。筆者は、日産がこの斬新なオートレベライザーをもっと強調すべき機構だったと思っている。

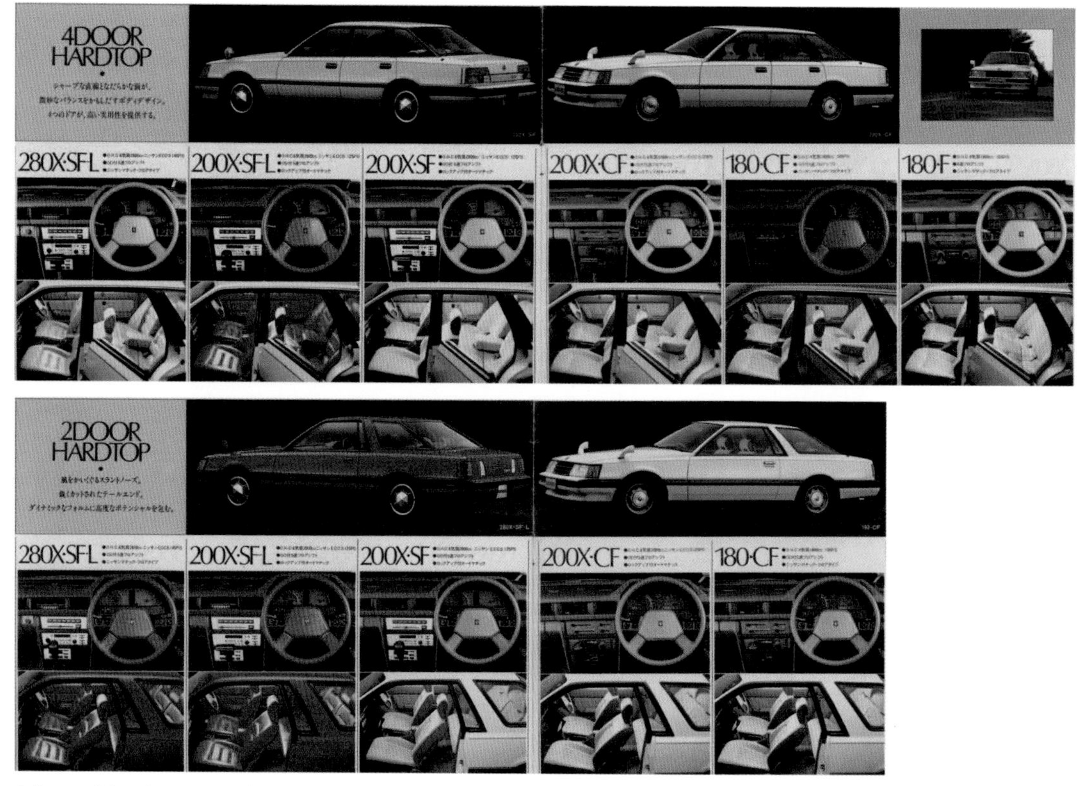

4ドアハードトップには6つのグレードがあり、2ドアハードトップには5つのグレードが用意されていた。エンジンもL28E（2800cc）、L20E（2000cc）、Z18（1800cc）の3種類があり、選択肢の幅は広かった。

●4面図 (数値は280X・SF-L)

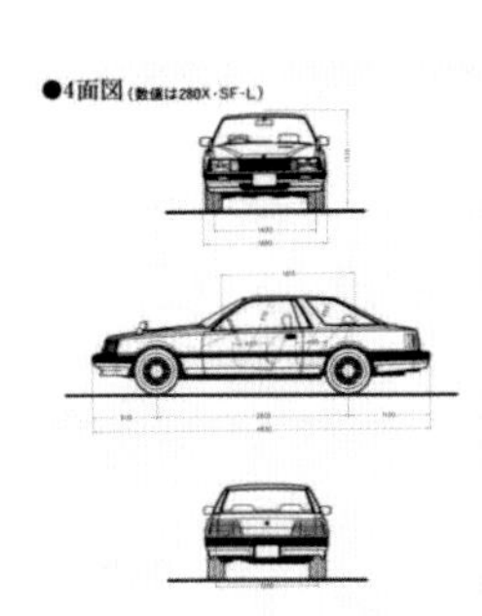

●主要諸元表

車種	2ドアハードトップ				
	280X・SF-L	200X・SF-L	200X・SF	200X・CF	180・CF
車名型式	ニッサンE-HF30	ニッサンE-PF30			ニッサンE-JF30
車種記号					
OD付5速フロアシフト	HF30RGFEL	PF30RGFEL	PF30RGFE	PF30RHFE	JF30RHF
ニッサンマチック・フロアタイプ	HF30RGAEL				JF30RHA
ロックアップ付オートマチック		PF30RGAEL	PF30RGAE	PF30RHAE	
寸法					
全長 mm	4630				
全幅 mm	1690				
全高 mm	1335		1345		
室内寸法 長×幅×高 mm	1815×1400×1090				
ホイールベース mm	2625				
トレッド 前/後 mm	1400/1390		1400/1385		1400/1380
重量・定員					
車両重量 kg	1290(1290)	1265(1270)	1255(1260)	1200(1205)	1110(1110)
乗車定員 名	5				
性能					
登坂能力 tanθ	0.45				0.44
最小回転半径 m	5.2				
燃料消費率 10モード(運輸省審査値) km/ℓ	9.1(8.1)	9.4(8.5)		10.0(9.4)	12.0(10.0)
燃料消費率 60km/h定地走行(運輸省届出値) km/ℓ	16.5(13.5)	17.5(16.5)		17.5(16.5)	20.0(16.0)
エンジン					
型式	L28E型	L20E型			Z18型
種類・シリンダー数	OHC水冷直列6気筒				OHC水冷直列4気筒
総排気量 cc	2753	1998			1770
最高出力 PS/rpm	145/5200	125/6000			105/6000
最大トルク kgm/rpm	23.0/4000	17.0/4400			15.0/3600
燃料供給装置	ニッサンEGI〈ECCS〉				シングルキャブレター
使用燃料・タンク容量 ℓ	無鉛レギュラーガソリン・62				
諸装置					
クラッチ形式	乾燥単板ダイヤフラム(3要素1段2相形トルクコンバーター)				
トランスミッション	OD付5速フロアシフト(ニッサンマチック〈フロア〉)				
ステアリングギヤ形式・ギヤ比	パワーアシスト付ラック&ピニオン式				ラック&ピニオン式
懸架方式 前	独立懸架ストラット式				
〃 後	オートレベライザー付独立懸架セミトレーリングアーム式		独立懸架セミトレーリングアーム式		4リンク・コイル式
ショックアブソーバー 前・後	油圧式筒型複動				
スタビライザー 前・後	トーションバー式				
主ブレーキ 前	ベンチレーテッドディスク式				
〃 後	ディスク式				リーディングトレーリング式
駐車ブレーキ	機械式後2輪制動				
タイヤ 前・後	195/70HR14	185/70SR14			175SR14

●本仕様書は改良のため予告なく変更することもあります。 ●燃料消費率は定められた試験条件のもとでの値です。実際の走行時の気象・道路・車両・運転・整備などの条件により燃料消費率は異なってきます。( )内はニッサンマチック・フロアタイプまたはロックアップ付オートマチック。

●4面図 (数値は280X・SF-L)

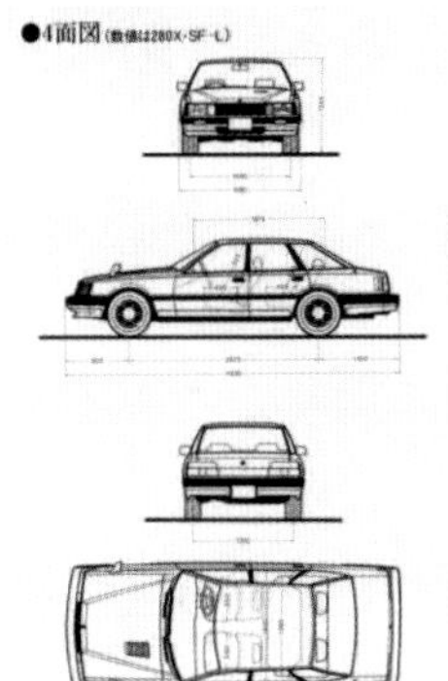

●主要諸元表

車種	4ドアハードトップ					
	280X・SF-L	200X・SF-L	200X・SF	200X・CF	180・CF	180・F
車名型式	ニッサンE-HF30	ニッサンE-PF30			ニッサンE-JF30	
車種記号						
4速フロアシフト						JF30
OD付5速フロアシフト	HF30GFEL	PF30GFEL	PF30GFE	PF30HFE	JF30HF	
ニッサンマチック・フロアタイプ	HF30GAEL				JF30HA	JF30A
ロックアップ付オートマチック		PF30GAEL	PF30GAE	PF30HAE		
寸法						
全長 mm	4630					
全幅 mm	1690					
全高 mm	1345		1355			
室内寸法 長×幅×高 mm	1815×1400×1100					
ホイールベース mm	2625					
トレッド 前/後 mm	1400/1390		1400/1385		1400/1380	
重量・定員						
車両重量 kg	1300(1300)	1275(1280)	1265(1270)	1210(1215)	1120(1120)	[1105](1105)
乗車定員 名	5					
性能						
登坂能力 tanθ	0.45				0.44	
最小回転半径 m	5.2					
燃料消費率 10モード(運輸省審査値) km/ℓ	9.1(8.1)	9.4(8.5)		10.0(9.4)	12.0(10.0)	[12.0](10.0)
燃料消費率 60km/h定地走行(運輸省届出値) km/ℓ	16.5(13.5)	17.5(16.5)		17.5(16.5)	20.0(16.0)	[19.0](16.0)
エンジン						
型式	L28E型	L20E型			Z18型	
種類・シリンダー数	OHC水冷直列6気筒				OHC水冷直列4気筒	
総排気量 cc	2753	1998			1770	
最高出力 PS/rpm	145/5200	125/6000			105/6000	
最大トルク kgm/rpm	23.0/4000	17.0/4400			15.0/3600	
燃料供給装置	ニッサンEGI〈ECCS〉				シングルキャブレター	
使用燃料・タンク容量 ℓ	無鉛レギュラーガソリン・62					
諸装置						
クラッチ形式	乾燥単板ダイヤフラム(3要素1段2相形トルクコンバーター)					
トランスミッション	OD付5速フロアシフト[4速フロアシフト](ニッサンマチック〈フロア〉)					
ステアリングギヤ形式・ギヤ比	パワーアシスト付ラック&ピニオン式				ラック&ピニオン式	
懸架方式 前	独立懸架ストラット式					
〃 後	オートレベライザー付独立懸架セミトレーリングアーム式		独立懸架セミトレーリングアーム式		4リンク・コイル式	
ショックアブソーバー 前・後	油圧式筒型複動					
スタビライザー 前・後	トーションバー式					
主ブレーキ 前	ベンチレーテッドディスク式					
〃 後	ディスク式				リーディングトレーリング式	
駐車ブレーキ	機械式後2輪制動					
タイヤ 前・後	195/70HR14	185/70SR14			175SR14	

●本仕様書は改良のため予告なく変更することもあります。 ●燃料消費率は定められた試験条件のもとでの値です。実際の走行時の気象・道路・車両・運転・整備などの条件により燃料消費率は異なってきます[ ]は4速フロアシフト。( )はニッサンマチック・フロアタイプ またはロックアップ付オートマチック。

レパード諸元表。

28 ホンダ・プレリュード

FFスペシャリティ2ドアクーペとして登場。初代は車高の低さ等で評価が分かれたが、2代目は一回り大きくなり、4輪アンチロックブレーキを日本で初採用。

フルモデルチェンジされた2代目のプレリュードが、スローモーションで走って来ます。バックにはラヴェル作曲の『ボレロ』が響いています。これは、プレリュード登場時のテレビCMです。筆者にとって、日本車のテレビCMの中でも、最も格調高く、印象に残る作品と記憶しています。

初代プレリュードは、知的で個性的なFFスペシャルティカーとして、1978年11月に発売。全長4090mmの2ドアクーペで、パワーユニットはアコード1800と共通でした。欧米でも高い評価を受け、FFスペシャルティカーというジャンルを切り拓いた車でしたが、一方では、車高の低さに起因するヘッドクリアランス（頭上空間、頭と天井との間の距離）の少なさや、室内（後席含む）の狭さなどに対する不満の声も出ていました。

しかし、1982年11月に発売された2代目プレリュードは、ホンダがこうした声を踏まえ、独自の先進技術を余すことなく注ぎ込んで登場しました。FF車としての走行性能に加えて、次世代のスペシャルティカーとしての資質を徹底追求して開発した成果でした。初代と比べて一回り大きく（全長205mm、車幅も55mm拡大）なり、まったく別の車に生まれ変わったといっても過言ではなかったのです。

自動車専門誌は、早くも1983年2月号で、新型プレリュードのテストを行なっています。テストコースを舞台としたレポートでは、新設計のCVCC・12バルブエンジン、日本初の4輪アンチロックブレーキ(ALB)など数々の装備も含めて、高く評価していました。

パワーユニットについても自然吸気エンジンで、ツインカムでもターボチャージャー付きでもありませんでしたが、3バルブのクロスフローヘッドや2個のCVキャブレターを備え、必要充分なパフォーマンスを見せてくれたのです。

筆者はこれまで数多くのカタログを蒐集してきましたが、これ程までに構造の解説に力を入れたカタログは、他には見当たりません。先駆的モデルとしての自負がみなぎるホンダらしいカタログと言えるでしょう。プレリュードは何代にもわたって生産されましたが、筆者はこの2代目モデルがスタイル的にも一番気に入っています。

ところでホンダは、2代目プレリュードの発売にあたって、販売計画を公表しています。それによると当初、月間販売台数を2000台としてスタート、輸出も好調に推移していました。

2代目は国内で大ヒットとなっただけでなく、初代プレリュードと同様、欧米でも高い評価を獲得しました。世界に通用するホンダの技術力と巧みな世界戦略が見事に成功した一例と言えるでしょう。

車名の“プレリュード(prelude)”とは、日本語では「前奏曲」を意味し、オペラや劇などにおいて冒頭に演奏される曲のこと。ラテン語が語源らしく、“物事の始まる前兆”も意味しているという。

車　名	ホンダ・プレリュードXX
形式・車種記号	ホンダ・E-AB
全長×全幅×全高（m）	4.295×1.690×1.295
ホイールベース（m）	2.450
トレッド前×後（m）	1.470×1.470
最低地上高（m）	0.160
車両重量（kg）	980
乗車定員（名）	4
燃料消費率（km/l）	13.0（10モード走行）
最高速度（km/h）	—
登坂能力（tanθ）	0.51
最小回転半径（m）	5.1（車体5.5）
エンジン形式	ES
種類、配列気筒数、弁型式	CVCC水冷直列4気筒横置OHC 1頭上カム軸4バルブベルト駆動
内径×行程（mm）	80.0×91.0
総排気量（cm³）	1829
圧縮比	9.4
最高出力（PS/rpm）	125/5800
最大トルク（kg・m/rpm）	15.6/4000
燃料・タンク容量（ℓ）	60
トランスミッション	5速マニュアル
ブレーキ　（前）	ベンチレーテッド・ディスク
（後）	ディスク
タイヤ	スチールラジアル185/70SR13
カタログ発行時期（年）	1982

黄昏時に疾走する赤いプレリュード。"Something Coming" 部分の解説には、"サーキットで鍛えぬいたレーシング・テクノロジーとホンダの美学がいま、新たな時の始まりを予感させずにおかない ボルテージみなぎる、走る生きものを誕生させた"とある。この"走る生きもの"という言葉は、当時のテレビコマーシャルでも流れていたが、今までにないこの表現はとても新鮮な印象だった。

写真のタイプは、オプション設定されていたオリジナルのアルミホイールを履くプレリュードの最上級モデルのXXであり、写真ではわかりづらいと思われるが、このモデルには、前後のバンパーにツートンカラーが採用されていた。

スポーティな小径37㎝の3本スポークのステアリングホイールは、当時はかなり斬新なデザインだった。右にあるスイッチは"クルーズコントロール"(車速を一定に維持する機構)であり、45km/hから100km/hまでをコントロール可能。スピードメーターやタコメーターなども標準モデルは、オレンジ色の表示であったが、XXでは"カラード液晶デジタルメーター"の設定車も選べた。

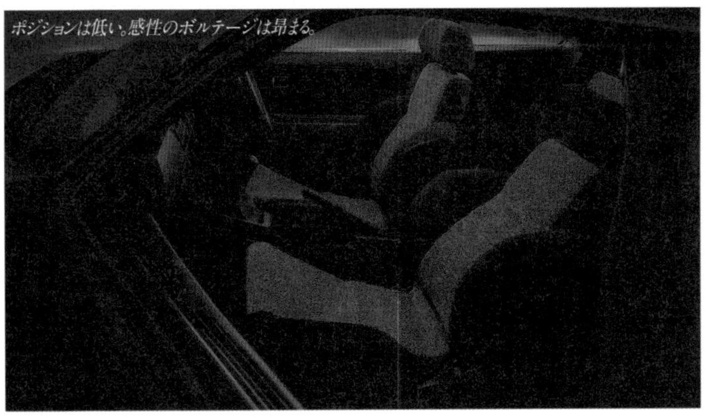

左右のホールド性の高いフロントシート(カタログでは"走りの指定席、フルバケットシート"と表記)は、ドライバーのヒップポイントを、地上高410mmに設定し、初代よりもさらに30mm低く設定したドライバーポジションを実現していた。

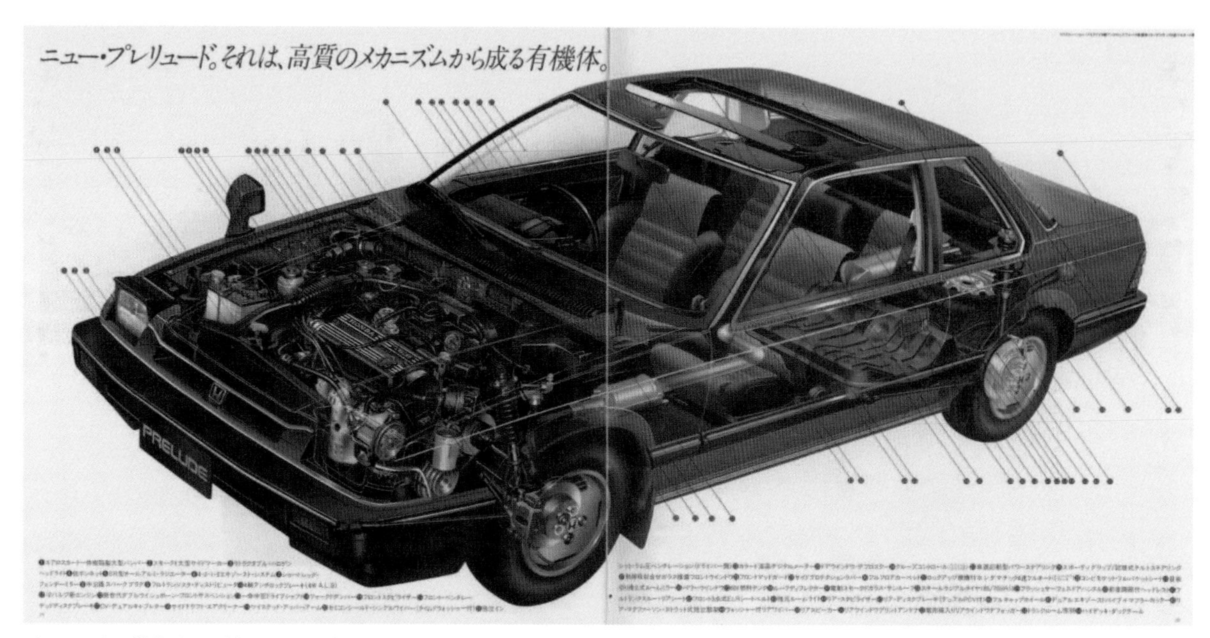

ニュー・プレリュード。それは、高質のメカニズムから成る有機体。
PRELUDE

プレリュードの構造がこの透視図によって良くわかる。2 代目の特徴の " リトラクタブル・ハロゲンヘッドライト "、新開発 4 気筒横置 OHC・1800CC のエンジン、全車標準装備された電動スモークガラス・サンルーフに加え、足回りに関しては、フロントにフォーミュラーカーの " ダブルウィッシュボーン・サス "、リアには " ホンダ伝統のストラット式サスペンション " を採用し、4 輪独立懸架を実現していた。" ガン・グリップ AT レバー " や " コンビモケット・フルバケットシート " なども専用のデザインだった。

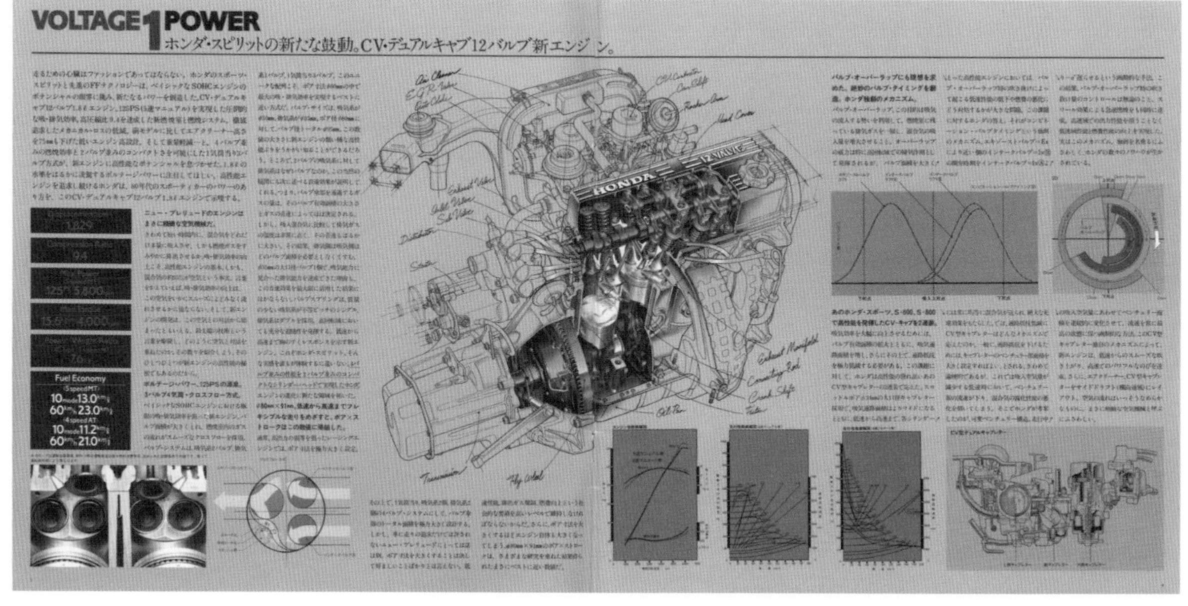

新開発の "CV・デュアルキャブ 12 バルブ新エンジン " は、吸気バルブ 2 個、排気バルブ 1 個というユニークな設計で最高出力は 125 馬力 (5 速マニュアル) を誇る。ホンダらしく、1 気筒あたり 4 バルブ並みの吸排気効率を実現すると同時に、2 バルブ並みのコンパクト設計が可能となり、低速域での滑らかな走りのみならず、高速域でのパワフルな伸びにもつながっていると解説。あのホンダ S-600、S-800 で高性能を発揮した CV キャブレターを 2 連装して用いていることにも触れ、プレリュードがホンダスポーツのメカニズムの一部を継承していることを、さりげなく伝えていた。またカタログ内では、エキゾーストは、通常の 4 本集合のマニホールドに変えて "4-2-1-2 エキゾースト " と呼ぶ排気システムにより排気能力を追求していると語っている。

プレリュードには、3タイプが用意され、最上級モデルとなるラグジュアリーバージョンのXX（左）は豪華な装備の仕様であった。スポーティバージョンのXZ（中）は、ボディサイド全体に赤いラインが施され、簡略された装備などが特徴。価格が抑えられたXC（右）は受注生産モデルである。全モデルに“電動スモークガラス・サンルーフ”が標準装備されており、日本で初めて開発された“4輪アンチロックブレーキ・システム（4W ALB）”はXXとXZにオプション設定されていた。

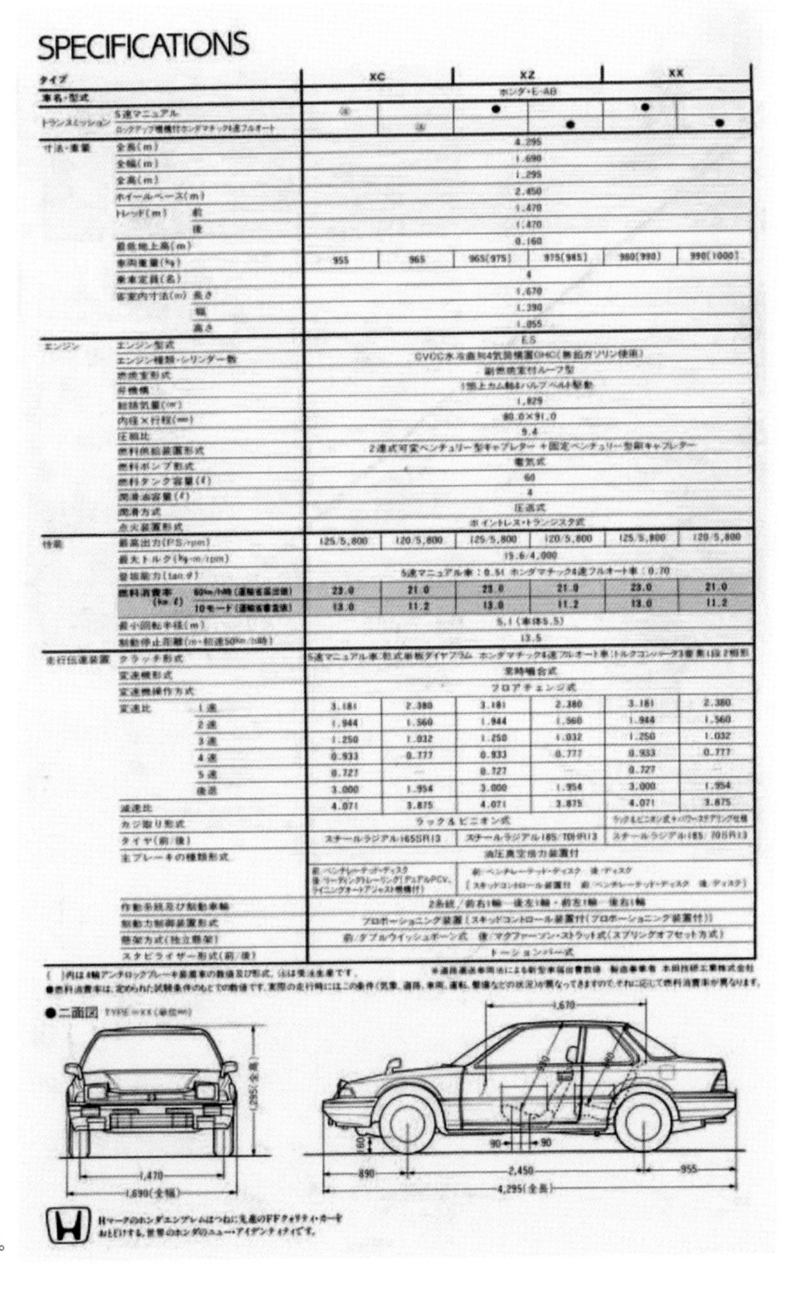

SPECIFICATIONS

	タイプ	XC		XZ		XX	
車名・型式		ホンダ・E-AB					
トランスミッション	5速マニュアル	(受)		●		●	
	ロックアップ機構付ホンダマチック4速フルオート		(受)		●		●
寸法・重量	全長(m)	4.295					
	全幅(m)	1.690					
	全高(m)	1.295					
	ホイールベース(m)	2.450					
	トレッド(m) 前	1.470					
	トレッド(m) 後	1.470					
	最低地上高(m)	0.160					
	車両重量(kg)	955	965	965(975)	975(985)	980(990)	990(1000)
	乗車定員(名)	4					
	客室内寸法(m) 長さ	1.670					
	客室内寸法(m) 幅	1.390					
	客室内寸法(m) 高さ	1.055					
エンジン	エンジン型式	ES					
	エンジン種類・シリンダー数	CVCC水冷直列4気筒横置OHC(無鉛ガソリン使用)					
	燃焼室形式	副燃焼室付ループ型					
	弁機構	1頭上カム軸8バルブベルト駆動					
	総排気量(cc)	1,829					
	内径×行程(mm)	80.0×91.0					
	圧縮比	9.4					
	燃料供給装置形式	2連式可変ベンチュリー型キャブレター＋固定ベンチュリー型副キャブレター					
	燃料ポンプ形式	電気式					
	燃料タンク容量(ℓ)	60					
	潤滑油容量(ℓ)	4					
	潤滑方式	圧送式					
	点火装置形式	ポイントレス・トランジスタ式					
性能	最高出力(PS/rpm)	125/5,800	120/5,800	125/5,800	120/5,800	125/5,800	120/5,800
	最大トルク(kg-m/rpm)	15.6/4,000					
	登坂能力(tanθ)	5速マニュアル車：0.51 ホンダマチック4速フルオート車：0.70					
	燃料消費率(km/ℓ) 60km/h時(運輸省届出値)	23.0	21.0	23.0	21.0	23.0	21.0
	燃料消費率(km/ℓ) 10モード(運輸省審査値)	13.0	11.2	13.0	11.2	13.0	11.2
	最小回転半径(m)	5.1(車体5.5)					
	制動停止距離(m・初速50km/h時)	13.5					
走行伝達装置	クラッチ形式	5速マニュアル車：乾式単板ダイヤフラム ホンダマチック4速フルオート車：トルクコンバーター3要素1段2相形					
	変速機形式	常時噛合式					
	変速機操作方式	フロアチェンジ式					
	変速比 1速	3.181	2.380	3.181	2.380	3.181	2.380
	変速比 2速	1.944	1.560	1.944	1.560	1.944	1.560
	変速比 3速	1.250	1.032	1.250	1.032	1.250	1.032
	変速比 4速	0.933	0.777	0.933	0.777	0.933	0.777
	変速比 5速	0.727	—	0.727	—	0.727	—
	変速比 後退	3.000	1.954	3.000	1.954	3.000	1.954
	減速比	4.071	3.875	4.071	3.875	4.071	3.875
	カジ取り形式	ラック&ピニオン式				ラック&ピニオン式＋パワーステアリング仕様	
	タイヤ(前/後)	スチールラジアル165SR13		スチールラジアル185/70HR13		スチールラジアル185/70HR13	
	主ブレーキの種類形式	油圧真空倍力装置付					
		前：ベンチレーテッド・ディスク 後：リーディングトレーリング(デュアルPCV、ライニングオートアジャスト機構付)		前：ベンチレーテッド・ディスク 後：ディスク [スキッドコントロール装置付 前：ベンチレーテッド・ディスク 後：ディスク]			
	作動系統及び制動車輪	2系統/前右1輪―後左1輪・前左1輪―後右1輪					
	制動力制御装置形式	プロポーショニング装置(スキッドコントロール装置付(プロポーショニング装置付))					
	懸架方式(独立懸架)	前/ダブルウイッシュボーン式 後/マクファーソン・ストラット式(スプリングオフセット方式)					
	スタビライザー形式(前/後)	トーションバー式					

( )内は4輪アンチロックブレーキ装着車の数値及び形式。(受)は受注生産です。
＊道路運送車両法による新型車届出書数値 製造事業者 本田技研工業株式会社
●燃料消費率は、定められた試験条件のもとでの数値です。実際の走行時にはこの条件(気象、道路、車両、運転、整備などの状況)が異なってきますので、それに応じて燃料消費率が異なります。

プレリュードの諸元表。

29 三菱ミラージュII

三菱初の横置エンジンレイアウトと副変速機付きのスーパーシフトを搭載し、人気を博したミラージュに細かな進化を加えて1982年に登場。

三菱は、日本初の量産車である三菱A型（1918年から1921年の間試作車を含めて22台製作）を1917年に開発するなど、戦前から乗用車を製造していた歴史のある会社です（当時は三菱造船）。戦争による中断を乗り越えて、同社は1960年に乗用車の生産を再開しました（当時の社名は新三菱重工業）。

コンパクト・ファミリーカーの三菱500を皮切りとして、コルト、ミニカ、デボネア、ギャランなど、数多くの技術的にも優れた車を世に送り出しました。

さて、1960年代のヨーロッパでは、1965年にデビューしたルノー16、1967年発売開始のシトロエン・ディアーヌなど、人々の生活に根ざした小型ハッチバック車が広く受け入れられていました。こうした小型ハッチバック車ブームを背景に、日本では1972年に満を持して登場したホンダ・シビックが高い人気を博し、以後長い間このジャンルの国内市場を事実上独占していました。このことに影響され、1970年代に入ると各社から次々と小型ハッチバックが発売されました。

その中にあって、三菱は、独自の技術を盛り込み、1977年10月の東京モーターショーに合わせてミラージュを発表。翌年3月には発売に漕ぎ着けました。ミラージュは、第一次オイルショック後の世界情勢を受けて、低燃費の車づくりをコンセプトにしており、車名は"蜃気楼"を意味する英語からきています。

ミラージュの開発の背景には、第一次オイルショック後の省エネルギー志向と、それまでの高度成長期に高まっていた高級志向といった様々なユーザーのニーズに応える必要性があった。

ミラージュは、三菱初の横置きのエンジンレイアウトを採用。オーソドックスな車が多い三菱としては珍しく、前輪駆動（FF）を採用しており、4段のギアボックスに2段の副変速機を付けた、"スーパーシフト"と呼ばれる独特な変速機能を付けていました。この"スーパーシフト"は、パワーとエコノミーの2つのレンジを切り替えることができ、8段ギアボックスの走りの多様性を4段ギアボックスで実現してしまうという、実にユニークなものでした。

デザインに関しては、空気抵抗を抑えるため、スラントノーズ、強い傾斜を持つフロントウィンドー、ナイフで切り取ったような、ぜい肉のない安定感のある台形のボディを持ち、徹底的なフラッシュサーフェスボディ（凹凸を抑えたボディ）を採用。さらに、ピラーを細くすることでガラス面積を極力大きく取り、明るく快適な室内を実現していました。

ミラージュは1982年2月にマイナーチェンジされ、4ドアセダン、1400ターボをラインナップ。人気を博したミラージュに細かな改良を加え、ミラージュIIに進化しています。1983年10月にフルモデルチェンジを受けるまでの5年間に、ミラージュとミラージュIIは、海外でも三菱伝統のコルトブランドで販売されました。

車　名	三菱ミラージュII　4ドアハッチバック1600 サウンドGT
形式・車種記号	三菱E-A157A
全長×全幅×全高（mm）	3885×1590×1350
ホイールベース（mm）	2380
トレッド前×後（mm）	1375×1340
最低地上高（mm）	170
車両重量（kg）	860
乗車定員（名）	5
燃料消費率（km/l）	14.5（10モード走行）
最高速度（km/h）	—
登坂能力（tanθ）	0.44
最小回転半径（m）	5.0
エンジン形式	G32B
種類、配列気筒数、弁型式	水冷式直列4気筒（OHC）
内径×行程（mm）	76.9×86.0
総排気量（cc）	1597
圧縮比	8.5
最高出力（PS/rpm）	88/5000
最大トルク（kg・m/rpm）	13.5/3000
燃料・タンク容量（ℓ）	レギュラーガソリン・40
トランスミッション	前進4段×2フルシンクロ
ブレーキ　（前）	ディスク
（後）	リーディングトレーリング
タイヤ	155SR13（ミシュラン）
カタログ発行時期（年）	1982

キャニオンレッドの5ドアハッチバックモデル、1400SXの側面に「MIRAGE」と書かれたオプションの大きなサイドストライプ。バックに写るレストランは“ロスアンジェルスの、メルローズ通りのレストラン「メルティングポット」”。オープン席には、食事を楽しむ若いカップルの姿があり、この車のターゲットユーザーを示しているようにも見える。

先進技術で、第2ステージへ。ハイ・テック ミラージュII誕生
MIRAGE

“一瞬の変化も読みとれるインパネ。”と銘打って、1400SX A/Tのダッシュボードの写真を大きく載せている。各種インジケーターランプを集中配備し、それぞれの機能が“ひと目でわかる絵表示”アラームランプを採用。パワーステアリング、パワーウィンドー等、操作性の良さを強調している。3速のフル・オートマチックは“スーパーマチック”と呼ばれ、「D」にセットするだけで“どんな走りも思いのまま”と、気軽に運転できることをアピールしている。

“疲れが少ない、やや固めのシート。”のキャプションで、5ドアモデル1400SX A/Tの室内を紹介している。シートは高弾性ウレタンでつくられ、“ロングドライブでも疲れません”と謳っている。フロントシートは1ピッチ2°、32段階にリクライニングし、スライド量は180mmで運転姿勢の微調整が可能。リアのシートバックは2対1で分割し前方へ倒すことが可能で、スペースを自由自在に活用できるよう工夫されている(1200FX以上/4ドア1400GX以上/2ドア)。国産車のシートもソフトなものから、徐々にこのようなヨーロッパ志向のものに移行しつつあった。

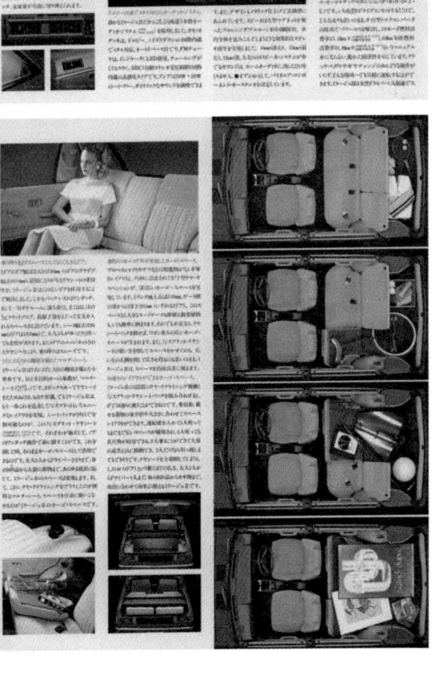

パワーを犠牲にせずに、この低燃費。
パワフルで、しかも燃費がいい。すでに定評のあるMCA-JETエンジン。
1200 ORION
72PS/5500rpm
10.7kg-m/3000rpm
16.0km/ℓ 25.0km/ℓ
FWD
1400 ORION
82PS/5500rpm
12.1kg-m/3500rpm
16.0km/ℓ 26.0km/ℓ
1600 SATURN
88PS/5000rpm
13.5kg-m/3000rpm
14.5km/ℓ 25.0km/ℓ

“パワーを犠牲にせずに、この低燃費。”のキャプションで、エンジンや足回りについて解説している。パワーと燃費の良さを両立させたMCA-JETエンジンは、3年連続EPA（米国環境保護庁）燃費第1位達成の原動力となった。フロントサスペンションにはストラット式の独立懸架、リアにはU字型トレーリングアーム式の独立懸架を採用した結果、優れた乗り心地と操縦安定性を実現したとしている。タイヤは1200ccを除きスチール・ラジアルタイヤを履き、1600サウンドGTにはミシュラン製が装備される。

“お先に、ライバル達よ。ミラージュIIにターボ・ファイター誕生”のキャプションで、黒いボディに赤いストライプの精悍なモデルの写真を載せている。ボンネットエアスクープが本モデルの大きな特徴であり、スパルタンな性格を良く表してしている。ミラージュIIはなめらかなフラッシュサーフェスボディを実現するため、フロントグリルとの段差をなくすようにカバーリングされた角型ヘッドランプなど、突起物をなくす努力によって空気抵抗を低減させている。

熱い走りを予感させる。ターボ・コックピット。
Gを受けとめる。やや固めのターボ・シート。
大きなパワーを生む。日本最小のターボ。
日本で最小の純国産「三菱ターボ」を搭載。105ps/5500rpm、15.5kg-m/3000rpmの圧倒的パワーと低燃費を一挙に実現しました。1400クラスでは初のミラージュIIターボです。
1400 ORION
TURBO
105ps/5500rpm
15.5kg-m/3000rpm
16.4km/ℓ 26.5km/ℓ

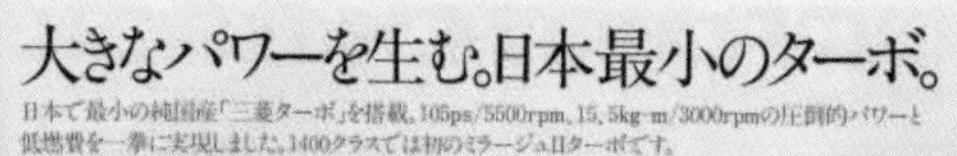
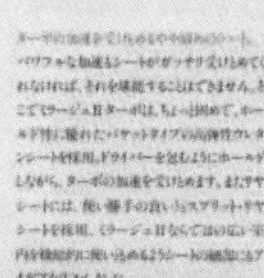

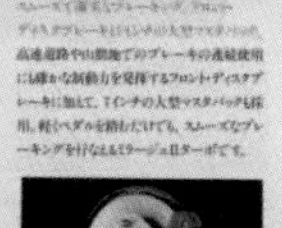

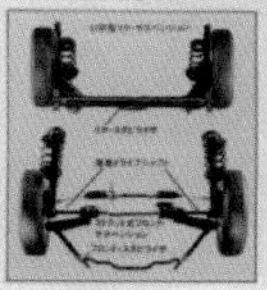

1400ターボモデルのインスツルメントパネル。黒でまとめられ、スパルタンな印象を与える。ステアリングホイールも黒で、インスツルメントパネルによくマッチしている。ターボモデルの室内基調色はブラック&レッドで、シート生地はスエードニット。背もたれにはTURBOの文字が施されている。105馬力を発揮するターボ車には、危険なトルクステアを回避するため専用の等長ドライブシャフトが採用されている。ブレーキは、フロント・ディスクブレーキに7インチの大型マスターバックが付き、スムーズで確実なブレーキングにつなげている。足回りもハードなセッティングにしてある。

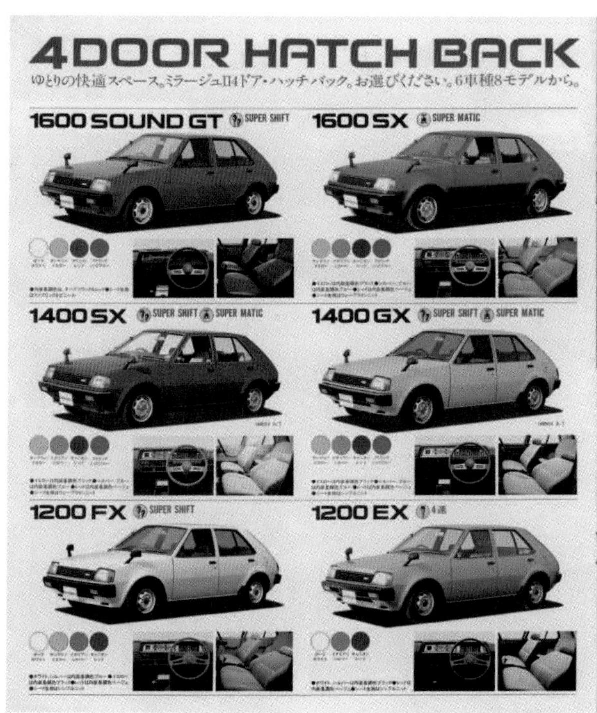

4DOOR HATCH BACK
ゆとりの快適スペース。ミラージュII4ドア・ハッチバック。お選びください。6車種8モデルから。
1600 SOUND GT
SUPER SHIFT
1600 SX
SUPER MATIC
1400 SX
SUPER SHIFT
SUPER MATIC
1400 GX
SUPER SHIFT
SUPER MATIC
1200 FX
SUPER SHIFT
1200 EX
4速

2DOOR HATCH BACK
走るスポーツ性能。ミラージュII2ドア・ハッチバック。お選びください。6車種9モデルから。
1600 SOUND GT
SUPER SHIFT
1400 TURBO
SUPER SHIFT
1400 SX
SUPER SHIFT
SUPER MATIC
1400 GX
SUPER SHIFT
SUPER MATIC
1200 FX
SUPER SHIFT
SUPER MATIC
1200 EX
4速

4ドア・ハッチバック6車種8モデルに加えて、2ドア・ハッチバック6車種9モデルを紹介。"お選びください。"と、カラフルな写真で紹介している。1200cc、1400cc、1600ccと3つのエンジンが用意され、新登場のターボモデルは2ドアのみの設定で、ひときわ目を惹く。スーパーマチック仕様も6車種あり、多くのモデルで設定されているのがわかる。スーパーシフト仕様は9車種。装備面では、パワーステアリング（1600SX、1400SX）、フロントパワーウインドー（1600SX）、電動式リモコンミラー（1600SX、1400GX、SX）が標準で用意され、注文装備で、サンルーフやコンポーネント・カーステレオ等も装着可能となっている。

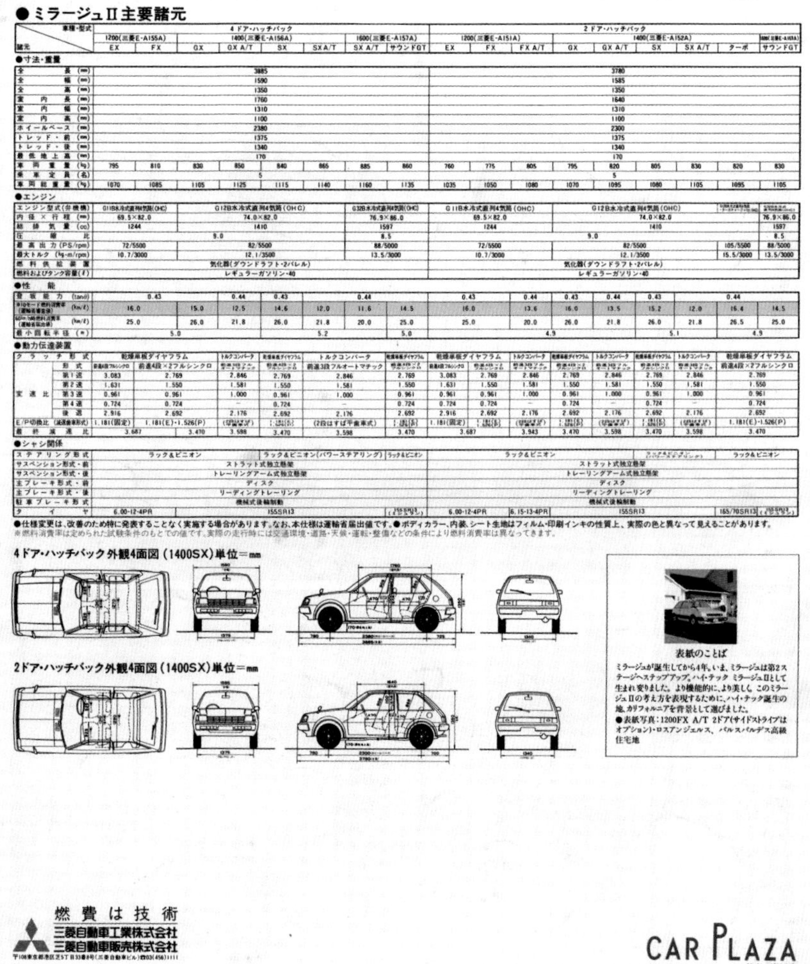

●ミラージュII主要諸元

4ドア・ハッチバック

車種・型式	1200(三菱E-A155A)		1400(三菱E-A156A)				1600(三菱E-A157A)	
諸元	EX	FX	GX	GX A/T	SX	SX A/T	SX A/T	サウンドGT
●寸法・重量								
全長 (mm)	3885							
全幅 (mm)	1590							
全高 (mm)	1350							
室内長 (mm)	1760							
室内幅 (mm)	1310							
室内高 (mm)	1100							
ホイールベース (mm)	2380							
トレッド・前 (mm)	1375							
トレッド・後 (mm)	1340							
最低地上高 (mm)	170							
車両重量 (kg)	795	810	830	850	840	865	885	860
乗車定員 (名)	5							
車両総重量 (kg)	1070	1085	1105	1125	1115	1140	1160	1135
●エンジン								
エンジン型式(弁機構)	G11B水冷式直列4気筒(OHC)		G12B水冷式直列4気筒(OHC)				G32B水冷式直列4気筒(OHC)	
内径×行程 (mm)	69.5×82.0		74.0×82.0				76.9×86.0	
総排気量 (cc)	1244		1410				1597	
圧縮比	9.0						8.5	
最高出力 (PS/rpm)	72/5500		82/5500				88/5000	
最大トルク (kg-m/rpm)	10.7/3000		12.1/3500				13.5/3000	
燃料供給装置	気化器(ダウンドラフト・2バレル)							
燃料およびタンク容量(ℓ)	レギュラーガソリン・40							
●性能								
登坂能力 (tanθ)	0.43			0.44	0.43	0.44		
※10モード燃料消費率(運輸省審査値) (km/ℓ)	16.0		15.0	12.5	14.6	12.0	11.6	14.5
60km/h定地燃料消費率(運輸省届出値) (km/ℓ)	25.0		26.0	21.8	26.0	21.8	20.0	25.0
最小回転半径 (m)	5.0				5.2			5.0
●動力伝達装置								
クラッチ形式	乾燥単板ダイヤフラム			トルクコンバータ	乾燥単板ダイヤフラム	トルクコンバータ		乾燥単板ダイヤフラム
変速機 形式	前進4段フルシンクロ	前進4段×2フルシンクロ		前進3段フルオートマチック	前進4段×2フルシンクロ	前進3段フルオートマチック		前進4段×2フルシンクロ
変速比 第1速	3.083	2.769		2.846	2.769	2.846		2.769
変速比 第2速	1.631	1.550		1.581	1.550	1.581		1.550
変速比 第3速	0.961	0.961		1.000	0.961	1.000		0.961
変速比 第4速	0.724	0.724		—	0.724	—		0.724
変速比 後退	2.916	2.692		2.176	2.692	2.176		2.692
E/P切換比(減速歯車形式)	1.181(固定)	1.181(E)・1.526(P)		(2段はすば平歯車式)	1.181(E)・1.526(P)	(2段はすば平歯車式)		1.181(E)・1.526(P)
最終減速比	3.687		3.470	3.598	3.470	3.598		3.470
●シャシ関係								
ステアリング形式	ラック&ピニオン				ラック&ピニオン(パワーステアリング)			ラック&ピニオン
サスペンション形式・前	ストラット式独立懸架							
サスペンション形式・後	トレーリングアーム式独立懸架							
主ブレーキ形式・前	ディスク							
主ブレーキ形式・後	リーディングトレーリング							
駐車ブレーキ形式	機械式後輪制動							
タイヤ	6.00-12-4PR		155SR13					155SR13

2ドア・ハッチバック

車種・型式	1200(三菱E-A151A)			1400(三菱E-A152A)					1600(三菱E-A153A)
諸元	EX	FX	FX A/T	GX	GX A/T	SX	SX A/T	ターボ	サウンドGT
●寸法・重量									
全長 (mm)	3780								
全幅 (mm)	1585								
全高 (mm)	1350								
室内長 (mm)	1640								
室内幅 (mm)	1310								
室内高 (mm)	1100								
ホイールベース (mm)	2300								
トレッド・前 (mm)	1375								
トレッド・後 (mm)	1340								
最低地上高 (mm)	170								
車両重量 (kg)	760	775	805	795	820	805	830	820	830
乗車定員 (名)	5								
車両総重量 (kg)	1035	1050	1080	1070	1095	1080	1105	1095	1105
●エンジン									
エンジン型式(弁機構)	G11B水冷式直列4気筒(OHC)			G12B水冷式直列4気筒(OHC)				[illegible]	[illegible]
内径×行程 (mm)	69.5×82.0			74.0×82.0					76.9×86.0
総排気量 (cc)	1244			1410					1597
圧縮比	9.0								8.5
最高出力 (PS/rpm)	72/5500			82/5500				105/5500	88/5000
最大トルク (kg-m/rpm)	10.7/3000			12.1/3500				15.5/3000	13.5/3000
燃料供給装置	気化器(ダウンドラフト・2バレル)								
燃料およびタンク容量(ℓ)	レギュラーガソリン・40								
●性能									
登坂能力 (tanθ)	0.43		0.44	0.43	0.44	0.43	0.44		
※10モード燃料消費率(運輸省審査値) (km/ℓ)	16.0		13.6	16.0	13.5	15.2	12.0	16.4	14.5
60km/h定地燃料消費率(運輸省届出値) (km/ℓ)	25.0		20.0	26.0	21.8	26.0	21.8	26.5	25.0
最小回転半径 (m)	4.9					5.1		4.9	
●動力伝達装置									
クラッチ形式	乾燥単板ダイヤフラム		トルクコンバータ	乾燥単板ダイヤフラム	トルクコンバータ	乾燥単板ダイヤフラム	トルクコンバータ	乾燥単板ダイヤフラム	
変速機 形式	前進4段フルシンクロ	前進4段×2フルシンクロ	前進3段フルオートマチック	前進4段×2フルシンクロ	前進3段フルオートマチック	前進4段×2フルシンクロ	前進3段フルオートマチック	前進4段×2フルシンクロ	
変速比 第1速	3.083	2.769	2.846	2.769	2.846	2.769	2.846	2.769	
変速比 第2速	1.631	1.550	1.581	1.550	1.581	1.550	1.581	1.550	
変速比 第3速	0.961	0.961	1.000	0.961	1.000	0.961	1.000	0.961	
変速比 第4速	0.724	0.724	—	0.724	—	0.724	—	0.724	
変速比 後退	2.916	2.692	2.176	2.692	2.176	2.692	2.176	2.692	
E/P切換比(減速歯車形式)	1.181(固定)	1.181(E)・1.526(P)	(2段はすば平歯車式)	1.181(E)・1.526(P)	(2段はすば平歯車式)	1.181(E)・1.526(P)	(2段はすば平歯車式)	1.181(E)・1.526(P)	
最終減速比	3.687		3.943	3.470	3.598	3.470	3.598	3.470	
●シャシ関係									
ステアリング形式	ラック&ピニオン					ラック&ピニオン(パワーステアリング)		ラック&ピニオン	
サスペンション形式・前	ストラット式独立懸架								
サスペンション形式・後	トレーリングアーム式独立懸架								
主ブレーキ形式・前	ディスク								
主ブレーキ形式・後	リーディングトレーリング								
駐車ブレーキ形式	機械式後輪制動								
タイヤ	6.00-12-4PR		6.15-13-4PR	155SR13				165/70SR13	155SR13

●仕様変更は、改善のため時に発表することなく実施する場合があります。なお、本仕様は運輸省届出値です。●ボディカラー、内装、シート生地はフィルム・印刷インキの性質上、実際の色と異なって見えることがあります。
※燃料消費率は定められた試験条件のもとでの値です。実際の走行時には交通環境・道路・天候・運転・整備などの条件により燃料消費率は異なってきます。

4ドア・ハッチバック外観4面図（1400SX）単位＝mm

2ドア・ハッチバック外観4面図（1400SX）単位＝mm

表紙のことば

ミラージュが誕生してから4年。いま、ミラージュは第2ステージへステップアップ。ハイ・テック ミラージュIIとして生まれ変りました。より機能的に、より美しく。このミラージュIIの考え方を表現するために、ハイ・テック誕生の地、カリフォルニアを背景として選びました。
●表紙写真：1200FX A/T 2ドア(サイドストライプはオプション)・ロスアンジェルス、パルスパルデス高級住宅地

燃費は技術
三菱自動車工業株式会社
三菱自動車販売株式会社

CAR PLAZA
02.21.14(82-01)

ミラージュⅡのスペック表。

30 ダイハツ・シャルマン

エンジン、変速機などの基本システムはカローラと共通も、6ライトを採用して登場の2代目。1988年に販売終了し、アプローズに受け継がれた。

大型車や中型車に引けを取らない高級な装備を持つ小さな車は、洋の東西を問わず、これまでも数多くつくられてきました。これらの車は、使い勝手の良さもあって、ドライバーからの多くの支持を得ていました。もちろん日本でも、小さなボディに上級モデルの装備を持った車が何台もあります。

こうした車の中から、ダイハツのシャルマンを紹介します。ダイハツは 1907 年創業。「発動機製造株式会社」として出発した歴史あるメーカーです。1951 年にダイハツ工業株式会社と社名を変更し、後にトヨタ・グループの一員となりました。ダイハツが最初に手がけた乗用車は、1951 年発売のダイハツ・ビー（Bee）でした（Bee とは " ミツバチ " の意味）。ユニークな 2 ドアの三輪乗用車で、ごく少数が大阪でタクシーとして使われたりしました。しかし、ダイハツの本格的な小型乗用車は、1964 年 2 月にデビューしたコンパーノベルリーナ（ベルリーナはイタリア語で " セダン " の意味）なのです。

そして本格的な大衆乗用車のラインナップ強化のために開発したのが、小型セダンのシャルマンです。車名は、フランス語で " 魅力的な " という意味です。パブリカベースのコンソルテシリーズに対して、シャルマンは上級モデルとして位置付けられ、発売時はダイハツの乗用車としては最大の車体を有していました。デビューは 1974 年 11 月 18 日で、基本的にはトヨタの 20 系カローラのダイハツ版で、エンジン、トランスミッション、サスペンションなどのパワートレーンおよびフロントドアについてはカローラと共通していました。

また 1975 年 1 月の月刊文芸雑誌に載った広告では、"4 つ目のデュアルランプ、サイドのドレッシーライン（中略）ちょっぴり上いく気分です " との文を添えて、同クラスの多くの車に比べ高級仕様であることを強くアピールしていました。

1981 年 10 月には、初めてのフルモデルチェンジで、左右に 3 つの窓を持つ 6 ライトの少し大きい 2 代目に変わりました。この時から、ボディのアウターパネルはカローラからの流用ではなく、まったく新しいダイハツ独自のデザインになったのです。

シャルマンは 1988 年に販売終了となりました。後継車は 1989 年登場の 4 ドアセダンのアプローズです。筆者は、2000cc クラスの高級な装備や内容を、惜しみなく注ぎ込んで丁寧につくり込まれたこのシャルマンに、今もってとても良い印象を持っています。

1981 年 10 月 8 日にフルモデルチェンジしてデビューしたシャルマン。最上級車として「アルティア」も設定されていた。1974 年から 1987 年の生産終了までに 302,264 台が世に送り出されている。

車　名	ダイハツ・シャルマン 1500ALTAIR-L
形式・車種記号	ダイハツE-A55-EMQ
全長×全幅×全高（mm）	4200×1625×1380
ホイールベース（mm）	2400
トレッド前×後（mm）	1330×1335
最低地上高（mm）	155
車両重量（kg）	885
乗車定員（名）	5
燃料消費率（km/l）	15.0（10モード走行）
最高速度（km/h）	—
登坂能力（tanθ）	0.49
最小回転半径（m）	4.8
エンジン形式	3A-U
種類、配列気筒数、弁型式	水冷直列4気筒OHC
内径×行程（mm）	—
総排気量（cc）	1452
圧縮比	9.0
最高出力（PS/rpm）	83/5600
最大トルク（kg・m/rpm）	12.0/3600
燃料・タンク容量（ℓ）	無鉛ガソリン・50
トランスミッション	5速
ブレーキ　（前）	ブースター付きディスク
（後）	リーディングトレーリング
タイヤ	155SR13（スチールラジアル）
カタログ発行時期（年）	1983-1984

ALTAIR（アルティア）とは、七夕で有名な星のベガ（織女星）と対をなす、わし座の１等星のことだという。カタログには“その華麗な存在にあやかり、シャルマンの最上車種にネーミングされました。”とも書かれている。

シャルマンの主力モデルの赤い1500ALTAIR-G。オリジナルは樹脂製のホイールキャップだが、このカタログのモデルにはアルミホイール（オプション）が装着されている。

エンジンや足回りなどに関するメカニズムの解説。エンジンやトランスミッションはダイハツ独自の開発ではなく、トヨタからエンジンとトランスミッションの提供を受けていた。1300cc の水冷直列 4 気筒 OHV の 4K-U エンジンと 1500cc 水冷直列 4 気筒 OHC の 3A-U エンジンで、それぞれの写真とともに、性能曲線も載せて解説。サスペンションについては、フロントが“マクファーソンストラット式”、リアは“ラテラルロッド付 4 リンク式”を採用し、詳細なイラスト付きで解説している。またステアリング方式は、“ラック&ピニオン式”で安定したコーナーリング性能や操作性を求めていた。

“あつかいやすさを、見つめてほしい。”とのタイトルで、装備機能を細かく紹介。写真では見えないが、ダッシュボードには木目調のパネルが付き、このクラスとしては当時非常に珍しいパワーステアリングを装備していることにも触れている。

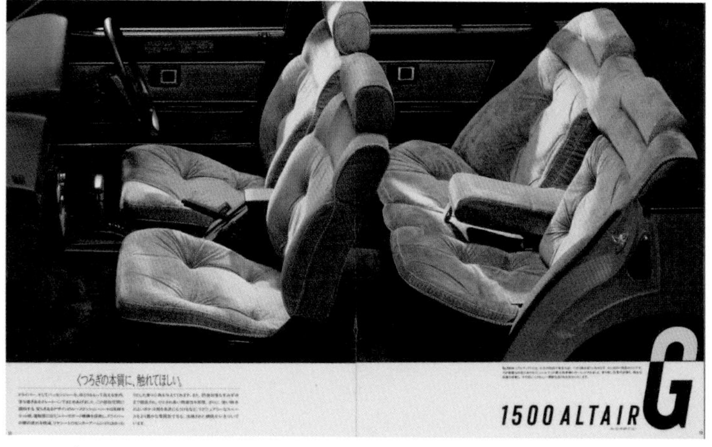

“くつろぎの本質に、触れてほしい。”のタイトル通り、前後のシートは、高級モケットを素材に用いていた。ゆったりとした“ルースクッション・シート”は、2000cc クラスの高級セダンを思わせる豪華なもので、リアシートには“センターアームレスト”さえも備えている。シャルマンはコンパクトセダンだが、2000cc クラスの高級車と比べても遜色ない豪華な装備を誇っていたのである。

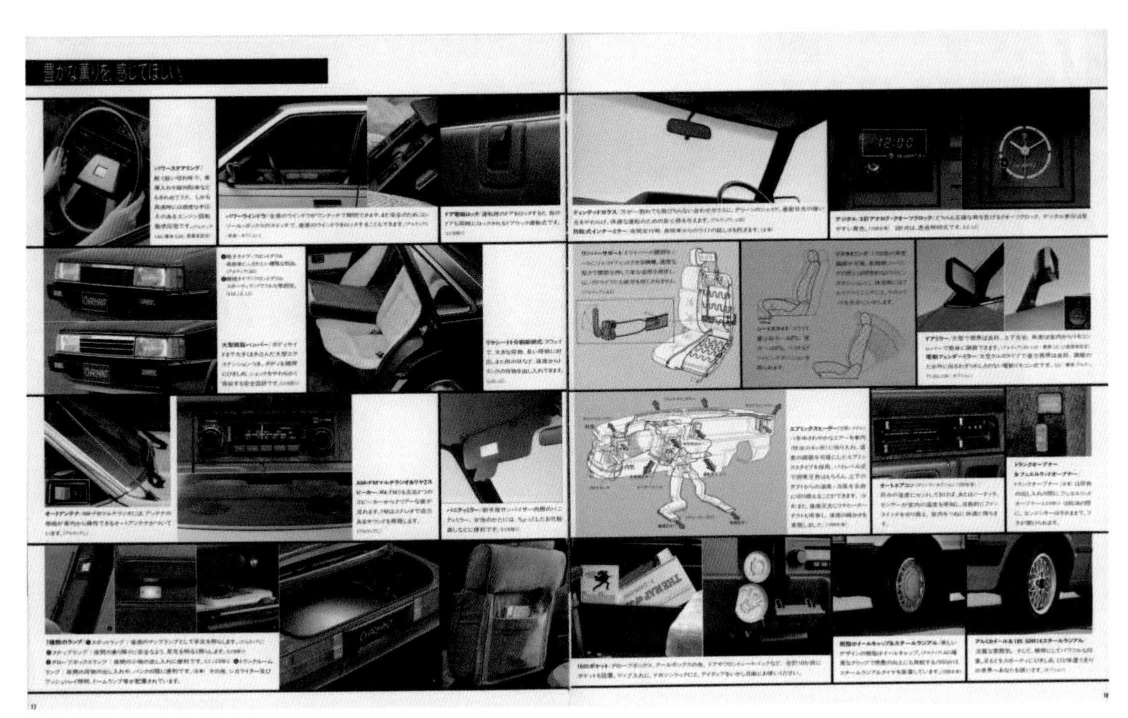

“ 豊かな薫りを、感じてほしい。” とのタイトルに、シャルマンが小型車らしからぬ多くの高級装備を持つことを感じさせる。ALTAIR-L は、このクラスでは稀だった “ パワーステアリング ” や “ パワーウィンドー ” に加えて、ドアの電磁ロックまで用意され、“ オートアンテナ ”、“AM・FM マルチラジオ& 2 スピーカー ” など様々な装備を完備していた。さらには、大型や中型の高級車に用いられる “ ティンテッドガラス ”（グリーンのシェイド付きの割れても飛び散らない合わせガラス採用）も装備していた。また、ALTAIR-L 以外のモデルについても、室内の随所に小さなランプが配置されているなど、シャルマンはベースとなったカローラよりも、はるかに高級で上品な装備を持つ車だったのである。

●主要諸元表　ALTAIR-L及びLEは注文生産車です。

車名・型式		ダイハツ E-A55						ダイハツ E-A35	
車種		1500						1300	
		ALTAIR-L		ALTAIR-G		LGX		LE	LC
トランスミッションタイプ		5速	4速A/T	5速	3速A/T	5速	3速A/T	5速	5速
車種記号		A55-EMQ	A55-EPQ	A55-EMN	A55-EHN	A55-EMX	A55-EHX	A35-EME	A35-EMC
寸法・重量	全長(mm)	4,200						4,200	4,150
	全幅(mm)	1,625						1,625	
	全高(mm)	1,380						1,380	
	室内長(mm)	1,755						1,755	
	室内幅(mm)	1,340						1,340	
	室内高(mm)	1,130						1,130	
	ホイールベース(mm)	2,400						2,400	
	トレッド〔前〕(mm)	1,330						1,330	
	〃〔後〕(mm)	1,335						1,335	
	最低地上高(mm)	155						170	
	車両重量(kg)	885	915	880	900	870(880)	890(900)	850	830
	乗車定員(名)	5						5	
性能	燃料消費率 10モード〔運輸省審査値〕(km/ℓ)	15.0	12.6	15.0	13.0	15.0	13.0	15.0	
	燃料消費率 60km/h時〔運輸省届出値〕(km/ℓ)	26.0	24.5	26.0	21.0	26.0	21.0	26.5	
	登坂能力(tanθ)	0.49	0.39	0.49	0.47	0.49	0.47	0.45	
	最小回転半径(m)	4.8						4.8	
エンジン	型式	3A-U 水冷直列4気筒OHC						4K-U 水冷直列4気筒OHV	
	総排気量(cc)	1,452						1,290	
	圧縮比	9.0						9.5	
	最高出力(ps/rpm)	83/5,600						74/5,600	
	最大トルク(kg-m/rpm)	12.0/3,600						10.7/3,600	
	燃料供給装置	気化器						気化器	
	使用燃料・タンク容量(ℓ)	無鉛ガソリン・50						無鉛ガソリン・50	
動力伝達装置	クラッチ	乾式単板ダイヤフラム	3要素1段2相式	乾式単板ダイヤフラム	3要素1段2相式	乾式単板ダイヤフラム	3要素1段2相式	乾式単板ダイヤフラム	
	変速比(1速)	3.789	2.450	3.789	2.666	3.789	2.666	3.789	
	〃(2速)	2.220	1.450	2.220	1.450	2.220	1.450	2.220	
	〃(3速)	1.435	1.000	1.435	1.000	1.435	1.000	1.435	
	〃(4速)	1.000	0.688	1.000	―	1.000	―	1.000	
	〃(5速)	0.865	―	0.865	―	0.865	―	0.865	
	〃(後退)	4.316	2.222	4.316	2.703	4.316	2.703	4.316	
	減速比	3.727	3.909	3.727				3.727	
ステアリング	歯車型式	ラック&ピニオン						ラック&ピニオン	
制動装置	主ブレーキ 前	ブースター付ディスク						ブースター付ディスク	
	主ブレーキ 後	リーディングトレーリング						リーディングトレーリング	
	駐車ブレーキ	機械式後2輪制動						機械式後2輪制動	
懸架装置	懸架方式 前	ストラット式コイルスプリング						ストラット式コイルスプリング	
	懸架方式 後	ラテラルロッド付4リンク式コイルスプリング						ラテラルロッド付4リンク式コイルスプリング	
タイヤ		155SR13〈スチールラジアル〉						6.15-13-4PR	

●5速は5速マニュアル、3速A/T・4速A/Tはおのおの3速オートマチック・4速オートマチック。●（　）内はパワーステアリング付の数値です。●トレッドは標準タイヤ装着時の数値です。
●燃料消費率は、定められた試験条件のもとでの数値です。実際の走行時には気象・車両・道路・運転・整備などの状況により、燃料消費率が異なってきます。
製造事業者：ダイハツ工業株式会社

主要諸元表。1500 クラスでは 3 機種、1300 クラスでは 2 機種、計 5 機種のバリエーションが用意されていた。

31 ダイハツ・クオーレ

ダイハツの主力軽自動車、フェローの派生モデルとして登場。1980年のモデルチェンジで独立モデルに。

1907 年（明治 40 年）、当時輸入に頼っていた発動機を国産化にすべく、大阪高等工業学校（後の大阪大学工学部）の学者や技術者が中心となって「発動機製造株式会社」を興しました。この会社がダイハツ工業株式会社の礎となったのです。現存する日本の自動車メーカーの中では、最も古い歴史を持つ会社です。戦前の世界恐慌による混乱の中、工場や物流会社などで三輪自動車の需要が高まったため、同社も 1930 年に初めて自動車の自社生産を始めました。

大阪の「大」と発動機製造の「発」を組み合わせてダイハツ号と名付けた小型三輪車で、自動車メーカーとしての第一歩を踏み出したのです。創立 50 周年（1957 年）には軽三輪車のミゼットを発売し、マツダとともに三輪自動車メーカーとしての地位を確立します。また、インドネシアやタイなど多くの国にも輸出。その後も、1960 年に軽商用車のハイゼットや、1963 年には小型車のコンパーノなど、数々のスモールカーを世に送り出しています。当時の軽自動車を見ると、実に個性的な車が目につきます。

その中にあって、1966 年 11 月にダイハツが初めて手掛けた軽乗用車のフェロー（英語で「仲間・同僚」の意味）は、十分な時間をかけ、満を持して発売されただけあって、登場時から高い完成度を誇っていました。フェローは広い室内と収納のしやすいトランクを持ち、“プリズムカット”と呼ばれる斬新なスタイリングに加えて、軽自動車では日本初となる角形のヘッドライトも装備していました。

ダイハツは、フェローに改良を重ね、1970 年 4 月にフェローMAX（2 代目）、1977 年 7 月には大幅なマイナーチェンジによる軽自動車新規格の MAX クオーレ（イタリア語で「心」の意味）を発売。そして、1980 年 6 月には 10 年ぶりにフルモデルチェンジ。独立したモデルとして商用車登録のミラクオーレを、7 月には乗用車登録のクオーレを発売しました。

ところで、積雪地帯に住む筆者は、以前クオーレの姉妹モデルのミラクオーレの 4WD モデルを仕事で使っていました。四輪駆動の実力を遺憾なく発揮する優れもので、大雪の日でも大いに重宝したことを、ダークグリーンの美しい車体とともに、懐かしく思い出します。

1960 年代は一家に 1 台の車を持つことすらやっとであったのに対して、1980 年代に入ると、国民所得の向上に伴って女性をターゲットにしたモデルやスポーツ嗜好の強いモデルなどが登場し、車がとても身近な存在になり、地方では一家に 1 台から 1 人に 1 台の時代に大きく変わったことをしみじみと感じます。

軽商用車ではなく、軽乗用車として開発され、1980 年 7 月 1 日にデビューしたクオーレ。3 ドアモデルは“先進的なカジュアルモデル”、4 ドアモデルは“ゆったりとした居住性を持つホームミニ”として販売された。

車　名	ダイハツ・クオーレ　4ドアMGL
形式・車種記号	ダイハツE-L55-EKQ
全長×全幅×全高（mm）	3195×1395×1370
ホイールベース（mm）	2150
トレッド前×後（mm）	1205×1210
最低地上高（mm）	175
車両重量（kg）	565
乗車定員（名）	4
燃料消費率（km/l）	21.0（10モード走行）
最高速度（km/h）	—
登坂能力（tanθ）	0.34
最小回転半径（m）	4.5
エンジン形式	AB型
種類、配列気筒数、弁型式	水冷4サイクル直列2気筒OHC横置
内径×行程（mm）	71.6×68.0
総排気量（cc）	547
圧縮比	9.2
最高出力（PS/rpm）	31/6000
最大トルク（kg・m/rpm）	4.2/3500
燃料・タンク容量（ℓ）	無鉛ガソリン・26
トランスミッション	前進4速・後進1速
ブレーキ　（前）	2リーディング
（後）	リーディングトレーリング
タイヤ	5.20-10-4PR
カタログ発行時期（年）	1984

ブルーの背景に見開きで、シルバーメタリックの MGL を紹介。傍らには 2 人の子供を配するとともに、“ 家族の多数決。4 ドア MGL” のキャプションを付けて、ファミリー向けのモデルであることをアピールしている。MGL は 4 ドア車のラインナップでは最上位にあたり、フルファブリックシートや分割前倒式リヤシートなどが装備され、5 速マニュアルも選べる。

“ 運動部出身のフットワーク。3 ドア MGX” と題して、黄色を背景に、スポーツグレードモデルを紹介している。ここでは “ タウンミニと言えども、フットワークだ。” との説明もされており、この MGX がスポーティーな車を求める人たちを意識したモデルであることを前面に打ち出している。このモデルは当時のスポーツモデルでよく用いられていた “ ナルディタイプ ” のステアリングホイールや、スチールラジアルタイヤ、ブースター付きディスクブレーキ、タコメーターなどを装備しており、スポーティードライブを楽しむ層をターゲットにしている。アルミホイールはオプション。

室内の説明では、4ドアの最上位モデル MGL の写真を大きく載せている。同じページの下段では、スポーツモデルの3ドア MGX と3ドア MGF のそれぞれ特徴ある室内を紹介している。MGX と MGF には、すばやいハンドル操作にも肩口の動きを妨げない“ショルダーフリータイプ・フロントシート”を採用、また廉価グレードの MG、MO 以外のグレードでは、写真のように分割式ヘッドレストとなっている。

AT と MT の選択や、タコメーターの有無について、写真付きで解説。AT は5レンジの2速フルオートマチックで、インジケーターはメーターパネルに収まる。5速マニュアルは4速がほぼ直結（0.971）で、5速は変速比 0.795 のオーバートップとなっている。下段では、オプションのデジタルクォーツクロック、ハイパワー・カーステレオ、リヤウィンドデフォッガー&ワイパーをはじめとする豊富な装備品について説明している。助手席のドアミラーは、室内にあるレバーで角度調整ができる。

4ドアがある。3ドアがある。選びがいのあるナイス・バリエーションです。
MG
MO
4door
MGE
MGF
3door
MGL
MGX

全部で 6 グレードあるモデルを、それぞれインテリアと組み合わせて詳しく紹介。4 ドアモデルはガラスハッチバックを備えているのが特徴で、ハッチバックを開けて子供を座らせた写真を載せ、使い勝手の良さをアピールしている。また、3 ドアモデルについては大きなゲートを持ち、これを全開にしてリアバンパーに腰を掛ける若い女性の写真を載せて、開口部の広さを強調している。

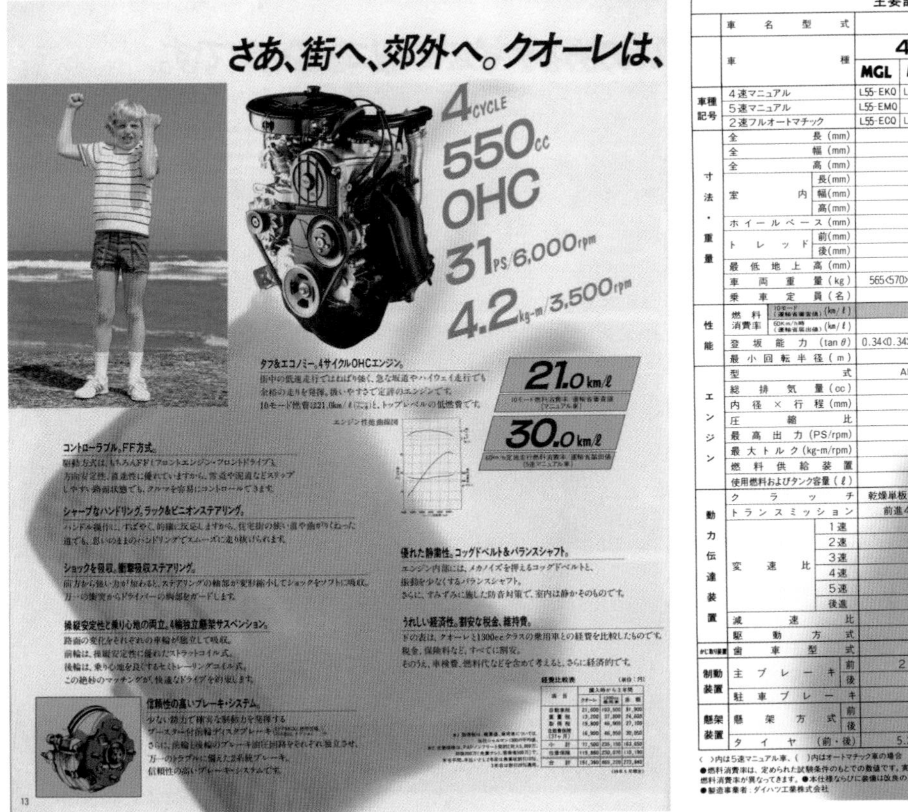

主要諸元表								
	車名型式		ダイハツE-L55					
	車種		4door			3door		
			MGL	MGE	MG	MGX	MGF	MO
車種記号	4速マニュアル		L55-EKQ	L55-EKG	L55-EKD	L55-FKG	L55-FKF	L55-FKR
	5速マニュアル		L55-EMQ	—	—	L55-FMG	—	—
	2速フルオートマチック		L55-ECQ	L55-ECG	—	—	L55-FCF	—
寸法・重量	全長(mm)		3,195					
	全幅(mm)		1,395					
	全高(mm)		1,370			1,375		
	室内	長(mm)	1,670					
		幅(mm)	1,200			1,210		
		高(mm)	1,110			1,120		
	ホイールベース(mm)		2,150					
	トレッド	前(mm)	1,205					
		後(mm)	1,210					
	最低地上高(mm)		175					
	車両重量(kg)		565〈570〉(575)		555	550〈555〉	540(550)	540
	乗車定員(名)		4					
性能	燃料消費率	10モード(運輸省審査値)(km/ℓ)	21.0〈21.0〉(16.6)					
		60Km/h時(運輸省届出値)(km/ℓ)	29.0〈30.0〉(23.5)					
	登坂能力(tan θ)		0.34〈0.34〉(0.28)		0.35	0.35〈0.34〉	0.36(0.28)	0.36
	最小回転半径(m)		4.5					
エンジン	型式		AB型・水冷4サイクル直列2気筒OHC横置					
	総排気量(cc)		547					
	内径×行程(mm)		71.6×68.0					
	圧縮比		9.2					
	最高出力(PS/rpm)		31/6,000					
	最大トルク(kg-m/rpm)		4.2/3,500					
	燃料供給装置		気化器					
	使用燃料およびタンク容量(ℓ)		無鉛ガソリン・26					
動力伝達装置	クラッチ		乾燥単板ダイヤフラム(3要素1段2相形トルクコンバーター)					
	トランスミッション		前進4速・後進1速〈前進5速・後進1速〉(遊星歯車式)					
	変速比	1速	3.666 〈3.666〉 (L:1.821)					
		2速	2.100 〈2.100〉 (D:1.000)					
		3速	1.464 〈1.464〉 —					
		4速	0.971 〈0.971〉 —					
		5速	— 〈0.795〉 —					
		後進	4.313 〈4.313〉 (R:1.821)					
	減速比		4.736 〈4.736〉 (5.081)					
	駆動方式		FF・前2輪駆動					
かじ取り装置	歯車型式		ラック&ピニオン					
制動装置	主ブレーキ	前	2リーディング			ブースター付ディスク	2リーディング	
		後	リーディングトレーリング					
	駐車ブレーキ		機械式後2輪制動					
懸架装置	懸架方式	前	マクファーソン・ストラット式コイルスプリング					
		後	セミトレーリング式コイルスプリング					
	タイヤ(前・後)		5.20-10-4PR			145SR10スチールラジアル	5.20-10-4PR	

〈 〉内は5速マニュアル車、( )内はオートマチック車の場合
●燃料消費率は、定められた試験条件のもとでの数値です。実際の走行時には、気象・車両・道路・運転・整備などの状況により、燃料消費率が異なってきます。●本仕様ならびに装備は改良のため、予告なく変更することもあります。あらかじめご了承ください。
●製造事業者：ダイハツ工業株式会社

"4CYCLE 550cc OHC 31ps/6,000rpm 4.2kg-m/3,500rpm" と " タフ & エコノミー " を誇るエンジンの大きな写真を載せている。エンジンはコックドベルトとバランスシャフトの採用により、静粛性を向上させたこと、マニュアル車での 10 モード燃費の 21.0km/L がトップレベルの低燃費であることをアピールしている。右はクオーレの諸元表。

32 いすゞアスカ

フローリアンの後継モデルとして登場。NAVi-5と呼ばれた電子制御セミオートマチックを追加、GMのワールドカー構想の一翼を担った。

アスカの前身であるフローリアンは、1966年の東京モーターショーにいすゞ117として、美しいスタイリングの117クーペ（出品名はいすゞ117スポーツ）と同時に出品されました。スタイリングはイタリアのギア社によるオリジナルでした。翌67年11月にはフローリアンと正式に命名され、発売に至りました。フローリアンの名前は、かつてのオーストリア皇帝の愛馬"フローリアン"からとったものです。

フローリアンは、小型車ベレットと中型セダン・ベレルの中間を狙って開発され、長年にわたっていすゞの顔として君臨していました。都内ではタクシーなどにも使われており、筆者も乗った記憶があります。6ライトの明るく広い室内が印象的な車でした。

1983年4月には、フローリアンの後継モデルとして、フローリアンアスカが登場。アスカは"シグナス"（白鳥座）と名付けられた新開発のエンジンを搭載し、万人受けするクリーンで端正な3ボックスセダンでした。エンブレムは奈良・唐招提寺金堂の鴟尾（しび：瓦葺屋根の大棟両端に付けられる飾り）がモチーフ。さらに、アスカという車名もまた、日本文化が花開いた飛鳥時代から取ったもので、日本調に統一されていました。というのも、当時いすゞが提携していたGMは、「ワールドカー構想」を推進しており、この構想で誕生した世界戦略車（Jカー）には、アメリカのシボレー・キャバリエ、キャデラック・シマロン、西ドイツのオペル・アスコナ、そしてオーストラリアのホールデン・カミーラなどがありましたが、アスカは、その一環として最後に登場したモデルだったのです。

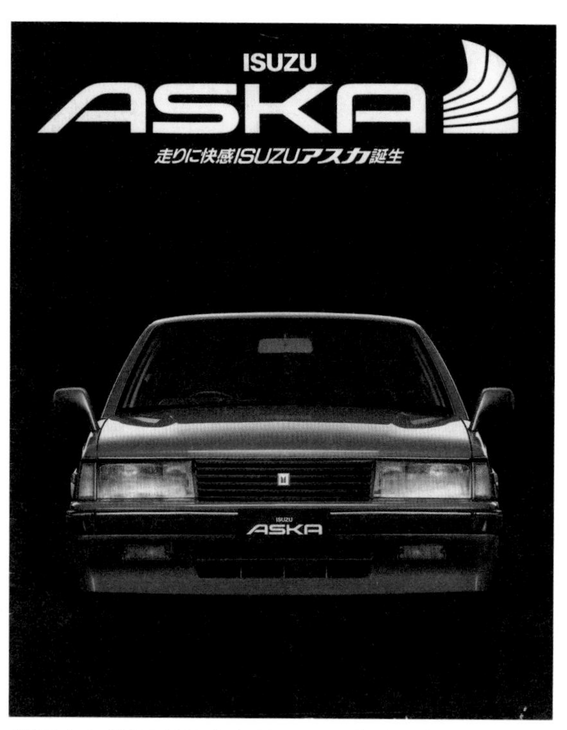

発売から4ヵ月後の1983年8月にはディーゼルターボ車も追加設定され、バリエーションを充実させる。この表紙を見ると車名は「アスカ」となっているが、後に「フローリアンアスカ」となる。

エンジンは、ガソリン、ガソリンターボ、そしていすゞの得意とするディーゼルの3つが用意されていました。1984年9月には、NAVi-5という、マニュアルトランスミッションをコンピューター制御したモデルを追加しました。アスカの発売からしばらくして、権威ある自動車専門誌がテストを行なっていましたが、テストに使用されたのは、2000ターボLSという最もスポーティなモデルでした。記事では、タービンの直径が小さく低回転域の走行に優れている点、高回転域では本来ツインターボが望ましいが、マイクロコンピューター制御を採用した結果、あらゆる回転域でターボラグが抑えられている点などが高く評価されていました。アスカは、その後OEM供給（他社の製品を自社ブランドで販売）となり、独自のボディは、この初代モデルのみでした。

車　名	いすゞ・アスカ　2000ターボLS
形式・車種記号	いすゞE-JJ120-JMS
全長×全幅×全高（mm）	4440×1670×1375
ホイールベース（mm）	2580
トレッド前×後（mm）	1405×1410
最低地上高（mm）	155
車両重量（kg）	1020
乗車定員（名）	5
燃料消費率（km/l）	12.6（10モード走行）
最高速度（km/h）	—
登坂能力（tanθ）	0.44
最小回転半径（m）	5.1
エンジン形式	4ZC1
種類、配列気筒数、弁型式	直列4気筒OHC
内径×行程（mm）	88×82
総排気量（cc）	1994
圧縮比	8.2
最高出力（PS/rpm）	150/5400
最大トルク（kg・m/rpm）	23.0/3000
燃料・タンク容量（ℓ）	無鉛ガソリン・56
トランスミッション	5速マニュアル
ブレーキ　（前）	ベンチレーテッドディスク式
（後）	リーディングトレーリング式
タイヤ	185/70SR13
カタログ発行時期（年）	1983

“ISUZU アスカ 2000 ターボ。ドライバーの快感とパッセンジャーの快感、そのすべてをパワーとスペースに充たして、いま FF4 ドアセダンの殻を破る。”と力強く宣言し、ボルドーレッドメタリックの 2000 ターボ LJ の写真を載せている。フロントドアから咆哮するチータ（マスコット）が顔を覗かせるというユーモア溢れる構成が、なかなか印象的。チーターが選ばれたのはカタログにあるとおり“哺乳類最速”＝“最高速 112km/h”の走りを誇るからであろう。

“ISUZU アスカ OHC ガソリンシリーズ。ハイグレードなファミリーカーが備えるべき資質をあますところなく身につけて、いま、FF4 ドアセダンの殻を破る。”と謳い、このシリーズでは賢く温和な性格を持つ猟犬であるポインター（マスコット）が選ばれているが、ファミリーモデルのアスカにふさわしいということだろう。アスカという名前の由来は、“日本の文化が初めて花を開いたのは、飛鳥時代であるが、これは外国から伝来した文化をもとに、日本人の情感とたくみさを加えて完成したものである。これからますます国際化する車のあり方を考え、この車にふさわしい名前として選定した。”と説明している。

“FF だけで、これほど広くはならなかった。広さだけで、これほど快適にはならなかった。”とのキャプションで、ベージュ（オイスター色）を基調としたロングホイールベースの広い室内を紹介している。床もフラットで、前輪駆動の良さが遺憾なく発揮されている。写真の LX/E のフロントシートは“8 ウェイドライバーズシート”で、着座高やシート前端など、細かく調整ができる。リアシートバックの中央はトランクスルーの構造となっており、スキーなども搭載可能となっている（LJ、LS、ガソリン 2000LF、ディーゼル LF に標準装備）。

“情報が目に飛びこんでくる。使いやすさが並んでいる。ドライバーは走りを楽しむために座ればいい。”とのキャプションで、デジタルメーターが光るインスツルメントパネルの説明をしている。中央にスピードメーター、左にバーグラフ式タコメーター、右には水温計と燃料計を配置。右端に見えるのはオートクルーズ機構の操作スイッチで、40～100km/hの範囲内でアクセルを踏まずに一定速度走行ができる。

ENGINE 選べる快感、5つのシグナス。
TURBO
ELECTRO
GASOLINE
DIESEL
シグナスシリーズ・ガソリンエンジンが備える革新のメカニズム

軽量、高出力、低燃費の新開発シグナスシリーズエンジンは、全部で5タイプある。シグナスとは白鳥座を意味する英語である。大きく分けると、1800ccと2000ccのガソリンエンジン、2000ccのディーゼルエンジンの3つである。2000ccのガソリンエンジンには、高回転での頭打ちに対応する過給圧エレクトロニック・コントロールと電子制御燃料噴射装置を搭載したターボと電子制御キャブレター式の自然吸気がある。またディーゼルエンジンは、心臓部である燃焼室に“世界で初めてニューセラミックスを採用した”画期的なものと言える。いすゞのディーゼル乗用車は1962年4月登場のベレル以来培われた高い技術を持っており、アスカのディーゼルにも5つのグレードが用意されていた。

フロントは、スパンの長いA型コントロールアームとストラットの組み合わせを基本に、タイヤがその性能を最大限に発揮できる直立姿勢（ゼロ・アライメント）の思想を盛り込んでいる。リヤには、コンパウンドクランク式独立懸架を採用。コンパウンド式のサスペンションは左右のトレーリングアームにミニブロックコイルスプリングを装着し、左右をトーションビームでつないだもので、車体のロールを制御し、優れた乗り心地の実現を目指したもの。

SPECIFICATION

4ドアセダン

車型		1800			2000				
	グレード	LD	LT	LF	LT	LF	LS	LJ	LX
	車名・型式	いすゞE-JJ110			いすゞE-JJ120				
	車種記号	MD	MT	MF	MT	MF(TF)	MS(TS)	MJ(TJ)	MX(TX)
寸法・重量	全長(mm)	4430	4440		4440				
	全幅(mm)	1670			1670				
	全高(mm)	1375			1375				
	ホイールベース(mm)	2580			2580				
	トレッド(前)(mm)	1405			1405				
	トレッド(後)(mm)	1410			1410				
	最低地上高(mm)	155			155				
	室内長(mm)	1820			1820				
	室内幅(mm)	1365			1365				
	室内高(mm)	1125			1125				
	車両重量(kg)	970	975	985	980	990(1000)	1010(1020)	1025(1035)	1045(1055)
	乗車定員(人)	5			5				
	車両総重量(kg)	1245	1250	1260	1255	1265(1275)	1285(1295)	1300(1310)	1320(1330)
性能	登坂能力(tanθ)	0.44			0.44				
	最小回転半径(m)	5.1			5.1				
	燃料消費率(km/ℓ) 60km/h定地走行(運輸省届出値)	25.5			22.7	22.7(17.5)			
	10モード走行(運輸省審査値)	14.4			13.4	13.4(10.2)		12.6(10.2)	
エンジン	型式	4ZB1			4ZC1				
	種類	直列4気筒OHC			直列4気筒OHC				
	内径×行程(mm)	84×82			88×82				
	総排気量(cc)	1817			1994				
	圧縮比	9.0			8.8				
	最高出力(PS/rpm)(JIS)	105/5600			110/5400				
	最大トルク(kg-m/rpm)(JIS)	15.5/3600			17.0/3400				
	燃料供給装置	キャブレター式			キャブレター式				
	使用燃料・タンク容量(ℓ)	無鉛ガソリン-56			無鉛ガソリン-56				
ドライブトレイン	クラッチ形式	乾燥単板ダイヤフラム式			乾燥単板ダイヤフラム式	乾燥単板ダイヤフラム式(3要素1段2相式トルクコンバーター)			
	トランスミッション形式	5速マニュアル			5速マニュアル	5速マニュアル(3速ロックアップ付フルオートマチック)			
	変速比 第1速	3.909			3.727	3.727(2.840)			
	第2速	2.150			2.043	2.043(1.600)			
	第3速	1.333			1.448	1.448(1.000)			
	第4速	0.923			1.027	1.027(―)			
	第5速	0.744			0.829	0.829(―)			
	後退	3.500			3.500	3.500(2.030)			
	最終減速比	3.450			3.350	3.350(3.333)			
サスペンション	フロント	ストラット式コイルスプリング			ストラット式コイルスプリング				
	リヤ	コンパウンドクランク式ミニブロックコイルスプリング			コンパウンドクランク式ミニブロックコイルスプリング				
	ショックアブソーバー	筒型複動式(前後共)			筒型複動式(前後共)				
	タイヤ	6.45-13-4PR	165SR13		165SR13		185/70SR13	165SR13	185/70SR13
ステアリング	ステアリング形式	ラック&ピニオン式			ラック&ピニオン式				
		バリアブルギヤレシオ		操舵力可変パワーステアリング	バリアブルギヤレシオ	操舵力可変パワーステアリング			
ブレーキ	フロントブレーキ	ベンチレーテッドディスク式			ベンチレーテッドディスク式				
	リヤブレーキ	リーディングトレーリング式			リーディングトレーリング式				
	パーキングブレーキ	機械式後2輪制動			機械式後2輪制動				
価格(スペアタイヤ・工具付)									

車型		2000エレクトロ	2000ターボ			2000ディーゼル				
	グレード	LX/E	LT	LS	LJ	LD	LT	LF	LJ	LX
	車名・型式	いすゞE-JJ120	いすゞE-JJ120			いすゞN-JJ510				
	車種記号	MXQ	JMT	JMS	JMJ	MD	MT	MF(TF)	MJ(TJ)	MX(TX)
寸法・重量	全長(mm)	4440	4440			4430	4440			
	全幅(mm)	1670	1670			1670				
	全高(mm)	1375	1375			1375				
	ホイールベース(mm)	2580	2580			2580				
	トレッド(前)(mm)	1405	1405			1405				
	トレッド(後)(mm)	1410	1410			1410				
	最低地上高(mm)	155	155			160				
	室内長(mm)	1820	1820			1820				
	室内幅(mm)	1365	1365			1365				
	室内高(mm)	1125	1125			1125				
	車両重量(kg)	1050	1010	1020	1045	1050	1055	1060(1075)	1095(1110)	1110(1125)
	乗車定員(人)	5	5			5				
	車両総重量(kg)	1325	1285	1295	1320	1325	1330	1335(1350)	1370(1385)	1385(1400)
性能	登坂能力(tanθ)	0.44	0.44			0.45				
	最小回転半径(m)	5.1	5.1			5.1				
	燃料消費率(km/ℓ) 60km/h定地走行(運輸省届出値)	23.7	24.0			31.0		31.0(24.0)		
	10モード走行(運輸省審査値)	13.2	12.6			―				
エンジン	型式	4ZC1	4ZC1			4FC1				
	種類	直列4気筒OHC	直列4気筒OHC			直列4気筒OHC				
	内径×行程(mm)	88×82	88×82			84×90				
	総排気量(cc)	1994	1994			1995				
	圧縮比	9.0	8.2			21.0				
	最高出力(PS/rpm)(JIS)	115/5400	150/5400			66/4500				
	最大トルク(kg-m/rpm)(JIS)	17.5/3400	23.0/3000			12.7/2500				
	燃料供給装置	電子制御キャブレター式	電子制御燃料噴射式			分配型燃料噴射ポンプ				
	使用燃料・タンク容量(ℓ)	無鉛ガソリン-56	無鉛ガソリン-56			軽油-56				
ドライブトレイン	クラッチ形式	乾燥単板ダイヤフラム式	乾燥単板ダイヤフラム式			乾燥単板ダイヤフラム式		乾燥単板ダイヤフラム式(3要素1段2相式トルクコンバーター)		
	トランスミッション形式	5速マニュアル	5速マニュアル			5速マニュアル		5速マニュアル(3速ロックアップ付フルオートマチック)		
	変速比 第1速	3.727	3.909			3.909		3.909(2.840)		
	第2速	2.043	2.150			2.150		2.150(1.600)		
	第3速	1.448	1.333			1.448		1.448(1.000)		
	第4速	1.027	0.923			1.027		1.027(―)		
	第5速	0.829	0.744			0.744		0.744(―)		
	後退	3.500	3.500			3.500		3.500(2.070)		
	最終減速比	3.350	3.190			3.578		3.578(3.333)		
サスペンション	フロント	ストラット式コイルスプリング	ストラット式コイルスプリング			ストラット式コイルスプリング				
	リヤ	コンパウンドクランク式ミニブロックコイルスプリング	コンパウンドクランク式ミニブロックコイルスプリング			コンパウンドクランク式ミニブロックコイルスプリング				
	ショックアブソーバー	筒型複動式(前後共)	筒型複動式(前後共)			筒型複動式(前後共)				
	タイヤ	185/70SR13	185/70SR13			165SR13		165SR13(185/70SR13)	185/70SR13	
ステアリング	ステアリング形式	ラック&ピニオン式	ラック&ピニオン式			ラック&ピニオン式				
		操舵力可変パワーステアリング	操舵力可変パワーステアリング			バリアブルギヤレシオ		操舵力可変パワーステアリング		
ブレーキ	フロントブレーキ	ベンチレーテッドディスク式	ベンチレーテッドディスク式			ベンチレーテッドディスク式				
	リヤブレーキ	リーディングトレーリング式	リーディングトレーリング式			リーディングトレーリング式				
	パーキングブレーキ	機械式後2輪制動	機械式後2輪制動			機械式後2輪制動				
価格(スペアタイヤ・工具付)										

いすゞアスカのスペック表。

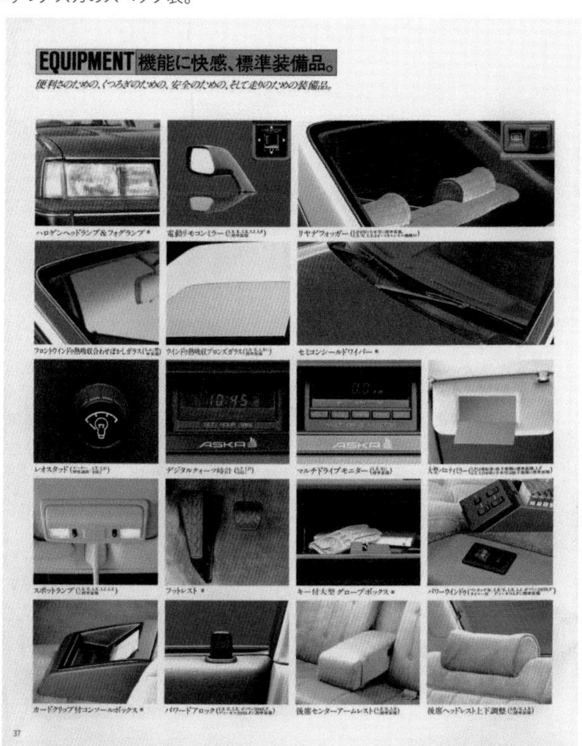

標準装備品として、ハロゲンヘッドランプ&フォグランプ、リヤデフォッガー、フロントウインドゥ熱吸収合わせぼかしガラス、マルチドライブモニター、残光式ルームランプ等、ここではすべてを掲載できないが 50 枚の写真で紹介している。また注文装備も、オートエアコン、マフラーカッター、エアロルーフキャリア等を別のページで 21 枚の写真を用いて紹介している。

1984 年、2000cc ガソリン車に追加された電子制御自動 5 速 MT、NAVi5。コンピューター制御によってマニュアルトランスミッションの変速操作を自動的に行なうもので、カタログには“ひとことでいえば、電子制御自動 5 速トランスミッション”“クラッチ板によってパワーをムダなく伝えるマニュアルトランスミッションそのものですから、燃費性能も格別”とある。1985 年にはディーゼル車にも追加設定された。

33 トヨタ・ソアラ

トヨタ初の高級パーソナルクーペ。初代モデルは、国産最高の170psというスペックを誇っていた。そして、2005年にレクサスSC430に受け継がれた。

“未体験ゾーンへ”という鮮烈なキャッチフレーズとともに1981年2月にデビューを飾ったソアラのことは、40年以上経ってもはっきりと覚えています。ソアラは、発売に先立って、大阪国際オートショー（1980年11月、大阪国際見本市会場）にトヨタEX-8の名前で参考出品されました。この2800ccDOHCエンジン搭載の高級2ドアクーペが、翌1981年2月に、ソアラと命名されて発売されたのです。搭載されるエンジンは、2.8リッターの（5M-GEU）と2.0リッターの（1G-EU）の2本立てでした。

ところで、ソアラの車名の由来は、英語の“SOARER”です。「最上級グライダー」という意味で、大空を悠然と飛ぶ姿をイメージしています。ちなみに2000ccモデルには、VⅠ（ブイワン＝離陸決定速度）、VⅡ（ブイツー＝安全離陸速度）、VR（ブイアール＝ローテーション速度）など、航空用語と思われるグレード名が付けられていました。

ソアラはトヨタ初の高級パーソナルクーペで、大変な話題となりました。たとえば、ある自動車専門誌（1981年1月号）は、トヨタEX-8を大きく特集しています。権威のある雑誌で、発売前の車に関してこれだけの特集を組むのは、異例なことでした。しかも、表紙にもトヨタEX-8の写真を載せていたのです。それほど衝撃の大きい車でした。欧州製の高級クーペにも引けを取らないデザインと、高出力のエンジンを持つ高級パーソナルクーペが、ついに日本にも登場したのです。1981年6月にはターボチャージャーモデル（M-TEU）を追加、そして1982年3月には最高級モデルの2800GT-LIMITEDが追加されています。

筆者は、1983年2月にマイナーチェンジした後の2800GTを所有していました。とても良い車で、長距離をよく乗り回していました。アクセルを踏み込むとクォーン（少なくとも筆者にはそう聞こえました）という心地よいエンジン音が発せられました。この快音は、未だに耳に残っています。

ソアラは、1986年1月にキープコンセプトのフルモデルチェンジを受けた後、1991年5月にアメリカでデザインされて、3代目となりました。先代までのイメージを一新し、一回り以上も大きなV8・4リッターエンジン（初代セルシオにも搭載）を搭載したモデルでした。

そして2001年4月にはコンバーチブルクーペの4代目に引き継がれました。2005年8月に日本国内でもレクサスブランドが始まったことに伴い、ソアラはレクサスSC430に移行しました。

発表時の資料では、ソアラを「スーパー・グラン・ツーリスモ」と表現し、具体的には“卓越した動力性能および操縦性能と高級サルーンの快適性を合わせ持つGT中のGT”であると表現されていた。

車　名	トヨタ・ソアラ　GT-EXTRA
形式・車種記号	E-MZ11-HCPQF（X）
全長×全幅×全高（mm）	4655×1695×1360
ホイールベース（mm）	2660
トレッド前×後（mm）	1440×1450
最低地上高（mm）	165
車両重量（kg）	1310
乗車定員（名）	5
燃料消費率（km/l）	8.2（10モード走行）
最高速度（km/h）	—
登坂能力（tanθ）	0.55
最小回転半径（m）	5.5
エンジン形式	5M-GEU
種類、配列気筒数、弁型式	直列6気筒DOHC
内径×行程（mm）	83.0×85.0
総排気量（cc）	2759
圧縮比	8.8
最高出力（PS/rpm）	170/5600
最大トルク（kg・m/rpm）	24.0/4400
燃料・タンク容量（ℓ）	無鉛ガソリン・61
トランスミッション	ECT（4速フルオートマチック）
ブレーキ　（前）	ベンチレーテッドディスク
（後）	ベンチレーテッドディスク
タイヤ	195/70HR14ミシュラン
カタログ発行時期（年）	1982

"'81-'82 JAPANESE CAR OF THE YEAR"の文字とともに、ソアラを正面から仰ぎ見るというカタログでは珍しい角度から捉えた美しいカットと、この車の心臓部となる"DOHC-6, 170PS."エンジン単体の写真が添えられている。

"日本のプライドが、このクルマを創らせた。"と謳い、"リミテッドクォーツ"色のボディカラーを纏った2800GT-LIMITEDを紹介。

エンジン部やミッション、サスペンションなどのパワーコンポーネントに加え、回転するタイヤ部などは実物を使用している。それに詳細な線画を重ね合わせてこの透視図は製作されており、かなり凝ったものであると言えるだろう。

真にクルマを革新するためには、まずそのハートであるエンジンから革新しなければならない。いかに斬新なスタイリングが与えられても、いかに豪華な装備で飾られても、そのハートが旧態依然としていたらクルマの根本的な進歩は望むべくもないだろう。パワフルでありながら軽量コンパクト、燃焼効率をつきつめることでより低燃費に、しかも胸のすく走りを犠牲にすることなく達成したい…時代が要求する理想のエンジン像の徹底追求からこのクルマのプロジェクトはスタートしたと言っても過言ではない。5M-GEU、M-TEU、LASRE 1Gと、3タイプ用意されたエンジンは、この革新的なクルマのまさに核心と言える。まず、2.8リッター、ツインカム-6、5M-GEU。最高出力170PS、最大トルク24.0kg-m。そのパワーウェイトレシオはなんと7.64kg/ps。パワーもさることながら、一瞬にしてレッドゾーンへ舞い上がるアクセル応答性も魅力的。油圧式のバルブラッシュアジャスターによりメインテナンスフリーを実現。チェーンにとって代わったタイミングベルトの採用で、静粛性も向上。低中速域の豊かなトルクは、市街地における使いやすさを約束している。そして、ここまで経済的な6気筒ツインカムがあっただろうか。5速マニュアルの10モード燃費で8.9km/ℓ。さらに特筆すべきは、マイコンで制御される新開発の夢のオートマチックECTの採用である。これにより60km/h定地走行テスト値17.5km/ℓという5速マニュアルと変わらぬ驚異的な数値を達成している。トヨタの誇るカー・エレクトロニクスの粋とも言うべきTCCSが、ツインカム-6のエンジンと夢のオートマチックECTの両方を常に理想的な状態にマイコン制御することにより初めて実現できたもの。一方、2リッターシリーズには、6気筒の傑作LASRE 1Gと先進のターボM-TEU。ターボは、ツインノックセンサー、スワールポートなど革新のメカニズムとOD付4速フルオートマチックを得て、かつてなかったスムーズかつ痛快な加速感と経済性とを両立した。まさに新世代のターボ。そして、軽量パワフルLASRE 1Gエンジン。2ウェイOD付4速フルオートマチックとの組み合わせでは、60km/h定地走行テスト値でマニュアルミッション車と同等の燃費を実現。その鋭い吹き上がりとあいまって、新しい時代が目指すエンジンのあり方を示唆している。エンジンを語らずにスーパー・グラン・ツーリスモは語れない。

ツインカム-6、5M-GEU

2,759cc6気筒DOHC-EFI。最高出力170ps/5,600r.p.m.、最大トルク24.0kg-m/4,400r.p.m.、10モード燃費8.9km/ℓ。

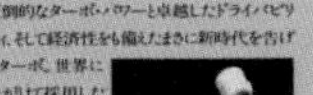

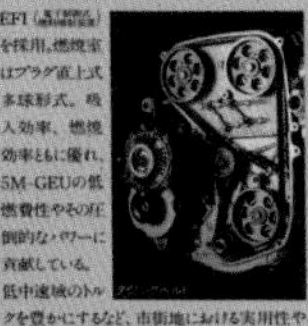

先進のターボ、M-TEU

1,988cc6気筒TURBO OHC-EFI。最高出力145ps/5,600r.p.m.、最大トルク21.5kg-m/3,000r.p.m.、10モード燃費8.5km/ℓ。

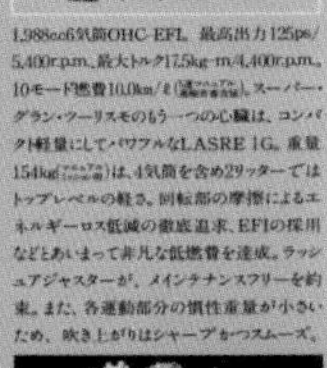

軽量パワフル、"LASRE 1G

1,988cc6気筒OHC-EFI。最高出力125ps/5,400r.p.m.、最大トルク17.5kg-m/4,400r.p.m.、10モード燃費10.0km/ℓ。

ソアラの2800ccモデルに搭載されているノーマルアスピレーション（自然吸気）の2759cc／6気筒・DOHC-EFI・最高出力170psを誇る5M-GEUエンジンと、2000ccモデルに搭載されている1988ccの6気筒・ターボ/OHC-EFI・最高出力145psのM-TEUエンジン、1988ccの6気筒・OHC-EFI・最高出力125psのLASRE 1Gエンジンのスペックなどを詳細に解説。

ソリッド&リンバーサスペンション。フロントにマクファーソンストラット、リヤにセミトレーリングアーム。この4独機構の傑作は、パワフルなエンジンから余すところなく力を引き出し、いかなる道路でも、目の覚めるような操縦安定性を発揮する独特のチューニングが施されている。フロントの4度30分という大キャスター角は、ストレートロードで矢のような直進性をもたらす。フロント&リヤの巨大なトレッドは驚異的なコーナリング特性を生みだしている。そのトレッド幅は、じつに前/後、1,440mm/1,450mm。10mm単位でロール剛性が高まり、コーナリング特性が向上することを考えると、このワイド設計はまさに革命的。ホットな走りにクールな制動を与えるのは、あのF-1マシーンと同一メカニズム、4輪ベンチレーテッドディスク。ステアリングは、低速で軽く、高速では確かな手応えを示すラック&ピニオン式回転数感応型パワーステアリング。重要なホイールはもちろんアルミ。VR-TURBOには特に西独イントラ社製を採用。タイヤは195/70HR14ミシュランXVS。GT系・TURBO車・VRにはポテンシャルをより高めたセッティングのハーダーサスを装備。

ソリッド&リンバーサスペンション

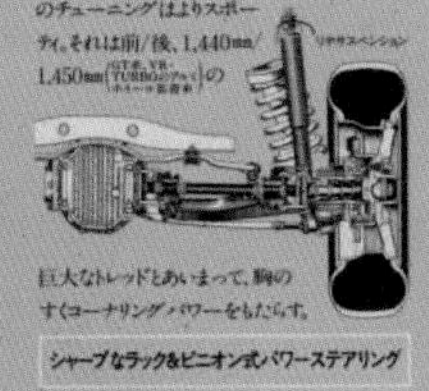

シャープなラック&ピニオン式パワーステアリング

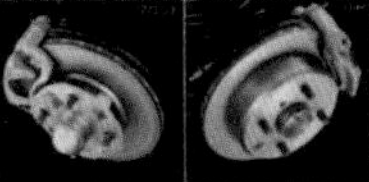

強力制動ベンチレーテッドディスクブレーキ

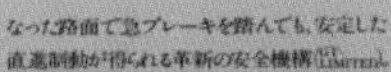

滑る路面でも直進制動、先進のESC

精悍にして美しいアルミホイール&ミシュラン

16

"フロントはマクファーソンストラット式独立懸架"で"リアはセミトレーリングアーム式独立懸架"であり、ステアリングは"ラック&ピニオン式パワーステアリング"。ブレーキは、前後4輪の中央に冷却フィンを設けた"ベンチレーテッドディスクブレーキ"を採用するなど、"SUPER GRAN TURISMO"にふさわしい装備が採用されていた。

"性能は、フォルムを変える。"とは"誰よりも速く走ることのできるクルマには、新しい姿が必要だった"と説いている。ブラウン系に統一された内装に当時最先端だった"エレクトロニック・ディスプレイ・メーター"を持つ2800GT-LIMITEDを紹介。

"至福のとき、ここに極まる。"というタイトルに加えて、本皮革の内装が"5人のくつろぎを名実ともに約束するスペース設計。"とあり、"静かさでも追従を許さぬ、スーパー・グラン・ツーリスモ"として、くつろぎを可能にする空間であると語っている。

TURBO & LASRE α

2000 SERIES

VR-TURBO・VII-TURBO & VX・VR・VII

2000VR-TURBO

エレクトロニック・ディスプレイ・メーターに西独インドラ社製アルミホイール。
OD付4速フルオートマチックを得て、痛快な走りを約束するスーパー・ターボ。
スーパー・グラン・ツーリスモの新しい個性、2000VR-TURBO。

2000VII-TURBO

剛にして柔。4輪の頂点、ソリッド&リンバー・サスペンションをよりスポーティにセッティング。
さらに、4輪ベンチレーテッドディスクブレーキに195/70HR14ラジアル。
走りの未体験ゾーンへ加速する。2000VII-TURBO。

2000VX

マイコン式オートエアコン、オートドライブ、そして
クルーズコンピュータ標準装備。カーエレクトロニクスの頂点を極めた、先進の2リッター2000VX。
豪華サルーンを凌ぐ装備が、キャビンを包む。

2000VR

固められたソリッド&リンバーサスペンションに4輪ベンチレーテッドディスクブレーキ。
軽量パワフルな2リッター、LASRE 1Gのポテンシャルを限界まで引き出す。2000VR。
その比類なきフットワークが、熱い心を魅了する。

2000VII

ラック&ピニオン式パワーステアリング、チルトステアリング、ワンタッチ式パワーウインドウ。
選びぬかれた装備が、豊かなキャビンを演出する洗練の2リッター、2000VII。
サルーンの快適さと、スポーツ・カーの走りがここに結合。

DOHC-6

2800 SERIES

GT-LIMITED・GT-EXTRA・GT

2800GT-LIMITED

ツインカム・6、170PSに、夢のオートマチックECT。
そして味わい深い本皮革シートを始め望みうる限りの装備を標準とした、頂点の中の頂点。
日本のプライドを高らかに語る一台のクルマ、2800GT-LIMITED。

2800GT-EXTRA

時代の最先端技術を内に秘め
GTを超えて存在する。
スーパー・グラン・ツーリスモ。
2.8リッター、その頂点に位置する2800GT-EXTRA。
トヨタのハイパフォーマンスステータス。
そこには、極めつくした者のみがもつロマンが漂う。

2800GT

2.8リッター、ツインカム・6、170PS。
4輪ベンチレーテッドディスクブレーキを装着。
この計測的ポテンシャルを、
5速マニュアル、そして夢のオートマチックECTで味わえる。
2800GT、いま走りは未体験ゾーンへ。

ソアラのモデル構成についてまとめ、2000 シリーズについては VR-TURBO、VⅡ-TURBO の 2 つのターボチャージャーモデルと VX、VR、VⅡの 3 つのモデル、2800 シリーズには GT-LIMITED、GT-EXTRA、GT の 3 モデルの 8 車種を各仕様なども含めて紹介。

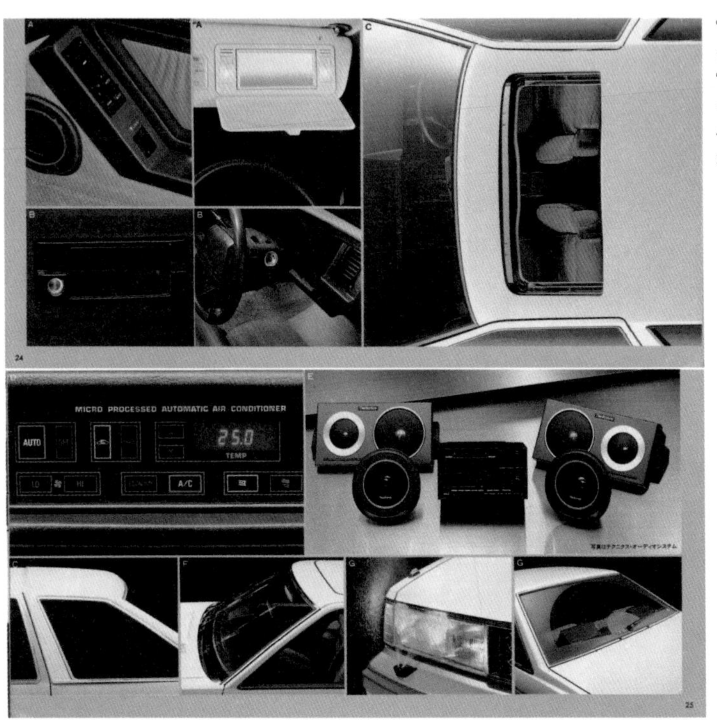

"EQUIPMENT"（装備品）では、"車速感応式オートドアロック"、"電動式サンルーフ"やマイクロコンピューター制御の"マイコン式オートエアコン"などを解説。洗浄液をフロントウインドーの４点に噴射する"4点噴射式ウォッシャー"やヘッドランプに直接高圧噴射する"ヘッドランプクリーナー"などは、先進的な装備だった。

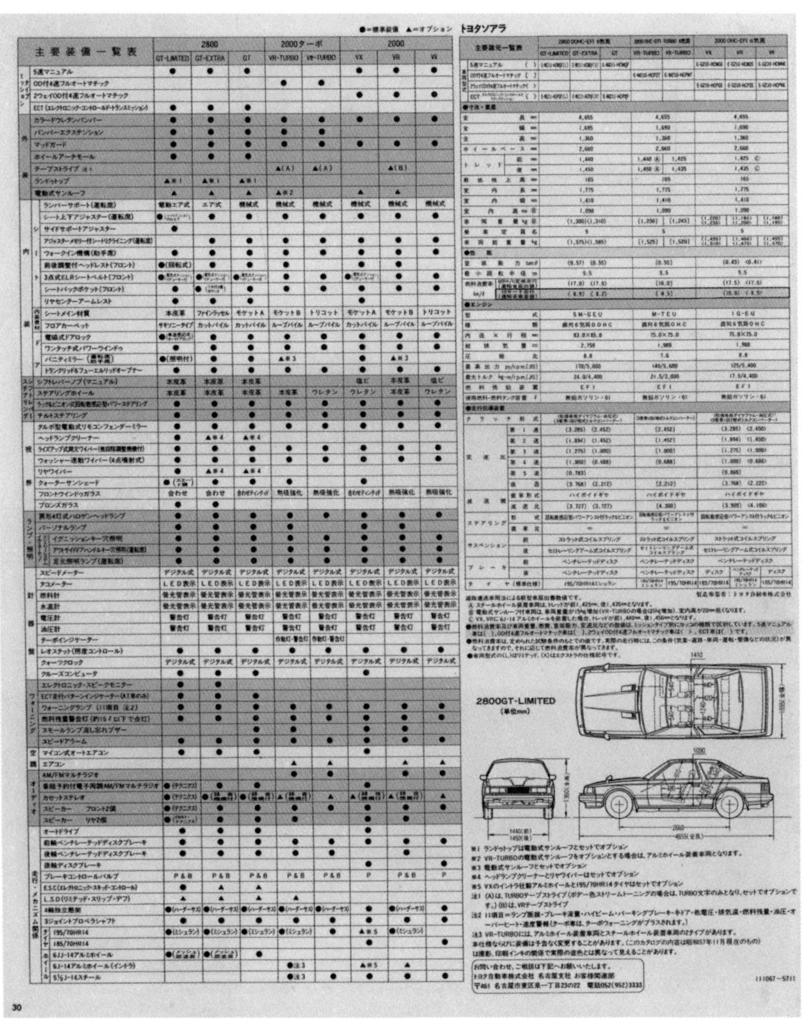

●＝標準装備　▲＝オプション

トヨタソアラ

主要装備一覧表		2800 GT-LIMITED	2800 GT-EXTRA	2800 GT	2000ターボ VR-TURBO	2000ターボ VII-TURBO	2000 VX	2000 VR	2000 VII
トランスミッション	5速マニュアル	●	●	●			●	●	●
	OD付4速フルオートマチック				●	●			
	2ウェイOD付4速フルオートマチック						●	●	●
	ECT（エレクトロニック・コントロールド・トランスミッション）	●	●	●					
外装	カラードウレタンバンパー	●	●	●	●	●	●	●	●
	バンパーエクステンション	●	●	●	●	●			
	マッドガード	●	●	●	●	●	●	●	●
	ホイールアーチモール	●	●	●					
	テープストライプ 注1				▲(A)	▲(A)		▲(B)	
	ランドゥトップ	▲※1	▲※1	▲※1					
	電動式サンルーフ	▲	▲	▲	▲※2		▲	▲	
内装・シート	ランバーサポート（運転席）	電動エア式	エア式	機械式	機械式	機械式	機械式	機械式	機械式
	シート上下アジャスター（運転席）	●([illegible])	●	●	●	●	●	●	●
	サイドサポートアジャスター	●							
	アウェスターメモリー付シートリクライニング（運転席）		●	●	●	●	●	●	●
	ウォークイン機構（助手席）	●	●	●	●	●	●	●	●
	前後調整付ヘッドレスト（フロント）	●(回転式)	●	●	●		●	●	
	3点式ELRシートベルト（フロント）	●(電気式テンションリデューサー付)	●(電気式テンションリデューサー付)	●(電気式テンションリデューサー付)	●	●	●(テンションリデューサー付)	●	●
	シートバックポケット（フロント）	●	●([illegible])	●	●	●	●	●	●
	リヤセンターアームレスト	●	●	●			●		
内装素材	シートメイン材質	本皮革	ファインラッセル	モケットA	モケットB	トリコット	モケットA	モケットB	トリコット
	フロアカーペット	サキソニータイプ	カットパイル	カットパイル	ループパイル	ループパイル	カットパイル	ループパイル	ループパイル
ドア	電磁式ドアロック	●(車速感応式オートドアロック)	●	●	●	●	●	●	●
	ワンタッチ式パワーウインドウ	●	●	●	●	●	●	●	●
	バニティミラー（運転席・助手席）	●(照明付)	●	●	▲※3		●	▲※3	
	トランクリッド&フューエルリッドオープナー	●	●	●	●	●	●	●	●
ステアリング	シフトレバーノブ（マニュアル）	本皮革	本皮革	本皮革			塩ビ	本皮革	塩ビ
	ステアリングホイール	本皮革	本皮革	本皮革	本皮革	ウレタン	ウレタン	本皮革	ウレタン
	ラック&ピニオン式回転数感応型パワーステアリング	●	●	●	●	●	●	●	●
	チルトステアリング	●	●	●	●	●	●	●	●
視界	タルボ型電動式リモコンフェンダーミラー	●	●	●	●	●	●	●	●
	ヘッドランプクリーナー	●	▲※4	▲※4					
	ライズアップ式間欠ワイパー（無段階調整機構付）	●	●	●	●	●	●	●	●
	ウォッシャー連動ワイパー（4点噴射式）	●	●	●	●	●	●	●	●
	リヤワイパー	●	▲※4	▲※4					
	クォーターサンシェード	●([illegible])	●	●	●		●		
	フロントウインドゥガラス	合わせ	合わせ	合わせティンテッド	熱線強化	熱線強化	合わせティンテッド	熱線強化	熱線強化
	ブロンズガラス	●	●						
ランプ・照明	異形4灯式ハロゲンヘッドランプ	●	●	●	●	●	●	●	●
	パーソナルランプ	●	●	●	●		●	●	
イルミネーション	イグニッションキー穴照明	●	●	●	●	●	●	●	●
	アウトサイドドアハンドルキー穴照明（運転席）	●	●	●	●	●	●	●	●
	足元照明ランプ（運転席）	●	●	●	●	●	●	●	●
計器盤	スピードメーター	デジタル式	デジタル式	デジタル式	デジタル式	デジタル式	デジタル式	デジタル式	デジタル式
	タコメーター	LED表示	LED表示	LED表示	LED表示	LED表示	LED表示	LED表示	LED表示
	燃料計	蛍光管表示	蛍光管表示	蛍光管表示	蛍光管表示	蛍光管表示	蛍光管表示	蛍光管表示	蛍光管表示
	水温計	蛍光管表示	蛍光管表示	蛍光管表示	蛍光管表示	蛍光管表示	蛍光管表示	蛍光管表示	蛍光管表示
	電圧計	警告灯	警告灯	警告灯	警告灯	警告灯	警告灯	警告灯	警告灯
	油圧計	警告灯	警告灯	警告灯	警告灯	警告灯	警告灯	警告灯	警告灯
	ターボインジケーター				作動灯・警告灯	作動灯・警告灯			
	レオスタット（照度コントロール）	●	●	●	●	●	●	●	●
	クォーツクロック	デジタル式	デジタル式	デジタル式	デジタル式	デジタル式	デジタル式	デジタル式	デジタル式
	クルーズコンピュータ	●	●	●			●		
ウォーニング	エレクトロニック・スピークモニター	●	●						
	ECT走行パターンインジケーター（AT車のみ）	●	●	●					
	ウォーニングランプ（11項目 注2）	●	●	●	●	●	●	●	●
	燃料残量警告灯（約15ℓ以下で点灯）	●	●	●	●	●	●	●	●
	スモールランプ消し忘れブザー			●	●		●	●	
	スピードアラーム	●	●	●	●	●	●	●	●
空調	マイコン式オートエアコン	●	●	●			●		
	エアコン				▲	▲		▲	▲
オーディオ	AM/FMマルチラジオ				●	●		●	●
	番組予約付電子同調AM/FMマルチラジオ	●(テクニクス)	●	●			●		
	カセットステレオ	●(テクニクス)	●(録・再機構付)	●(録・再機構付)	▲(録・再機構付)	▲	▲(録・再機構付)	▲(録・再機構付)	▲
	スピーカー　フロント2個	●(テクニクス)	●	●	●	●	●	●	●
	スピーカー　リヤ2個	●(3WAY テクニクス)	●	●	●		●	●	
走行・メカニズム関係	オートドライブ	●	●	●			●		
	前輪ベンチレーテッドディスクブレーキ	●	●	●	●	●	●	●	●
	後輪ベンチレーテッドディスクブレーキ	●	●	●	●	●		●	
	後輪ディスクブレーキ						●		●
	ブレーキコントロールバルブ	P&B	P&B	P&B	P&B	P&B	P	P&B	P
	E.S.C（エレクトロニック・スキッド・コントロール）	●	▲	▲					
	L.S.D（リミテッド・スリップ・デフ）	▲	▲	▲	▲				
	4輪独立懸架	●(ハーダーサス)	●(ハーダーサス)	●(ハーダーサス)	●(ハーダーサス)	●(ハーダーサス)	●	●(ハーダーサス)	●
	3ジョイントプロペラシャフト	●	●	●	●	●	●	●	●
タイヤ	195/70HR14	●(ミシュラン)	●(ミシュラン)	●(ミシュラン)	●(ミシュラン)	●	▲※5	●(ミシュラン)	
	185/70HR14						●		●
ホイール	6JJ-14アルミホイール	●(メッシュ[illegible])	●(メッシュ[illegible])	●					
	6J-14アルミホイール（イントラ）				●注3		▲※5	▲	
	5½J-14スチール				●注3	●	●	●	●

30

主要諸元一覧表		2800 DOHC-EFI 6気筒 GT-LIMITED	2800 DOHC-EFI 6気筒 GT-EXTRA	2800 DOHC-EFI 6気筒 GT	2000 OHC-EFI TURBO 6気筒 VR-TURBO	2000 OHC-EFI TURBO 6気筒 VII-TURBO	2000 OHC-EFI 6気筒 VX	2000 OHC-EFI 6気筒 VR	2000 OHC-EFI 6気筒 VII
車両型式	5速マニュアル（ ）	E-MZ11-HCMQF(L)	E-MZ11-HCMQF(X)	E-MZ11-HCMQF			E-GZ10-HCMQE	E-GZ10-HCMZE	E-GZ10-HCMNE
	OD付4速フルオートマチック〔 〕				E-MZ10-HCPZT	E-MZ10-HCPNT			
	2ウェイOD付4速フルオートマチック〈 〉						E-GZ10-HCPQE	E-GZ10-HCPZE	E-GZ10-HCPNE
	ECT（エレクトロニック・コントロールド・トランスミッション）（ ）	E-MZ11-HCPQF(L)	E-MZ11-HCPQF(X)	E-MZ11-HCPQF					
●寸法・重量									
全長 mm		4,655			4,655		4,655		
全幅 mm		1,695			1,690		1,690		
全高 mm		1,360			1,360		1,360		
ホイールベース mm		2,660			2,660		2,660		
トレッド	前 mm	1,440			1,440 Ⓐ	1,425	1,425 Ⓒ		
	後 mm	1,450			1,450 Ⓐ	1,435	1,435 Ⓒ		
最低地上高 mm		165			165		165		
室内長 mm		1,775			1,775		1,775		
室内幅 mm		1,410			1,410		1,410		
室内高 mm Ⓑ		1,090			1,090		1,090		
車両重量 kg Ⓑ		(1,300)(1,310)			(1,250)	(1,245)	(1,220)〈1,235〉	(1,185)〈1,200〉	(1,180)〈1,195〉
乗車定員 名		5			5		5		
車両総重量 kg		(1,575)(1,585)			(1,525)	(1,520)	(1,495)〈1,510〉	(1,460)〈1,475〉	(1,455)〈1,470〉
●性能									
登坂能力 tanθ		(0.57)　(0.55)			(0.55)		(0.43)　〈0.41〉		
最小回転半径 m		5.5			5.5		5.5		
燃料消費率 km/ℓ	60km/h定地走行（運輸省届出値）	(17.0)　(17.5)			(16.0)		(17.5)　〈17.5〉		
	10モード走行（運輸省審査値）	(8.9)　(8.2)			(8.5)		(10.0)　〈8.5〉		
●エンジン									
型式		5M-GEU			M-TEU		1G-EU		
種類		直列6気筒DOHC			直列6気筒OHC		直列6気筒OHC		
内径×行程 mm		83.0×85.0			75.0×75.0		75.0×75.0		
総排気量 cc		2,759			1,988		1,988		
圧縮比		8.8			7.6		8.8		
最高出力 ps/rpm(JIS)		170/5,600			145/5,600		125/5,400		
最大トルク kg-m/rpm(JIS)		24.0/4,400			21.5/3,000		17.5/4,400		
燃料供給装置		EFI			EFI		EFI		
使用燃料・燃料タンク容量 ℓ		無鉛ガソリン・61			無鉛ガソリン・61		無鉛ガソリン・61		
●走行伝導装置									
クラッチ形式		(乾燥単板ダイヤフラム・油圧式)(3要素1段2相式トルクコンバーター)			〔3要素1段2相式トルクコンバーター〕		(乾燥単板ダイヤフラム・油圧式)〈3要素1段2相式トルクコンバーター〉		
変速比	第1速	(3.285)　(2.452)			(2.452)		(3.285)　〈2.450〉		
	第2速	(1.894)　(1.452)			(1.452)		(1.894)　〈1.450〉		
	第3速	(1.275)　(1.000)			(1.000)		(1.275)　〈1.000〉		
	第4速	(1.000)　(0.688)			(0.688)		(1.000)　〈0.688〉		
	第5速	(0.783)					(0.860)		
	後退	(3.768)　(2.212)			(2.212)		(3.768)　〈2.222〉		
減速機	歯車形式	ハイポイドギヤ			ハイポイドギヤ		ハイポイドギヤ		
	減速比	(3.727)　(3.727)			(4.300)		(3.909)　〈4.100〉		
ステアリング	形式	回転数感応型パワーアシスト付ラック&ピニオン			回転数感応型パワーアシスト付ラック&ピニオン		回転数感応型パワーアシスト付ラック&ピニオン		
	歯車比	[illegible]			[illegible]		[illegible]		
サスペンション	前	ストラット式コイルスプリング			ストラット式コイルスプリング		ストラット式コイルスプリング		
	後	セミトレーリングアーム式コイルスプリング			セミトレーリングアーム式コイルスプリング		セミトレーリングアーム式コイルスプリング		
ブレーキ	前	ベンチレーテッドディスク			ベンチレーテッドディスク		ベンチレーテッドディスク		
	後	ベンチレーテッドディスク			ベンチレーテッドディスク		ディスク	ベンチレーテッドディスク	ディスク
タイヤ（標準仕様）		195/70HR14ミシュラン			195/70HR14ミシュラン	195/70HR14	185/70HR14	195/70HR14ミシュラン	185/70HR14

製造事業者：トヨタ自動車株式会社

道路運送車両法による新型車届出審査値です。
Ⓐ スチールホイール装着車両は、トレッドが前1,425mm、後1,435mmとなります。
Ⓑ 電動式サンルーフ付車両は、車両重量が15kg増加（VR-TURBOの場合は5kg増加）、室内高が20mm低くなります。
Ⓒ VX、VRに6J-14アルミホイールを装着した場合、トレッドが前1,440mm、後1,450mmとなります。
●燃料消費率及び車両重量、燃費、登坂能力、変速比などの数値は、ミッションタイプ別にカッコの種類で区別しています。5速マニュアル車は（ ）、OD付4速フルオートマチック車は〔 〕、2ウェイOD付4速フルオートマチック車は〈 〉、ECT車は（ ）です。
●燃料消費率は、定められた試験条件のもとでの値です。実際の走行時には、この条件（気象・道路・車両・運転・整備などの状況）が異なってきますので、それに応じて燃料消費率が異なってきます。
●車両型式の(L)はリミテッド、(X)はエクストラの仕様記号です。

※1 ランドゥトップは電動式サンルーフとセットでオプション
※2 VR-TURBOの電動式サンルーフをオプションとする場合は、アルミホイール装着車両となります。
※3 電動式サンルーフとセットでオプション
※4 ヘッドランプクリーナーとリヤワイパーはセットでオプション
※5 VXのイントラ仕様アルミホイールと195/70HR14タイヤはセットでオプション
注1 (A)は、TURBOテープストライプ（ボデー色ストリームトーニングの場合は、TURBO文字のみとなり、セットでオプションです。）(B)は、VRテープストライプ
注2 11項目＝ランプ断線・ブレーキ液量・ハイビーム・パーキングブレーキ・半ドア・低電圧・排気温・燃料残量・油圧・オーバーヒート・速度警報（ターボ車は、ターボウォーニングがプラスされます。）
注3 VR-TURBOには、アルミホイール装着車両とスチールホイール装着車両の2タイプがあります。
本仕様ならびに装備は予告なく変更することがあります。（このカタログの内容は昭和57年11月現在のもの）
は撮影、印刷インキの関係で実際の塗色とは異なって見えることがあります。

お問い合わせ、ご相談は下記へお願いいたします。
トヨタ自動車株式会社 名古屋支社 お客様間連部
〒461 名古屋市東区泉一丁目23の22 電話052(952)3333

111067－5711

■第6章■

バブルの全盛と崩壊、自動車社会成熟化の時代へ

1980年代に入るとモーターショーも年々華やかになり、外国車の出展も増え始める。また実現性・提案性に優れたハイテク・コンセプトカーも大きな位置を占めるようになった（総出品台数が995台と最多記録を更新し、来場者120万人を集めた1983年の東京モーターショー）。

1980年代後半に入ると日本社会は空前のバブル景気に沸きます。それに合わせるかのように乗用車の世界も高級化、大排気量化、パーソナル化が進みます。日産自動車が1988年に発売した高級パーソナルセダンは“シーマ現象”という言葉を生み出し、翌1989年に日米に投入されたトヨタ・セルシオ（レクサスLS400）は欧州の高級セダンを凌駕することを狙いに開発され、「高級車の新しい世界基準」のコピーが用いられています。東京モーターショーの主催者、自動車工業振興会（後の日本自動車工業会）の資料によると、1年間に発売された乗用車のモデル数は1990年には35に達しました（全面改良を含む）。平均すると毎月3回、新車発表会が開催されたことになりますが、多くは一流ホテルを使い贅沢を極めたものでした。

しかしバブル崩壊が具体化した1990年半ば以降は、新型車の投入は激減し、その発表会の記者会見ではコスト低減に力を入れたことがアピールされるようになりました。自動車と自動車社会は成長の時代から成熟の時代に入ったのです。

1980年代後半に話を戻すと、1986年に一般道でのシートベルト着用が義務付けされ、1989年には東京モーターショーの会場が晴海から幕張に移されます。1990年、軽自動車の新規格が打ち出され、排気量が660ccとなりました。この年、自動車免許の保有者が6000万人を超えています。また1970年をピークに減少に転じていた交通事故死者数は1万1000人を再び超え1990年代前半まで高止まりしました。道路交通網では1986年に東北自動車道が全通、1988年には青函トンネルと瀬戸大橋（児島－坂出ルート）が開通しました。

バブル景気の真っ盛りだった1980年代後半は公開されたNTT株が160万円を超える初値を付ける（1987年）空前の株式ブームが1992年まで続きます。こうした中で地価の高騰が続き、「地上げ」が話題となりますが、1992年に公示地価が17年ぶりに下落し、株価下落とともにバブルが終焉しました。

1987年には国鉄が民営化されJRとなり、日本航空も完全民営化されることになります。昭和天皇が体調を崩し、病状は日々報道され、テレビコマーシャルも自動車を含め“自粛”が続きました。そして1989年1月に崩御し、平成時代を迎えます。

1980年代末から1990年代初頭にかけては世界的な激動も続きました。1989年、ベルリンの壁が崩壊し、翌1990年には東西ドイツが統一されました。続くように1991年、ソビエト連邦が崩壊し、長く続いていた冷戦は終焉を迎えます。中東ではこの年、湾岸戦争が始まりました。

34 スバル・アルシオーネ

"オトナ・アヴァンギャルド"をCMコピーにもつスバル初のスペシャルティカー。米国で人気が高く、モデル末期まで月販2000台をキープした。

アルシオーネは、航空機メーカーの中島飛行機を母体に誕生した富士重工業（後の SUBARU）が 1985 年 6 月 8 日に発売した車です。

スバル初のスペシャルティカーで、ボディの形状はエッジの効いた直線を基調としており、空力特性を重視した結果、0.29 という非常に低い C_D（空気抵抗係数）値を実現した車でした。国産乗用車の中で C_D 値が 0.3 を切ったのは、この車が最初です。

アルシオーネとは、プレアデス星団（和名：すばる）でひときわ明るく輝くアルキオネ（Alcyone）に由来しています。アルシオーネはアルキオネの英語読みです。エンジンはターボチャージャー付きで、FWD（前輪駆動）と 4WD（四輪駆動）、2 つの駆動方式で発売されています。排気量については、どちらも 1800cc でした。

発売当時の自動車専門誌の記事を見ると、富士重工業は当初から対米輸出も視野に入っていたようで、国内販売と同じくらい力を入れていました。ちなみにアメリカのマーケットでは、モデル末期に至るまで、月販は約 2000 台をキープする売れ行きでした。

なお自動車専門誌などには、"オトナ・アヴァンギャルド"のキャプションを付けてアルシオーネの広告を載せていました。そんな派手なコピーが似合うほどに、前衛的な車だったのです。

かつて 1958 年にスバル 360 を発表した際、富士重工業は、軽自動車の限られたスペースでいかに大人 4 人の居住空間を確保するかという難題に挑戦するとともに、徹底した軽量化にも心血を注いでいました。それは、航空機メーカーをルーツとする会社としての自負の表れでもあったと思えるのです。

自動車会社に転身して時を隔てること 30 年近い 1985 年に発売されたアルシオーネのカタログからも、航空機メーカーとしての変わらぬ自負を感じとることができます。それは、空気力学に対する"飽くなき挑戦"でもあるのです。なぜなら車は燃費も安定性も、車を取り巻く空気の流れ（空気抵抗）に影響を受けるからです。

アルシオーネは、他に類を見ない独特のデザインで、地上に降りた戦闘機にも似て、非常に個性的なプロポーションを持っています。アルシオーネを初めて見たとき、筆者はそのユニークなデザインに驚きましたが、その基本デザインが徹底的に「空気力学」に基づいていることを知って納得しました。

なお 1991 年 9 月にはジョルジェット・ジウジアーロ氏のデザインによる、2 世代目となるアルシオーネ SVX が発表されましたが、やはり個性あふれる車でした。

富士重工業は、会社名を SUBARU に変えても変わることなく、他社にはないユニークな車を世に送り出すメーカーと言えるでしょう。それはまた"スバリスト"こと熱心なスバルファンを生み出す母胎となっていることも、アルシオーネのカタログを見て改めて実感しました。

最も光り輝く星の名称を与えられたアルシオーネには、スバルのフラッグシップカーとしての期待が込められており、開発目標として、"高速4WD"というコンセプトが初めて明確に打ち出された車だったという。

車　名	スバル・アルシオーネ　4WD VRターボ
形式・車種記号	スバル・E-AX7
全長×全幅×全高（mm）	4450×1690×1335
ホイールベース（mm）	2465
トレッド前×後（mm）	1425×1425
最低地上高（mm）	165
車両重量（kg）	1130
乗車定員（名）	4
燃料消費率（km/l）	10.2（10モード走行）
最高速度（km/h）	—
登坂能力	—
最小回転半径（m）	4.9
エンジン形式	EA82
種類、配列気筒数、弁型式	水平対向4気筒・水冷OHC
内径×行程（mm）	92×67
総排気量（cc）	1781
圧縮比	7.7
最高出力（PS/rpm）	135/5600
最大トルク（kg・m/rpm）	20.0/2800
燃料・タンク容量（ℓ）	60
トランスミッション	前進3速後退1速（3速AT）
ブレーキ　（前）	ベンチレーテッド・ディスク
（後）	ディスク
タイヤ	185/70HR13スチールラジアル
カタログ発行時期（年）	1985-1987

“非凡さは、より豊かなパーソナルライフの追求から生まれた。世界初の 2plus2 4WD スペシャルティ。”のタイトル文字の通り、アルシオーネは他に例を見ない 4WD のスペシャルティカーだったと筆者は考えている。2 プラス 2 という割り切ったシート配置なども本格的なスポーツモデルであること感じさせた。

ウェッジシェイプの効いた直線基調のアルシオーネは、“ハイウェイに静かなドラマが生まれる。エキゾチックな戦慄を漂わすストリームウェッジプロポーション。”とその個性的なボディデザインが的確に表現されている。

SUBARU
美しいゲストとどんな夢が語れるだろう……
とっておきのプライベートタイムに、ラグジュアリーな2plus2キャビン。

インテリアも全体のデザインはスポーティにまとめられており、リアシートにはヘッドレストさえなく、「エマージェンシー（emergency ＝緊急用）」とも言える。実質的には“2plus2 キャビン”というよりも 2 シーターに近いものだった。

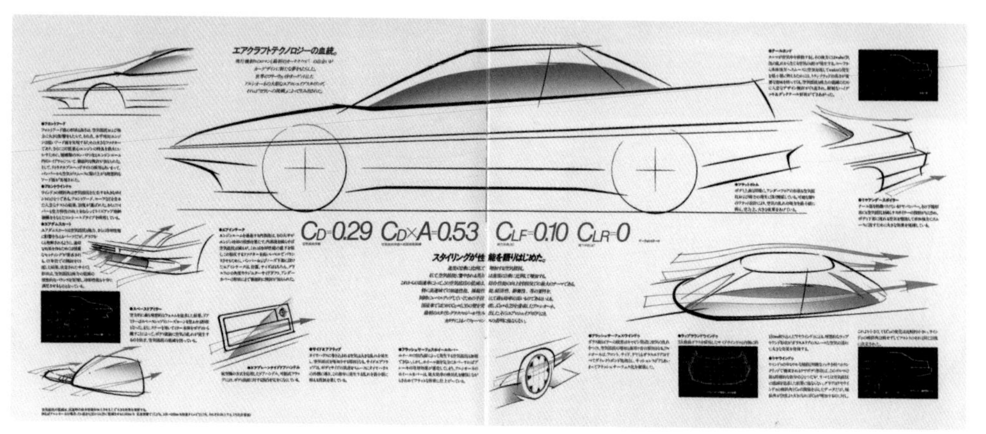

“エアクラフトテクノロジーの血統。”の文字で始まるこのページでは、アルシオーネのスタイリングは“「空気への挑戦」によって生み出された”と述べている。言い変えれば、空気の流れがアルシオーネのスタイルを形づくったのであろう。空気抵抗係数では、“国産車ではじめてC_D= 0.30 の壁を突破し、C_D= 0.29 を達成したアルシオーネ”とあり、空気抵抗係数 × 前面投影面積、揚力係数などの数値を掲げ、空気の流れに逆らわないようにいかに徹底的な工夫がされているかなど、空気抵抗の低減を追求した数多くの設計・デザインを挙げている。これまで数多くのカタログを蒐集してきたが、空力特性に関してこれほどまでの徹底的な解説をしているのは、筆者の知る限りこのカタログだけである。

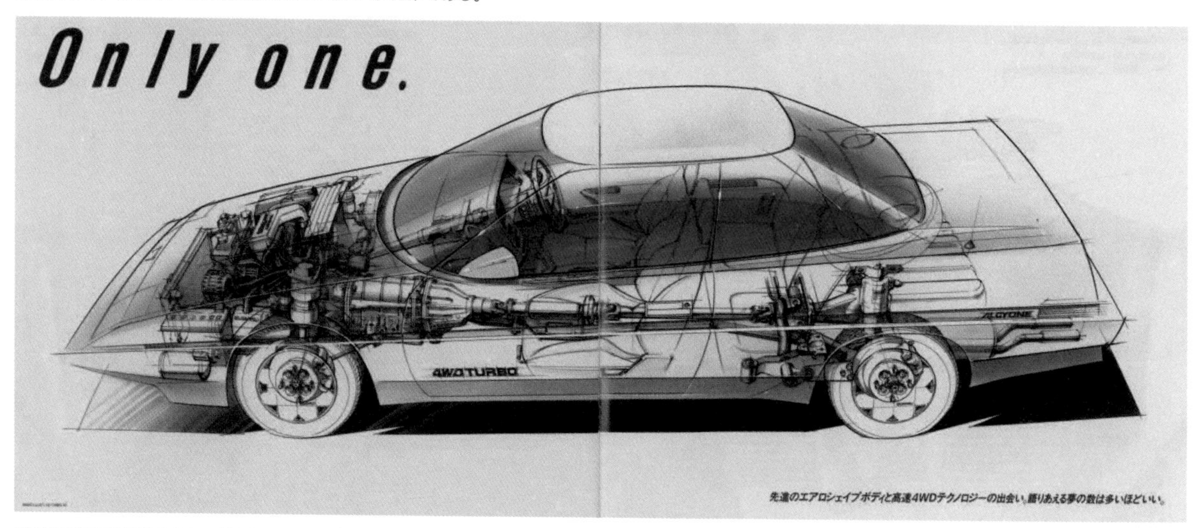

詳細な透視図が添えられ、“Only one.”の大きな文字によって、アルシオーネが世界でも例のない存在であることを謳う。

“スリークなエアロシェイプボディを可能にした高性能 FLAT- 4 エンジン。すべての夢はここから生まれ、ひろがった。”とあり、スバル独自の 4WD テクノロジーや水平対向エンジンとミッションなどのメカニズムを詳細に解説。低重心の水平対向エンジンと 4WD の組み合わせによって、優れた直進安定性を獲得していることなどを語る。

4WD VR TURBO（写真上、ボディカラーは“スペースブルー・メタリック／リバティホワイト”）には3速オートマチックと5速マニュアルが、FF VS TURBO（写真下、ボディカラーは“リバティホワイト／ガルグレイ”）には5速マニュアルが設定されていた。

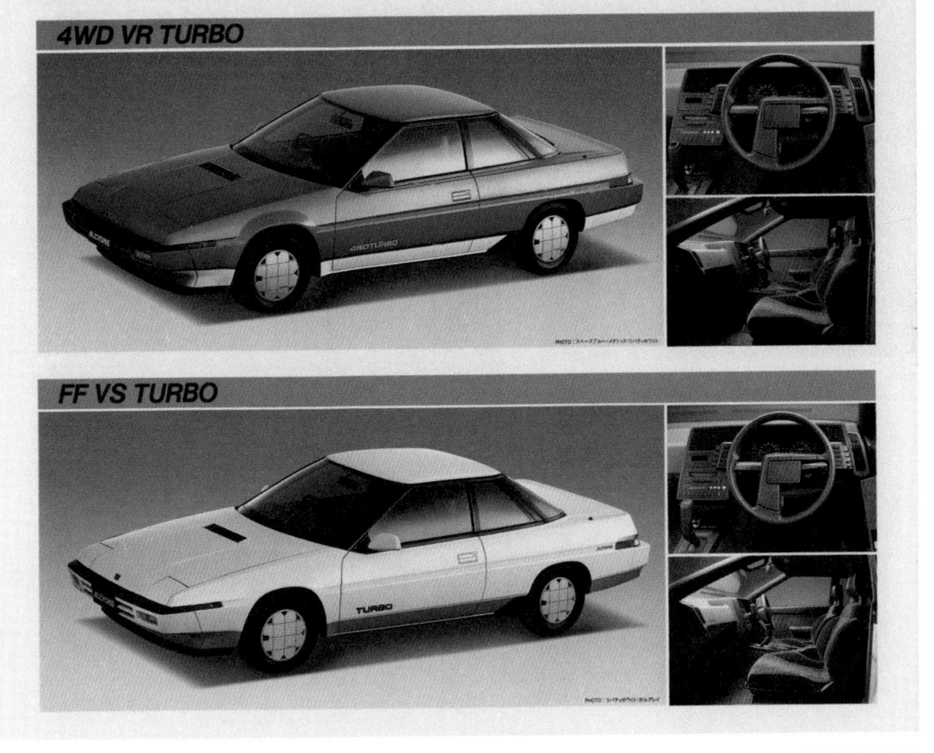

EQUIPMENTS

●外装
リトラクタブルヘッドライト(ハロゲン)
大型スカート一体カラードバンパー
ヘッドライトウォッシャー(VRターボ)
フロント合わせガラス
ブロンズガラス★
熱線プリントリヤデフォッガー
電動リモコンドアミラー★
ライズアップ格納機構付シングルブレードワイパー
リヤワイパー&ウォッシャー(VRターボ)
パワーアンテナ&リヤウインドゥ内蔵アンテナ
フロントエアダムスカート
サイドエアフラップ
フラッシュサーフェスホイールカバー
デュアルエキゾースト&マフラーカッター
2トーンボディカラー
●インストルメントパネル
メーター一体可動式チルト&テレスコピックステアリング
油圧計・電圧計・タコメーター
時計(デジタル)
AM/FMマルチ電子チューニングラジオ
カセットデッキ&4スピーカーシステム(フェダーコントロール付)
グローブボックス(照明&キー付)
イルミネーションコントロール
タイマー付間けつ&ウォッシャー連動ワイパー
エレクトロニックインパネ(デジタルメーター、トリップコンピュータ、ブースター、クルーズコントロール)▲
セイフティモニター
ドアロック
半ドア
ビーム&パッシング
パーキングブレーキ
リヤデフォッガー
4WDパイロット(VRターボ)
ATセレクトインジケーター(VRターボAT)
セイフティインジケーター
リトラクタブルヘッドライト
ストップランプ断線
ブレーキ液残量
排気温度
オイルプレッシャー
チャージ
燃料残量
ECS
トルコン油温(VRターボAT)
●内装
スポーティバケットタイプシート(高級モケット地)
シートリフター&ランバーサポート(運転席)
フットレスト
デュアルスポットライト付ルームランプ
デイナイトインナーミラー
バニティミラー(助手席)
コートフック
ふた付センターコンソール
ドアポケット
フロント大型アームレスト
クロス張り成形ドアトリム
高級カーペット
トランク&フューエルリッドオープナー
トランクスルー(ロック機構付)
トランクトリム
トランクルームランプ
サブトランク
スペアタイヤカバー
●機構関係
パワーステアリング
パワーウインドゥ
パワードアロック
オート4WDシステム(VRターボAT)
エレクトロ・ニューマチックサスペンション(EP-S)(VRターボ)
ハイトコントロール(VRターボ)
スタビライザー(フロント&リヤ)
フロントベンチレーテッド4輪ディスクブレーキ
ハイドロリック・ラッシュ・アジャスター(H.L.A.)
照明付マスターキー
★ブラウン内装車に標準装備。※フェンダーミラー(手動式)も選択できます。▲VRターボATにメーカーオプション。

SPECIFICATIONS

●車名・型式／車種			
車名・型式	スバル・E-AX7	スバル・E-AX7	スバル・E-AX4
車種	4WD VRターボ	4WD VRターボ	FF VSターボ
トランスミッション	3速AT	5速マニュアル	5速マニュアル
●寸法・重量			
全長 mm	4450	4450	4450
全幅 mm	1690	1690	1690
全高 mm	1335	1335	1295
室内長 mm	1630	1630	1630
室内幅 mm	1410	1410	1410
室内高 mm	1085	1085	1085
ホイールベース mm	2465	2465	2465
トレッド(前) mm	1425	1425	1435
トレッド(後) mm	1425	1425	1425
最低地上高 mm	165	165	155
車両重量 kg	1130	1120	1030
乗車定員 名	4	4	4
車両総重量 kg	1350	1340	1250
●性能			
最小回転半径 m	4.9	4.9	4.9
燃料消費率(10モード・運輸省審査値)km/ℓ	10.2	12.2	12.4
燃料消費率(60km/h定地走行・運輸省届出値)km/ℓ	18.1	21.1	22.9
●エンジン			
型式	EA82	EA82	EA82
種類	水平対向4気筒・水冷OHC	水平対向4気筒・水冷OHC	水平対向4気筒・水冷OHC
内径×行程 mm	92×67	92×67	92×67
総排気量 cc	1781	1781	1781
圧縮比	7.7	7.7	7.7
最高出力 ps/r.p.m.	135/5600	135/5600	135/5600
最大トルク kg-m/r.p.m.	20.0/2800	20.0/2800	20.0/2800
燃料供給装置	電子制御燃料噴射装置	電子制御燃料噴射装置	電子制御燃料噴射装置
燃料タンク容量 ℓ	60	60	60
燃料種類	レギュラーガソリン(無鉛)	レギュラーガソリン(無鉛)	レギュラーガソリン(無鉛)
●動力伝達装置			
変速機形式	前進3速 後退1速	前進5速 後退1速	前進5速 後退1速
変速比 第1速	2.821	3.545	3.545
変速比 第2速	1.559	1.947	1.947
変速比 第3速	1.000	1.366	1.366
変速比 第4速	―	0.972	0.972
変速比 第5速	―	0.780	0.780
変速比 後退	2.257	3.416	3.416
第2減速比	0.974	―	―
最終減速比(前)	3.454	3.700	3.454
最終減速比(後)	0.933×3.700	3.700	―
最終減速機歯車形式	ハイポイドギヤ	ハイポイドギヤ	ハイポイドギヤ
●ステアリング			
歯車形式	ラック&ピニオン式	ラック&ピニオン式	ラック&ピニオン式
ギヤ比(オーバーオール)	17.0	17.0	17.0
●懸架装置・タイヤ			
前輪	ストラット式独立懸架	ストラット式独立懸架	ストラット式独立懸架
後輪	セミトレーリングアーム式独立懸架	セミトレーリングアーム式独立懸架	セミトレーリングアーム式独立懸架
タイヤ	185/70HR13スチールラジアル	185/70HR13スチールラジアル	185/70HR13スチールラジアル
●制動装置			
主ブレーキ形式	2系統油圧式(倍力装置付)	2系統油圧式(倍力装置付)	2系統油圧式(倍力装置付)
前ブレーキ	ベンチレーテッド・ディスク	ベンチレーテッド・ディスク	ベンチレーテッド・ディスク
後ブレーキ	ディスク	ディスク	ディスク
駐車ブレーキ形式	機械式前2輪制動	機械式前2輪制動	機械式前2輪制動

■この仕様はおことわりなく変更することがあります。
■実際の走行にあたっては、取扱説明書をよくお読みください。
■燃料消費率は定められた試験条件のもとでの値です。したがって、実際の走行時には、運転条件、習慣及び車の整備状況により、燃料消費率が異なってきます。
■写真は印刷インキの性質上、実際の色とは異なって見えることがあります。
■AT＝オートマチック

DIMENSIONS

寸法図はVR TURBO

ALCYONEのボディを飾るこのマークは、おうし座の星団、スバルをデザインしたものです。むつらぼし（六連星）とも呼ばれるスバルの名は古くから枕草子などにも出てくる純粋の日本語。飛行機づくりの技術的伝統を受け継ぎ、独創の車づくりに挑戦し続けるスバルの自信と誇りを象徴するシンボルマークなのです。

ALCYONE アルシオーネはスバル（天文学上の呼び名はプレヤデス）星団の中でもひときわ明るく輝く星「アルキオネ」を英語読みしたものです。ギリシャ神話によるとアルキオネとは、大空を担って立つ巨人アトラスと精女プレイオネの間に生まれた美しい姉妹の1人。ゼウスの力で鳩となって空に昇り、やがて星になったと言われています。

ムリのない運転でガソリンを大切に／シートベルトをしめて安全運転。

35 ホンダ・レジェンド

ホンダが乗用車づくりの中で培ったすべての技術を投入した高級乗用車。日本で初めてエアバッグシステムを採用した。

ホンダがクラウンやセドリッククラスの高級車の分野に進出することになり、自動車雑誌や自動車評論家の間で大きな話題となりました。ホンダは1972年7月発売のシビックや1976年5月発売のアコードなど、欧州車風のヒット作が多く、国内はもとより欧米でも高い評価を受けていたので、この車に対する期待は非常に大きなものがありました。期待の新型車は、レジェンド（伝説を意味する英語"LEGEND"から）と名付けられました。

ホンダはレジェンドの開発にあたって、経営の苦しいイギリスのブリティッシュ・レイランド（BL）に資金援助し、高級車づくりの示唆をあおぎ、BLは自社の技術者をホンダに派遣、サスペンションや内装などについて細かいアドバイスをしたようです。BLとの共同開発モデルのローバー800は、プラットフォームをレジェンドと共用し、エンジンにもレジェンド用の2.5リッターを搭載したモデルもありました。

発売時のカタログは、"静かなる走りの余韻。レジェンド誕生。このクルマから降り立つときの感銘を、人はどんな言葉に託すのでしょうか。この一台には、ホンダが、乗用車作りの中で、自ら磨き、培ってきた高度なテクノロジーのすべてが込められています。"と強調、ホンダが持っているすべての技術を注ぎ込んだ高級車の誕生を誇り高く述べています。最高級モデルのウールモケット（100%）のシートや、マイナーチェンジ後には天然のウォールナットをダッシュボードに使用するなど高級素材の使用にも積極的に取り組んでいます。

またレジェンドは日本で初めてエアバッグシステムを採用した車としても注目されました。

1987年2月には、高級な2ドアクーペも登場しています。F1レーサーのアイルトン・セナ氏や中嶋悟氏もオーナーだったこともあり、レジェンドは何かと話題の多い車でした。海外では初代からアキュラブランドで展開し、レクサス、インフィニティとともに日本初の高級車としての高い評価を受けています。しかし残念なことに、同車は2021年12月に生産が中止となりました。

筆者は1990年10月にフルモデルチェンジを受けた2代目（通称"スーパーレジェンド"）のセダンのベーシックモデルを長く愛用していました。

友人の1人も、2代目モデルの最高級グレードのビンヤードグレーという紫色のレジェンドに乗っていました。レジェンドは重厚感漂う車でしたが、取り回しが楽で大きさを意識させず、圧倒的な走りの良さを備えていました。洗練されたスタイルで、走りもホンダらしくスポーティーな印象でした。

1985年10月22日に発表されたレジェンド。当時発表された公式資料によれば、この車の開発コンセプトは、"第一級のポテンシャルと、人間感覚をつつみ込んだ快適さの実現。"であった。

車　名	ホンダ・レジェンドV6Xi
形式・車種記号	ホンダ・E-KA2
全長×全幅×全高（m）	4.810×1.735×1.390
ホイールベース（m）	2.760
トレッド前×後（m）	1.490×1.450
最低地上高（m）	0.150
車両重量（kg）	1360
乗車定員（名）	5
燃料消費率（km/l）	8.3（10モード走行）
最高速度（km/h）	—
登坂能力	—
最小回転半径（m）	5.5
エンジン形式	C25A
種類、配列気筒数、弁型式	水冷V型6気筒横置　SOHCベルト駆動 吸気2排気2
内径×行程（mm）	84.0×75.0
総排気量（cm^3）	2493
圧縮比	9.0
最高出力（PS/rpm）	165/6000（ネット値）
最大トルク（kg・m/rpm）	21.5/4500（ネット値）
燃料・タンク容量（ℓ）	68
トランスミッション	ホンダマチック4速フルオート
ブレーキ　（前）	ベンチレーテッドディスク
（後）	ディスク
タイヤ	195/70HR14
カタログ発行時期（年）	1986

レジェンドの最高機種にあたる、2.5 リッターの 3 ナンバーモデル V6Xi の写真を載せ、“チルト機構付電動スモークドガラス・サンルーフ”、“4 輪アンチロック・ブレーキ（4w A.L.B.）”、“フルオート・エアコンディショナー”を始め、“クルーズコントロール”、“パワーリクライニング / パワースライド・ドライバーズシート”などホンダの最高級機種としての数々の装備を紹介。

2 リッタークラスの中間モデルに位置する V6Zi。2.5 リッターの V6Xi と比べれば、装備は、フルオート機能のない“エアコンディショナー”などに変わる“チルト機構付電動スモークドガラス・サンルーフ”、“4 輪アンチロック・ブレーキ（4w A.L.B.）”などは選択可能なオプション設定とされており、装備は十分に充実したモデルだった。

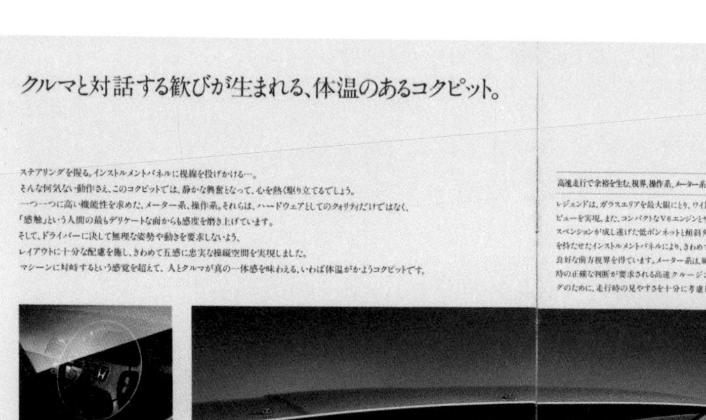

クルマと対話する歓びが生まれる、体温のあるコクピット。
ステアリングを握る。インストルメントパネルに視線を投げかける…。
そんな何気ない動作さえ、このコクピットでは、静かな興奮となって、心を熱く駆り立てるでしょう。
一つ一つに高い機能性を求めた、メーター系、操作系。それらは、ハードウェアとしてのクォリティだけではなく、
「感触」という人間の最もデリケートな面からも感度を磨き上げています。
そして、ドライバーに決して無理な姿勢や動きを要求しないよう、
レイアウトに十分な配慮を施し、きわめて五感に忠実な操縦空間を実現しました。
マシーンに対峙するという感覚を超えて、人とクルマが真の一体感を味わえる、いわば体温がかようコクピットです。

高速走行で余裕を生む、視界、操作系、メーター系。
レジェンドは、ガラスエリアを最大限にとり、ワイドビューを実現。また、コンパクトなV6エンジンとサスペンションが成し遂げた低ボンネットと傾斜角を持たせたインストルメントパネルにより、きわめて良好な前方視界を得ています。メーター系は、瞬時の正確な判断が要求される高速クルージングのために、走行時の見やすさを十分に考慮して大型3眼メーターを採用。また、各スイッチ類を、確実な操作性をめざしてレイアウト。スイッチフィーリングもきわめて良く、上質な余韻を伝えます。
サウンドクルージングに、新たなシーンが生まれます。
レジェンドはオーディオシステムにも最高のレベルを要求。高質なサウンドが、クルージングの世界をさらに豊潤に彩ります。Gi、Xiには、20W×4チャンネル独立アンプ方式のAM/FMラジオ・カセット一体機を装備。スピーカーはリアに20cm(Ziは16cm)を。フロントには、12cmながら大ストロークで重量級大型マグネットを使用した高出力スピーカーを採用しました。そして、二つのアンテナを使用し、感度が良好な方のFM電波に対応できるダイバーシティ受信方式を採用。また、オーディオのリモコンスイッチを設け、走行時の確実な操作をめざしています。

ダッシュボードは欧州車のように比較的シンプルで、大きなメーターナセルに囲まれ、瞬時に正確な判断ができるように見やすい"大型３眼メーターを採用"している。スピードメーター、タコメーター、燃料計や水温計などのメーターも完備。"クルマと対話する歓びが生まれる、体温のあるコクピット。"との説明通り、従来の国産高級車とは異なる、ホンダらしいスポーティーな雰囲気を醸し出している。

ここには、深いやすらぎと静かな興奮が満ちている。
ロングホイールベース&ワイドトレッド設計が生んだ、大きなゆとり。
63dBという、世界トップレベルの静粛性。クルマの設計時点から一体となって考えられた、高性能エアコン。
そして、高いクォリティを誇るシート。色、素材、デザインに吟味を重ねたインテリア…。
静かさも、広さも、快適なエアコンディショニングも、すべては、ゆとりあるクルージングのために
最高のレベルをめざしました。レジェンド、その上質なキャビンは、まさに"静かなる高速移動空間"。
ドライバーもゲストも、乗る人のすべてが、走りへの熱いときめきと、深いやすらぎを感じられるスペースです。
走る距離を伸ばすほどに、この静粛空間の真価が伝わることでしょう。
静粛性が、クルマとしての深さを語ります。
その数値63dB。世界トップクラスのデータを生んだのは、数々の高水準静粛設計です。V6エンジンの採用、ボディの徹底したフラッシュサーフェス化、ボディ剛性の高さ…。そして、大量に使用された遮音材や3重・4重構造のドアシールです。動力音・走行音・作動音に細心に対応。第一級のサイレントゾーンを誕生させました。
国産車初、ウール100%シート表皮(Xi)。
シートのクォリティを求めて、フロントにはスプリングシートを採用。独特の構造で、長時間走行でも疲れにくいのが特長です。さらにXiでは、ドライバーズシートのシートスライド&リクライニング調整機能をパワー化。また、走行時の人間生理や機能性、材質感などを考慮し、贅沢なまでの100%ウールシート表皮を、国産車で初めて採用しました。
エアコンディショニングに、細心の配慮を。
Zi、Gi、Xiにはエアコンを標準装備。静かさ、風向、風量などをクルマの設計時点から一体となって考慮しました。しかもフルオート・エアコンシステムを採用。マイクロコンピュータが室内温度の変化、日射量などをチェックし、最適温度を保ちます。また、電動スモークドガラス・サンルーフはチルト機構付。室内換気に大きく貢献します。

居住性についても、"ここには、深いやすらぎと静かな興奮が満ちている。"と、ブラウン系の広い室内を、カットモデルを用いて説明する。63dBという数値を記して"世界トップレベルの静粛性"と謳っている。また、最高級モデルのXiのシートには、"人間生理や機能性、材質感などを考慮し、贅沢なまでの100%ウールシート表皮を、国産車で初めて採用しました。"とシートにも高級車としてのこだわりを持って開発されていたことが伝わってくる。

高質な走りの実現へ。V6《1カム・4バルブ》新エンジンと、洗練のフットワーク。

レジェンドのパワーソースとして新開発したV型6気筒エンジンは、なめらかさ、静かさを徹底的に高め、しかも高度なレベルの走りを語れるポテンシャルをも息づかせました。市販乗用車として世界初のハイドロリック・ラッシュ・アジャスター付1カム・4バルブ方式をはじめ、90°V型レイアウト、高剛性アルミシリンダーブロックなどホンダ熟成のテクノロジーで、軽量化、コンパクト化と同時に高性能を実現しました。

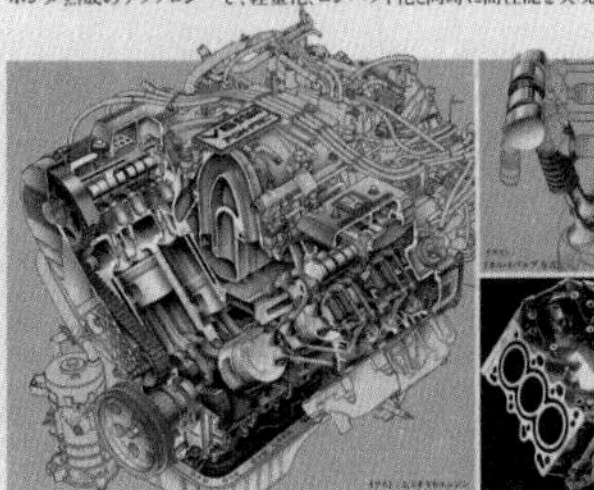

V6 1CAM・4-VALVE ENGINE

2.5ℓ V6-24バルブエンジン Xiに搭載		2.0ℓ V6-24バルブエンジン Mi,Zi,Giに搭載	
総排気量	2,493㎤	総排気量	1,996㎤
最高出力	165PS/6,000rpm	最高出力	145PS/6,500rpm
最大トルク	21.5kg-m/4,500rpm	最大トルク	17.0kg-m/5,500rpm

世界初、V6《1カム・4バルブ》新エンジン。

なめらかさ、静粛性だけでなく、意志に忠実なレスポンスと高速走行でも大いなる余裕にあふれたV6でありたい。そのためにホンダは、市販乗用車として世界初のメカニズム、ハイドロリック・ラッシュ・アジャスター付1カム・4バルブ方式を新開発しました。ホンダV6の1気筒4バルブ方式は、ボア径に対して最大のバルブ面積が確保でき、吸・排気効率を高めるための最良の方式。そのうえで、バルブリフト量がより多くとれるハイ・バルブリフト設計を施し、吸・排気効率をさらに高めました。同時に、この1気筒4バルブ方式によって燃焼効率を最大限に発揮させるセンタープラグ方式の採用が可能となり、ハイパワーと低燃費を高いレベルで両立しました。しかも、ホンダV6は、この1気筒4バルブを1本のカムシャフトで駆動させる独自の1カム・4バルブ方式を開発。優れた吸・排気効率と燃焼効率を、よりコンパクトなメカニズムで実現しました。

独自の手法で、コンパクトサイズを実現。

高性能をより小さなメカニズムで達成したい。メカニズムのスペースを小さくできれば、その分、人間のためのスペースは広がるからです。その際、大きな力となったのが"1カム・4バルブ方式"、"90°V型レイアウト"。この独自の手法で、エンジンブロック、シリンダーヘッド回りはひときわコンパクトに。大排気量ながら、ホンダV6は驚くほどのコンパクトサイズです。良好な視界確保に直結する低ボンネット化、広い居住空間をもたらすエンジンルームのコンパクト化に大きく貢献しています。

2.0ℓ V6のポテンシャルを最大限に活かす複合制御吸気システム

低速域から高速域まで、全域で力強い走りの実現をめざして開発した、ホンダ独自の新たな吸気チューニングです。エンジン回転数3,500回転付近までは、吸気慣性効果を最大限に発揮する"長い吸気管"を通して豊かなトルクを発生。3,500回転以上では、マニホールド内のバルブが開き、"太く短い吸気管"を通して一挙に多量の空気をシリンダー内に送り込みます。これにより、2.0ℓとは思えないほどパワフルでなめらかな走りを発揮します。

最適空燃比を瞬時に算出。電子燃料噴射システムPGM-FI。

ホンダF-1にも搭載されている、確かな信頼性をもつ最先端の電子燃料噴射システム。走行状態に応じて最適の空燃比を提供します。高回転域までスムーズに吹き上がるホンダV6の急激な吸気量の変化にも即応、爽快な走りをもたらしています。

PGM(電子制御)ロックアップ機構付ホンダマチック4速フルオート

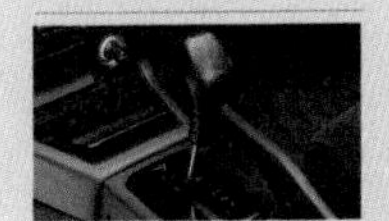

スムーズな加速感とロックアップによる燃費向上を、高次元で両立した電子制御ロックアップ・システムを導入しました。2速から、3速・4速と作動するロックアップを常に最適領域で正確にコントロールします。

高速移動空間にふさわしいサスペンション。それは、卓越した高速直進性と快適な乗り心地を高次元であわせもつものでなければなりません。レジェンドは、前輪にダブルウイッシュボーン・サス、後輪にRF(リデュースト・フリクション)ストラット・サスを配した新設計サスペンションによって、操縦性と乗り心地の両立をきわめて高度なレベルで実現。洗練されたフットワークで、走りの品位を語りかけてきます。

ホンダ・サスペンション技術の結晶。ダブルウイッシュボーン・フロントサスペンション。

ホンダが独自に開発し、高い評価を得ているのが新世代ダブルウイッシュボーン・サスペンション。レジェンドは、この形式にさらに熟成を加え導入しました。ダブルウイッシュボーン・サスは、ダンパーのフリクション(スムーズな動きを阻害する摩擦抵抗)を低減でき、走りにも乗り心地にも理想的な設定が得られる高性能サスペンション。しかし同時に、大きく、重く、複雑という難点も持っています。ホンダは数々の独創的手法でこれを解決。軽量・コンパクト設計を達成しました。しかも徹底的にチューニングを実施し、優れた高速直進性となめらかな乗り心地を両立させています。

上質な走りのテイストまでも実現。RF(リデュースト・フリクション)ストラット・リアサスペンション。

快適な乗り心地と確かな高速直進性を高次元で両立させるために、ホンダは、新しいリア・サスペンションを開発しました。それが、新世代のストラット形式、RF(リデュースト・フリクション)ストラット・サスペンション。ダンパー・フリクションを極限にまで減少させることを最大テーマにしながら、同時に、直進性向上のためのトー変化0、コーナーリング時の性能を高めるキャンバー変化率の増大をめざしました。

急制動時の車輪ロックを積極的に制御。4輪アンチロック・ブレーキ＝4wA.L.B.

レジェンドは、ブレーキにも高性能を求め、4輪ディスクブレーキを標準装備。また、雨の日や雪の日など滑りやすい路面状況での急ブレーキにも積極的に車輪ロックを制御する4輪アンチロックブレーキ(4wA.L.B.)装着車を設定しました。断続的にブレーキを踏むポンピングブレーキをマイコン制御で実行。前後輪を同時に制御する高度なメカニズムで、急制動時にもハンドル操作で方向修正できる確かな操縦性をめざしました。しかし、先進のメカニズムといえどもム リな運転までは制御できません。安全運転 をお願いします。

最後に、" 高質な走りの実現へ。V6《 1 カム・4 バルブ》の新エンジンと、洗練のフットワーク。" と題して、精密なカットモデルとともに、エンジンの特徴などを詳しく説明。オートマチックトランスミッションは、"PGM（電子制御）ロックアップ機構付ホンダマチック 4 速フルオート " を導入。サスペンションについては、フロントにはダブルウィッシュボーン・サスペンション、リアには RF (リデュースト・フリクション) ストラット・サスペンションを用いた設計で、操縦性と乗り心地の両立を実現していることを、イラストで説明。ブレーキは 4 輪ディスクブレーキを標準装備。さらに、4 輪アンチロック・ブレーキ装着車も用意されていた。安全性の面で特筆すべきは、1987 年 2 月の追加のモデルから、日本で最初に , 運転席にエアバッグを採用したことである。

SPECIFICATIONS 主要諸元

エンジン			2.0ℓ V6 24-VALVE + PGM-FI						2.5ℓ V6 24-VALVE + PGM-FI	
タイプ			V6Mi		V6Zi		V6Gi		V6Xi	
車名・型式			ホンダ・E-KA1						ホンダ・E-KA2	
	ロックアップ機構付ホンダマチック4速フルオート		●		●		●		●	
	5速マニュアル			●		●		●		●
	全長(m)		4.690						4.810	
	全幅(m)		1.695						1.735	
	全高(m)		1.390							
	ホイールベース(m)		2.760							
	トレッド	前	1.480						1.490	
		後	1.460						1.450	
	最低地上高(m)		0.150							
	車両重量(kg)		1,270	1,260	1,310	1,300	1,330	1,320	1,360	1,350
		サンルーフ装着車	——	——	1,330	1,320	1,350	1,340	1,380	1,370
		4輪アンチロックブレーキ(4wA.L.B.)装着車	——	——	1,330	1,320	1,350	1,340	1,380	1,370
		サンルーフ、4wA.L.B.同時装着車	——	——	1,350	1,340	1,370	1,360	1,400	1,390
	乗車定員(名)		5							
	客室内寸法(m)	長さ	1.945							
		幅	1.435							
		高さ	1.125（サンルーフ装着車1.095）							
エンジン	エンジン型式		C20A						C25A	
	エンジン種類・シリンダー数		水冷V型6気筒横置（無鉛ガソリン使用）							
	燃焼室形式		ルーフ形							
	弁機構		SOHCベルト駆動 吸気2 排気2							
	総排気量(㎤)		1,996						2,493	
	内径×行程(mm)		82.0×63.0						84.0×75.0	
	圧縮比		9.2						9.0	
	燃料供給装置形式		電子燃料噴射式（ホンダPGM-FI）							
	燃料ポンプ形式		電動式							
	燃料タンク容量(ℓ)		68							
	潤滑油容量(ℓ)		5.5							
	潤滑方式		圧送式							
	点火装置形式		フル・トランジスタ式							
性能	最高出力(PS/rpm)		145/6,500（ネット値*）						165/6,000（ネット値*）	
	最大トルク(kg-m/rpm)		17.0/5,500（ネット値）						21.5/4,500（ネット値）	
	燃料消費率(km/ℓ)	10モード走行（運輸省審査値）	8.6	10.2	8.6	9.8	8.6	9.8	8.3	9.6
		60km/h定地走行（運輸省届出値）	17.1	17.5	17.1	17.5	17.1	17.5	17.0	17.5
	最小回転半径(m)		5.5							
	制動停止距離(m) 初速50km/h時		13.5							
走行伝達装置	クラッチ形式		ホンダマチック4速フルオート車：3要素1段2相形（ロックアップクラッチ付） 5速マニュアル車：乾式単板ダイヤフラム							
	変速機形式		常時噛合式							
	変速機操作方式		フロアチェンジ式							
	変速比	1速	2.647	3.250	2.647	3.250	2.647	3.250	2.647	2.923
		2速	1.555	1.857	1.555	1.857	1.555	1.857	1.464	1.789
		3速	1.058	1.346	1.058	1.346	1.058	1.346	1.029	1.222
		4速	0.725	1.033	0.725	1.033	0.725	1.033	0.725	0.909
		5速	—	0.794	—	0.794	—	0.794	—	0.702
		後退	1.904	3.000	1.904	3.000	1.904	3.000	1.904	3.000
	減速比		4.400	4.200	4.400	4.200	4.400	4.200	4.200	4.200
	カジ取り形式		ラック&ピニオン式（パワーステアリング仕様）							
	タイヤ(前/後)		185/70SR14		185/70HR14				195/70HR14	
	主ブレーキの種類形式		油圧真空倍力式 前：ベンチレーテッドディスク 後：ディスク							
	作動系統及び制動車輪		2系統式 前右1輪・後左1輪 前左1輪・後右1輪							
	制動力制御装置形式		プロポーショニング装置（4wA.L.B.装着車はプロポーショニング装置付スキッドコントロール装置）							
	懸架方式（独立懸架）		前：ウイッシュボーン式 後：ストラット式							
	スタビライザー形式（前/後）		トーションバー式							

＊エンジン出力表示には、ネット値とグロス値があります。「グロス」はエンジン単体で測定したものであり、「ネット」とはエンジンを車両に搭載した状態とほぼ同条件で測定したものです。同じエンジンで測定した場合「ネット」は、「グロス」よりも約15%程度低い値（自工会調べ）となっています。

■燃料消費率は定められた試験条件のもとでの値です。実際の走行時には、この条件（気象、道路、車両、運転、整備などの状況）が異なってきますので、それに応じて、燃料消費率が異なります。

■道路運送車両法による新型車届出書数値 ■製造事業者 本田技研工業株式会社

●三面図 TYPE：Xi（単位mm）

1390（全高） 1490 （全幅）1735 1450 1945 960 900 485 125 465 310 150 2760 （全長）4810

36 スズキ・エスクード

オフロード性能の高い四輪駆動車のジムニーを生み出したスズキが、RVブームの到来を受けてオンロード性能も兼ね備えたエスクードを世に送り出した。

1920年（大正9年）、スズキの創業者である鈴木道雄氏は、静岡県に鈴木式織機株式会社を設立しました。同社は、1954年に鈴木自動車工業株式会社、さらに、1990年には現在のスズキ株式会社に社名変更。2020年3月15日に、創立100年を迎えました。自動織機の生産から自動車メーカーになったという歴史はトヨタ自動車と共通しており、実に興味深いものがあります。その後、二輪車、四輪車、さらには船外機などのマリン製品へと事業を拡大し、世界有数の企業となりました。四輪車に関しては、1955年に、日本初の本格的な軽乗用車スズライトを発売しています。スズキは、その後も優れた軽乗用車、軽商用車をつくり続け、軽自動車の世界におけるリーダーとも言うべき地位を占めることになります。

1965年12月に、初の普通自動車となるフロンテ800をデビューさせています。同車は、スタイリッシュな2ドアの3ボックスセダンでした。また1970年4月には、ジムニーの販売を開始しています。同車は本書でも後に紹介するとおり、軽自動車規格の本格四輪駆動車として開発されたモデルです。ところで1980年代はRV（レクリエーショナル・ビークル）の大ブームが起こります。そこに注目したスズキは、オフロード性能にとどまらず、オンロード性能も重視したエスクードを世に送り出したのです。こうしたユニークなモデルの開発には、ジムニーで培われたスズキの見識の高さを感じます。

1988年5月12日、スズキは、全面的に新開発されたエスクードを発表。盛り込まれた新技術の数々に注目が集まりました。骨格には、国産車初となる3分割サイドフレームを採用。また、「超軽量と高剛性の両立」を追求して、コンピューターによる構造解析を取り入れた点も、時代を先取りするものでした。なお、エスクードという車名は、“スペインやポルトガルなどで昔使用されていた通貨単位”に由来し、古いスペイン金貨の持つ歴史と権威に、男のロマン、冒険心といったイメージを重ね合わせて、命名されたと言います。四輪駆動車に乗用車的な要素をふんだんに取り入れた、コンパクトなサイズのエスクードは、当時話題となりました。海外での評価も高く、北米では「サイドキック」、欧州では「ビターラ」のネーミングで人気を博しました。

その後、様々なニーズに応えるためにエスクードは、1990年9月に5ドアワゴンの「エスクード・ノマド」、1994年12月には2リッター・V6仕様と2リッターディーゼルターボ（マツダRF型）仕様を追加するなど、都会派4WDとも言うべきジャンルを構築しました。

スズキの社史によれば、“大自然を相手にするオフロード機能を十分に備え、しかも都会のセンスにもマッチした、今までにないジャンルの車”をテーマとしてエスクードは開発された。

車　名	スズキ・エスクード ハードトップ
形式・車種記号	スズキE-TA01W-SHXR-3
全長×全幅×全高（mm）	3560×1635×1665
ホイールベース（mm）	2200
トレッド前×後（mm）	1395×1400
最低地上高（mm）	200
車両重量（kg）	1080
乗車定員（名）	4
燃料消費率（km/l）	9.0（10モード走行）
最高速度（km/h）	—
登坂能力	—
最小回転半径（m）	4.9
エンジン形式	G16A型
種類、配列気筒数、弁型式	水冷直列4気筒SOHC16バルブ
内径×行程（mm）	75.0×90.0
総排気量（cc）	1590
圧縮比	9.5
最高出力（PS/rpm）	100/6000（ネット値）
最大トルク（kg・m/rpm）	14.0/4500
燃料・タンク容量（ℓ）	42
トランスミッション	2ウェイOD付前進4段後退1段フルオートマチック（ロックアップ付）
ブレーキ　（前）	ディスク
（後）	リーディングトレーリング
タイヤ	195SR15（デザートデューラー682）
カタログ発行時期（年）	1993

湖畔の北欧風の建物の前でダーククラシックジェイドパールのノマドを前方から、湖を背にした草原で電動サンルーフ装備のノマドを後方からとらえた写真を載せている。いずれもオプションの205/70R16 オールシーズンラジアルタイヤを付けたアルミホイールが装着されているが、純正は195SR15 のデザートデューラー682（ブリヂストン）を履く。ノマドについては、“遊牧民(ノマド)、という名のクルマです。”のキャプションを付け“道を選ばぬ強靭な脚と、たくさんの荷物をひきうける大きな背中が、私の生き方を変えてくれるはずだ。大草原の夢を追って一緒にどこまででかけようか。”と語りかけている。

チャコールグレーメタリックのハードトップが緑の山を背景に佇み、この車の性格をさりげなく主張している。カタログでは“私は、街も、草原も。”のキャプションに続いて、“エスクード。都会と自然を自由に行き来する往復切符。”とあり、この車の性格をよく表していると言える。運転席回りの説明では、オンロード走行での静粛性をアピールして“乗用車を運転するのと全く違和感がない”“ダッシュパネルも制振材でしっかり裏打ちしているし、フロア面の制振材もボリュームを厚くしている”としている。また、この車は1988 年度グッドデザイン賞を受賞している（ノマドは1991 年度受賞）。

水辺に鮮やかな赤（ラジアントレッドマイカ）のコンバーチブルが停まっている。幌を全開にしたスタイリッシュなボディが見る人の視線を釘付けにする。クロームメッキホイール（オプション）も、よく調和している。標準ボディの定員は4名で、多彩なシートアレンジが可能で、前席のシートバックを倒して後席とつなげるフルフラットシートや、左右独立した後席をたたむことで長い荷物が積めることをアピールしている。

ハードトップに続いて発売された5ドア・ロングのノマドのボディは、"単純にボディのみを長くしたわけではない。ホイールベースを280mm拡大し、パッケージングを基本的に設計し直した。""伸ばした大部分を荷室の拡大にあてている。"とある。ノマドの燃料タンクは、ハードトップなどの42リットルに対して55リットルあり"足の長さを助けてくれるだろう。"と航続距離の長さを謳っている。

エンジンは、"総合性能の高さ"を目標とした1カム16バルブのG16A型を搭載。4バルブ（4気筒で16バルブ）方式に加えて、クロスフロー方式のペントルーフ型燃焼室を採用。シリンダーブロックはアルミ鋳造で、軽くて剛性の高いものとしている。また、EPI（電子制御燃料噴射)、ESA（電子進角)、ISC（アイドル・スピード・コントロール）等、電子技術も搭載され、ネット100馬力の性能を得ている。

エンジンのトルクを前後に分配するトランスファーをトランスミッションと一体化した結果、両者をつなぐプロペラシャフトが不要となり、シンプルで優れたパワー伝達が実現したことを紹介している。また四輪駆動は4H（高速）と4L（低速）の2スピードが選択可能。4Hでほとんどの走行シーンをカバーする一方、過酷な条件下では4Lが威力を発揮。また、二輪駆動選択時には後輪駆動となり、オートフリーホイールハブによって前輪の回転は駆動系から切り離される。

"乗用車と同等にオンロードを走り、さらに悪路をもクリアーしようという壮大な目標を掲げたエスクードだから、サスペンションの役割は重大だ。"として、フロントには、マクファーソンストラット式サスペンションを採用。"コイルスプリングとショックアブソーバーを分離して配置し、荷重を広く分散させて""オンロードでは考えられない大きなショック"に対しても万全な備えを見せている。リヤはトレーリングリンク with センターウィッシュボーン式コイルスプリングを採用。

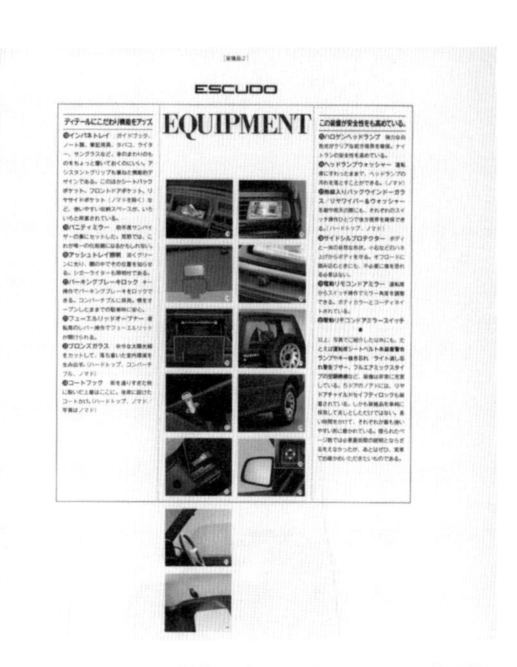

運転が楽しくなりそうな、パワーステアリング、パワーウインドー 、ハイパワーオーディオ、バニティミラー、さらにはブロンズガラスに至るまで、豊富な装備品を紹介している。その充実ぶりは、従来の機能一辺倒の四輪駆動とは一線を画すものであると感じられる。コンバーチブルに採用される、キー操作でパーキングブレーキをロックできる機構など、一般の乗用車では見ることのない装備も紹介されている。

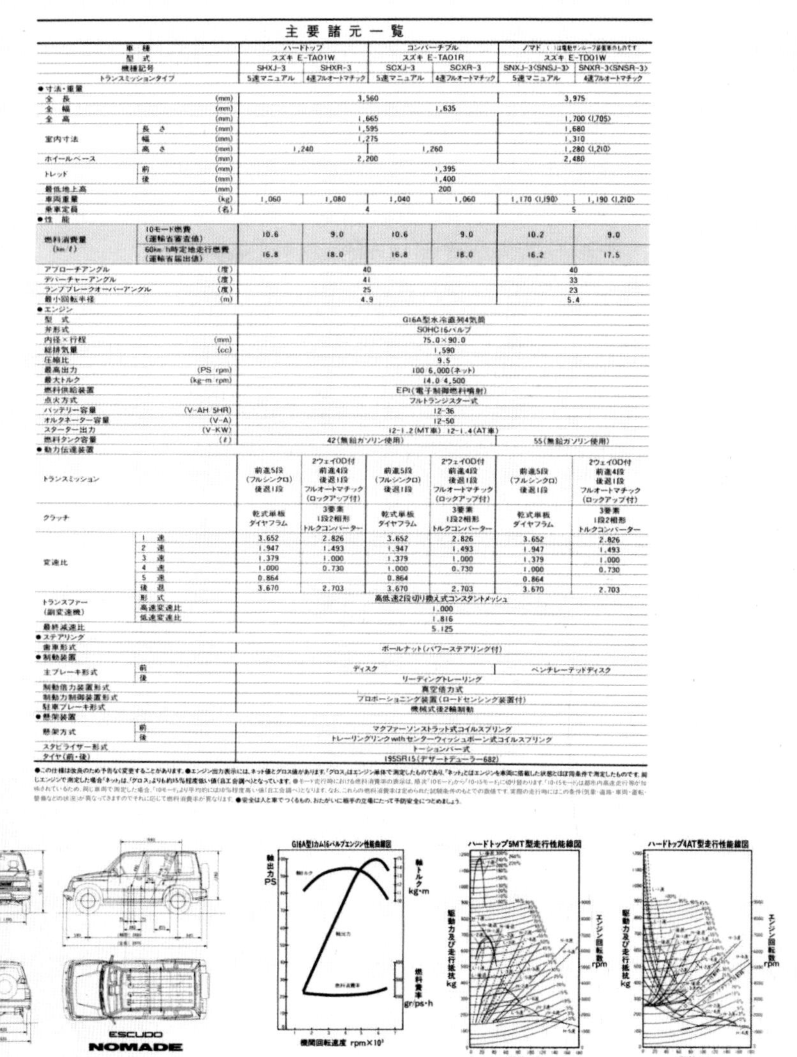

主 要 諸 元 一 覧

車種			ハードトップ		コンバーチブル		ノマド（ ）は電動サンルーフ装着車のものです	
型式			スズキ E-TA01W		スズキ E-TA01R		スズキ E-TD01W	
機種記号			SHXJ-3	SHXR-3	SCXJ-3	SCXR-3	SNXJ-3〈SNSJ-3〉	SNXR-3〈SNSR-3〉
トランスミッションタイプ			5速マニュアル	4速フルオートマチック	5速マニュアル	4速フルオートマチック	5速マニュアル	4速フルオートマチック
●寸法・重量								
全長		(mm)	3,560				3,975	
全幅		(mm)	1,635					
全高		(mm)	1,665				1,700〈1,705〉	
室内寸法	長さ	(mm)	1,595				1,680	
	幅	(mm)	1,275				1,310	
	高さ	(mm)	1,240		1,260		1,280〈1,210〉	
ホイールベース		(mm)	2,200				2,480	
トレッド	前	(mm)	1,395					
	後	(mm)	1,400					
最低地上高		(mm)	200					
車両重量		(kg)	1,060	1,080	1,040	1,060	1,170〈1,190〉	1,190〈1,210〉
乗車定員		(名)	4				5	
●性能								
燃料消費量（km/ℓ）	10モード燃費（運輸省審査値）		10.6	9.0	10.6	9.0	10.2	9.0
	60km/h時定地走行燃費（運輸省届出値）		16.8	18.0	16.8	18.0	16.2	17.5
アプローチアングル		(度)	40				40	
デパーチャーアングル		(度)	41				33	
ランプブレークオーバーアングル		(度)	25				23	
最小回転半径		(m)	4.9				5.4	
●エンジン								
型式			G16A型水冷直列4気筒					
弁形式			SOHC16バルブ					
内径×行程		(mm)	75.0×90.0					
総排気量		(cc)	1,590					
圧縮比			9.5					
最高出力		(PS/rpm)	100/6,000（ネット）					
最大トルク		(kg-m/rpm)	14.0/4,500					
燃料供給装置			EPI（電子制御燃料噴射）					
点火方式			フルトランジスター式					
バッテリー容量		(V-AH/5HR)	12-36					
オルタネーター容量		(V-A)	12-50					
スターター出力		(V-KW)	12-1.2（MT車） 12-1.4（AT車）					
燃料タンク容量		(ℓ)	42（無鉛ガソリン使用）				55（無鉛ガソリン使用）	
●動力伝達装置								
トランスミッション			前進5段（フルシンクロ）後退1段	2ウェイOD付 前進4段 後退1段 フルオートマチック（ロックアップ付）	前進5段（フルシンクロ）後退1段	2ウェイOD付 前進4段 後退1段 フルオートマチック（ロックアップ付）	前進5段（フルシンクロ）後退1段	2ウェイOD付 前進4段 後退1段 フルオートマチック（ロックアップ付）
クラッチ			乾式単板ダイヤフラム	3要素 1段2相形 トルクコンバーター	乾式単板ダイヤフラム	3要素 1段2相形 トルクコンバーター	乾式単板ダイヤフラム	3要素 1段2相形 トルクコンバーター
変速比	1速		3.652	2.826	3.652	2.826	3.652	2.826
	2速		1.947	1.493	1.947	1.493	1.947	1.493
	3速		1.379	1.000	1.379	1.000	1.379	1.000
	4速		1.000	0.730	1.000	0.730	1.000	0.730
	5速		0.864		0.864		0.864	
	後退		3.670	2.703	3.670	2.703	3.670	2.703
トランスファー（副変速機）	形式		高低速2段切り換え式コンスタントメッシュ					
	高速変速比		1.000					
	低速変速比		1.816					
最終減速比			5.125					
●ステアリング								
歯車形式			ボールナット（パワーステアリング付）					
●制動装置								
主ブレーキ形式	前		ディスク				ベンチレーテッドディスク	
	後		リーディングトレーリング					
制動倍力装置形式			真空倍力式					
制動力制御装置形式			プロポーショニング装置（ロードセンシング装置付）					
駐車ブレーキ形式			機械式後2輪制動					
●懸架装置								
懸架方式	前		マクファーソンストラット式コイルスプリング					
	後		トレーリングリンクwithセンターウィッシュボーン式コイルスプリング					
スタビライザー形式			トーションバー式					
タイヤ（前・後）			195SR15（デザートデューラー682）					

●この仕様は改良のため予告なく変更することがあります。●エンジン出力表示には、ネット値とグロス値があります。「グロス」はエンジン単体で測定したものであり、「ネット」とはエンジンを車両に搭載した状態とほぼ同条件で測定したものです。同じエンジンで測定した場合「ネット」は、「グロス」よりも約15%程度低い値（自工会調べ）となっています。●モード走行時における燃料消費率の表示は、順次「10モード」から「10・15モード」に切り替わります。「10・15モード」は都市内高速走行等が加味されているため、同じ車両で測定した場合、「10モード」より平均的には10%程度高い値（自工会調べ）となります。なお、これらの燃料消費率は定められた試験条件のもとでの数値です。実際の走行時にはこの条件（気象・道路・車両・運転・整備などの状況）が異なってきますのでそれに応じて燃料消費率が異なります。●安全は人と車でつくるもの。おたがいに相手の立場にたって予防安全につとめましょう。

エスクードハードトップ、コンバーチブル、ノマドの諸元表。

37 スバル・レガシィ

水平対向エンジン、四輪駆動というスバルの核心技術を搭載し、ツーリングワゴンを日本市場に定着させたスバルの本流。

レガシィは富士重工業（後のSUBARU）の誇る四輪駆動技術を背景に、EJ20型水平対向エンジンを搭載した車で、1989年2月1日に発売されました。このエンジンは、その後30有余年にわたり改良を重ねて、一時代を築いたものです。ボディタイプは、スポーティーなセダンとワゴンが用意されていました。レガシィは、走行性能の高さを証明すべく、1989年1月2日から19日間にわたって10万km連続走行に挑戦し、平均時速223.345kmの世界記録を達成。広く海外にも、その名を轟かせました。

レガシィ（LEGACY）は英語で"遺産、受け継ぐもの"という意味を持っています。レガシィの開発にあたっては、豊かなボリューム感とダイナミックな躍動感をコンセプトに、フロントからリヤに続くウェッジシェイプ（くさび形）がモチーフとされました。空力学的にも十二分に配慮され、側面には左右に各3枚の窓が配置された、いわゆる6ライトのオーソドックスなスタイルの優れたデザインでした。1989年には通産省のグッドデザイン賞に輝いています。また、カナダ自動車ジャーナリスト協会の1990年のカー・オブ・ザ・イヤー（ベスト・ニューセダン部門）を受賞するなど、海外からも高い評価を受けていました。

モータースポーツの分野でも大活躍を見せ、1990年にWRC（世界ラリー選手権）のサファリラリーでデビュー。3年後の1993年には、第8戦のニュージーランドラリーで初のWRC初優勝を果たしました。

ところで、スバルの四輪駆動は、積雪地帯での電気の保守点検を行なっていた東北電力が、宮城スバルに乗用四駆の製造を依頼したことに端を発して、誕生したのがスバルff-I 1300Gバン4WDでした。1971年第18回東京モーターショーでスバル初の4WD車として発表されました。翌年の1972年9月にこの経験を元に開発されたレオーネ4WDエステートバンが登場、量産されたのです。こうした歴史を背景に、スバルは日本における乗用四輪駆動車をけん引するメーカーとなりました。また、水平対向エンジンに関しては、1966年登場のスバル1000に搭載された水冷4気筒エンジンに端を発します。1985年には6気筒エンジンを搭載したアルシオーネが誕生し、日本における水平対向エンジン車の地位を不動のものにしました。輝かしい技術を受け継ぐレガシィは、スバルラインナップの中核をなす重要なモデルでした。それに加えてレガシィは、日本に本格的なワゴンを定着させた大きな功績があります。初代のレガシィは、"走りを極めれば安全になる"というスバルの信念のもとに世に送り出された"安心で愉しいクルマ"を体現するモデルでした。

レガシィは、スバルの"クルマづくりのイノベーション"から生まれてきた乗用車であった。富士重工業の資料によると、プロジェクトがスタートしたのは、1985年7月だという。

車　名	スバル・レガシィ　セダンGT
形式・車種記号	スバル・E-BC5
全長×全幅×全高（mm）	4510×1690×1395
ホイールベース（mm）	2580
トレッド前×後（mm）	1465×1455
最低地上高（mm）	165
車両重量（kg）	1380
乗車定員（名）	5
燃料消費率（km/l）	8.0（10モード走行）
最高速度（km/h）	—
登坂能力	—
最小回転半径（m）	5.3
エンジン形式	EJ20
種類、配列気筒数、弁型式	水平対向4気筒DOHCターボ
内径×行程（mm）	92×75
総排気量（cc）	1994
圧縮比	8.5
最高出力（PS/rpm）	200/6000（ネット値）
最大トルク（kg・m/rpm）	26.5/3600（ネット値）
燃料・タンク容量（ℓ）	60
トランスミッション	E-4AT：前進4速後退1速
ブレーキ　（前）	ベンチレーテッドディスク
（後）	ベンチレーテッドディスク
タイヤ	205/60R15 89H
カタログ発行時期（年）	1989-

“レガシィ。それは、走りへの意志。”との文言を付け、インディゴブルー・メタリック色の GT を紹介。電動パワーシート（運転席）、フルオートエアコンなどに加え、リヤには RS と同様に“リアスポイラー（LED ハイマウントランプ付）”を標準装着する。

このモデルは、1.8 リッターの 2WD の Vi。ボディカラーは、ブラウニッシュグレー・メタリックで、フルオートエアコン、赤外線リモコンドアロックなどを標準装備していた。

グレーを基調とした運転席と広い室内をカットモデルで紹介。レガシィらしい走りを感じさせる本革巻き“4 本スポークステアリング”、フロントシートは、サポート性の優れたデザインを採用するなど、スポーティーにまとめられたインテリア。このレガシィに託されたつくり手たちの想いが、“伝えたいのは、乗るほどに深まる走りの味わい。”のタイトルに表れているように思える。

全車に新世代・水平対向16バルブ"BOXER"搭載。
どこまでも走り続けたくなる力です。

歓びに満ちた走りを生み出すために。新世代・水平対向エンジン＝BOXER。

[illegible]

高効率・高剛性を徹底的に追求した、新世代BOXERテクノロジー。

[illegible]

150ps/ℓのハイパフォーマンスユニット。2.0ℓBOXER 4カム16バルブTURBO

[illegible]

まさに、走りのベーシックユニット。1.8ℓBOXER16バルブ

[illegible]

イージードライブを超えた走りと機能。E-4AT＝オールレンジ電子制御4速フルオートマチック

[illegible]

確実な操作感。5速マニュアルトランスミッション

[illegible]

2.0BOXER 4cam 16valve TURBO
2.0BOXER 4cam 16valve
1.8BOXER 16valve
E-4AT ALL RANGE ELECTRONIC 4-SPEED AUTOMATIC TRANSMISSION

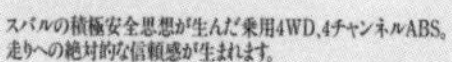

“全車に新世代・水平対向16バルブ「BOXER」搭載。どこまでも走り続けたくなる力です。”のタイトルのもと、スバルらしく各種のエンジンを解説。“2.0BOXER 4cam 16valve TURBO”については、大きなカットモデルを載せるとともに、その特長を詳しく述べている。このエンジンは220馬力とクラス・トップレベルの出力を誇っていた(GTは200馬力)。この他に自然吸気の持ち味を存分に味わえる“2.0BOXER 4cam 16valve”(150馬力)とベーシックユニットの“1.8 BOXER 16valve”(110馬力)という2つのエンジンもあり、あわせて3種類のエンジンが用意されていた。変速装置についても、“E-4AT＝オールレンジ電子制御4速フルオートマチック”と“5速マニュアルトランスミッション”の2つから選択可能となっている。

スバルの積極安全思想が生んだ乗用4WD、4チャンネルABS。
走りへの絶対的な信頼感が生まれます。

アクティブセイフティ、それは、すべてに優先する、スバルの信念です。

[illegible]

高速安定性と軽快なハンドリングを両立する、高完成度4WDテクノロジー。

[illegible]

イージー＆ハイポテンシャル、洗練の走り。電子制御アクティブトルクスプリット4WD

[illegible]

マニュアル派のために、ビスカスLSD付センターデフ方式フルタイム4WD

[illegible]

圧倒的なパワーを確実に路面に伝達。リヤ・ビスカスLSD

[illegible]

より大きな安心感。4センサー4チャンネル制御方式ABS

[illegible]

簡単な操作で2WD⇔4WDの走りを選択。プッシュボタン式セレクティブ4WD

[illegible]

CENTER DIFFERENTIAL WITH VISCOUS LSD
ACTIVE TORQUE-SPLIT 4WD
SELECTIVE 4WD

“スバルの積極安全思想が生んだ乗用4WD、4チャンネルABS。走りへの絶対的な信頼感が生まれます。”のタイトルで、ボクサーエンジンと並ぶセールスポイントである四輪駆動方式について紹介。“電子制御アクティブトルクスプリット4WD/E-4AT総合制御システム”についても特に詳しい解説がされている。また、マニュアルシフトを好むドライバーのために、“ビスカスLSD付きセンターデフ方式フルタイム4WD”を用意していた。

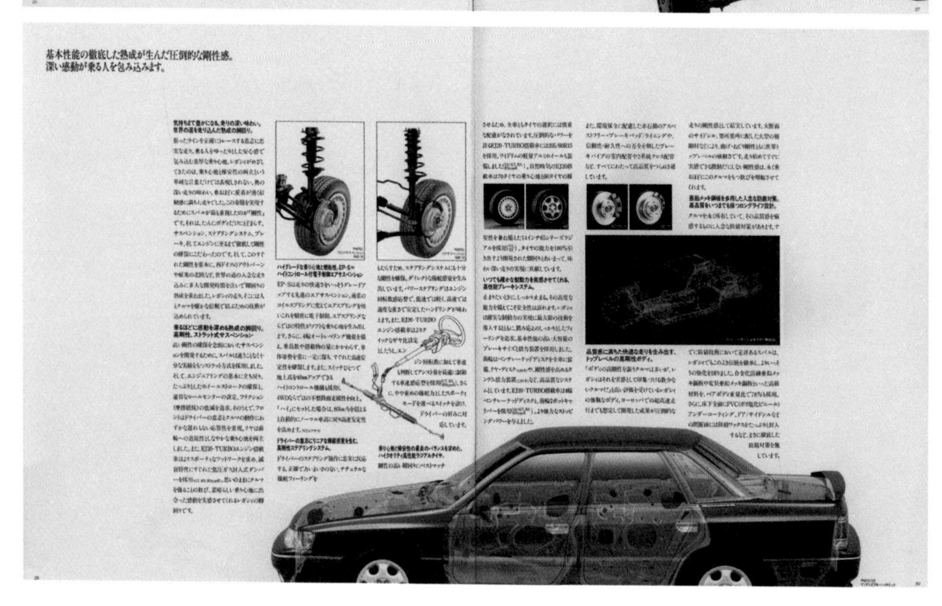
基本性能の徹底した熟成が生んだ圧倒的な剛性感。
深い感動が乗る人を包み込みます。

気持ちまで豊かになる、乗りの深い味わい。世界の道を走り込んだ熟成の脚回り。

[illegible]

乗るほどに感動を深める熟成の脚回り。高剛性、ストラット式サスペンション

[illegible]

ハイグレードな乗り心地と操舵性。EP-S＝ハイトコントロール付電子制御エアサスペンション

[illegible]

ドライバーの意志にリニアな操舵感覚を生む、高剛性ステアリングシステム。

[illegible]

乗り心地と操安性の最良のバランスを求めた、ハイクオリティ高性能ラジアルタイヤ。

[illegible]

いつでも確かな制動力を実感させてくれる、高性能ブレーキシステム。

[illegible]

品質感に満ちた快適な走りを生み出す、トップレベルの高剛性ボディ。

[illegible]

亜鉛メッキ鋼板を多用した入念な防錆対策。高品質をいつまでも保つロングライフ設計。

[illegible]

オートレベリング機能を持つ“EP・S= ハイトコントロール付電子制御エアサスペンション”という、クラス最高峰のシステムについて、写真付きで詳しく説明。ブレーキについても、確かな制動力を追求し、全車フロントにベンチレーテッドディスクブレーキを採用。リヤにもディスクブレーキ付きを設定していた。ボディについても、“亜鉛メッキ鋼板”などを採用して、防錆対策に配慮した高剛性ボディを実現していた。

レガシィは時代の最先端を行く数々の装備をモデルによって、採用もしくは設定していた。たとえば、“赤外線リモコンドアロック”、“暗証コード式キーレスエントリー”等、またここには掲載されていないが、“クルーズコントロール”、“ハイサポート電動パワーシート”、“フルオートエアコン”、“CDプレイヤー付高機能オーディオシステム”を用意し、装備の充実を図っていた。

『富士重工業50年史　1953-2003』によれば、富士重工業の技術陣はレガシィの開発に際して“ポストレオーネ”を掲げ、アコードやカムリ、ブルーバードといった他社の有力なライバル車にたいして、「クラス・ナンバーワン」を掲げて挑んだという。RSとRStypeRは、「走り」に徹したモデルとして開発され、“レオーネからの経験を生かしたワゴン”というTouring Wagonは、発売後に大ヒット作となり、“レガシィ全体の活性化に結びついた”という。

主要諸元

車名・型式	スバル・E-BC5	スバル・E-BCA		スバル・E-BC5				スバル・E-BC3				スバル・E-BC5		スバル・E-BC4		スバル・E-BC2						
車種	4WD													2WD								
	2.0TURBO	2.0						1.8				2.0 TURBO		2.0		1.8						
	GT	VZエアサス		VZ		TZ		Ti		Mi		RS	RStypeR	VZ		Vi		Ti		Mi		Ei
	E-4AT	E-4AT	5MT	E-4AT	5MT	E-4AT	5MT	E-4AT	5MT	E-4AT	5MT	5MT	5MT	E-4AT	5MT	E-4AT	5MT	E-4AT	5MT	E-4AT	5MT	5MT
●寸法・重量																						
全長(mm)	4510																					
全幅(mm)	1690																					
全高(mm)	1395													1385								
室内長(mm)	1875																					
室内幅(mm)	1415																					
室内高(mm) 注1	1155																					
ホイールベース(mm)	2580																					
トレッド〔前〕(mm)	1465	1460								1470		1465								1475		
トレッド〔後〕(mm)	1455	1450								1460		1455		1450						1460		
最低地上高(mm)	165	170										160		165								
車両重量(kg) 注2	1380	1330	1290	1300	1260	1290	1250	1250	1210	1200	1160	1300	1280	1240	1200	1190	1140	1170	1120	1120	1070	1070
乗車定員(名)	5																					
車両総重量(kg) 注2	1655	1605	1565	1575	1535	1565	1525	1525	1485	1475	1435	1575	1555	1515	1475	1465	1415	1445	1395	1395	1345	1345
●性能																						
最小回転半径(m)	5.3	5.1										5.3		5.1								
燃料消費率(km/ℓ) 10モード燃費(運輸省審査値)注3	8.0	9.0	10.2	9.0	10.8	9.0	10.8	10.6	12.2	10.6	12.2	9.4	9.4	9.8	11.6	10.6	13.0	10.6	13.0	10.6	13.0	13.0
燃料消費率(km/ℓ) 60km/h定地燃費(運輸省届出値)	15.8	16.8	18.0	16.8	18.0	16.8	18.0	18.3	19.4	18.3	19.4	17.8	17.8	20.1	21.3	21.9	23.0	21.9	23.0	21.9	23.0	23.0
●エンジン																						
型式	EJ20	EJ20						EJ18				EJ20		EJ20		EJ18						
種類	水平対向4気筒																					
	DOHCターボ	DOHC						SOHC				DOHCターボ		DOHC		SOHC						
内径×行程(mm)	92×75	92×75						87.9×75				92×75		92×75		87.9×75						
総排気量(c.c.)	1994	1994						1820				1994		1994		1820						
圧縮比	8.5	9.7						9.7				8.5		9.7		9.7						
最高出力(ネット)(ps/r.p.m)	200/6000	150/6800						110/6000				220/6400		150/6800		110/6000						
最大トルク(kg-m/r.p.m)	26.5/3600	17.5/5200						15.2/3200				27.5/4000		17.5/5200		15.2/3200						
燃料供給装置	EGI(マルチポイント・シーケンシャルインジェクション)							EGI(スロットルボディ・インジェクション)				EGI(マルチポイント・シーケンシャルインジェクション)				EGI(スロットルボディ・インジェクション)						
燃料タンク容量(ℓ)	60																					
燃料種類	無鉛プレミアムガソリン	無鉛レギュラーガソリン										無鉛プレミアムガソリン		無鉛レギュラーガソリン								
●動力伝達装置																						
変速機形式	E-4AT:前進4速 後退1速　5MT:前進5速 後退1速																					
変速比(第1速)	2.785	2.785	3.545	2.785	3.545	2.785	3.545	2.785	3.545	2.785	3.545	3.545	3.545	2.785	3.545	2.785	3.636	2.785	3.636	2.785	3.636	3.636
変速比(第2速)	1.545	1.545	2.111	1.545	2.111	1.545	2.111	1.545	2.111	1.545	2.111	2.111	2.111	1.545	2.111	1.545	2.105	1.545	2.105	1.545	2.105	2.105
変速比(第3速)	1.000	1.000	1.448	1.000	1.448	1.000	1.448	1.000	1.448	1.000	1.448	1.448	1.448	1.000	1.448	1.000	1.428	1.000	1.428	1.000	1.428	1.428
変速比(第4速)	0.694	0.694	1.088	0.694	1.088	0.694	1.088	0.694	1.088	0.694	1.088	1.088	1.088	0.694	1.088	0.694	1.093	0.694	1.093	0.694	1.093	1.093
変速比(第5速)	—	—	0.871	—	0.871	—	0.871	—	0.871	—	0.871	0.825	0.825	—	0.871	—	0.885	—	0.885	—	0.885	0.885
変速比(後退)	2.272	2.272	3.416	2.272	3.416	2.272	3.416	2.272	3.416	2.272	3.416	3.416	3.416	2.272	3.416	2.272	3.583	2.272	3.583	2.272	3.583	3.583
減速比	4.444	4.111	3.900	4.111	3.900	4.111	3.900	4.111	3.900	4.111	3.900	4.111	4.111	4.111	3.700	4.111	3.700	4.111	3.700	4.111	3.700	3.700
●ステアリング																						
歯車形式	ラック&ピニオン																					
ギヤ比(オーバーオール)	15	16										15		16								
●懸架装置																						
前輪	ストラット式独立懸架																					
後輪	ストラット式独立懸架																					
●制動装置																						
主ブレーキ	2系統油圧式(倍力装置付)																					
前ブレーキ	ベンチレーテッドディスク																					
後ブレーキ	ベンチレーテッドディスク	ディスク						リーディングトレーリング				ベンチレーテッドディスク		ディスク		リーディングトレーリング						
駐車ブレーキ形式	機械式後2輪制動																					

■E-4AT=オールレンジ電子制御4速フルオートマチック、5MT=5速マニュアルトランスミッション。
■以下のメーカー装着オプションを装備した場合、次のように数値が変ります。(注1)室内高:サンルーフ付は−35mm、(注2)車両重量、車両総重量:エアコン付は+20kg、サンルーフ付は+20kg、ABS付は+20kg、(注3)燃費:4WD VZ(5MT)、TZ(5MT)、4WD Ti(E-4AT)で、エアコン等のメーカー装着オプションを装備した際、車両重量が1265kg以上になる場合は、10モード燃費が4WD VZ(5MT) & TZ(5MT)10.2km/ℓ、4WD Ti(E-4AT)9.8km/ℓになります。■燃料消費率は定められた試験条件のもとでの数値です。したがって、実際の走行時には、運転条件、習慣及び整備状況等により燃料消費率が異なってきます。
■エンジン出力表示には、ネット値とグロス値があります。「グロス」はエンジン単体で測定したものであり、「ネット」とはエンジンを車両に搭載した状態とほぼ同条件で測定したものです。同じエンジンで測定した場合、「ネット」は「グロス」よりも約15%程度低い値(自工会調べ)となっています。■この仕様はお断りなく変更することがあります。■実際の走行にあたっては、取扱説明書をよくお読み下さい。■写真は印刷インキの性質上、実際の色とは異なって見えることがあります。

●4面図(GT)

1875　2580　(全長)4510　1455　(全幅)1690　1455

単位:mm

LEGACY

LEGACYとは英語で大いなる伝承物の意。水平対向エンジン、乗用4WDシステム等、スバルの伝統的な技術を受け継ぎながら、それを新時代に向けて熟成・集大成した車という意味を込めたネーミングです。

38 マツダ・ユーノスロードスター

小型オープン2シーターのライトウェイトスポーツカー（LWS）を復活させ、日本のみならず、世界の市場を再活性化させた。

平成が幕を開けた1989年9月、ライトウェイトスポーツカー（LWS）のユーノスロードスターが誕生しました。LWSはイギリスを発祥の地とする軽量なスポーツカーで、エンジンやミッションなどを既存のマツダ車から流用することで一部コストをおさえて、新たにつくり上げたのがユーノスロードスターでした。オープンにしたのは付加価値を高めるためかもしれませんが、車体の軽量化を図りやすいという利点もあったのだと思います。ユーノスロードスターの価格は170万円程と手ごろで、誰にでも手に入れやすい車だったのです。

1960年代の自動車専門誌では、イギリスのトライアンフ・TR3／TR4、MGA、MGミジェット、オースチン・ヒーレー・スプライトMk. Iなどといった小型オープン2シーターLWSが花盛りであることを伝える記事がしばしば掲載されていました。

1970年代に入ると安全基準や排気ガス規制の強化などに伴い、このジャンルのオープン2シーターは世界的にも衰退気味となり、1980年代初頭には、ほぼ絶滅してしまいました。日本においても、ダットサンスポーツ以来の長い歴史を持つオープンボディのフェアレディSR311も、1970年には生産終了となっていました。このような状況下にあってオープン2シータースポーツカーをあえて発売したマツダの英断に対して、筆者は少なからず敬意を表します。

ところで、ユーノスロードスターという名称は、かつてマツダが高級ブランドとして展開していたブランド名「ユーノス（EUNOS)」に、スポーツタイプのオープンカーを指す“ロードスター”の車名を合わせたものでした。

ユーノスロードスターは、発売前から日本と北米を中心として世界中に大きな衝撃を与え、日本では発売前に予約会を開き、発売時にはすでに数ヵ月分のバックオーダーを抱えていたほどでした。欧米には、マツダMX-5／MIATA（ミアータ）の車名で輸出され、海外でも大ヒットとなりました。

ユーノスは、マツダが販売チャンネルを拡大したときに誕生したプレミアムブランドである。このユーノス店の商品として投入された1台が、1989年9月1日に発売をスタートしたユーノスロードスターであった。

オープンエアモータリングを楽しめる小型オープンスポーツカーのブームが起こるとは、それもアメリカやヨーロッパからではなく、日本から起こるとは誰にも予想できないことでした。ユーノスロードスターの大ヒットは、小型オープン2シーターの世界市場を再び活気づけ、ヨーロッパの名だたるメーカーも、以後オープン2シーターの開発に着手するのです。

ユーノスロードスターは、世界で最も多く生産された2人乗り小型オープンスポーツカーとしてギネスブックにも認定されていることは、よく知られています。

筆者はユーノスロードスターのオーナーだったことはありませんが、オープン2シータースポーツカーは、“人馬一体”感があり、他の車では味わうことのできない魅力を秘めていると言えるでしょう。

かつて所有していたホンダビートで幌をおろし、新緑の郊外を走った時のマニュアルシフトの感触や、アクセレーションのたびに耳にしたコックピットに響き渡るエンジン音など、オープンカー独自の楽しさを懐かしく思い出します。

車　名	マツダ・ユーノスロードスター
形式・車種記号	ユーノス・E-NA6CE
全長×全幅×全高（mm）	3970×1675×1235
ホイールベース（mm）	2265
トレッド前×後（mm）	1405×1420
最低地上高（mm）	140
車両重量（kg）	940
乗車定員（名）	2
燃料消費率（km/l）	12.2（10モード走行）
最高速度（km/h）	—
登坂能力	—
最小回転半径（m）	4.6
エンジン形式	B6-ZE（RS）
種類、配列気筒数、弁型式	水冷直列4気筒DOHC
内径×行程（mm）	78.0×83.6
総排気量（cc）	1597
圧縮比	9.4
最高出力（PS/rpm）	120/6500（ネット値）
最大トルク（kg・m/rpm）	14.0/5500（ネット値）
燃料・タンク容量（ℓ）	無鉛レギュラーガソリン・45
トランスミッション	マニュアル・5段
ブレーキ　（前）	ベンチレーティッドディスク
（後）	ソリッドディスク
タイヤ	185/60R14 82H
カタログ発行時期（年）	1990

“だれもが、しあわせになる。”と書かれた大きな文字が目に入る。その下には小さな字で、“街の通りを、小さなスポーツカーが幌を開けてそれは元気に走っていく。セダンの男が振り返る。歩道をいく女性が立ち止まる。見慣れた風景が、いっぺんに華やぐ。”で始まる文章が添えられている。久しぶりに登場したオープンスポーツカーのデビューにふさわしい、所有する喜びを伝える見事な文章だと思う。右のユーノスロードスターのイラストは、著名なイラストレーターのBow（池田和弘）さんによるもので、見る者の想像力を刺激する優れた作品である。

ドライバーを包み込むスポーツカーらしいタイトな運転席まわりのロードスター。ドアミラーの形状は、室内に入る風の流れを考慮してデザインされたという。指で操作するドアノブもユーノスロードスターの特徴のひとつ。このモデルには、“オープン時に、シート後方のキャビンに折りたたまれた幌収納部分を覆うための標準装備のカバー”が装着されている。

だれもが、しあわせになる。
街の通りを、小さなスポーツカーが幌を開けてそれは元気に走っていく。セダンの男
が振り返る。歩道をいく女性が立ち止まる。見慣れた風景が、いっぺんに華やぐ。2人しか
乗れないし、バゲッジもそうは積めないし、ひょっとすると人とは少し違って見えるかも
しれないけれど、走らせる楽しさはこれがいちばん。ドライバーとスポーツカーのそん
な軽やかな気分が、きっと、だれもの心をときめかせるのだろう。ユーノスロードスター。
基本は、小振りなオープンボディ、タイトな2シーター、高回転指向1600DOHC、FR。
機械であることを超え、心の通いあった馬を操るように駆ける「人馬一体感」の楽しさ
を純粋培養した、新時代のライトウェイトスポーツ。そしていま、落ち着きあるオーセ
ンティックな味わいを磨き込んだニューバージョン“Vスペシャル”デビュー。ユーノス
ロードスター。このクルマのステアリングを握れば、きっと、だれもが、しあわせになる。

ロードスターの内装は、「ブラック系」を基調としており、3 本スポークのステアリング、短いシフトノブ、シンプルなメーターなど、スポーツカー然としたデザインでまとめられていた。写真中央は、AT モデル。

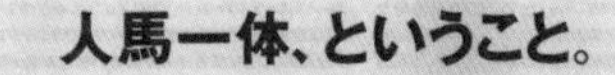

人馬一体、ということ。

ユーノスロードスターの開発を担当した主査の名刺には、勢いのある筆で「人馬一体」と書かれている。「人車」ではない。あくまでも「人馬」である。馬の力をフルに引き出すため、愛情と努力を注ぐことを惜しまない乗り手。そして、乗り手のわずかな動きをたちどころに察して反応し、乗り手の心とひとつになって大地を思いのままに駆けめぐる馬。乗り手と愛馬との間に通う、そうした一体感こそ、ドライバーとスポーツカーを結ぶいちばんの絆であるとの思いが、「人馬一体」という言葉には、込められている。このプロジェクトのために、すべての主要スタッフが工場内にある川沿いのロフトにこもり（彼らはそこを愛着を込めてリバーサイドホテルと呼ぶ）、寝起きをともにして取り組んできたのも、スペックでは表わしきれない「人馬一体」感を、いかに具現化するかということだった。過給機構をいっさい持たない自然吸気DOHCエンジン。P.P.F.（パワープラントフレーム）でドライブトレイン系を一体化したFR。4輪ダブルウィッシュボーンサスペンション。ヨー慣性モーメントを極小に抑えた軽量設計と低重心レイアウト。高剛性オープンボディ。そしてタイトな2シーター。すべては、絶対的なスペックやハイメカニズムより、クルマの性能をフルに引き出して走る楽しさを求めた結果だ。「人車一体」ではなく「人馬一体」。ユーノスロードスターのステアリングを握って、その絆の心地よさを感じとってほしい。

ユーノスロードスターは、可変吸気機構すら持たない純粋の自然吸気1600ccDOHC16バルブエンジンを積む。パワー&トルクは、最高出力120ps/6500rpm（※ネット）、最大トルク14.0kg-m/5500rpm（5段マニュアル車）。とりわけ、高回転域までスムーズに連続するトルクカーブは、自然吸気ならではのものだ。そして高回転設定のバルブタイミング、テーパー径の吸気ポート、軽量コンロッドなどを採用。5段マニュアル車では、マックスパワーを発生する6500rpmをゆうに超え、レッドゾーンの7200rpmまで一気に吹け上がる回転特性を実現している。オートマチック車のエンジンは、ミッション特性を最大限に引き出す専用チューンを施し、最高出力110ps/6000rpm（※ネット）、最大トルク14.0kg-m/4500rpmに設定。ダイレクトで軽快で俊敏な走りが、意のままに満喫できる楽しさを実現している。また、クランクシャフトやフライホイールに高い剛性を与え、アルミ鋳造オイルパンをトランスミッションケースと直結させるなど、エンジンの振動を抑え、回転サウンドをより軽快で心地よいものとするための工夫も、各所に凝らした。エンジンの造形美に対するこだわりも大きく、カムカバーを一体成型したアルミ製シリンダーヘッドカバーを与えている。補機類の形状やワイヤー類の取りまわしの積極的なデザインもそのひとつだ。さて、FRのユーノスロードスターは、トランスミッションとデフをリジッドに結合するアルミ製のP.P.F.（パワープラントフレーム）を採用。これにより、トルク伝達の遅れを極小に抑え、アクセルワークとクルマの挙動の関係をきわめてダイレクトにするのである。さらに、シフト操作時にトランスミッションにかかる力を、P.P.F.で一体化したドライブトレイン全体で受け止めるため、シフトの剛性も実に高いものとなった。また、リアデフをアルミ鋳造ケースを持つ小型軽量のものとした。しかも5段マニュアル車にはオイルの粘性を利用して滑らかに差動を制限するビスカス式のLSD（リミテッドスリップデフ）を採用している。排気システムは、排圧をできるかぎり低減するためプリマフラーを省き、強度アップと軽量化を図って、排気マニホールドからテールパイプに至るまですべてステンレスパイプ製とした。また、高周波をカットし、低周波を重視した排気音チューニングにより、抜けがよく低音の効いた心地よいサウンドを実現している。

排気音まで、速い。

“人馬一体、ということ。”という文言に加え、次の一節を添えている（抄録）。“馬の力をフルに引き出すため、愛情と努力を注ぐことを惜しまない乗り手。そして、乗り手のわずかな動きをたちどころに察して反応し、乗り手の心とひとつになって大地を思いのままに駆けめぐる馬。乗り手と愛馬との間に通う、そうした一体感こそ、ドライバーとスポーツカーを結ぶいちばんの絆であるとの思いが、「人馬一体」という言葉には、込められている。”ユーノスロードスターに託された理念を端的に表現した名文である。“人馬一体”は、ロードスターの代名詞となった。自然吸気の DOHC エンジンは、“排気音まで、速い。”として、ボンネットを開けた状態のエンジンを見せる。1600cc ／ DOHC・16 バルブエンジンを積む 5 段マニュアルシフト車では、最高出力 120 馬力。“6500rpm をゆうに超え、レッドゾーンの 7200rpm まで一気に吹け上がる回転特性を実現している”と語る。さらに、排気システムは、排気マニホールドからテールパイプに至るまで、すべてをステンレスパイプとして、強度アップと軽量化を図ったという。

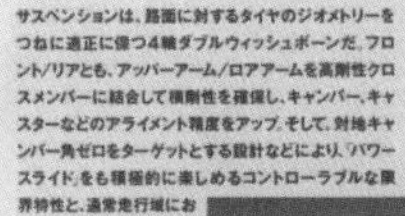

サスペンションは、路面に対するタイヤのジオメトリーをつねに適正に保つ4輪ダブルウィッシュボーンだ。フロント/リアとも、アッパーアーム/ロアアームを高剛性クロスメンバーに結合して横剛性を確保し、キャンバー、キャスターなどのアライメント精度をアップ。そして、対地キャンバー角ゼロをターゲットとする設計などにより、「パワースライド」をも積極的に楽しめるコントローラブルな限界特性と、通常走行域においてもきわめてクイックに応答するリニアなハンドリングを提供する。こうしたサスペンションデザインが、自らの運転テクニックを介してクルマと対話する楽しさの基本を形づくっているのだ。なお、リアには、コーナリング時や高速レーンチェンジ時の走行安定性を高めるため、タイヤに横力が加わると、ホイールをトーインに保ってタイヤのグリップ力を増すトーコントロール機構を備えている。さらに、ホイールハブキャリアの小型化、アッパーアームの低マウント化などにより、バネ下重量を大幅に低減。0.1m/sec以下の低ピストンスピード領域までチューニングした低圧ガス封入式ダンパーなどと相まって、すぐれたロードホールディング、路面の状況を確実にドライバーに伝えるダイレクト感を、ハーシュネスを抑えたしなやかな乗り心地とともに実現した。ステアリングシステムは、コーナリングフォースを操舵感として確実にドライバーに伝える、高剛性ラック&ピニオン。ギアレシオは、マニュアルステアリングで18:1（ロックトゥロック3.3回転）、パワーステアリング（スペシャルパッケージ装着車）で15:1（ロックトゥロック2.8回転）というクイックなものだ。ブレーキシステムは、フロントがローター径235mmのベンチレーティッドディスク、リアがローター径231mmのソリッドディスク。確かな制動力を発揮するのはもちろんのこと、ブレーキのタッチフィーリングをシッカリとしたものにするため、油圧回路系の剛性をアップするなど、さまざまな工夫を凝らしている。タイヤは、一般的な同サイズのタイヤに比べ、約1kgもの軽量化を果たした185/60R14 82Hスチールラジアル。ユーノスロードスターの走行特性に合わせて専用設計し、操縦安定性と乗り心地の高度なバランスを図った。さらには、トレッドパターンにも独自のデザインを与えて、軽快なオープンボディとのマッチングを追求しているのも、徹底したこだわりのひとつである。

いつもの40km/hとは、まるで違う。

キャビンは、余分な空間を省いたタイトな2シーター。シートは、ドライバーの体を確実にホールドする形状と機能を与えたうえで、特に幅方向をコンパクトに設計。ドアのベルトラインの低さとともに、クルマとドライバーの一体感をより緊密なものとしている。インテリアカラーは、すべてブラック基調。コンパクトなクラスター内の丸型多連メーター、黒地に白の針と文字とし、視認性を高めている。ドライバーの手もとに直立するクロスレシオ5段マニュアルの短いシフトレバーは、レバー比4.4、シフトストローク45mm。手首をかえすだけで俊敏に操作できる、ショートストロークとした。また、カチリカチリと決まる節度感と剛性感にもすぐれる。さらに、2nd↔3rd、4th↔5th間の斜めシフトが直線的にできる。ペダル類は、ヒール&トゥのしやすい形状と配置を与え、またデリケートなアクセルワークも意のままに行なえるよう、アクセルペダルのストローク量を大きく設定。また、ブレーキ/クラッチペダルには、確実でリニアな操作感を提供するため、踏力に節度ある重みを与えている。また、ロックアップ機構付4段オートマチックは、ギアレシオの最適化とエンジンの専用チューニングにより、ユーノスロードスターならではのダイレクトで俊敏な走行フィールを提供する。オーディオは、AM/FM電子チューナー、カセットデッキ、ドアスピーカー×2、ヘッドレストスピーカー×4、脱着式ロッドアンテナ。ドアスピーカーがしっかりした中低音で音像を前方定位させ、中高音専用のヘッドレストスピーカーが、音像を拡大しサラウンド的な効果をもたらす。また、オープン走行時にキャビンに入る風は、フロントウインドー傾斜角やトランクリッド高の適切な設定などにより、「髪が後方へ気持ちよくたなびく」ようチューニングした。幌の開閉は、運転席から操作できるマニュアル式。格納時に幌がベルトラインの下に収まるよう、軽量コンパクトでシール性にすぐれた1枚構造クロスと塩化ビニール製のリアウインドーを採用した。リアウインドーは、ファスナーで幌本体に装着され、これだけを取り外しての走行も一興である。そして幌を開ける際には、ファスナーを外し、リアウインドーを先に倒すという手順を踏んでいただきたい。それだけのことで、リアウインドーの寿命ははるかに長くなる。これも乗り手と愛馬に通う「一体感」のひとつではないか。

ホールド ミー タイト。

“いつもの 40km/h とは、まるで違う。”と題して、低圧ガス封入式ダンパーの採用により、優れたロードホールディングと路面からのハーシュネスを抑え、しなやかな乗り心地を実現したと解説。“トランスミッションとデフをリジッドに結合するアルミ製の P.P.F.(パワープラントフレーム）”は、独自の技術である。文中では、“キャビンは、余分な空間を省いたタイトな 2 シーター”と説く、まさに“ホールド ミー タイト。”である。5 段マニュアルのシフトストロークは 45㎜であり、“手首をかえすだけで俊敏に操作できる”など、各部のこだわりをわかりやすく解説。

上左から、クラシックレッドのスペシャルパッケージ装着車、左下のシルバーストーンメタリック車は、スペシャルパッケージ+ディタッチャブルハードトップを装着したモデル。右上のクリスタルホワイトのモデルはスチールホイール装着モデルで、下のマリナーブルーのボディカラーのモデルは、スペシャルパッケージを、装着している。

オーセンティックな深い味わい、Vスペシャル。
心ときめく軽やかな「人馬一体感」とともに、落ち着きあるオーセンティックな味わいを丹念に磨き込んだユーノスロードスターのニューバージョン、"Vスペシャル"。深くつややかな色合いの専用ボディカラー、ネオグリーン。キャビンをより個性的に華やかに彩る専用カラー、タン。上品な風合いとしなやかな感触の専用本革シート。あたたかなグリップ感が心地よいナルディ社製のウッドステアリングホイール&5段マニュアルシフトノブ。標準装備のCDデッキ、パワーステアリング、パワーウインドー、アルミホイール。さらには、インストルメンタルパネル上面に施したなめらかな感触の新技術プロテイン塗装。新時代のライトウェイトスポーツを、よりエンスージアスティックに楽しみたい、そんなドライバーの願いを叶えるユーノスロードスターVスペシャル。もうひとつの深い味わいがここにある。
V
SPECIAL

キャビンは、ドライバーとクルマの緻密な一体感をもたらすタイトな2シーター。ショートストロークの5段マニュアルシフトレバー、ヒール&トゥが容易なペダル配置などとともに、ダイレクトな操作フィールを提供。4段オートマチック車は、エンジンの専用チューンなどにより、ダイレクトで俊敏なレスポンスを実現している。

EQUIPMENT

OPTIONS

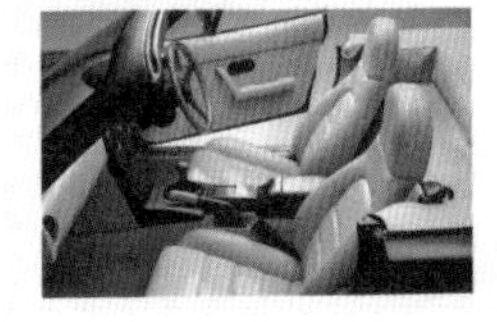

新たに追加されたＶスペシャル。ボディカラーについては、" 深くつややかな色合いの専用ボディカラー、ネオグリーン。"（Ｖスペシャル専用）とある。室内は " 華やかに彩る専用カラー、タン " でまとめていた。" ナルディ社製のウッドステアリングホイール＆５段マニュアルシフトノブ "、" しなやかな感触の専用本革シート " など、"Ｖ スペシャル " は新時代のライトウェイトスポーツカーにおける豪華装備を揃えた上級モデルであった。

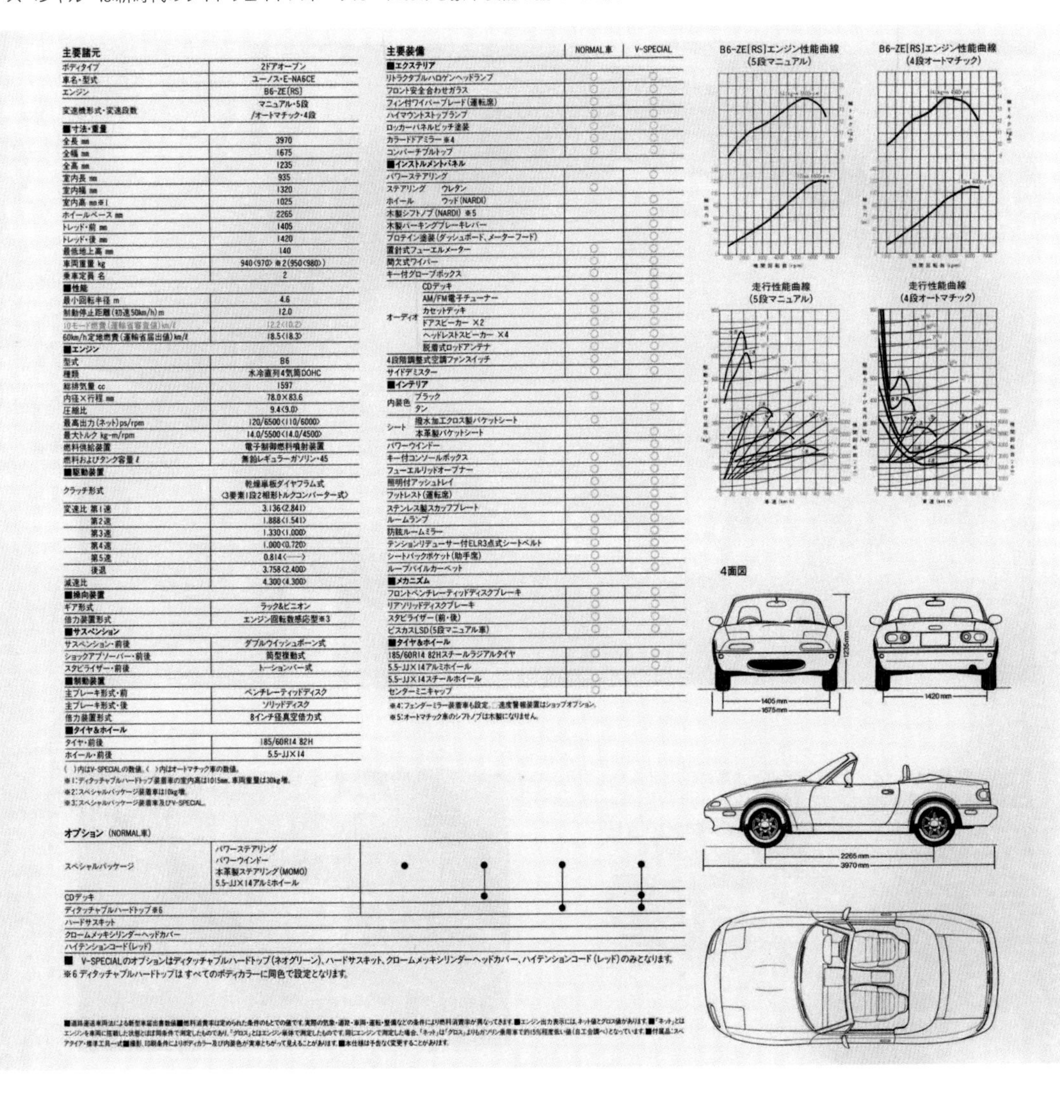

主要諸元

項目	
ボディタイプ	2ドアオープン
車名・型式	ユーノス・E-NA6CE
エンジン	B6-ZE[RS]
変速機形式・変速段数	マニュアル・5段/オートマチック・4段
■寸法・重量	
全長 mm	3970
全幅 mm	1675
全高 mm	1235
室内長 mm	935
室内幅 mm	1320
室内高 mm ※1	1025
ホイールベース mm	2265
トレッド・前 mm	1405
トレッド・後 mm	1420
最低地上高 mm	140
車両重量 kg	940〈970〉※2(950〈980〉)
乗車定員 名	2
■性能	
最小回転半径 m	4.6
制動停止距離(初速50km/h) m	12.0
10モード燃費(運輸省審査値) km/ℓ	12.2〈10.2〉
60km/h定地燃費(運輸省届出値) km/ℓ	18.5〈18.3〉
■エンジン	
型式	B6
種類	水冷直列4気筒DOHC
総排気量 cc	1597
内径×行程 mm	78.0×83.6
圧縮比	9.4〈9.0〉
最高出力(ネット) ps/rpm	120/6500〈110/6000〉
最大トルク kg-m/rpm	14.0/5500〈14.0/4500〉
燃料供給装置	電子制御燃料噴射装置
燃料およびタンク容量 ℓ	無鉛レギュラーガソリン・45
■駆動装置	
クラッチ形式	乾燥単板ダイヤフラム式〈3要素1段2相形トルクコンバーター式〉
変速比 第1速	3.136〈2.841〉
第2速	1.888〈1.541〉
第3速	1.330〈1.000〉
第4速	1.000〈0.720〉
第5速	0.814〈——〉
後退	3.758〈2.400〉
減速比	4.300〈4.300〉
■操向装置	
ギア形式	ラック&ピニオン
倍力装置形式	エンジン回転数感応型※3
■サスペンション	
サスペンション・前後	ダブルウイッシュボーン式
ショックアブソーバー・前後	筒型複動式
スタビライザー・前後	トーションバー式
■制動装置	
主ブレーキ形式・前	ベンチレーティッドディスク
主ブレーキ形式・後	ソリッドディスク
倍力装置形式	8インチ径真空倍力式
■タイヤ&ホイール	
タイヤ・前後	185/60R14 82H
ホイール・前後	5.5-JJ×14

(　)内はV-SPECIALの数値。〈　〉内はオートマチック車の数値。
※1：ディタッチャブルハードトップ装着車の室内高は1015mm、車両重量は30kg増。
※2：スペシャルパッケージ装着車は10kg増。
※3：スペシャルパッケージ装着車及びV-SPECIAL。

主要装備	NORMAL車	V-SPECIAL
■エクステリア		
リトラクタブルハロゲンヘッドランプ	○	○
フロント安全合わせガラス	○	○
フィン付ワイパーブレード(運転席)	○	○
ハイマウントストップランプ	○	○
ロッカーパネルピッチ塗装	○	○
カラードドアミラー ※4	○	○
コンバーチブルトップ	○	○
■インストルメントパネル		
パワーステアリング		○
ステアリングホイール　ウレタン	○	
ステアリングホイール　ウッド(NARDI)		○
木製シフトノブ(NARDI) ※5		○
木製パーキングブレーキレバー		○
プロテイン塗装(ダッシュボード、メーターフード)		○
置針式フューエルメーター	○	○
間欠式ワイパー	○	○
キー付グローブボックス	○	○
オーディオ　CDデッキ		○
オーディオ　AM/FM電子チューナー	○	○
オーディオ　カセットデッキ	○	○
オーディオ　ドアスピーカー ×2	○	○
オーディオ　ヘッドレストスピーカー ×4	○	○
オーディオ　脱着式ロッドアンテナ	○	○
4段階調整式空調ファンスイッチ	○	○
サイドデミスター	○	○
■インテリア		
内装色　ブラック	○	
内装色　タン		○
シート　撥水加工クロス製バケットシート	○	
シート　本革製バケットシート		○
パワーウインドー		○
キー付コンソールボックス	○	○
フューエルリッドオープナー	○	○
照明付アッシュトレイ	○	○
フットレスト(運転席)	○	○
ステンレス製スカッフプレート		○
ルームランプ	○	○
防眩ルームミラー	○	○
テンションリデューサー付ELR3点式シートベルト	○	○
シートバックポケット(助手席)	○	○
ループパイルカーペット	○	○
■メカニズム		
フロントベンチレーティッドディスクブレーキ	○	○
リアソリッドディスクブレーキ	○	○
スタビライザー(前・後)	○	○
ビスカスLSD(5段マニュアル車)	○	○
■タイヤ&ホイール		
185/60R14 82Hスチールラジアルタイヤ	○	○
5.5-JJ×14アルミホイール		○
5.5-JJ×14スチールホイール	○	
センターミニキャップ	○	

※4：フェンダーミラー装着車も設定。□速度警報装置はショップオプション。
※5：オートマチック車のシフトノブは木製になりません。

オプション (NORMAL車)

オプション	内容				
スペシャルパッケージ	パワーステアリング パワーウインドー 本革製ステアリング(MOMO) 5.5-JJ×14アルミホイール	●	●	●	●
CDデッキ			●		●
ディタッチャブルハードトップ※6				●	●
ハードサスキット					
クロームメッキシリンダーヘッドカバー					
ハイテンションコード(レッド)					

■ V-SPECIALのオプションはディタッチャブルハードトップ(ネオグリーン)、ハードサスキット、クロームメッキシリンダーヘッドカバー、ハイテンションコード(レッド)のみとなります。
※6 ディタッチャブルハードトップはすべてのボディカラーに同色で設定となります。

39 ホンダ・ビート

バブル末期の1991年に世に出た"遊び"のための車。オープンエアモータリングを楽しめるミッドシップレイアウトの軽自動車。

ホンダ・ビートは、1991年5月に誕生しました。ビートは、ホンダの中にあるコンセプトチームによる"遊び"のための車として考えられたのが始まりで、ホンダは当時アメリカでも日本でも生産、販売が順調だったので、自動車専門誌の記事によると、当時の社長の後押しもあり、開発が始まったと書かれていました。

外観だけでなく、ミッドシップのレイアウトを採用したことによる本格的なサスペンションの味付けや剛性の高いブレーキなど、軽自動車の枠組みの中での開発には、相当苦労したようです。ビートは、維持費をあまりかけずに気軽にオープンエアモータリングを楽しみたいという、多くの自動車好きの夢を叶えるものでした。

筆者の記憶では、1961年の第8回全日本自動車ショーに当時の富士重工業（後のSUBARU）が、スバルスポーツ（スバル450がベースのため、厳密には軽自動車ではなく、小型乗用車）を発表しています。これに対して、翌1962年、ホンダはスポーツ360/500という小型ながら本格的なオープンスポーツカーを第9回全日本自動車ショーで発表。海外の自動車ジャーナリストからも、時計のように小さく精密なエンジンを持つ車と絶賛されました。

その後、著名なモータージャーナリストの小林彰太郎氏が、後継モデルのS600でイギリスなどヨーロッパ各地を走破しています。車好きの間では、小さくても本格的なホンダのスポーツカーの再来を待ち望む人達も少なからずいました。その声に応える形で、約30年後にホンダ・ビートが発売されたのです。

ところで、筆者は以前、赤いビートを所有していました。購入を考えた時には、すでに新車での販売が終了しており、中古を探して50万円ほどで買いました。あちこち手を入れながら、長く愛用しました。ビートはシフトチェンジも軽快で気持ち良く決まり、アクセルを踏み込むとスポーツカーらしいエンジン音が室内に響き渡りました。私の所有したビートは、時々急にエンジンの回転が頭打ちになることがあったり、バッテリー容量が小さく、ちょっと乗らないと駄々をこねてバッテリー上がりを起こしたり、そんなところも可愛い、楽しい車でした。軽快な曲（原由子の『じんじん』）をバックにビートが夜の街を疾走する、発売時のCMの決め台詞（せりふ）は、いかにもビートにふさわしい「遊んだ人の勝ち。」でした。筆者は、周りの人達に、ビートは"日本のフェラーリ"だとユーモアを交えて言っていたものです。ビートのカタログを見ていると、ビートを手放したことが、つくづく失敗だったと思えてなりません。

ビートという少し変わった車名のネーミングの由来は、英語で"ジャズなどの強いリズム、心臓の鼓動など"であり、風を切るときめき、走らせる楽しさを響かせる車であることをめざし、"BEAT"と命名したという。

車　名	ホンダ・ビート
形式・車種記号	ホンダ・E-PP1
全長×全幅×全高（m）	3.295×1.395×1.175
ホイールベース（m）	2.280
トレッド前×後（m）	1.210×1.210
最低地上高（m）	0.135
車両重量（kg）	760
乗車定員（名）	2
燃料消費率（km/l）	17.2（10モード走行）
最高速度（km/h）	—
登坂能力	—
最小回転半径（m）	4.6
エンジン形式	E07A
種類、配列気筒数、弁型式	水冷直列3気筒横置SOHCベルト駆動 吸気2排気2
内径×行程（mm）	66.0×64.0
総排気量（cm^3）	656
圧縮比	10.0
最高出力（PS/rpm）	64/8100（ネット値）
最大トルク（kg・m/rpm）	6.1/7000（ネット値）
燃料・タンク容量（ℓ）	24
トランスミッション	5速マニュアル
ブレーキ　（前）	油圧式ディスク
（後）	油圧式ディスク
タイヤ	前 155/65R13 73H　後 165/60R14 74H
カタログ発行時期（年）	1991

“キーを入れエンジンをかける。クラッチをつなぎアクセルを踏み込む。ふつうのクルマと同じように、ドライブをはじめてください。違ってくるのは、景色が流れはじめてから。セダンやクーペや、いままでのオープンカーでは味わえなかった、新しい走りの世界をプレゼントします。パーソナル・コミューター「ビート」誕生。”は、ワクワクした気持ちにさせてくれるユニークな一文である。ビートの幌は、一人でも簡単に開閉可能なマニュアル式のソフトトップを採用していた。

1991年5月に誕生したビートは、軽自動車規格でミッドシップ、さらにフルオープンという、前代見聞のレイアウトを実現した、ホンダらしい個性的なコンパクトスポーツであった。

ビートの個性的なリア。エンジンはミッドシップに搭載されているため、ボディサイドに大きなエアインテークが付く。リアもエンジンで埋め尽くされていたが、小さいトランクルームが付いた。なおこの車には、注文装備の“ハイマウント・ストップランプ付きリアスポイラー”が付いている。

黒を基調としたいかにもスポーツカーらしいタイトなコックピット。ビートはメーターナセルに 3 つの丸型メーターを備えており、中央には 8500 回転からレッドゾーンを示すタコメーター、右側には 140km/h まで表示するスピードメーター、左側には燃料と水温計を含む複合メーターを設置。白とオレンジ色の文字盤などもポップで遊び心のある洒落たデザインである。シートは黒をベースにゼブラパターンを施した、バケットシートだった。

"MTREC (Multi Throttle Responsive Engine Control) System"(エムトレック・システム) は、"「多連スロットル」と「2 つの燃料噴射制御マップ切り換え方式」によるハイレスポンス・エンジンコントロールシステム" と解説。この自然吸気の 12 バルブエンジンは、クラストップレベルの 64 馬力の高出力と 6.1kgm の強力なトルクを発揮。安全性に関しては、"SRS エアバッグシステム" や、運転席の " シートベルト締め忘れ警告灯&ブザー " などの装備に触れる。ビートは、軽自動車では珍しく、すべてのブレーキにディスクブレーキを採用していた。

ボディカラーは、“カーニバルイエロー”、“フェスティバルレッド”、“ブレード・シルバーメタリック”、“クレタホワイト”の４色が選べた。アクセサリーで用意されていた“アルミホイール”などは、すべて販売店による注文装備であった。

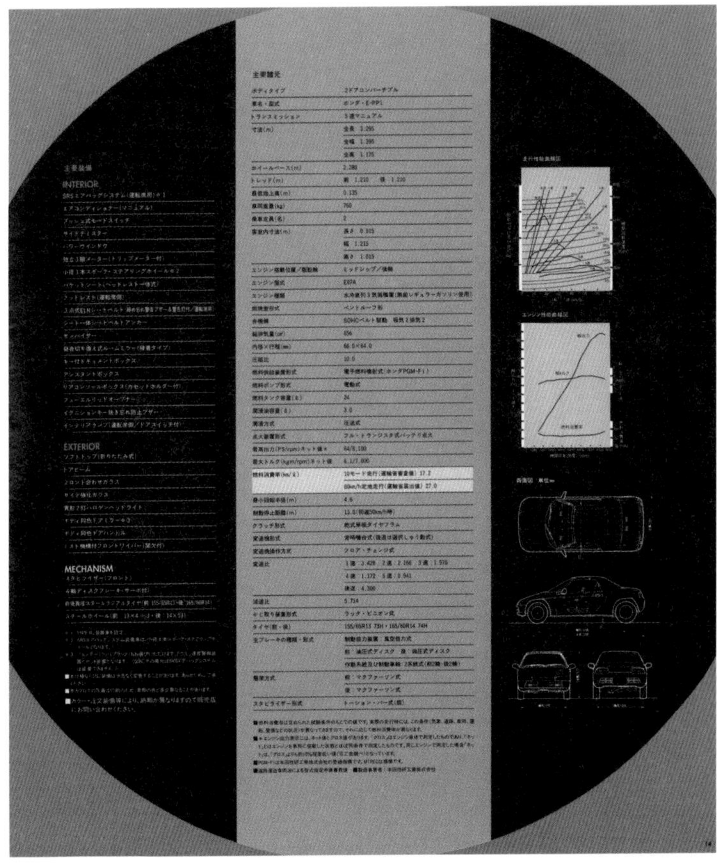

40 トヨタ・センチュリーリムジン

日本の伝統的美しさを志向した高級乗用車センチュリーをベースに、
1989年にホイールベースを延長してつくり上げたのがセンチュリーリムジン。

以前ニューヨークへ行った時、ショーファー（お抱え運転手）の運転する巨大なリムジンをよく見かけました。リムジンのベースとなる車としては、キャデラックやリンカーンが多く用いられています。アメリカ映画にも巨大なリムジンがしばしば登場しています。たとえばジュリア・ロバーツ主演の大ヒット作『プリティ・ウーマン』でも、リチャード・ギアの演じる実業家が、大きな花束を手にサンルーフを開けたリンカーン・リムジンでロバーツ演じる恋人を迎えに行くという感動的なラストシーンがありました。アメリカ大統領の専用車も、長い間リンカーンコンチネンタルベースのリムジンが使用されていました。この車はフォードが年間1ドルで貸していたそうです。自動車メーカーにとって、この上ない名誉なことであり、宣伝になるからでしょう。

トヨタ自動車は、クラウンエイトに代わる高級車を新規開発し、1967年の11月にセンチュリーという名前で発売しました。日産・プレジデントがアメリカナイズされたスタイリングであったのに対して、センチュリーは日本の伝統的な美しさを志向しました。また、日本の乗用車として初めてエアサスペンションを採用してソフトで快適な乗り心地を実現したほか、装備品の自動化も徹底的に施されました。

センチュリーの車名は、英語の“Century”（1世紀＝100年）から来ています。明治100年と豊田自動織機の発明者でトヨタ自動車の基礎をつくった豊田佐吉翁生誕100年を記念して名付けられたのです。

そして1989年10月にはホイールベースを延長し、リムジンをつくりました。全長5770 mm、ホイールベース3510mmは、日本のメーカーで生産・販売された乗用車の中では最長を誇ります。

センチュリーリムジン誕生から17年後の2006年、トヨタ自動車は御料車納入の栄に浴したのです。ご存じのように、御料車としてはニッサン・プリンス・ロイヤルが1967年から2005年までの長きにわたって愛用されていました。しかし、経年変化もあり、部品の調達も難しくなったため、日産自動車側が同車の使用中止を申し出たようです。その頃、日本最大の自動車メーカーのトヨタ自動車がその卓越した技術と日本ならではの素材を結集し、御料車として開発されたのがトヨタ・センチュリーロイヤルです。

同車は2006年7月に御料車として納入の運びとなり、新たな国産車の御料車として活躍することになりました。なおセンチュリーリムジンとセンチュリーロイヤルは、直接的なつながりはなく、センチュリーロイヤルは、皇室専用車として開発されたことから、市販されることはありませんでした。

その美しくたたずむ姿は、あたかも堂々と流れる大河のように、
ゆうゆうとして、静かに、揺るぎない。
その安らかな空間は、大いなる豊かさを生み出す大地に似て、
のびやかに、やさしく、広がる。
名車の名を冠するものとしての、限りない自負と誇りをこめて、
新たなる頂点への道を歩み始める。

センチュリーのラジエターグリルなどに装着されている特徴あるエンブレムは、京都府の宇治市にある、平安時代の1052年に創建された平等院の鳳凰（ほうおう）を元に新たにデザインされたものだという。

車　名	トヨタ・センチュリー・リムジンHタイプ
形式・車種記号	E-VG45-VPSQLH
全長×全幅×全高（mm）	5770×1890×1460
ホイールベース（mm）	3510
トレッド前×後（mm）	1550×1555
最低地上高（mm）	155
車両重量（kg）	2145
乗車定員（名）	4（リヤラウンジシート装着車は5）
燃料消費率（km/l）	—
最高速度（km/h）	—
登坂能力	—
最小回転半径（m）	6.7
エンジン形式	5V-EU
種類、配列気筒数、弁型式	V-8
内径×行程（mm）	87×84
総排気量（cc）	3994
圧縮比	8.6
最高出力（PS/rpm）	165/4400（ネット値）
最大トルク（kg・m/rpm）	29.5/3600
燃料・タンク容量（ℓ）	95
トランスミッション	4速AT
ブレーキ	油圧真空倍力装置付4輪ベンチレーテッドディスク
タイヤ	205/70R14 93S
カタログ発行時期（年）	1990

H type

H type

上級グレードのＨタイプ。まさに「黒塗りの巨大なリムジン」という風格が感じられる。車体色は「神威エターナルブラック」。セダンではＣピラーにあるサイドのエンブレムは、リムジンではＢピラーにあるのがわかる。室内長は650mm 延長され、後席への乗降性に配慮してリヤドアサイズが拡大（前後方向に150mm）、敷居も低くされた。ルーフトップカバーは注文装備。

Ｈタイプの後部座席を紹介している。グレーの本皮革のシートに大きなセンターコンソールがあり２人掛となる。コンソールの上面にはカセットデッキをはじめとして、パーティション（ガラス、カーテン）など各種のコントロールスイッチが並ぶ。フロアには大きな鳳凰をあしらったブルーの厚手のカーペットが敷かれている。

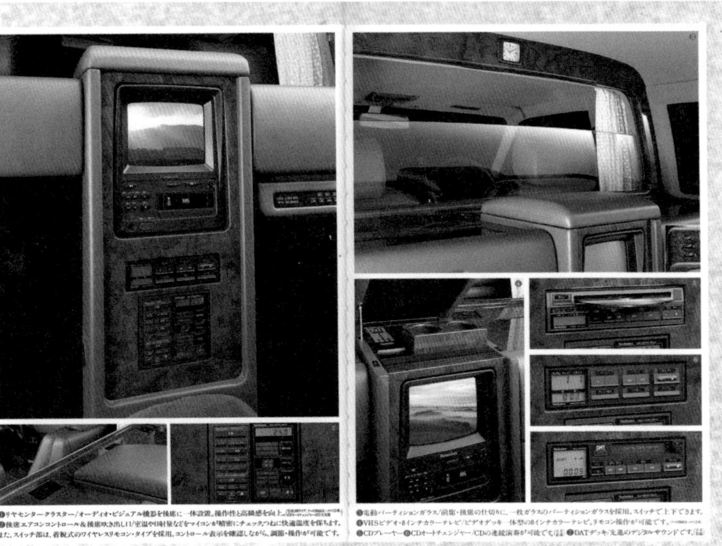

また、スイッチ部は、着脱式のワイヤレスリモコン・タイプを採用。コントロール表示を確認しながら、調節・操作が可能です。

後部座席については、8インチカラーテレビ&VTR(VHSビデオ)、CDプレーヤーが標準装備される。CDオートチェンジャー、DATデッキがオプションで装着できた。さらに電動パーティションガラスなど、リムジンならではの装備を紹介している。

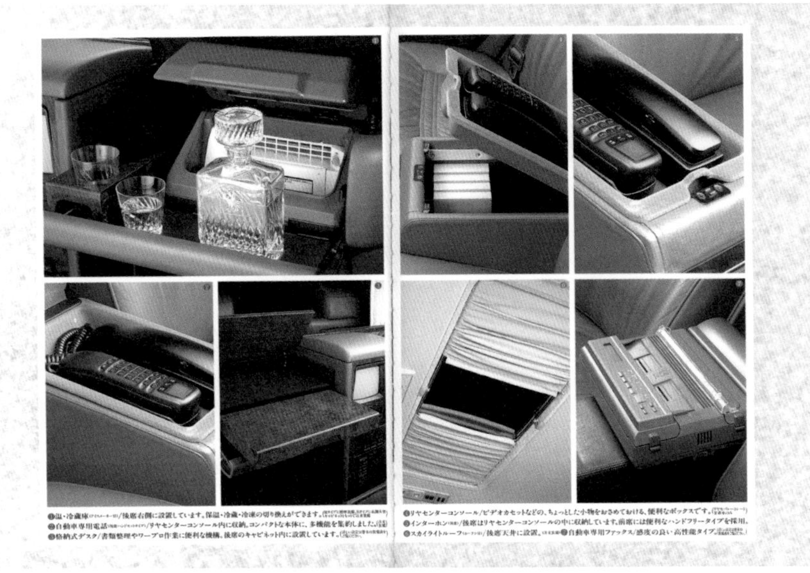

❶温・冷蔵庫/後席右側に設置しています。保温・冷蔵・冷凍の切り換えができます。
❷自動車専用電話/リヤセンターコンソール内に収納。コンパクトな本体に、多機能を集約しました。
❸格納式デスク/書類整理やワープロ作業に便利な機構。後席のキャビネット内に設置しています。
❹リヤセンターコンソール/ビデオカセットなどの、ちょっとした小物をおさめておける、便利なボックスです。
❺インターホン/後席はリヤセンターコンソールの中に収納しています。前席には便利なハンドフリータイプを採用。
❻スカイライトルーフ/後席天井に設置。❼自動車専用ファックス/感度の良い高性能タイプ。

アイスメーカー付きの温・冷蔵庫(保温・冷蔵・冷凍と切り換え可能)は後席右側に設置される。収納式テーブル、インターホン(運転席との連絡用)、などに加え、注文装備のカーテン付きスカイライトルーフ(サンルーフ)、自動車電話、自動車専用ファックスに至るまで、こと細かく紹介している。

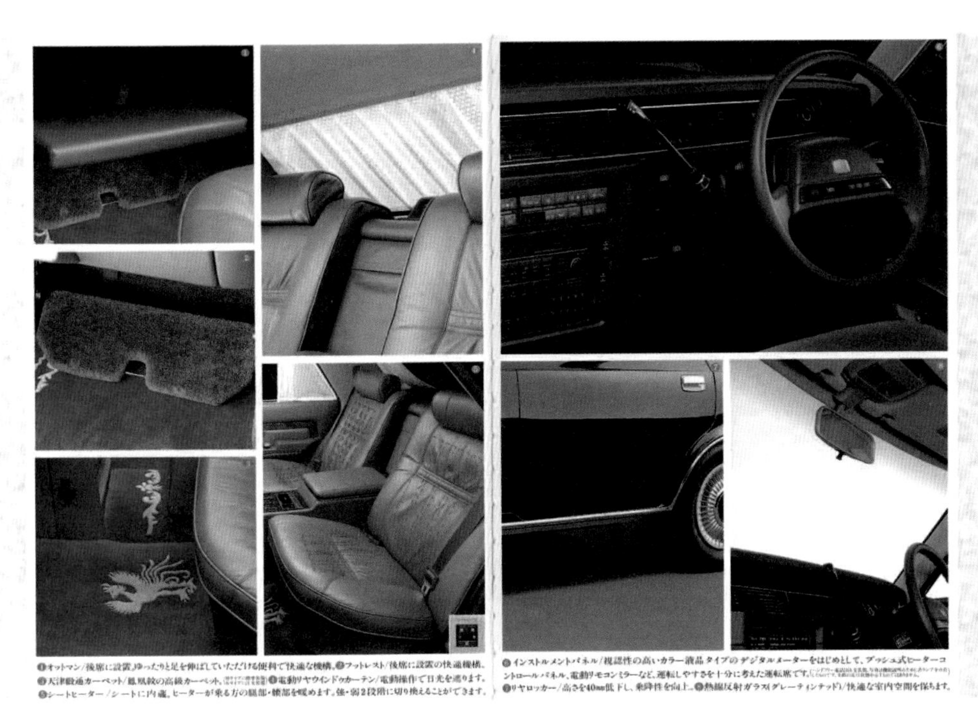

①オットマン/後席に設置。ゆったりと足を伸ばしていただける便利で快適な機構。②フットレスト/後席に設置の快適機構。
③天津緞通カーペット/鳳凰紋の高級カーペット。④電動リヤウインドゥカーテン/電動操作で日光を遮ります。
⑤シートヒーター/シートに内蔵。ヒーターが乗る方の腿部・腰部を暖めます。強・弱2段階に切り換えることができます。
⑥インストルメントパネル/視認性の高いカラー液晶タイプのデジタルメーターをはじめとして、プッシュ式ヒーターコントロールパネル、電動リモコンミラーなど、運転しやすさを十分に考えた運転席です。
⑦リヤロッカー/高さを40mm低下し、乗降性を向上。⑧熱線反射ガラス(グレーティンテッド)/快適な室内空間を保ちます。

電動のリヤカーテンやシートヒーターなど、装備の紹介に続き、運転席まわりにも触れている。熱線反射ガラスやプッシュ式ヒーターコントロールなど、快適な室内空間を演出している。あわせて後部ドアを標準モデルよりさらに 40mm ほど切り下げ、乗り降りの円滑化を図ったことについても触れている。

●標準装備　▲注文装備

主要装備一覧表

装備		グレード Hタイプ	Sタイプ
シート	フロント・セパレートシート(コンソール付)	●	●
	リヤシートタイプ　セパレートパワーシート(2人掛)	●	●
	リヤシートタイプ　ラウンジパワーシート(3人掛)	▲	▲
	シート表皮　本皮革	●	▲
	シート表皮　オールウールモケット(静電気帯電防止加工素材)	▲	●
	シートヒーター(前席×2・後席×2)	●	●
	リヤ・リフレッシングシート(バイブレーター付シート)	●	●
内装	電動パーティションガラス(一枚ガラス)	●	●
	カーテン　電動パーティションカーテン	●	▲
	カーテン　電動バックウインドゥカーテン	●	●
	カーテン　リヤドアサイドカーテン	●	●
	キャビネットまわり　右側　大型　温・冷蔵庫(アイスメーカー付)内蔵、フットレスト付	●	▲
	キャビネットまわり　右側　小型　格納式デスク、オットマン・フットレスト付	▲	▲
	キャビネットまわり　右側　小型　オットマン・フットレスト付	▲	●
	キャビネットまわり　左側　小型　格納式デスク、オットマン・フットレスト付	●	▲
	キャビネットまわり　左側　小型　オットマン・フットレスト付	▲	●
	後席上敷きカーペット　天津緞通カーペット	●	▲
	後席上敷きカーペット　国産緞通風カーペット	▲	●
	前席上敷きカーペット(国産緞通風)	●	●
	インターホン	●	●
	リヤセンタークラスター	●	●
	リヤセンターコンソール ※1	●	●
	後席本木目内装(ドアトリム、パーティションウォール、キャビネット天板)	●	●
	後席用ルームランプ&足元照明ランプ	●	●
	後席用アナログ時計	●	●
空調	マイコンデュアルオートエアコン(エアピュリファイヤー内蔵)	●	●
	後席エアコンコントロール	●	●
オーディオその他	カセット一体AM/SW/FM電子チューナー	●	●
	12スピーカーシステム	●	●
	後席用デジタルオーディオ ※2　CDプレーヤー	●	●
	後席用デジタルオーディオ ※2　CDオートチェンジャー	▲	▲
	後席用デジタルオーディオ ※2　DATデッキ	▲	▲
	リヤカセットデッキ	●	●
	8インチカラーテレビ&VTR	●	●
	自動車専用電話 ※3　後席　ハンドセット	▲	▲
	自動車専用電話 ※3　前席　ハンドフリー	▲	▲
	自動車専用電話 ※3　前席　ハンドセット	▲	▲
	自動車専用ファクシミリ ※3	▲	▲
外装	ルーフトップカバー(黒・ビニールクロス)	▲	▲
	スカイライトルーフ(カーテン付)	▲	▲
	熱線反射ガラス(グレーティンテッド)	●	●

全車標準装備一覧表

内装	フロントドアポケット	電磁式オートドアロック&アンロック
	ルームランプ	電磁式ラッゲージドアオープナー&電動クローザー
	後席用バニティミラー	電磁式フューエルリッドオープナー
	シェーバーコンセント	シートベルト(前後左右席電気式テンションリデューサー機能付)
	パワーウインドゥ&パワーベントウインドゥ	アジャスタブルシートベルトアンカー(前席)
計器盤	デジタルメーター	
	光ファイバーコントロールシステム(ドアコントロール)	
	コンライトシステム(オートディマ機能付)	
	照度コントロール	
	スーパーモニタリングディスプレイ	
	キー抜き忘れ・ライト消し忘れウォーニング	
視界	角型異形2灯式ハロゲンヘッドランプ(コーナリングランプ一体式)	ワイパーアーム同期ウォッシャー
	角型ハロゲンフォグランプ(バンパー組み込み)	速度感応型・無段階調節機構付間欠ワイパー
	コーナリングランプ(ヘッドランプ一体式)	電動リモコンアウターミラー
	クリアランスランプモニター	熱線式リヤウインドゥデフォッガー
足まわり	4輪ESC(電子制御式スキッドコントロール装置)	
	TEMS(電子制御サスペンション)	
	オートレベラー(後輪自動車高調整装置)	
操作性	新プログレッシブパワーステアリング(車速・蛇角感応型)	
	チルト&テレスコピックステアリング	
	オートドライブ(マイコン式)	
その他	応急用タイヤ(テンパータイヤ)	

※1.リヤ・ラウンジパワーシート選択時には、装着されません。※2.CDプレーヤー、CDオートチェンジャー、DATデッキはいずれか1つの選択となります。※3.自動車専用電話、自動車専用ファクシミリの詳細については、販売店におたずねください。

トヨタセンチュリー・リムジン主要諸元表

グレード	Hタイプ	Sタイプ
型式コード	E-VG45-VPSQLH	E-VG45-VPSQLS
	コラムシフト車	コラムシフト車
届出型式	E-VG45改(ベース車両型式:E-VG45-GESQE)	
■寸法		
全長 (mm)	5,770	
全幅 (mm)	1,890	
全高 (mm)	1,460	
ホイールベース (mm)	3,510	
トレッド (前) (mm)	1,550	
トレッド (後) (mm)	1,555	
最低地上高 (mm)	155	
室内長 (mm)	2,590	
室内幅 (mm)	1,545	
室内高 ※1 (mm)	1,140	
■車両重量・定員		
車両重量 ※2 (kg)	2,145	
車両総重量 ※2 (kg)	4名2,365 /5名2,420	
乗員定員 (名)	4 (リヤラウンジシート装着車は5)	
■性能		
最小回転半径 (m)	6.7	
■エンジン		
型式	5V-EU(V-8)	
内径×行程 (mm×mm)	87×84	
総排気量 (cc)	3,994	
圧縮比	8.6	
最高出力 (PS/rpm)	ネット165/4,400	
最大トルク (kg-m/rpm)	29.5/3,600	
燃料供給装置	EFI	
燃料タンク容量 (ℓ)	95	
■走行伝達装置		
変速比 第1速	2.804	
変速比 第2速	1.531	
変速比 第3速	1.000	
変速比 第4速	0.705	
変速比 後退	2.393	
最終減速比	4.100	
ステアリング形式	ボールナット式(車速・蛇角感応型パワーステアリング)	
ステアリング歯車比	19.0	
主ブレーキ	油圧真空倍力装置付4輪ベンチレーテッドディスク	
フロントサスペンション	マクファーソンストラット形コイルばね式(スタビライザー付)	
リヤサスペンション	ラテラルロッド付4リンクコイルばね式(スタビライザー付)	
タイヤ(前・後)	205/70R14 93S	

※1.スカイライトルーフ付車は1,125。※2.スカイライトルーフ付車は+15kg増加します。
●エンジン出力表示には、ネット値とグロス値があります。
●「グロス」はエンジン単体で測定したものであり、「ネット」とはエンジンを車両に搭載した状態とほぼ同条件で測定したものです。同じエンジンで測定した場合「ネット」は、「グロス」よりもガソリン自動車で約15%程度低い値(自工会調べ)となっています。
"ESC"、"TEMS"、"EFI"、"CENTURY"はトヨタ自動車の商標です。

製造事業者:トヨタ自動車株式会社

トヨタ自動車株式会社　お客様相談センター

このカタログに関するお問い合わせは、
お近くのセンチュリー取扱い販売店
または下記のお客様相談センターへ
●名古屋(本部) TEL(052)952-3333
●札幌 TEL(011)852-3333
●大阪 TEL(06) 252-2255
●秋田 TEL(0188)65-7333
●広島 TEL(082)231-5333
●仙台 TEL(022)267-3333
●高松 TEL(0878)23-4333
●東京 TEL(03) 817-7333
●福岡 TEL(092)938-3333
●金沢 TEL(0762)45-1333
●鹿児島 TEL(0992)27-5333
本部所在地 〒461 名古屋市東区泉一丁目23の22

本仕様、ならびに装備は予告なく変更することがあります。(このカタログの内容は'90年9月現在のもの)
ボデーカラーおよび内装色は撮影、印刷インキの関係で実際の色と異なって見えることがあります。

安全はトヨタの願い——シートベルトを締めましょう

TOYOTA

TB0027-9009

41 スズキ・ジムニー

軽自動車で唯一の四輪駆動本格オフローダーとして1970年に登場、世界累計販売300万台を突破するロングセラー車。

ジムニーの誕生については、その母体となったホープスターON360の存在抜きに語ることはできません。1952年の三輪トラック「ホープスター」を皮切りに軽商用車を製造していたホープ自動車は、1965年に自動車の生産を停止します。しかし、早くも翌1966年には、社長小野定良氏の「ふたたび自動車をつくりたい」という熱意のもと、誰も発想だにしなかった軽自動車の四輪駆動車の開発に着手しました。そして1967年12月にはホープスターON360と名付けられ、1968年3月に発売に漕ぎ着けました。しかし残念ながらホープ自動車では生産設備の関係もあって量産ができず、1968年8月には製造権の売却を決断しています。親交のあったスズキ（当時は鈴木自動車工業）の鈴木修氏（後に社長／会長）に提案すると、即断即決で契約が成立。「軽の特徴が生かされるユニークな車を」という考えのもと、まったく新しい軽自動車を構想。ただちにジムニーの開発が始まりました。当初はスズキの内部でも販売面においてやや心配する見方があったようですが、三菱のジープ同様に深い砂地や泥濘（ぬかるみ）でも動きまわれることや、28度近い勾配の急坂でも登坂可能という実力が知られるに至って人気が高まっていったのです。

半世紀に及ぶこだわりと技術の継承・進化の歴史をふまえて、2018年7月には、4代目となるジムニーJB64型が登場しました。ジムニーシリーズの累計販売台数（全世界199の国・地域）は2020年7月末現在で300万台に達しているとのことです。初代モデルのカタログにはジムニーをベースにつくられた特殊車両の消防車や砂漠仕様車の写真も掲載されています。消防車は、赤く塗られ、赤色灯やサイレンも装備され、小さいながら本格的なつくりで、多方面で活躍する様子がうかがえます。

筆者は2代目モデルに続いてこの3代目モデルを約15年の長きにわたって愛用しましたが、一度もトラブルを経験しませんでした。ジムニーは装備の面でもいっさい手を抜かず、三菱のジープと同じ16インチの大きなタイヤを装着していたのが印象に残っています。

ジムニーの素晴らしさは実用面にとどまりません。オーナーによってスタイリッシュにカスタマイズされたジムニーの姿は、街中、郊外を問わず、至る所で目にすることができるのです。

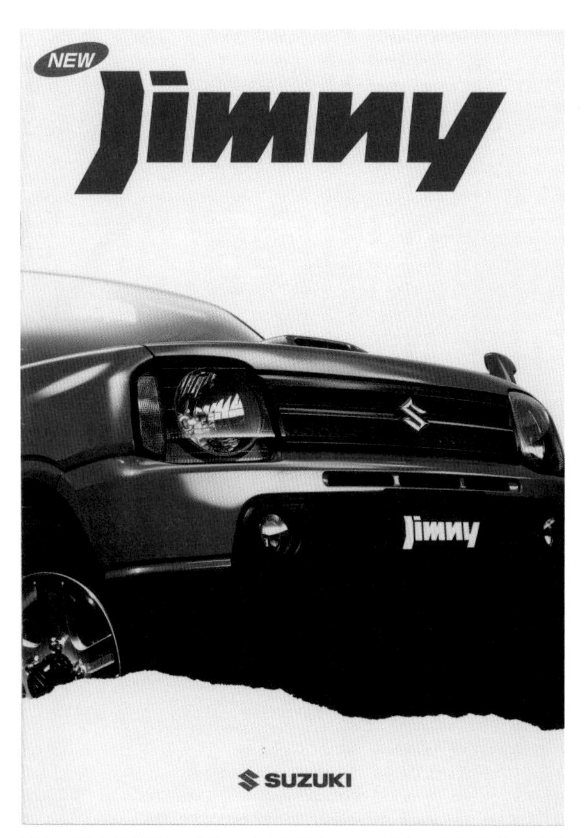

軽自動車の衝突安全性の向上を目的として、国内の安全基準などが1998年10月1日から変更されるのを受けて、第3世代のジムニーとして1998年10月にフルモデルチェンジして登場したJB23型。

車　名	スズキ・ジムニーXC
形式・車種記号	スズキABA-JB23W-JXCR-D5
全長×全幅×全高（mm）	3395×1475×1715
ホイールベース（mm）	2250
トレッド前×後（mm）	1265×1275
最低地上高（mm）	200
車両重量（kg）	1000
乗車定員（名）	4
燃料消費率（km/l）	14.8（10・15モード走行）
最高速度（km/h）	—
登坂能力	—
最小回転半径（m）	4.8
エンジン形式	K6A型
種類、配列気筒数、弁型式	水冷直列3気筒インタークーラーターボ DOHC12バルブ
内径×行程（mm）	68.0×60.4
総排気量（ℓ）	0.658
圧縮比	8.4
最高出力（PS/rpm）	64（47kW）/6500（ネット値）
最大トルク（kg・m/rpm）	10.5（103N・m）/3500（ネット値）
燃料・タンク容量（ℓ）	40
トランスミッション	4速オートマチック
ブレーキ　（前）	ディスク
（後）	リーディング・トレーリング
タイヤ	175/80R16 91Q
カタログ発行時期（年）	2004

砂煙を上げて疾走するパールメタリックカシミールブルーのXC が眼前に迫る。“ リアル 4×4 スポーツ ”“NEW ジムニー誕生 ” のキャプションとともに、ジムニー伝統のラダーフレーム採用の強靭な車体をさりげなくアピールしている。このモデルは 2004 年 10 月にマイナーチェンジを受けたもので、フロントグリルなどが変更されているのがわかる。

ごつごつした岩山を登り終えたシルキーシルバーメタリックのXC をとらえ、悪路走破性の良さを強調している。XC のアルミホイールは、マイナーチェンジ時に新デザインとなったもの。フロントバンパーに埋め込まれているマルチリフレクターハロゲンフォグランプは XC のみに装備される。

ジムニー伝統のラダーフレームは、当時のリリースには “ 新設計の 3 分割ラダーフレーム構造によりボディー剛性を向上 ” とある。マイナーチェンジで新たに搭載された「ドライブアクション4× 4」は、インストルメントパネル内のスイッチを押すことで、走行中（直進時 100km/h 以下）に 2WD と 4WD（4H）の切替ができる機能で、操作の手軽さをアピールしている。エンジンは、オールアルミの DOHC12 バルブにインタークーラーターボを装備、最高出力 47kW(64PS) /6500rpm、最大トルク 103N・m（10.5kg・m） /3500rpm を発揮する。前後 3 リンクリジッドサスペンションによる路面追従性の良さも述べている。

マイナーチェンジでインスツルメントパネルの形状が変更された。当時のリリースによると“質感の高いデザインとするとともに、スイッチ類を一層操作のしやすい位置と形状に変更した”とある。空調スイッチはダイヤル式を採用、メーターはLED発光となり、燃料残量警告灯も装備されている。

横からの室内のカットモデル。マイナーチェンジでシート表皮の材質とデザインが変更された。さらに前席シートは、快適性の向上を目的として形状も変更されている。リヤシートにはリクライニング機能が備わり、シートバックを倒すと積載空間が広がる。リヤシートのヘッドレストはXCに装備される。ページの下側では、フロアコンソールボックス、助手席シートアンダートレーなどの各種収納を紹介している。

青い海を背景にしたXC。リヤ側のデパーチャーアングルは50°あり、最低地上高200mmとあいまって、高い走破力を誇っている。サイドアンダーミラー（カラード）やカラード電動格納式リモコンドアミラー、ヒーテッドドアミラーなど、XCのみの装備を中心に紹介している。

4速オートマチックには“確かな操作感を味わえる”ゲート式を採用。さらに“ストリートからハイウェイまでコンピューターが走行状態を的確に判断して最適なギヤ比を選択することで安定した走りを実現”とある。また4.8 mという最小回転半径による“俊敏”さや、軽量衝撃吸収ボディ「TECT（テクト）」、危険回避をアシストする4輪ABSなどの安全装備に加えて、クラッチスタートシステムの採用も紹介されている。

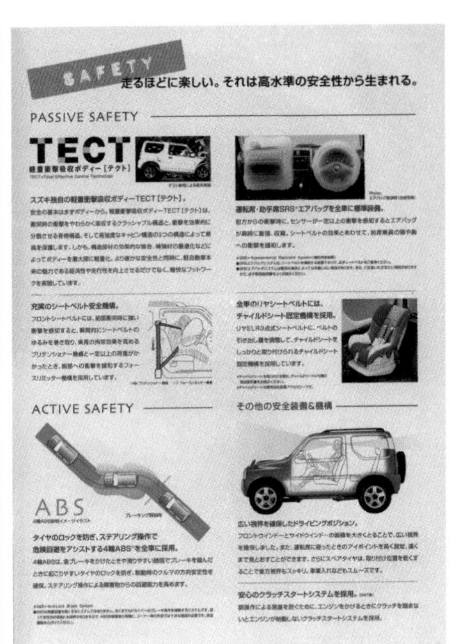

グレードは上からXC、XGの2つ。パールメタリックカシミールブルーはXCのみの設定となる。廉価のXGはXCに対して、ラジオなどのオーディオ類やサイドドアのUVカットガラス、クオーターウインドーとバックドアのスモークガラス、カラードドアハンドルなどの装備が省かれる。両グレードの価格差は消費税抜きで212,000～220,000円である。

SPECIFICATIONS 主要諸元

ボディー	3ドア			
機種名	XG		XC	
駆動方式	パートタイム4WD			
車名・型式	スズキ ABA－JB23W			
機種記号	JXGU－D5	JXGR－D5	JXCU－D5	JXCR－D5
トランスミッション	5速マニュアル	4速オートマチック	5速マニュアル	4速オートマチック
寸法・重量				
全長 (mm)	3,395			
全幅 (mm)	1,475			
全高 (mm)	1,680		1,715	
室内寸法 長さ (mm)	1,660			
室内寸法 幅 (mm)	1,220			
室内寸法 高さ (mm)	1,210			
ホイールベース (mm)	2,250			
トレッド 前 (mm)	1,265			
トレッド 後 (mm)	1,275			
最低地上高 (mm)	200			
車両重量 (kg)	980	990	990	1,000
乗車定員 (名)	4			
性能				
10・15モード燃料消費率 (km/L)（国土交通省審査値）	16.4	14.8	16.4	14.8
主要燃費向上対策	電動パワーステアリング			
最小回転半径 (m)	4.8			
エンジン				
型式	K6A型			
種類	水冷直列3気筒インタークーラーターボ			
弁機構	DOHC12バルブ			
内径×行程 (mm)	68.0×60.4			
総排気量 (L)	0.658			
圧縮比	8.4			
燃料供給装置	EPI（電子制御燃料噴射）			
最高出力 (kW/rpm) ネット	47<64PS>／6,500			
最大トルク (N・m/rpm) ネット	103 <10.5kg・m>／3,500			
燃料タンク容量 (L)	40			
使用燃料	無鉛レギュラーガソリン			
動力伝達装置				
クラッチ	乾式単板ダイヤフラム	3要素1段2相形流体トルクコンバーター	乾式単板ダイヤフラム	3要素1段2相形流体トルクコンバーター
変速比 1速	5.106	2.875	5.106	2.875
変速比 2速	3.017	1.568	3.017	1.568
変速比 3速	1.908	1.000	1.908	1.000
変速比 4速	1.264	0.696	1.264	0.696
変速比 5速	1.000	—	1.000	—
変速比 後退	5.151	2.300	5.151	2.300
トランスファー（副変速機） 形式	チェーン＋ギヤ式			
トランスファー（副変速機） 高速変速比	1.320			
トランスファー（副変速機） 低速変速比	2.643			
最終減速比 (前・後)	4.300	5.375	4.300	5.375
ステアリング				
歯車形式	ボール・ナット式			
ブレーキ				
主ブレーキ形式 前	ディスク			
主ブレーキ形式 後	リーディング・トレーリング			
制動倍力装置	真空倍力式			
制動力制御装置	ABS、プロポーショニング装置			
駐車ブレーキ形式	機械式後2輪制動			
懸架装置				
懸架方式 (前・後)	3リンクリジッドアクスル式コイルスプリング			
スタビライザー形式 (前)	トーション・バー式			
タイヤ	175/80R16 91Q			

●数値は道路運送車両法による型式指定申請書数値です。
●この仕様は改良のため予告なく変更することがあります。
●燃料消費率は定められた試験条件のもとでの数値です。実際の走行時にはこの条件（気象・道路・車両・運転・整備などの状況）が異なってきますのでそれに応じて燃料消費率が異なります。
●エンジン出力表示は「PS/rpm」から「kW/rpm」へ、エンジントルク表示は、「kg・m/rpm」から「N・m/rpm」へ切り替わりました。< >内は旧単位での参考値です。

■掲載写真の色は印刷のため実際と異なる場合があります。詳しくは販売会社にお問い合わせください。
■安心してお乗りいただくために、車両付属の取扱説明書をよくお読みください。
■製造事業者：スズキ株式会社

DIMENSIONS 寸法図（単位：mm）

18

42 トヨタ・セルシオ

欧州メーカーの牙城、高級車市場に参入するため、既成概念と決別し、原点から開発をスタートさせ、新たな世界基準を打ち立てた。

我が国における自動車製造の歴史について考えると、クラウンRS型とダットサン110型（ともに1955年発売）について語らないわけにはいかないでしょう。戦後10年、この2つの本格的な国産乗用車の登場により、日本は世界有数の自動車生産国への道を歩み始めたと言えます。

しかし、世界的な目で見ると、輸出される日本車は大衆車が中心で、メルセデスベンツ、BMW、ジャガーなどに代表される高級車の分野においては、日本車に対する国際的な評価は決して高いとは言えませんでした。この状況を打破すべく立ち上がったのがトヨタ自動車です。トヨタは、欧州メーカーの牙城であった高級ブランドマーケットに参入すべく、新たにレクサスブランドを設立（1989年）。そのトップモデルとして開発されたのがLS400でした。

北米では1989年1月のデトロイトショー（北米国際自動車ショー）で発表し、9月に発売しました。日本国内でも、翌月にはセルシオとして販売が開始されました。トヨタ自動車はセルシオの開発のすべてを、既成概念から離れ、原点からスタートさせたと言います。走行性能と快適性を高次元で両立させることを目指して、北海道に士別試験場もつくりました。これは、全長10kmの周回路を備え、高速耐久性、連続走行耐久性、耐候性（極低温）など、あらゆる走行性能試験を実施できる壮大な施設と紹介されています。

自動車ジャーナリストの小田部家正氏は、戦後の自動車業界の変遷について語る著書の中で、セルシオについて興味深いエピソードを載せておられます。トヨタ自動車がセルシオの試乗会をドイツで開き、アウトバーンで車の性能を試した時の話です。「ドイツ製高性能高級車のオーナーが初めて見るセルシオに興味を持ち、追従を試みました。しかし、セルシオが200km/hを軽く超える圧倒的な走りを見せたために、早々に断念した」というのです。

セルシオは内外で高い評価を受け、日本カー・オブ・ザ・イヤーにも選ばれました（第10回1989-1990）。

筆者は、知り合いのセルシオのオーナーが運転する車に同乗してドライブを楽しんだことがあります。高い静粛性のみならず、ドイツの大型高級セダンのような優れたボディ剛性が強く印象に残っています。

セルシオの登場は日本の高級車市場に大きな影響を与え、高級車の新たな世界基準を打ち立てたとまで評されました。なお名称については、2005年8月から日本でもレクサスブランドを展開することになり、セルシオの車名は2006年をもって消えることとなりました。

1989年10月9日に発売されたトヨタ・セルシオは、トヨタ自動車の国内最大規模を誇る田原工場（1979年1月に完成）で生産された。トヨタ店及びトヨペット店によって販売され、月販目標台数は1500台であった。

車　名	トヨタ・セルシオC仕様Fパッケージ装着車
形式・車種記号	E-UCF11-AEPQK（F）
全長×全幅×全高（mm）	4995×1820×1400
ホイールベース（mm）	2815
トレッド前×後（mm）	1565×1565
最低地上高（mm）	140
車両重量（kg）	1790
乗車定員（名）	5
燃料消費率（km/l）	6.7（10モード走行）
最高速度（km/h）	—
登坂能力	—
最小回転半径（m）	5.5
エンジン形式	1UZ-FE
種類、配列気筒数、弁型式	V型8気筒DOHC
内径×行程（mm）	87.5×82.5
総排気量（cc）	3968
圧縮比	10.0
最高出力（PS/rpm）	260/5400（ネット値）
最大トルク（kg・m/rpm）	36.0/4600
燃料・タンク容量（ℓ）	85
トランスミッション	電子制御式2ウェイOD付4速フルオートマチック〈ECT-i〉
ブレーキ　（前）	ベンチレーテッドディスク
（後）	ベンチレーテッドディスク
タイヤ	215/65R15 96Hラジアル
カタログ発行時期（年）	1989

6-7

想像を超えた高級車をつくりたい。
完全への挑戦は、トップのその言葉から始まった。

開発コードは、F。開発プロジェクト、FQ委員会。一切の既成概念から離れるため乗用車の開発としては異例の、この委員会は招集された。技術、生産技術、そして工場。3つの部門が一体となった密な話し合いが続く。そこから生まれた性能・品質・精度の水準の高さも、また、異例であった。

セルシオへ与えられた第一の課題。
それはスタッフの間で“Yet”の思想と呼ばれた。

高級車とは“最高の性能・機能”、そして“人間に対する最高の温かさと気品”を合わせもつべきだと考えた。フォルムはエレガントかつ空力に優れるべきだ。エンジンは高出力かつ高効率であるべきだ…。“なおかつ”という言葉を英訳して“Yet”。スタッフたちはこの考え方をYetの思想と呼んだ。

“源流対策”。開発プロジェクトは
完璧を期すために、あえて困難な方法論をとった。

その思想を貫くための基本方針、「源流対策」。聞き慣れない言葉だが、意味するところは明快である。源流に立ち返り、問題を解決する。例えば、静粛性を高めるためには音の発生源であるエンジンやシャーシーを見直していくということだ。その結果、すべては0から設計されることになった。

試作車の台数だけでも実に450台。
いま、セルシオがやり残したことは、おそらく、ない。

携わったエンジニアの数1400人、そして試作車の台数450台。車重がわずか10g増加するごとに、対策が練られた。エンジンルームの美しさにまでこだわった。しかし、それだけのことはあった。ここまでの風格と性能を手にしたのだから。現時点でセルシオがやり残したことは、おそらく、ない。

高級車の新しい世界基準。

セルシオの“ 開発コードはF。”“ 試作車の台数だけでも実に 450 台 ”“ 携わったエンジニアの数 1400 人”、“ 現時点でセルシオがやり残したことは、おそらく、ない。” とカタログが記載するほど、完璧を期し、“ 高級車の世界基準 ” を追求したのであろう。

“ 一箇所でも妥協を許すなら、もう、そこからは並の高級車しか生まれない。（中略）それに挑戦したセルシオ ” とカタログで語られるとおり、セルシオのつくりの良さは際立っていたように思う。これはダークグリーン M.I.O トーニングのボディカラーの「C 仕様」セルシオを俯瞰でとらえた写真で、本革仕様はオプション設定だった。

カタログにある“ ひと言でセルシオを語るならば、それは「妥協を知らない一台」。”の表現は、この車へのトヨタ技術陣の開発における自信を語っている。トランクに付く中央の楕円のトヨタマーク・エンブレムは、中央で重なり合う楕円はトヨタの “T” を、大きな楕円は技術のグローバルな広がりと未来、そして宇宙の無限の可能性を示しているという。

「C 仕様」のクリーム系の色を基調にした上質感漂うダッシュボード。オプション設定の本革仕様であり、高級感が溢れる広々とした室内を紹介。

「C 仕様」のオプション設定の本革仕様。両ドアのドアオープナー部には、“シート、ステアリング、ドアミラー、ショルダーベルトアンカーの 2 人分のベスト位置までを記憶､ワンタッチで再生。”できる“メモリースイッチ”が付く。

“風洞実験の回数、通常の 6 倍”と語るセルシオの C_D 値は 0.29 を誇り、“セダンで世界最高クラスの空力性能を誇る。”と謳っている。

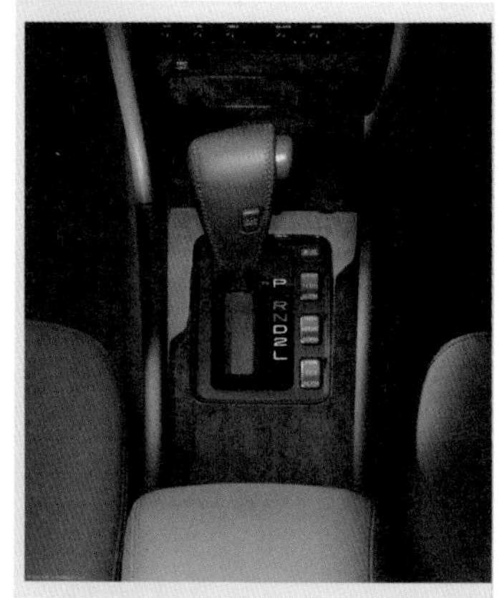

セルシオのシフトレバー部のパネル、アームレストスイッチベースには、最高級素材の本物のウォールナットが使用されている。

フードを開けた際のエンジンルームの美しさにもこだわったという、V 型 8 気筒 DOHC・3968 cc・260 馬力の 1UZ-FE エンジン。

優れたスペックを、声高に叫ばない。どれだけ感性に素直なパワートレーンをもてたか。それを問題にしたい。

“トヨタの最高峰。レーザー α V8 フォーカム 32”のフォーカムは 4 カムシャフトを意味し、32 は一気筒あたり 4 バルブ ×8 気筒＝32 バルブを示している。

サスペンションでは、4輪ダブルウィッシュボーン式サスペンションを採用、またボデーは、剛性を高めることによって高度な静粛性を追求。"スタイリング初期段階でクレイモデルに超小型マイクロフォンを埋め込み、そこからの音を聴くことで風切り音を発生源から減らした"という。

最高レベルの高精度、高バランス、かつてない高品質。
そこから高級車にとっての新しい世界基準が生まれる。

前例のないスーパーバランス。振動・騒音の源を断つ。 高速での真の静粛性、低振動を達成するためには、その発生源で対策を施さなくてはならない。そのためエンジン、シャーシーなどすべての駆動系の高精度、高バランス化が図られた。加えて、エンジンからデファレンシャルまで角度ゼロでジョイントされた駆動系も採用。こもり音も著しく低減された。

そして、足の基本構造は4輪ダブルウイッシュボーン。 設計自由度がきわめて高く、ジオメトリー設定を徹底的に煮つめられる理想的なサスペンション形式。事実、初期段階からの綿密な解析や、実車でのテストが繰り返され、前輪・後輪とも操縦安定性、直進性、乗り心地それぞれが最高水準でバランスした。まさに世界に自負できる完成度をもった。

ボデーへの配慮からも静粛性は、生まれる。 徹底して剛性を高めたボデーには、さらに静粛性を追求するため数多くの対策がなされた。スタイリング初期段階でクレイモデルに超小型マイクロフォンを埋め込み、そこからの音を聴くことで風切り音を発生源から減らした。サンドイッチ制振パネルや制振鋼板も広汎に採用した。また、キャビン上部には4重シールドウェザーストリップを採用…。究極の静かさを求め、考えうるすべての技術を投入した。

どっしりした直進性、正確なハンドリング、フラットな乗り心地。3つの走りの愉悦を同時に堪能できる喜び。

至上の乗り心地。ホイールストローク感応電子制御エアサスペンション。 まさに超高級車クラス、乗り心地の理想を追い求めていくとサスペンションはこのカタチになる。コイルに代えて空気にスプリング機能をもたせ、それを綿密に電子制御していく。路面の突起などを通過するごとに、きめ細かく足の柔らかさ、固さをコントロール。理想的にフラットな乗り心地が走りの瞬間、瞬間に確保されていく。

ピエゾTEMS新搭載。 前後のショックアブソーバーの減衰力をマイコンが制御。クルマの永遠の課題であった操縦安定性と乗り心地の両立はこのシステムでひとつの結論を見る。操縦安定性を獲得するため通常は減衰力をハードで走行。突起や段差の乗り越し時には瞬時にソフトに切り替わり、乗り心地が確保される。切り替えを瞬敏にするためセンサーなどに世界で初めて応答性の高いピエゾ素子を採用。

操舵感も進化する。新プログレッシブパワーステアリング。 速度の変化や路面からの入力に応じて、コンピューターが油圧を制御する。低速時の扱いやすさと、高速時のしっかりした手応えをバランスよく両立。正確で心地よいステアリングフィーリングが生まれた。

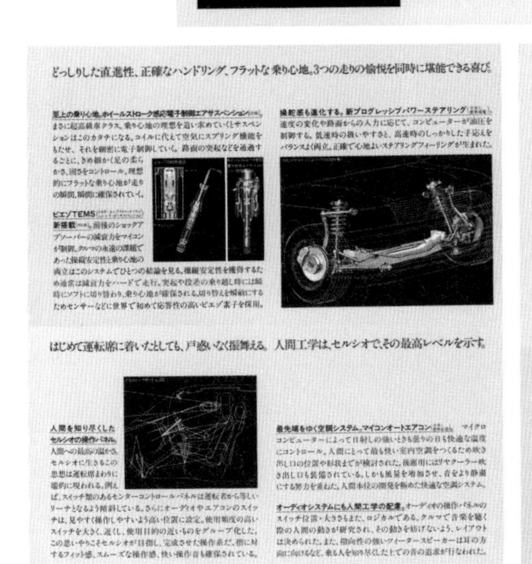

はじめて運転席に着いたとしても、戸惑いなく振舞える。人間工学は、セルシオで、その最高レベルを示す。

人間を知り尽くしたセルシオの操作パネル。 人間への最高の温かさ。セルシオに生きるこの思想は運転席まわりに端的に現われる。例えば、スイッチ類のあるセンターコントロールパネルは運転者から等しいリーチとなるよう傾斜している。さらにオーディオやエアコンのスイッチは、見やすく操作しやすいよう高い位置に設定。使用頻度の高いスイッチを大きく、近くし、使用目的の近いものをグループ化した。この思いやりこそセルシオが目指し、完成させた操作系だ。指に対するフィット感、スムーズな操作感、快い操作音も確保されている。

最先端をゆく空調システム。マイコンオートエアコン。 マイクロコンピューターによって日射しの強いときも曇りの日も快適な温度にコントロール。人間にとって最も快い室内空調をつくるため吹き出し口の位置や形状までが検討された。後席用にはリヤクーラー吹き出し口も装備されている。しかも風量を増加させ、音をより静粛にする努力を重ねた。人間本位の開発を極めた快適な空調システム。

オーディオシステムにも人間工学の配慮。 オーディオの操作パネルのスイッチ位置・大きさもまた、ロジカルである。クルマで音楽を聴く際の人間の動きが研究され、その動きを妨げないよう、レイアウトは決められた。また、指向性の強いツィータースピーカーは耳の方向に向けるなど、乗る人を知り尽くした上での音の追求が行なわれた。

"新プログレッシブパワーステアリング"や"マイコンオートエアコン"を全車に標準装備していた。

最も高性能なクルマは、最も安全であるべきだ。この真実を信念としてセルシオの開発は続けられた。

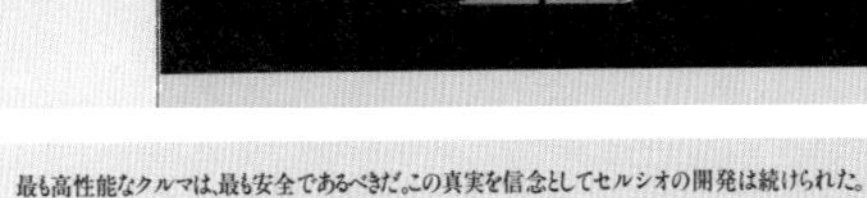

安心を極めたクルマが時代を導く資格をもつ。 高い性能を誇るからには、高い安全性も誇れなくてはならない。安心へのシステムは、セルシオのいたるところで活躍している。「走り・曲り・止まる」への信頼性を考え得る限りのハイレベルまで高める。運転者や同乗者を守ることにも、万全を期す。剛性の高いキャビンと、すぐれたエネルギー吸収性をもつ車両前後部構造、シートベルト、SRSエアバッグ…。クルマの基本構造のつくり込みから、最新テクノロジーの駆使にいたるまでの世界水準の安全性。それも、セルシオが考える人への温かさだ。

SRSエアバッグ。 衝突の衝撃をセンサーが感知、ステアリング中央部に収められているバッグが瞬時にして膨らむ。シートベルトとともにドライバーに対する衝撃を緩和する安心のシステム。

先進のシートベルト。 装着感、フィット感、操作感に最高水準を求めて、自然な姿勢で自動調整を行なえる新開発の電動アジャスタブルショルダーベルトアンカーを採用。シートに着座した状態で調整ができる。前席、後席のベルトとも装着した際の圧迫感を低減する電気式テンションリデューサー付。

ブレーキを電子制御。4輪ABS。 セルシオのためのゆとりある制動力。雪路や濡れた路面などでの急制動時にもマイコンが油圧をコントロール、タイヤのロックを防いだきめ細かなブレーキングを行なう。制動中の操作性も保たれる。

駆動力をコントロール。TRC。 すべりやすい路面などでの発進・加速時の空転を抑え、路面状況に応じた適切な駆動力を確保。走行安定性、コーナリング性能とも大きく向上する。

強いキャビンがセルシオの余裕を語る。 セルシオは、キャビンの剛性もきわめて高い。精密な解析に基づき、衝撃等に対する強度が確保された。万一の衝撃に対する前後部のエネルギー吸収性も高い。

マイコンプリセットドライビングポジションシステム。 常にベストのポジションでクルージングを堪能していただきたい。しかもミラーや、シートベルトの位置まで含めたきめの細かい調整を考えたい。セルシオでは、シート、ステアリング、ドアミラー、ショルダーベルトアンカーの2名分のベスト位置までを記憶、ワンタッチで再生。複雑な操作なしに高性能を享受できる―。人を最優先するセルシオのフィロソフィはここにも生かされている。ヘッドレストも調整できる10ウェイパワーシート、ステアリングのチルト・テレスコピック位置、ショルダーベルトアンカーの上下移動、ドアミラーの上下・左右の向き。以上を記憶再現できる。これらのメモリースイッチはドアトリム部に。なお、B仕様、A仕様には8ウェイパワーシートが標準。乗降性を高めるためステアリングがオートで上昇するオートチルトアウェイ機構も全車に採用。

"SRSエアバッグ"、"4輪ABS"、"TRC（トラクションコントロール）"などの先進技術に加え、メモリー機能が付く"マイコンプリセットドライビングポジションシステム"などを設定。

世界初。フルエリアワイピングシステム。 新開発のワイパーシステム。Hiモード時に払拭角を変更、より効率的に拭けるようになった。Loモードでは、走行時と停車時で自動的に連続・間欠の切り替えを行なう。また、油膜取りウォッシャー機能により、油膜を効果的に除去。
超音波雨滴除去装置付ドアミラー。 超音波の振動とヒーターの熱を利用、付着した水滴を瞬時に除去する。世界初の機構。

イグニッションキー。 複製を困難にするために、内溝式のキーとした。スペアキーは、身につけやすいようカードに収納できるものとしている。
キー抜き忘れ防止ブザー。 キーがアクセサリーまたはロックの位置にある状態で運転席のドアを開けると、ブザーが警告音を発する。
ワイヤレスドアロック。 全ドアの施錠、解錠を車外からリモートコントロールできる機構。スイッチは、キーのグリップに設定。

"超音波雨滴除去装置付ドアミラー"は、世界初の機構として紹介。複製を困難にするために、内溝式のキーを採用し、"キー抜き忘れ防止ブザー"や、車外から施錠や解錠をリモートコントロール可能な"ワイヤレスドアロック"なども設定されていた。

オプティトロンメーター。 クルマに関するすべての情報がそこに示される以上、メーターは視認性の良さを第一に考えたい。セルシオのために開発された新アナログメーター、オプティトロンメーター。スイッチをONすると、ブラックフェイスに仕上げられた表示パネルに、まず針自身が白く光る。そして、文字板も柔らかい白色に発光する。クリアで、極めて良好な視認性。機能性と温かさは、ここでも融合している。

スペースビジョンウォーニング。 メーターの中央に虚像によって示される。高コントラストで大きく表示されるため、視認性、安全性ともに高い。
自動車電話。 ハンドセット電話にはコードレスタイプをラインアップ。さらに受話機をもたず、ステアリングのサイドに設定されたマイクで通話可能なハンドフリーには、あらかじめ登録しておいた音声（最大20か所）を発声するだけで発信が可能となる音声認識タイプも用意。

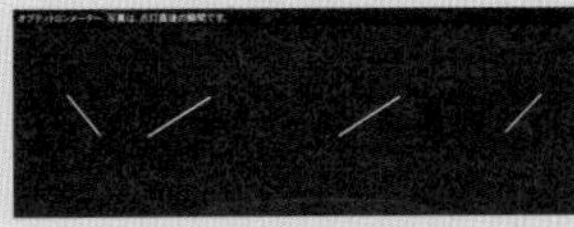

セルシオ スーパーライブサウンドシステム。 オーディオルームを創るように、ていねいに開発、徹底したチューニングを施した。まず、スピーカー位置を優先し、そののちに各部品のポジションを決定したほどだ。全席の高音質実現を目指し、7スピーカーシステムを採用。フロント&リヤドアにフルレンジを4つ、ドアミラーのベース部にツィーターを2つ、パッケージボードにウーハーを1つ配した。さらに、本革仕様のシートかファブリック仕様のシートかによって専用のイコライザーが用意された。合計で170W、ウーハーだけでも54Wの出力。迫力あるタイトな低音とクリアで抜けるような高音を誇るスーパーなオーディオシステムが完成した。また、ディスク6枚までの連続演奏ができるCDオートチェンジャーやCDに匹敵する高音質、扱いやすさが特徴のデジタル・オーディオ・テープレコーダー（DAT）など最先端をゆくサウンドも堪能できる。

スイッチをONにすると表示パネルに、白い針自身が光る"オプティトロンメーター"。"スーパーライブサウンドシステム"では、7つのスピーカーシステムが採用されていた。

●トヨタセルシオ主要諸元表

●車両型式・重量・性能				
グレード	Fパッケージ装着車	C仕様	B仕様	A仕様
車両型式	E-UCF11-AEPQK(F)	E-UCF11-AEPQK	E-UCF10-AEPGK	E-UCF10-AEPNK
車両重量 (kg) ※1	1,790	1,750	1,730	1,690
車両総重量 (kg) ※1	2,065	2,025	2,005	1,965
最小回転半径 (m)	5.5			
燃料消費率(km/ℓ) 60km/h定地走行(運輸省届出値)	14.0			
燃料消費率(km/ℓ) 10モード走行(運輸省審査値)	6.7	7.1 ※2		
●エンジン				
型式	1UZ-FE			
種類	V型8気筒DOHC			
使用燃料	無鉛プレミアムガソリン			
総排気量 (cc)	3,968			
内径×行程 (mm)	87.5×82.5			
圧縮比	10.0			
最高出力(ネット) PS/r.p.m.	260/5,400			
最大トルク kg-m/r.p.m.	36.0/4,600			
燃料供給装置	EFI(電子制御式燃料噴射装置)			
燃料タンク容量 (ℓ)	85			
●寸法・定員				
全長 (mm)	4,995			
全幅 (mm)	1,820			
全高 (mm)	1,400		1,425	
ホイールベース (mm)	2,815			
トレッド 前 (mm)	1,565			
トレッド 後 (mm)	1,565		1,555	
最低地上高 (mm)	140		150	
室内 長 (mm)	2,020	2,010		
室内 幅 (mm)	1,515			
室内 高 (mm)	1,160 ※3			
乗車定員 (名)	5			
●ステアリング・サスペンション・ブレーキ				
ステアリング	パワーアシスト付ラック&ピニオン式			
サスペンション 前	ダブルウイッシュボーン式エアばね		ダブルウイッシュボーン式コイルばね	
サスペンション 後	ダブルウイッシュボーン式エアばね		ダブルウイッシュボーン式コイルばね	
ブレーキ 前	ベンチレーテッドディスク			
ブレーキ 後	ベンチレーテッドディスク			
●変速比・減速比(電子制御式2ウェイOD付4速フルオートマチック<ECT-i>)				
第1速	2.531			
第2速	1.531			
第3速	1.000			
第4速	0.705			
後退	1.880			
減速比	3.916			

※1 C仕様、B仕様にチルト&スライド電動ムーンルーフをオプション装着した場合、車両重量および車両総重量は20kg増加します。また、A仕様に4輪ABSをオプション装着した場合は、10kg増加します。 ※2 C仕様にチルト&スライド電動ムーンルーフをオプション装着した場合、6.7km/ℓとなります。 ※3 チルト&スライド電動ムーンルーフ装着時は、1,135mmとなります。 ●エンジン出力表示には、ネット値とグロス値があります。「グロス」はエンジン単体で測定したものであり、「ネット」とはエンジンを車両に搭載した状態とほぼ同条件で測定したものです。同じエンジンで測定した場合「ネット」は、「グロス」よりもガソリン自動車で約15％程度低い値(自工会調べ)となっています。

● "LASRE" "EFI" "TEMS" "ECT" "TRC"は当社の登録商標です。

トヨタセルシオC仕様寸法図 (単位＝mm)

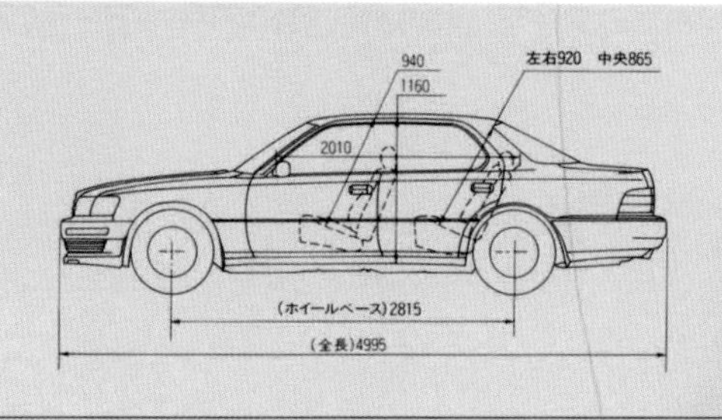

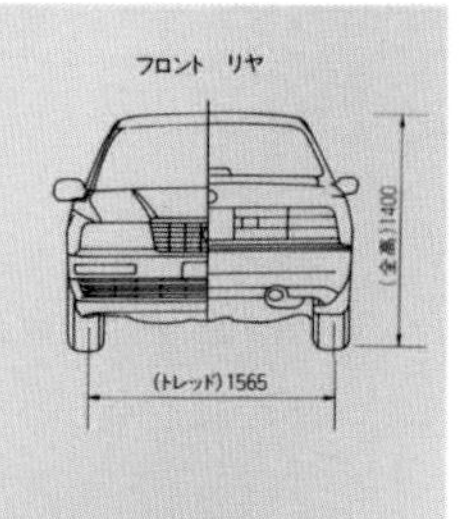

●道路運送車両法による新型自動車届出書数値
製造事業者：トヨタ自動車株式会社

■日本の主な乗用車一覧

本表は社団法人自動車工業振興会が1993年に発行した『1945～1992　日本の自動車・戦後47年の歩み。』を主要な史料として、本書で紹介した車種を網羅して戦後に発売された主な国産乗用車を発売年ごとにまとめ、発売順に掲載したものです。車名、発売年などについては、基本的に同資料の表記に準じています。本書をご覧の際の資料としてご活用いただければ幸いです。

1947年発売
ダットサンセダン DA　たま号電気自動車　トヨペット SA

1948年発売
ダットサン DB

1949年発売
トヨペット SD　オオタ PA1

1950年発売
ダットサンスリフトセダン DS-2　オオタ PB

1951年発売
ヘンリー J（三菱）　ダイハツ Bee　トヨペット SF

1952年発売
ダットサンスポーツ DC-3　プリンスセダン AISH-I

1953年発売
日野ルノー PA　オースチン A40（ニッサン）
トヨペットスーパー　ヒルマン PH10（いすゞ）　オオタ PF
NJ（ニッケイタロー）　オートサンダル

1954年発売
オオタ PH-1

1955年発売
トヨペットクラウン RS　ダットサン 110
オースチン A50（ニッサン）　トヨペットマスター RR
フライング・フェザー　スズライト SS セダン　オオタ PK-1

1956年発売
ヒルマンミンクス PH100（いすゞ）

1957年発売
プリンススカイライン ALSI　トヨペットコロナ ST10
フジキャビン　ダットサン 210

1958年発売
スバル 360　ミカサツーリング

1959年発売
プリンスグロリア 1900　ダットサンスポーツカー S211
ダットサンブルーバード 310

1960年発売
トヨタランドクルーザー 40系　トヨペットコロナ PT20
ニッサンセドリック 30　三菱 500　マツダ R360 クーペ
スバル 450

1961年発売
日野コンテッサ 900 PC10　パブリカ UP10（トヨタ）
いすゞベレル

1962年発売
マツダキャロル　トヨペットクラウン RS40
フェアレディ 1500 SP310　三菱ミニカ
スズライトフロンテ 360 TLA　プリンススカイラインスポーツ

1963年発売
プリンスグロリアスーパー 6　三菱コルト 1000
ダットサンブルーバード 410　ホンダ S500
ダイハツコンパーノベルリーナ 800　いすゞベレット 1500
プリンススカイライン1500 S50

1964年発売
トヨタクラウンエイト　いすゞベレット 1600GT
プリンススカイライン 2000GT　三菱デボネア
トヨペットコロナ RT40　日野コンテッサ 1300 PD100
マツダファミリア 800

1965年発売
トヨタスポーツ 800　ニッサンシルビア CSP311
ダイハツコンパーノスパイダー
日野コンテッサ 1300 クーペ PD300
トヨペットコロナハードトップ RT50　プレジデント H150
セドリック 130　三菱コルト 800
マツダファミリア 1000 クーペ　スズキフロンテ 800

1966年発売
ダットサンサニー 1000 B10　いすゞニューベレル
スバル 1000　マツダルーチェ 1500　トヨタカローラ KE10
ダイハツフェロー

1967年発売
ホンダ N360　ニッサングロリア PA30
スズキフロンテ 360　トヨタ 2000GT　マツダコスモスポーツ
ダットサンブルーバード 510　トヨペットクラウン MS50
トヨタセンチュリー　マツダファミリア　いすゞフローリアン

1968年発売
ダットサンサニー・クーペ　ニッサンローレル C30
三菱コルト 1200/1500　トヨタカローラスプリンター
マツダファミリアロータリークーペ　ニッサンスカイライン C10
トヨペットコロナマークⅡ　ニッサンスカイライン 2000GT GC10
いすゞ 117 クーペ

1969年発売
ニッサンスカイライン 2000GT-R PGC10　スバル ff-1
パブリカ（トヨタ）　ダイハツコンソルテベルリーナ
ホンダ 1300 セダン　三菱ミニカ 70　スバル R-2

ニッサンフェアレディZ S30　マツダルーチェロータリークーペ
三菱コルトギャラン

1970年発売

ダットサンサニー B110　トヨペットコロナ RT80
ホンダ 1300 クーペ　マツダファミリアプレスト
ダイハツフェロー MAX　トヨタカローラ KE20
トヨタスプリンター KE25　マツダカペラ　スバル ff-1 1300G
ニッサンチェリー E10　ホンダZ　スズキフロンテ 360
三菱コルトギャラン GTO　トヨタセリカ
トヨタカリーナ

1971年発売

トヨタクラウン MS60　ニッサンセドリック 230
ニッサングロリア 230　三菱ミニカスキッパー
ホンダライフ　ダットサンブルーバード U 610
マツダサバンナ　マツダグランドファミリア
スズキフロンテクーペ　スバルレオーネ
三菱ギャランクーペ FTO

1972年発売

トヨタマークⅡ RX12　トヨタカローラレビン
トヨタスプリンタートレノ　ニッサンローレル C130
スバルレックス　マツダシャンテ　ホンダシビック
ニッサンスカイライン C110　三菱ミニカ F4　マツダルーチェ
ホンダ 145

1973年発売

ニッサンバイオレット 710
ニッサンスカイライン HT2000GT-R KPGC110
三菱ランサー　トヨタセリカリフトバック
トヨタパブリカスターレット　ダットサンサニー B210
三菱ギャラン ニューギャラン　トヨペットコロナ TT100
ニッサンプレジデント H250　いすゞステーツマン・デ・ビル
スズキフロンテ 360

1974年発売

ニッサンチェリー FⅡ　トヨタクラウン MS80
いすゞジェミニ　ダイハツシャルマン
トヨタカローラ 30　トヨタスプリンター KE-40

1975年発売

スバルレオーネ 4輪駆動セダン　三菱ランサーセレステ
マツダロードペーサー　ニッサンセドリック 330
ニッサングロリア 330　ニッサンニューシルビア S10
マツダコスモ AP

1976年発売

三菱ミニカ 5　ホンダアコード
ダイハツフェロー MAX550　三菱ギャランΣ
スバルレックス 5　スズキフロンテ 7-S
ダットサンブルーバード 810　三菱ギャランΛ　トヨタマークⅡ

1977年発売

ニッサンローレル C230　マツダファミリア
ニッサンバイオレット A10　ニッサンバイオレット・オースター A10
スバルレックス 550　スズキフロンテ 7-S(550)
三菱ミニカ ami55 (550)　トヨタチェイサー
ダイハツ MAX クオーレ　ニッサンスカイライン C210
トヨタセリカ　トヨタカリーナ　ニッサンスタンザ A10
スズキセルボ　ダイハツシャレード　ダットサンサニー B310

1978年発売

トヨタスターレット　三菱ミラージュ
三菱ギャランΣエテルナ　三菱ギャランΛエテルナ
マツダサバンナ RX-7　ダイハツシャルマン　トヨタセリカ XX
ニッサンパルサー N10　トヨタターセル　トヨタコルサ
ニッサンフェアレディZ S130　トヨタコロナ　マツダカペラ
ホンダプレリュード

1979年発売

ニッサンシルビア S110　ニッサンガゼール S110
トヨタカローラ　トヨタスプリンター　三菱ランサー EX
スズキフロンテ　スバルレオーネ　ニッサンセドリック 430
ニッサングロリア 430　トヨタクラウン
ダットサンブルーバード 910

1980年発売

トヨタセリカカムリ　ホンダクイント　トヨタクレスタ
三菱ギャランΣ　三菱エテルナΣ　三菱ギャランΛ
三菱エテルナΛ　マツダファミリア　ニッサンラングレー N10
ダイハツクオーレ　ホンダバラード　ニッサンレパード F30
トヨタマークⅡ　トヨタチェイサー　ニッサンローレル C31

1981年発売

トヨタソアラ　いすゞピアッツァ
ニッサンバイオレットリベルタ T11　ニッサンスタンザ FX T11
ニッサンオースター JX T11　トヨタセリカ
ニッサンスカイライン R30　三菱ミニカ アミL　マツダコスモ
トヨタカリーナ　ホンダアコード　ホンダビガー
スバルレックス　ダイハツシャルマン　ニッサンサニー B11
マツダルーチェ　ホンダシティ

1982年発売

ニッサンローレルスピリット B11　トヨタコロナ
三菱ランサーフィオーレ　三菱トレディア　三菱コルディア
トヨタカムリ　トヨタビスタ　ニッサンパルサー N12
三菱スタリオン　トヨタターセル　トヨタコルサ
トヨタカローラⅡ　ニッサンラングレー N12　スズキセルボ
ニッサンリベルタビラ N12　トヨタスプリンターカリブ
マツダカペラ　ニッサンマーチ K10　ホンダプレリュード

1983年発売

トヨタコロナ FF5ドア　ダイハツシャレード　三菱シャリオ
いすゞフローリアンアスカ　トヨタカローラ
トヨタスプリンター　ニッサンセドリック Y30
ニッサングロリア Y30　ホンダバラードスポーツ CR-X
ニッサンシルビア S12　ニッサンガゼール S12
トヨタクラウン　三菱ギャランΣ　三菱エテルナΣ
ニッサンフェアレディZ Z31　ホンダシビック
スバルドミンゴ　ニッサンブルーバード U11
ホンダバラードセダン　スズキカルタス　三菱ミラージュ
三菱ランサーフィオーレ

1984年発売

三菱ミニカ　VW サンタナ M30（ニッサン）
スバルジャスティ　トヨタカリーナ FF　トヨタ MR2
スバルレオーネ　トヨタマークⅡ　トヨタチェイサー
トヨタクレスタ　スズキフロンテ　トヨタスターレット
トヨタカローラ FX　ニッサンローレル C32

1985年発売

マツダファミリア　ホンダクイント・インテグラ
いすゞFF ジェミニ　ホンダアコード　ホンダビガー
スバルアルシオーネ　ニッサンスカイライン R31
トヨタセリカ　トヨタカリーナ ED　ダイハツクオーレ
ニッサンサニー B12　マツダサバンナ RX-7
ニッサンオースター T12　ホンダレジェンド

1986年発売

トヨタソアラ　トヨタスープラ　ニッサンレパード F31
ニッサンパルサー N13　トヨタターセル　トヨタコルサ
トヨタカローラⅡ　ニッサンスタンザ T12
ニッサンローレルスピリット B12　トヨタカムリ
トヨタビスタ　三菱デボネア　マツダルーチェ
ニッサンエクサ N13　ニッサンラングレー N13
ニッサンリベルタ・ビラ N13　ホンダシティ
スバルレックス　ダイハツリーザ

1987年発売

ニッサン Be-1 BK10　マツダエチュード　ダイハツシャレード
ホンダプレリュード　マツダカペラ　トヨタカローラ
トヨタスプリンター　ニッサンセドリック Y31
ニッサングロリア Y31　トヨタクラウン　ホンダ CR-X
ニッサンブルーバード U12　ホンダシビック　三菱ミラージュ
三菱ギャラン　トヨタコロナ

1988年発売

ニッサンセドリック・シーマ FY31　ニッサングロリア・シーマ FY31
トヨタスプリンターカリブ　ホンダトゥデイ　トヨタカリーナ
ニッサンシルビア S13　スズキエスクード　三菱ランサー
ホンダコンチェルト　トヨタマークⅡ　トヨタチェイサー
トヨタクレスタ　ニッサンセフィーロ A31　スズキフロンテ
スズキカルタス　ニッサンプレーリー M11　三菱エテルナ
ニッサンマキシマ J30　マツダペルソナ

1989年発売

ニッサンローレル C33　ニッサン PAO PK10　三菱ミニカ
スバルレガシィ　マツダファミリア　ニッサン 180SX RS13
ダイハツミラセダン（新税制）　ホンダインテグラ
スズキアルトセダン（新税制）　ニッサンスカイライン R32
ニッサンフェアレディZ Z32　ダイハツアプローズ
ニッサンスカイライン GT-R BNR32
マツダ・ユーノス ロードスター　トヨタセリカ
トヨタカリーナ ED　トヨタコロナ・エクシヴ　ホンダアコード
ホンダアスコット　トヨタセルシオ
ホンダアコードインスパイア　ホンダビガー　トヨタ MR2
マツダ・ユーノス 100　マツダ・ユーノス 300
ニッサンインフィニティ Q45 G50　マツダ・オートザム キャロル
トヨタスターレット

1990年発売

ニッサンサニー B13　ニッサン NX クーペ B13　マツダ MPV
ニッサンプリメーラ P10　マツダ・ユーノスカーゴワゴン
三菱ミニカ（軽新規格 660cc）
三菱ミニカトッポ（軽新規格 660cc）
マツダ・オートザム・キャロル（軽新規格 660cc）
ホンダトゥデイ（軽新規格 660cc）
スズキアルト（軽新規格 660cc）
ダイハツミラ（軽新規格 660cc）　トヨタセラ
いすゞジェミニ　スバルレックス（軽新規格 660cc）
マツダ・ユーノス コスモ　三菱ディアマンテ
トヨタエスティマ　いすゞPA ネロ　いすゞアスカ CX
ニッサンプレセア R10　ダイハツロッキー　トヨタカムリ
トヨタビスタ　スズキセルボモード
ダイハツリーザ（軽新規格 660cc）　ニッサンパルサー N14
ホンダ NSX　トヨタターセル　トヨタコルサ
トヨタカローラⅡ　マツダ・オートザム レビュー
ニッサンプレジデント JG50　三菱 GTO　ホンダレジェンド
三菱シグマ

1991年発売

トヨタサイノス　三菱ブラボー　マツダプロシード マービー
ニッサンフィガロ FK10　三菱 RVR　トヨタソアラ
ホンダビート　マツダセンティア　三菱シャリオ
マツダ・ユーノス プレッソ　トヨタカローラ
トヨタスプリンター　マツダ・オートザム AZ-3
ニッサンセドリック Y32

ニッサングロリア Y32　ニッサンシーマ FY32
いすゞピアッツア　ホンダシビック　スバルアルシオーネ SVX
ホンダプレリュード　ニッサンブルーバード U13
トヨタウィンダム　マツダクロノス　三菱ミラージュ
三菱ランサー　トヨタクラウン　トヨタアリスト
マツダ・アンフィニ MS-6　マツダ・アンフィニ MS-9
マツダ・アンフィニ MPV　スズキカプチーノ
スズキアルトハッスル　マツダ・アンフィニ RX-7
いすゞビッグホーン

1992 年発売

トヨタエスティマルシーダ　トヨタエスティマエミーナ
マツダ MX-6　ニッサンマーチ K11　ダイハツオプティ
マツダ・ユーノス 500　トヨタコロナ
スバルビッグホーンワゴンイルムシャー
ホンダアスコットイノーバ　ホンダ CR-X デルソル
マツダ・アンフィニ MS-8　スバルヴィヴィオ
三菱ギャラン　三菱エテルナ　トヨタカローラ FX
トヨタカローラセレス　トヨタスプリンターマリノ
マツダ・オートザム クレフ
ニッサンレパード J フェリー JY32　トヨタカリーナ
三菱エメロード　マツダ・オートザム AZ-1　三菱デボネア
トヨタマークⅡ　トヨタチェイサー　トヨタクレスタ
スバルインプレッサ　トヨタセプターセダン
ホンダドマーニ

1998 年発売

スズキジムニー

1954 年 4 月 20 ～ 29 日に開催された第 1 回全日本自動車ショウ。写真にあるロゴマークは、以後継続して使用されており、モーターショー開催を推進した片山豊氏によれば「私が立ち上がって車輪を推進する男の図案を提示し、それを板持龍典画伯に図案化を依頼し決定した」という。

なつかしの車とカタログのこと
あとがきに代えて

今から70年ほど前のこと、筆者が初めて車に乗った写真がある。進駐軍の払い下げとおぼしき車で、白く塗られた赤十字で用いられた幌付きの車である。この車は、医療設備の乏しい山間部などを巡回する医療施設団用の車で、筆者は母親の膝の上に座っている。

車に関する最初の記憶は、2、3歳のころ、父親が知り合いの車屋（町の個人経営の自動車販売店）からもらった黒い小型のセダンである。父の話ではオースチンだったとのことであるが、正確なところはわからない。この車は、我が家に来て間もなく自宅から少し離れた町の橋の上で動かなくなり、どこかに引き取られて行った。

そして筆者が5歳のころ、トヨペット・マスターがやって来た。これは我が家で初めて買った車である。この車を父と一緒にディーラーの中古車センターへ見に行った記憶がある。タクシーとして使われていた水色の4ドアセダンで3、4年ほどは活躍してくれた。この車は、当時の車の常として、定期的にグリスガン（円筒形のグリス注入用機材）でグリスアップ（機械のジョイント部分に対するグリスの補給）をしていた。小さな子供であった筆者には、このトヨペット・マスターが背の高いがっしりした車という印象があり、記憶ではほとんどトラブルがなかった。国産車はこの当時からすでにとても優秀であった。

中学生のころは、下校途中、よく近くの私鉄会社のガレージに車を見に行った。そこには、黒塗りの磨きあげられた初代のプレジデントが止まっていた。また少し離れた県庁の車庫にあった黒塗りのクラウンエイトや、テールフィンを持つ大きな黒塗りのシボレーインパラなどを見るのも、下校時の楽しみであった。当時筆者の住んでいた地方では、アメリカ車を目にすることなど稀であり、ささやかなカーウォッチングであった。のどかな時代で、県庁のガレージを車好きの中学生がのぞいても、誰に注意されることもなかったのである。

話は少し変わるが、我が家にあるカタログのほとんどは4輪車のものであるが、意外なことに最も古いカタログは4輪車ではなく、2輪車のインディアンである（カタログでは「インデアン」という、いかにも時代をしのばせる表記がされている）。インディアンはアメリカの有名なオートバイであり、我が家にはそのインディアン・スカウトがあり、車体は赤く塗られ、側車（サイドカー）付きであった。黄色い表紙にインディアンの横顔を描いたカタログは、今もしっかりとした良い状態で手許にある。

また父はカタログ蒐集とともに写真の趣味もあったため、手許のアルバムには身近に走っていた車の写真がたくさん残っている。その中には、我が家のクラウン（初代の後期型モデル）と、当地ではめったに見ることのできない県知事専用車のメルセデス・ベンツ220Sが並んで写っている写真があり、筆者のお気に入りである。本書を読んでくださった方々にも、同じように車との懐かしく大切な思い出がおありだと思う。

この本をつくるにあたっては、多くのご指導ご教示を賜った三樹書房の小林謙一社長はじめ、山田国光氏、武川明氏、梶川利征氏、編集部の皆様に心より厚く御礼申し上げます。また、膨大な資料の収集と内容の確認、文章の作成などにお力添えいただいた、京都大学名誉教授松田英男氏、医療法人理事渡部恵子氏、及び自動車史料保存委員会、そして巻頭言をご寄稿くださった早稲田大学教授 東京大学名誉教授 日本自動車殿堂会長の藤本隆宏先生に深く感謝申し上げます。

渡部素次

渡部 素次(わたなべ・もとつぐ)

1951年(昭和26年)島根県に生まれる。1979年(昭和54年)東京医科大学卒。島根医科大学(現島根大学医学部)にて医学博士の学位取得。現在内科診療所で地域医療に携わる。県医師会理事、市医師会理事、社会福祉法人理事等を歴任。市内小・中学校の学校医、地元企業等の産業医なども務める。父が車好きで、小さい頃から自宅に車があったこと、また父が車のカタログをコレクションしていたことがきっかけで、自身も車好きとなり、同じように自動車のカタログを集めながら、その歴史等についても調べ始める。親子二代で蒐集したカタログは、膨大な数に上る。

昭和・平成に誕生した

懐かしの国産車

時代を駆け抜けた個性あふれる車たち

著　者　渡 部 素 次

発行者　小 林 謙 一

発行所　三 樹 書 房

URL https://www.mikipress.com

〒101-0051東京都千代田区神田神保町1-30
TEL 03(3295)5398　FAX 03(3291)4418

組版　松 田 香 里

印刷・製本　シナノ パブリッシング プレス